# 小秦岭幔枝构造与深部找矿

孙卫志　冯建之　燕建设　等　著
于　伟　牛树银　王杏村

科学出版社
北　京

# 内 容 简 介

　　本书是在地幔热柱理论指导下,对小秦岭金矿成矿作用进行的系统总结,以期为深部找矿提供理论支持,同时对深部矿体预测起到一定的指导作用。本书在系统分析豫西地区区域地质背景的基础上初步提出华熊地区为地幔亚热柱,而小秦岭、崤山、熊耳山、鲁山等变质核杂岩分别为幔枝构造的核部;同时详细阐述小秦岭地区受次级韧脆性剪切带控制,以金为主的矿床主要特征及分布规律,详细描述典型矿床;通过矿石建造、成矿物质来源、成矿时代等系统研究,建立了幔枝构造成矿模式;并进行了成矿预测。

　　本书内容翔实,资料丰富,具有全面性、客观性、科学性和实用性。可供地质工作者参考,也可供科研工作者和大专院校地矿专业师生阅读。

## 图书在版编目(CIP)数据

　　小秦岭幔枝构造与深部找矿/孙卫志等著. —北京:科学出版社,2013.12

　　ISBN 978-7-03-039172-8

　　Ⅰ.①小… Ⅱ.①孙… Ⅲ.①秦岭-地幔涌流-成矿-作用-研究 ②秦岭-地幔涌流-找矿-研究 Ⅳ.①P611.1②P624

　　中国版本图书馆 CIP 数据核字(2013)第 275749 号

责任编辑:王 运 韩 鹏/责任校对:郑金红
责任印制:钱玉芬/封面设计:耕者设计工作室

科学出版社 出版

北京东黄城根北街 16 号
邮政编码:100717
http://www.sciencep.com

中国科学院印刷厂 印刷

科学出版社发行 各地新华书店经销
*

2013 年 12 月第 一 版 开本:787×1092 1/16
2013 年 12 月第一次印刷 印张:22 3/4 插页:4
字数:530 000

定价:148.00 元

(如有印装质量问题,我社负责调换)

# 作者名单

孙卫志　冯建之　燕建设　于　伟

牛树银　王杏村　崔燮祥　强山峰

孙爱群　王社全　徐建昌　孟宪锋

王振强　高　凯　张灯堂　肖中军

徐文超　沈亚明

# 序

进入新世纪以来，随着我国工业化进程的不断加快，工业化必须依赖的矿产资源的支撑度正面临着严峻的挑战，已成为制约社会经济发展的瓶颈。

鉴于这种形势，为了进一步贯彻落实《国务院关于加强地质工作的决定》，促进矿产勘查向深部拓展，实现地质找矿的重大突破，国土资源部在充分调研的基础上，适时提出了开展深部地质找矿工作的意见。

应该说，开展深部找矿的时机已经成熟。所谓深部找矿，对金属矿产来讲是指地表以下 500~1500m 的找矿空间，也有人称为"第二找矿空间"。通过近年来的探索，地质学家普遍认为开展深部地质找矿应积极开展下述三个方面的工作：一是积极探索与深部矿产勘查相关的深部成矿与找矿理论研究；二是开发适宜深部矿产勘查的高精度地球物理、地球化学探测技术；三是研制进行深部钻探验证的大功率钻机。三者缺一不可，相互促进，共同提高，而且欧美一些发达国家的深部找矿经验已经为我们提供了很好的经验。我国深部找矿工作虽起步较晚，但已经取得了一些可喜的成绩，如长江中下游深部铁铜矿、华北地区沉积-变质铁矿、一些老矿山的深部和外围找矿等均取得了显著的进展，展示了很好的找矿前景。

"河南省灵宝市小秦岭金矿田中深部金矿远景资源调查评价"是河南省地质矿产勘查开发局第一地质调查队完成的河南省小秦岭中深部金矿远景资源调查评价项目，项目研究在以往科学研究和地质勘查的基础上，以成矿系列理论为指导，运用幔枝构造理论，提出成矿物质主要来自深源，甚至来自核幔边界，以超临界状态，通过地幔热柱→地幔亚热柱→幔枝构造→构造扩容带迁移，部分萃取自含矿围岩，并在有利的构造部位集聚成矿，这是很值得进一步探索的新方向。

更为可喜的是，本研究"产-学-研"有机结合，注重成矿规律研究和找矿预测检验，并根据地质特征以及矿床分布规律研究，有效地部署了部分深部验证工程，对中矿带、北矿带和北中矿带进行了资源量预测，划分出 17 个预测区，预测金矿石量83261633t，金远景资源量合计为 547.91t，取得了显著的经济社会效益。

显然，该研究是一项很有意义的探索，一次具有开拓性的尝试，并已经取得初步成效，我衷心地祝贺这项科研成果的取得，更期待小秦岭中深部找矿继续深入下去。

2011 年 11 月 16 日

# 前　言

　　小秦岭地区是豫西矿集区中最重要的金矿集中区，也是豫西地区金矿发现、勘查、开发最早的地区，至今已有数十年的历史，随着采、选矿工作的加快，目前急需提供新的金矿资源，以解燃眉之急。为此，河南省国土资源厅设立了地质找矿科技攻关项目"小秦岭深部金矿成矿规律与成矿预测"（2007～2009 年），由河南省地质矿产勘查开发局第一地质调查队完成。由于该项目取得了较好的找矿成果，河南省国土资源厅又将"河南省灵宝市小秦岭金矿田中深部金矿远景资源评价"项目交由河南省地质矿产勘查开发局第一地质调查队续作。这两个项目是"姊妹"项目，基于此，我们在第二个项目中利用了第一个项目的基础资料和某些结论。本书是根据"河南省灵宝市小秦岭金矿田中深部金矿远景资源评价"项目研究成果编著的。

　　中深部预测找矿不同于地表找矿，也不同于一般隐伏矿预测找矿，不但有其特殊性和更大难度，而且其工作条件和资料条件也很受限制，为此，就更需要地质成矿理论的支持与指导。这就是我们在本项目中对成矿这个基本问题应用幔枝构造成矿的原因。

　　地幔热柱理论是一种全新的大地构造理论，被认为是继大陆漂移、板块构造之后的第三次浪潮，受到地球科学工作者的广泛关注。地幔热柱理论对成矿作了全新的阐述，许多矿床学家很感兴趣（邓晋福等，1992，1995；毛景文等，2002，2006；朱炳泉等，2003；卢欣祥等，2004；陈毓川等，2007），因为"地球是物质的，物质是运动的，运动的表现形式有两种，一种是地内物质在重力分异作用下，较重元素下沉逐渐形成地核，较轻元素上浮逐渐形成地幔、地壳，并逐渐演化形成地球的核、幔、壳结构；另一种是地内物质在热力膨胀作用下，热物质上升形成地幔热柱，并具有多级演化特征；……通过地幔热柱、地幔冷柱的物质对流，将岩石圈与上地幔、下地幔、外地核、内地核等地球内部各圈层的物质、能量、深部动力学过程以及地球表层的板块运动等有机地联系起来，成为解释诸如地壳运动、岩浆作用、地震作用、变质作用、成矿作用等的深部机制，甚至成为探索全球变化、环境变迁、生态环境、生物演化等的重要理论基础"（牛树银等，2007）。

　　豫西地区地质和矿床研究的著作较多，在矿床的研究中，对矿床的成因、成矿物质来源分歧较大。20 世纪 90 年代之后，有些研究者先后提出了地幔热液成矿（卢欣祥，2004）或多来源热液成矿但以地幔热液为主（陈衍景，1994）的观点。这些成果实际支持了幔枝构造成矿理论。

　　为了将地幔热柱成矿理论应用于豫西地区，我们在过去大量地质、矿床研究成果以及小秦岭地区地幔热柱研究（牛树银，2001）的基础上，对豫西地区地壳的形成与演化、地质结构、地质构造再次进行了研究，初步厘定华-熊地区为地幔亚热柱，小秦岭、崤山、熊耳山、鲁山为幔枝构造，并用幔枝成矿理论，对矿床进行了初步划分；对其成矿作用进行了初步研究；重点是小秦岭地区的矿床。对于成矿作用中长期争论的问题，提出了幔枝热液成矿的观点，进而对成矿物质来源及其演化进行了分析。

本项目的实施过程体现了两个"三结合"，首先是"产学研"相结合，研究单位掌握的丰富资料、大专院校先进的地质理论、生产企业系统的探采工程相结合，使各自的优势得到了充分发挥；其次是"老中青"相结合，老者经验丰富、中年精力充沛、青年理论新颖，三者结合既可取长补短，也有利于年轻人的进步。在当前的形势下，采用这种方法不仅有利于地质研究成果的提高，而且有利于地质队伍的健康发展。

全书共八章：第一章由王杏村、徐建昌、强山峰、王振强执笔；第二章由冯建之、牛树银、于伟、王社全执笔；第三章由牛树银、王杏村、孙爱群、崔燮祥执笔；第四章由孙卫志、于伟、牛树银、燕建设、孟宪锋、崔燮祥、强山峰执笔；第五章由王杏村、冯建之、孙卫志、于伟、崔燮祥、高凯执笔；第六章由孙卫志、王杏村、燕建设、王社全、张灯堂执笔；第七章由冯建之、王杏村、燕建设、徐建昌、王振强执笔；第八章由孙卫志、冯建之、孟宪锋执笔。前言由冯建之、牛树银、崔燮祥执笔。全书由冯建之、牛树银、王杏村、崔燮祥、孙爱群统稿。

本书是小秦岭地区基础地质、矿产勘查、科学研究、物探、化探长期工作的总结和深化，正是有前人的大量工作，我们才少走了弯路，避免了许多重复工作，节省了时间和经费。书中大量引用了前人工作成果，在此专著出版之际，我们由衷地感谢在小秦岭地区工作的前辈和提供资料支持的专家学者。这里需要特别说明，书中借鉴和引用了大量各类地质勘查报告的观点和资料，均未注明出处。对于这些在第一线辛勤劳作的专家和地质工作人员，我们十分尊敬和感激，是他们的成果支持着我们的著作。

灵宝市国土资源局、灵宝市金源矿业有限责任公司、灵宝市黄金投资有限责任公司、灵宝市黄金股份有限责任公司以及河南秦岭金矿、河南文峪金矿，对我们的野外工作给予了大力支持和帮助，一并表示感谢。

也由衷地感谢河南省财政厅、河南省国土资源厅以及河南省地质矿产勘查开发局，他们的远见卓识才使我们有可能从事并完成这样一项科技攻关项目。

最后，我国著名矿床学家陈毓川院士在百忙之中审阅全文并提出重要修改意见，又为本书作序并推荐本书出版，使我们受益匪浅。

地球已有 46 亿年的历史，经过地球内力、外力地质作用的反复改造，呈现在人们眼前的是支离破碎的地质遗迹，地学工作者的责任就在于了解地球演化的规律，研究成矿物质的运移过程，总结成矿规律，归纳成矿模式，开展中深部地质找矿，为国家建设提供所需要的矿产资源。当然，地质找矿工作涉及多个专业，是探索性很强的工作，因为，"任何地学理论的建立都有一个不断逼近地质客观的渐进过程，难免存在着这样那样的问题，需要我们执着追求、不断探索、不断总结、不断完善"（牛树银，2007）。小秦岭幔枝构造的认识还是初步的，我们期待读者的批评指正。

作　者<br>2013 年 7 月

# 目　　录

# 第一章　小秦岭地区地质与科研工作概述

## 第一节　小秦岭地区勘查工作

小秦岭地区在我国的唐代和明代曾进行过大规模金矿开发，之后直到 1949 年均没有关于本区金矿开发的任何记载。1956～1958 年河南省地质局秦岭区测地质大队完成了 1：20 万洛南幅区域地质调查，其重砂扫面在本区发现了金的重砂异常，但未引起重视。1961 年河南省地质局豫 08 队为了找磷，在本区主要水系进行了重砂测量，发现有金。后由豫 01 队（河南地调一队前身）综合整理成"小秦岭地区 1：5 万重砂取样分布图"，圈出了金的分散晕。以此为依据河南省地质局于 1964 年在小秦岭地区进行了以找金为目的的"会战"，发现一批矿点和矿化点，随即由豫 01 队转入普查、详查和勘探。至 1970 年，金硐岔、文峪、东闯、老鸦岔、枪马峪等金矿的评价工作基本告一段落，提交了小秦岭地区第一批金资源量。

从 1975 年开始，小秦岭地区开始了新一轮勘查，由河南地调一队承担，至 1995 年，先后完成了杨寨峪 60 号脉（东、西段）、竹峪（灵湖）、青崖子、四范沟（东、西段）、淘金沟、和尚洼、金渠沟、红土岭、马家凹、大湖、藏马峪普查、详查或勘探，提交黄金资源储量近 150t。

1980～1996 年，武警黄金九支队进入小秦岭地区开展部分矿床的工作，先后完成仓珠峪、长安岔、樊岔、东闯、老鸦岔、文峪、出岔沟等矿区评价和补充勘探，提交和控制黄金储量近百吨。

2007 年以来，河南地调一队实施了杨寨峪、文峪、大湖、灵湖等金矿部级危机矿山接替资源勘查项目和义寺山、桐沟金矿省级危机矿山接替资源勘查项目。

## 第二节　小秦岭金矿科研工作

从 20 世纪 80 年代起，不同学者先后分别以矿床地球化学、矿物流体包裹体、控矿断裂构造为重点，在小秦岭地区开展了矿床预测研究，取得了一定成果。黎世美等从 1989 年到 1994 年，在区内进行了矿床系统的大比例尺区域和矿床深部隐伏矿定位定量预测，采用地质、物探、化探、遥感综合信息研究法，建立了综合信息预测找矿模型，开展了三维空间的定量预测，并及时地进行了钻探、坑探工程验证。在预测理论、方法和找矿效果上都取得了较大突破。

# 一、矿床地质、地球化学研究

1983~1989 年，王定国等对灵湖（竹峪）金矿进行了矿床地球化学研究，提出金矿床的成因类型属沉积变质–岩浆热液叠加改造矿床。

1986 年，姚宗仁根据成矿元素的地球化学演化，提出金矿床的成因属层控型金矿。

20 世纪 80 年代末，随着韧性剪切带的识别，提出了剪切带型金矿的观点（胡正国等，1994）。

1992~2002 年，陈衍景等根据板块构造理论，提出小秦岭金矿为华北板块与扬子板块碰撞造山过程的产物，为造山带型金矿，提出"碰撞造山、O 形地体、孔达岩系的三位一体是豫西金矿化富集区的基本特征"。著有《豫西金矿成矿规律》等著作。

20 世纪 90 年代中期，胡正国等（1994）、张进江（1998）根据本区金矿床分为石英脉型、蚀变构造岩型和蚀变千糜岩型金矿的事实，把构造–岩浆–成矿作用联系起来，提出变质核杂岩与拆离构造有关的成矿观点。

张本仁等（1994）完成的《秦巴岩石圈构造及成矿规律地球化学研究》，在区域性地球化学部分，对秦巴地区花岗岩类的地球化学进行了深入的研究，系统探讨了各时代和各构造单元花岗岩类的地球化学特征及形成的构造环境，将花岗岩类划分为 11 种构造–地球化学类型，编制了区域花岗岩分布图，为之后的研究奠定了地球化学基础。

卢欣祥（2000）编绘和出版了秦岭花岗岩大地构造图及说明书，根据秦岭花岗岩的地质地球化学特征及其所处的构造背景和所反演的秦岭造山带的构造演化，将秦岭地区岩浆演化的七大岩浆旋回分成三个大的构造演化阶段，并提出地幔热液成矿的观点。

矿源由于是成矿的物质基础，一直受到人们的普遍关注，也是矿床成因研究的关键问题。矿源层的研究在小秦岭地区主要是对太华群的研究。自 20 世纪 80 年代以来，对太华群的研究十分活跃，成果很多。多数成果认定太华群是矿源层，主要根据是：太华群金含量高，存在金富集成矿的地质、物理化学条件；同时还以同位素和成矿流体的研究成果为佐证。

小秦岭地区同位素研究以黎世美等的资料较丰富，内容较系统，观点较明确，是当前最全面的资料。

成矿流体研究一直是矿床研究的前沿。不同地质作用条件下形成不同的流体类型。一般认为，中高温流体一般与岩浆作用、中深区域变质作用有关；而中低温流体一般属沉积作用或中低级变质作用的产物。流体研究的对象是矿物晶格缺陷中的包裹体，它是古流体的保真样品。矿床地球化学可以揭示成矿流体演化规律，而成矿流体演化与地质构造作用有关。随着研究方法和手段的不断完善，成矿流体及矿床地球化学研究越来越成熟，成为矿床学研究的必要内容和手段，也是揭示成矿物质演化、迁移、定位的重要方法。在小秦岭地区，栾世伟、黎世美、王亨志、卢欣祥等均对成矿流体进行了研究，并取得了成果。

# 二、主要科研成果

本区金矿地质研究工作主要在 20 世纪 80 年代以后，仍以河南地调一队为主进行，比较重要的有：

(1) 1971年，豫01队提交了《小秦金矿田成矿地质条件及东部矿田矿床特征的初步总结》；

(2) 小秦岭金矿地质勘查科学研究的重大突破与发展；

(3) 河南省灵宝县小秦岭阳平金矿地球化学特征研究；

(4) 河南省小秦岭金矿主要控矿条件及盲矿预测；

(5) 河南省灵宝县小秦岭金矿成矿条件与富集规律研究（与成都地质学院合作）；

(6) 河南省小秦岭地区大比例尺中深部金矿盲矿预测研究；

(7) 小秦岭地区花岗岩-绿岩地体金矿地质特征及找矿靶区预测（与西北有色地质研究所合作），并出版了专著（1996年）；

(8) 小秦岭金矿田构造格局及韧性剪切构造控矿作用研究（与西安地质学院合作）；

(9) 东秦岭地区有色金属、贵金属成矿规律研究；

(10) 小秦岭金矿资源总量预测（与河南省地质科学研究所合作）；

(11) 小秦岭深部金矿成矿规律与成矿预测。

以上成果中，获得国家科委科技进步一等奖一项，国家科委科技二等奖一项；地质矿产部科技二等奖一项，地质矿产部科技三等奖两项；河南省科技成果二等奖一项，河南省科技成果三等奖一项。

最新金矿地质研究成果当属《小秦岭深部金矿成矿规律与成矿预测》（冯建之等，2009）。在对小秦岭金矿的区域地质背景、金矿的控制因素、典型金矿床地质特征、金矿的矿物学及围岩蚀变系统研究的基础上，认为金矿成矿物质来源于太华群变质岩，燕山期文峪花岗岩浆活动提供热动力，脆性剪切带为储矿构造，重新厘定了"三位一体"成矿模式。成因类型为中温（偏高）岩浆期后热液型脉状矿床。金矿化强度与韧性剪切带规模和空间分布密度正相关，建立了"一街五巷三层楼"构造蚀变控矿模型。总结了中深部找矿预测标志。首次对北矿带大湖金矿区共生的钼矿进行了研究，肯定了区内找钼的前景。

同时，原河南省地质科学研究所以及沈阳地质矿产研究所、南京大学、中国科学院地质与地球物理研究所、长春黄金研究所、武警黄金地质研究所、冶金部地球物理勘查院物化探研究所等单位，均独立承担或参与了小秦岭金矿研究工作。

# 三、小秦岭金矿研究中存在的主要问题

豫西地区是重要的金、钼、有色金属矿集区，已控制的储量在国内举足轻重，其成矿研究也百家争鸣。综观这些成果，我们认为：任何一次深入的研究，都向成矿作用的认识前进了一步，也更加接近客观实际。这对区内矿产的勘查、开发是有益的。但是其中也存在一些不可忽视的问题，如：

(1) 多数研究侧重于战略性探索，与区内的找矿、勘查尚有距离，在实际工作中操作困难。

(2) 对区内金矿的研究，比较统一的认识是承认为热液型金矿，但对成矿热液的来源则分歧较大，归纳起来有以下几种：

①岩浆热液成矿：如银家沟、祈雨沟（地调一队，1984；邵克忠等，1989）。小秦岭金矿源于文峪等岩体（栾世伟等，1985，1991；黎世美等，1996）。

②混合岩化或变质热液成矿：如小秦岭金矿、申家窑金矿（胡志宏等，1984，1986）。

③火山热液成矿：如任店房金矿，甚至包括豫西的所有金矿（任富根等，1989）。

④地幔热液成矿：卢欣祥等（2004）。

⑤多种来源热液成矿：陈衍景（1993）。

从成矿物质来源而论，胡受奚等提出的侧向源成矿和陈衍景提出的造山带成矿都是地层成矿，仅仅是成矿方式和成矿作用有别于过去提出的地层成矿而已。

在诸多研究成果中，黎世美、瞿伦全等（1996）在小秦岭进行的预测较多地注重战术研究，根据成矿温度变化，赋矿构造产状变化等圈定了靶区，指导了深部探矿。

我们在"小秦岭深部金矿成矿规律与成矿预测"研究中，延续了黎世美、瞿伦全等的研究，并在矿体侧伏方向，边幕式褶曲研究等方面进行了探索，根据构造控矿规律提出了"一街五巷三层楼"控矿模式，据此进行了靶区圈定。

事实证明以上两个研究项目是成功的，不但具有可操作性，而且找矿效果好。正如叶天竺所说，深部找矿是战术性问题，不是战略问题，是微观问题，有很强的实践性、个案性。其探索性很强，是实践问题，不是理论问题，结合找矿实践，边施工边研究才能获取成果。

# 第三节　评价方法及主要成果

# 一、评价内容

本次研究是在"小秦岭深部金矿成矿规律与成矿预测"项目的基础上进行的，两者是"姊妹"关系，它们的基础资料是相同的。为了通过研究有所发现、有所进步，我们对豫西地区基础地质进行了深入研究，根据牛树银教授等提出的小秦岭幔枝构造的观点，重新厘定了小秦岭幔枝构造，运用幔枝构造理论讨论了小秦岭金矿的成矿问题，在此基础上进行了中深部成矿预测。

## 1. 评价内容

中深部预测找矿研究是依据已知矿床浅部、中部的地质特征，总结规律，建立预测模型，开展深部成矿预测。本次成矿预测研究的基本内容为建立小秦岭地区幔枝构造，为此需进行：①成矿地质建造研究；②成矿构造研究；③矿化特征及成矿作用研究；④成矿地球物理和地球化学研究；⑤建立预测模型，开展定位定量预测，圈出找矿靶区；⑥开展钻探、坑道工程验证。

本项目属性为生产科研，是在已知矿田进行中深部找矿，不同于一般意义上的隐（盲）矿床找矿预测，过去曾习惯地称作"探边摸底"，其实质是根据地表（或浅部）矿床的示踪信息进行预测找矿。

## 2. 具体工作

（1）系统收集和整理小秦岭地区已有的地质、物探、化探、遥感及矿产资料，对已施工重要的中深部探矿坑道进行调查访问及编录取样，编制 1：5 万地质工作程度图及其他相关图件。

（2）针对不同评价区选用不同的工作方法和技术手段。中深部找矿远景预测区以矿床浅中部资料综合研究、中深部采矿坑道调查和化探手段为主；在中深部重点评价区结合钻探工程验证。

（3）北矿带中深部金矿评价区以 F5 矿脉为评价重点，充分利用危机矿山接替资源勘查资料；马家凹矿区中深部金矿评价区以 S952 矿脉为评价重点，同时兼顾 S0 等矿脉；中矿带金矿评价区以 S505–S60 号矿脉为工作重点，同时兼顾 S507、S202 等矿脉。

（4）应用幔枝构造理论，重新分析小秦岭地区构造系统和成矿规律，根据幔枝构造成矿特征，分析深部矿体赋存规律，进而进行远景预测，指导深部找矿工作。

（5）在综合研究分析小秦岭金矿田中深部成矿地质条件的基础上，结合中深部金矿勘查成果，总结中深部金矿成矿规律，指出中深部找矿方向。运用资源量预测方法对矿田中深部金矿资源潜力作出预测评价。

# 二、评价方法及技术路线

工作的理论依据是：浅部与深部本质上属于同一成矿作用系统内，其成矿条件、控矿因素、成矿作用没有本质区别。因此，需要系统研究浅部成矿规律。

本项目技术路线是：以含矿建造为基础，以构造–岩浆–流体成矿系统理论做指导，通过野外地质观察研究，配合物化探综合信息定位预测技术、计算机技术、测试成果，在全面系统吸收消化再认识小秦岭地区地质勘查、矿山勘查和科研成果的基础上，深化对小秦岭金矿成矿规律的认识，建立成矿模式；开展深部隐伏矿体定位定量预测，估算预测的资源量；提出矿山勘查选区并设计验证方案，指导工程验证；根据验证资料，进一步修正完善找矿模型，用以指导全区的深部找矿工作。

**1. 技术路线**

（1）着眼于矿田整体，主攻三个金矿带，并以中矿带为首选，在中矿带、北矿带、北中矿带展开矿田中深部金矿远景资源调查评价。

（2）以幔枝成矿理论为指导，运用 GIS 技术综合开发已有的地质、物探、化探、遥感和金矿勘查、科研资料及矿山开采资料，总结金矿成矿规律，建立成矿模型和找矿模型，提出进一步找矿标志，优选中深部找矿预测区。

（3）对不同中深部找矿预测区，重点、全面收集资料，并结合浅中部探采工程和矿化富集规律研究所提供的信息，编制大比例尺水平断面矿脉地质图和主要矿脉垂直纵投影图，借此初步优选出有希望的中深部找矿预测地段；然后通过地质、物探、化探及探矿工程等多种技术手段，对深延的金矿脉进行全面分析，确定重点普查评价的中深部矿化富集地段。

（4）对重点普查评价的中深部矿化富集地段，以坑探和钻探相结合的工程技术手段，进行揭露和控制，提交新发现的矿产地，估算金推断的和预测的资源量（334）。

（5）技术方法手段主要有矿山回访调查、中深部探采坑道编录、矿床地球化学测量、坑道物探、重型工程（钻探、坑探）、样品测试与分析、工程测量、综合研究等。

**2. 技术方法**

整个矿田的中深部在综合研究的基础上，以探矿坑道编录和钻孔深部资料收集为基础，了解矿田中深部的地质构造情况，矿脉的规模、形态、产状、组合及含矿性，优选普查评价的区段。矿床普查以探矿工程为主要手段，配合使用地质编录、物化探、取样与测试、工程测量、资料综合整理与研究等多种技术方法、手段，对矿床地质特征和经济作出客观的评价。各项技术工作要严格按照有关规范、规定执行。

# 三、主　要　成　果

小秦岭变质核杂岩体为在华熊亚热柱之上发育的幔枝构造核部。其中发育密集的次级拆离构造-韧脆性剪切带。由于其中文峪等花岗岩体发育，在地幔热柱-地幔亚热柱—幔枝构造的演化过程中，来自核幔边界含矿热液，由气相-气液混合相—液相向上运移，经过区域剪切带（拆离带）—构造扩容带—矿田到矿床。矿床是在适宜的温度、压力、物化环境下形成的。矿床的形成与石英脉关系密切，又称石英脉型金矿床。矿石中自然金、黄铁矿、石英具典型特征，自然金成色多为 909~980，Au/Ag 值多为 0.88~2.83。同位素组成和成矿热液均显示地幔特征。

**1. 成矿地质背景**

小秦岭变质核杂岩体出露的地层（岩石）主要为基性喷发表壳岩、杨寨峪灰色片麻岩、四范沟片麻状花岗岩及观音堂组、焕池峪组。变质年龄为 2549Ma 左右，时代属新太古代。总体具有绿岩带原岩建造特征。

小秦岭地区在变质核杂岩体形成复式背形的基础上发育了多组、多类型脆韧性剪带，控制着小秦岭地区金矿的空间分布和产出，为金矿床的形成提供了良好的成矿空间。

在幔枝构造的作用下，造成频繁的岩浆活动，形成多岩类、多成因的岩浆岩。特别是中生代燕山期岩浆活动，为区内成矿提供了足够的热动力和成矿流体。

**2. 矿床矿化地质特征**

（1）主要矿床围绕文峪花岗岩体分布，集中在距岩体 2~8km 的范围内。目前控制的矿化最大垂深超过 2000m。

（2）矿床为脉状，受韧脆性剪切带控制，剪切带具丛聚性成群成带分布。褶皱构造控制矿带的分布，脆韧性剪切带控制矿脉和矿体。矿体或富矿段赋存在矿脉走向和倾向应力引张部位，矿床的分布与剪切带长度和密集程度成正比。其构造控矿模式为"一街五巷三层楼"。

（3）矿床的主要蚀变为硅化、黄铁矿化、绢云母化、钾化、碳酸盐化等。黄铁绢英岩化与金富集关系最密切。

（4）矿床规模以大中型矿床为主，矿体呈似板状、脉状、大透镜状，规模以大中型矿体为主。其中中矿带已控制到 200~400m 标高；北矿带 F5 在 -150m 标高见到矿体；0 号脉带和 S952 控制到 600m 标高；北中矿控制到 800m 标高。这就说明矿化深度远大于矿体长度。

（5）矿石以中粗粒半自形-他形晶状结构和块状、条带状构造为主。矿石类型为黄铁矿化石英脉型及多金属矿化石英脉型。

（6）矿石中的自然金、黄铁矿、石英具标型特征。自然金的成色为797～995，多数为909～980。矿石中普遍伴生 Ag，Au/Ag 值为 0.14～4.75，多数为 0.88～2.83。

**3. 确认了小秦岭幔枝构造**

地幔热柱多级演化不仅是地壳运动的动力来源，控制着地壳运动、幔壳物质交换，甚至是成矿控矿的主导因素。基于上述，我们在本书尝试用地幔热柱理论对小秦岭金矿的成矿进行解释，通过工作认为小秦岭变质核杂岩为典型的幔枝构造，属于华熊亚热柱的一部分。

**4. 幔枝构造造就了小秦岭矿田**

幔枝构造活动，是区内成矿的主要因素，不仅造就了区内的成矿、含矿断裂（韧性剪切带），形成了有利的储矿空间，而且造成频繁的岩浆活动，更为区内成矿提供了足够的物质来源、成矿流体来源以及强大的成矿动力。

运用幔枝构造理论，系统地分析了区内构造演化、岩浆活动及岩浆岩成因，较全面地论述了区内矿床成因及成矿物质来源。即小秦岭地区基本构造格局为一个在幔枝构造作用下而伸展，滑脱形成的"拆离-变质核杂岩构造"。它由中部变质核杂岩体、南北边界断裂和变质核杂岩内拆离构造组成，可以表述为一核二界三拆离。变质核杂岩呈地垒状复背斜，在此基础上发育了多组、多类型韧脆性剪切带。褶皱构造控矿带，韧脆性剪切带控制矿床和矿体。金等成矿物质由核幔边界经地幔热柱→地幔亚热柱→幔枝在地壳浅部构造适宜部位富集成矿。

**5. 预测资源量**

根据矿脉和矿体分布规律，在三个成矿密集带共划分 17 个成矿预测区。共预测金矿石量 83261633t，金金属量 547914kg。

其中，中矿带划分 6 个成矿预测区。共预测金矿石量 48299759t，金金属量 397867kg。平均厚度 0.97m，平均品位 $8.24 \times 10^{-6}$；

北矿带划分 6 个成矿预测区。共预测金矿石量 27364288t，金金属量 79048kg。平均厚度 1.91m，平均品位 $2.89 \times 10^{-6}$。

北中矿带划分 5 个成矿预测区。共预测金矿石量 797586t，金金属量 70999kg。平均厚度 1.44m，平均品位 $9.35 \times 10^{-6}$。

# 第二章 区域构造演化与地幔
# 亚热柱–幔枝构造

## 第一节 区域构造研究概况

豫西地区区域构造研究成果丰富（胡元弟、郭抗衡，1981；许志琴，1988；张国伟等，2001；石铨曾等，2004），其中构造单元划分比较统一的认识是以板块构造观点为指导，以主造山期构造单元为基础划分的。属于秦岭造山带的组成部分。

以商–丹断裂（缝合带）划分扬子板块与华北板块。商–丹缝合带与潼关–三门峡–鲁山断裂之间称为华北陆块南缘，根据构造变形特征，以栾川断裂为界南侧为北秦岭厚皮叠瓦逆冲构造带，北侧为造山带隆冲断褶带（张国伟，1996）。根据沉积建造特征将栾川断裂南侧称为北秦岭构造带，北侧称为华北陆块南缘（中元古代裂谷带）（程裕淇等，1994）或豫西断隆（任纪舜，1999）。我们赞同后一种划分（图2.1）。许志琴（1988）称为北秦岭褶皱带复合山链，石铨曾则认为东秦岭北缘先期向南推覆，后期向北推覆及伸展拆离构造。

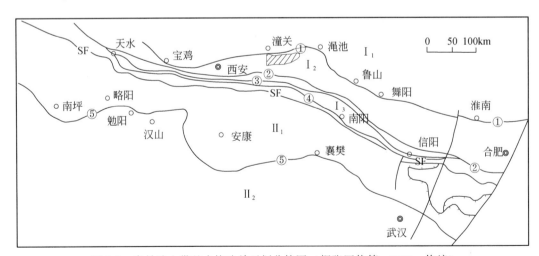

图2.1 秦岭造山带基本构造单元划分简图（据张国伟等，2001，修编）

SF. 板块主缝合带—西官庄–镇平–松扒断裂（商丹断裂）；①三门峡–鲁山断裂；②黑沟–栾川–维摩寺–羊册–明洪断裂（栾川断裂）；③瓦穴子–乔端–小罗沟–小董庄断裂（瓦穴子断裂）；④朱阳关–夏馆大河断裂（朱夏断裂）；⑤勉略–襄广断裂（勉略断裂）

I . 华北板块：$I_1$. 华北陆块；$I_2$. 华北陆块南缘；$I_3$. 北秦岭构造带；Ⅱ. 扬子板块；$Ⅱ_1$. 南秦岭构造带；$Ⅱ_2$. 扬子陆块

　　总体而论，自元古宙以来，小秦岭地区经历了开裂、碰撞拼合以及陆内滑脱、推覆、拉分、断陷和相对稳定环境五种主要构造过程。中元古代至早古生代和中–新生代是两大成矿高峰，分别对应着秦岭造山带由陆缘裂谷向板块构造体制的转化和由板块构造体制向陆内造山体制的转化这两次最重要的构造体制转化时期。

　　小秦岭位于华北陆块（II级）南缘，华北陆块南缘的北界为宝鸡–三门陕–鲁山断裂，南界为黑沟–栾川–明港断裂。北秦岭构造带的南界为西官庄–镇平–松扒断裂（简称商丹断裂），我国地质学家将其作为华北与扬子板块的边界断裂，它是一个规模巨大长寿深成线性构造带。小秦岭跨越陕西和河南两省，西起陕西蓝田、临潼县，东到河南灵宝市。东西长150 余千米，南北宽 15～20km，总面积大于 $1000km^2$，河南境内长度大于 50km，面积约 $480km^2$。

　　华北陆块南缘作为 II 级构造单元，在陕西和河南两省的划分不太一致。陕西省将小秦岭称为华文台拱，其南为金卢台凹（图 2.2）。

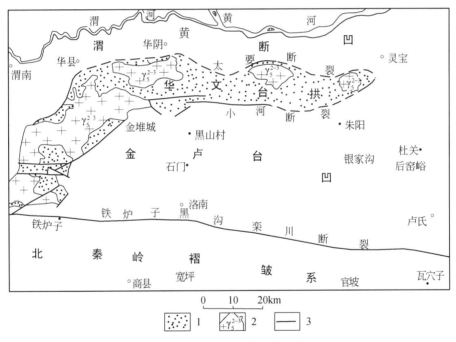

图 2.2　小秦岭大地构造单元略图

1. 结晶基底变质岩系（太华群）；2. 燕山期花岗岩；3. 断裂构造带

　　河南省将华北陆块南缘分为华熊台隆和洛南–栾川陆缘褶皱带。将小秦岭地区称为华山隆褶区。小秦岭台穹为近东西向延展的穹状断块，为陆块结晶基底裸露区，由花岗岩和绿岩构成，其上无任何后期地层保留，混合岩化强烈，其中发育多组韧性、脆性剪切带。遥感解译有环形构造表现（奥和会，1990）。台穹具完整性，属原地隆升地块。下延深度为 12.58～13.50km（陈铁华、胡天玉，1992）。其南北两侧均为断陷盆地，形成典型盆岭构造型式。盆岭构造在豫西崤山绿岩带，熊耳山绿岩带均发育（图 2.3）。

　　综合上述可知：

（1）小秦岭台穹整体形态为平卧的反"S"形，其西端向 SW 延伸，受控于黑沟-栾川断裂。

（2）豫西地区存在着典型的盆岭构造，小秦岭盆岭构造位于西端。

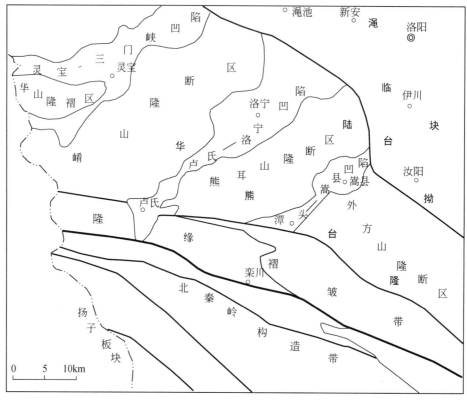

图 2.3　豫西地区大地构造分区图

（3）该区相当于王平安等划分的燕山期华北地块南缘及北秦岭东段-大别地块北侧与花岗质及碱性岩浆侵入和中酸性陆相火山活动有关的 Au、Ag、W、Mo（Re）、S、Sr、Cu、Pb、Zn、Fe（V、Ti）、Nb、U、REE、萤石、石墨、钾长石及水晶矿床成矿系列。小秦岭地区位于其中段，成矿作用强烈而典型。

# 第二节　区域构造及演化

## 一、边界断裂（拆离断裂）

变质杂岩体受边界断裂围限，边界断裂形成于中岳运动时期（约1800Ma）（黎世美等，1996）。经长期构造作用及发展演化，特别是中生代后期伸展以及走滑构造作用，不但形成了小秦岭变质核杂岩体，而且形成了盆-岭构造系。

边界断裂经历了早期韧性、中期韧脆性和晚期脆性变形的演化历史。控制了变质核杂岩体（金矿田）的展布及地质构造演化。

华文台穹区的南、北边界断裂，即小河断裂和太要断裂形成时间约为1800Ma（胡正国，1993；黎世美，1996），都经历了韧性—韧脆性—脆性变形过程，至今仍在活动中，它们都呈铲形向下延深。但南侧边界断裂脆性变形要比北侧弱很多，而韧性期变形强度南侧边界断裂比北侧强。这就造成了小秦岭"拆离-变质核杂岩构造"具非对称特点。

边界断裂一方面围限了小秦岭变质核杂岩，另一方面也存在金的成矿作用。已有的勘查资料说明，在小秦岭东南部，周家山、武家山等处，见有强金矿化，已形成小型金矿床两处。在北矿带，主要成矿断裂F5多处与太要断裂分支交汇复合，在复合部位大多出现一定规模的金矿体。

同时，在太要断裂中部不少部位出现规模较大的石英脉，这种石英脉基本不见金属矿物，初步判定为成矿阶段第一期石英脉，说明边界断裂存在成矿作用，只是由于多种因素制约（如产状），可能成矿作用较弱，或者近地表矿化强度低，造成至今未发现规模较大的金矿床。

边界断裂为一条复合型长寿构造带，造成台穹区边界十分清楚。

**1. 早期韧性变质变形**

早期韧性剪切活动形成了糜棱岩带，包括初糜棱岩、糜棱岩、超糜棱岩等。发育比较典型的韧性剪切带运动学标志。如带内S-C面理、云母鱼、拉伸线理、旋转碎斑系、剪切褶皱等。并由此判定其总体具左行平移逆冲特征。

**2. 中期脆韧性变质变形**

中期活动的主要特征是韧性向脆性变形的转化。表现为早期糜棱岩带再次产生糜棱岩、千糜岩、构造泥岩。具绿片岩相退变质特征，叠加（或切截）早期糜棱岩带，沿脆性裂隙有同构造期的塑性变形的多种脉岩分布。

在小秦岭东南缘，周家山南侧，边界韧性剪切带上下部岩石单位间的拆离型缓倾韧性剪切带被切截，也显示了相互的时间关系。

在周家山柳沟口一带，该期韧性活动形成一组逆掩脆性构造面，将早期糜棱岩分割为两个层次，并在周家山形成小型构造蚀变岩型金矿，在武家山、义寺山、车仓峪口等地发现蚀变千糜岩型金矿点。

**3. 晚期脆性变形**

该期以脆性变形为主，以出现碎裂岩系列岩石和断层角砾岩为特征，变质作用不明显，并形成显著构造地貌，发育一系列断层三角面、断层崖、陡坎等地貌。荆山峪口一带、周家山—武家山一带的三角面表明，该期活动具有正断性质。

位于太要断裂旁侧的灵湖金矿区中，在425m中段见到高角度F1正断层（为太要断裂分支）切割了F5中的石英脉（I），这就表明，边界断裂的活动时间延续到成矿后，直到现在仍有活动。其表现是错断了第四系黄土。据河南地调一队等资料，台穹区至今仍保持0.8~2.0mm/a的隆升速率。

# 二、界面拆离构造

　　从太华群及其上盖层的配置情况来看，小秦岭地区不同构造层间岩性或其能干性的差异表现特别明显的大概有上、下部岩石单位岩系之间，上部岩石单位内的不同原岩组合层之间，盖层与基底之间。这就提供了区内穹形非均一性隆升过程中的层间滑脱条件。实际情况也是如此。区内不同构造层间的变形作用导因于重力作用所引起的三条缓倾斜层间拆离（滑脱）带。

　　太华群上、下部岩石单位岩系之间的界面拆离（滑脱）带，呈"面型"平缓展布，其典型出露地段为大湖峪、周家山、大泥沟、武家山等处。其主要标志为变晶糜棱岩、构造片麻岩、超糜棱岩等。有角闪石、石榴子石等矿物（现已大部分退变为黑云母）组成的旋转矿物集合体、长英质脉体流动条带及石英等矿物线理产出。旋转矿物集合体一般长约0.5~10mm、宽约0.05~5mm，长宽比近于2∶1~10∶1，多密集分布。在枣香峪观音堂组石英岩层底之下有一层厚约20m左右的变晶糜棱岩层，总体产状北倾，倾角40°~50°。在滑脱的过程中形成了糜棱条带向北倾伏（图2.4）。糜棱条带产状323°~340°∠30°~25°（武家山），120°~140°∠36°~41°（周家山柳树崖）、120°~170°∠8°~36°（周家山柳沟口）、100°~136°∠22°~31°（阳坡北东山梁）、120°∠31°（小湾沟），显示出在变质核体东部倾伏端处滑脱带由北侧转到南侧的自然弯曲转向的变形特征，其拉伸线理方向亦具规律性变化。显示南北边界断裂为同一条断裂。

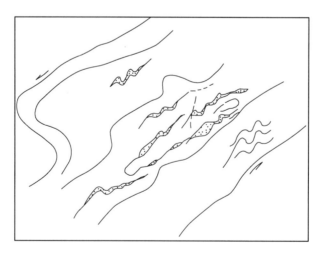

图2.4　枣香峪观音堂组底部糜棱岩带的变形特点

　　太华群上部岩石单位岩系中碳酸盐组合底部的拆离（滑脱）带，出露于五里村、焕池峪、闫家峪、玉石峪等处，其构造岩类为碳酸盐糜棱岩、千糜岩、构造片岩，以及一部分后期叠加改造的碎粒（粉）岩。滑脱带上部为碳酸盐岩类变质成大理岩，下部则不同区段岩性变化很大，为片麻岩、变粒岩、伟晶岩和TTG杂岩等，表明了该滑脱带的形成比较晚，即发生于表壳岩系已经滑脱褶皱之后。在部分地段（如焕池峪口）还见有绿片岩相

（含有石英脉）剪切带伏于其下的现象。该滑脱（拆离）带在闫家峪出露清楚完整，切过伟晶岩及其边缘透闪石大理岩，其构造片岩部分呈褶皱及断裂揉皱，根据230°∠40°的轴面产状判定其滑向为北东（图2.5）。在台拱区内受该滑脱（拆离）带控制的大理岩块体主要出露于枣香峪—大湖峪一带（呈北西–南东向）和玉石峪两处。前者长约7km、宽0.5～1.5km，西端被文峪花岗岩截蚀，呈一外来岩块叠置于黑云斜长片麻岩和变粒岩等不同岩石之上，呈明显交切关系。大理岩块体呈背斜状（一般称五里村背斜），北翼岩层倾向37°～356°，倾角12°～33°。其南北两侧被断层围限，具强烈的阳起石、透闪石和蛭石化，呈正断层（北侧）和逆断层（南侧），两断层产状分别为190°～255°∠44°～85°和20°～76°∠45°～80°，可能受后期变形改造而变陡。

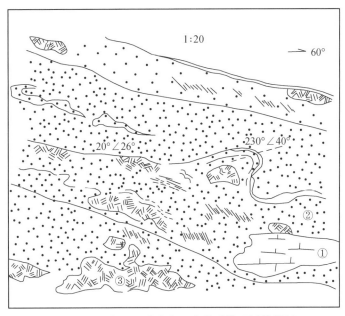

图2.5 闫家峪母猪壕大理岩滑脱带呈层状特征
①大理岩；②碎裂岩；③透辉石岩

滑脱构造表现清楚、规模最大出露最好的要数基底与盖层之间的界面，即大古石组—熊耳群底部的滑脱（拆离）带。顺层拆离作用造成了在区域上（如驾鹿一带）熊耳群及秋盆群的断失。这种构造"消蚀作用"一般没有引起小秦岭地区研究人员的注意。除此之外，该拆离带的构造表现为对下伏糜棱面理的褶皱作用（图2.6），对糜棱岩层的构造平行化效应。在部分区段（如葫芦沟东山梁）见有绿泥石微角砾岩，厚度1～2m，并有正长斑岩床沿拆离带顺层侵位。根据路线观察，该拆离带从北往南，由顺层滑脱（图2.7）而表现的单斜构造带逐渐变为宽缓正常褶皱带、最终是倒伏（向南倒伏）褶皱–断裂带，显示了上部地壳的强烈滑动和缩短。根据QB-1剖面资料（张乃昌，1990），小秦岭南侧上下地壳间发生了约20km的由北向南的滑移。这与实际观察的认识是相符合的。

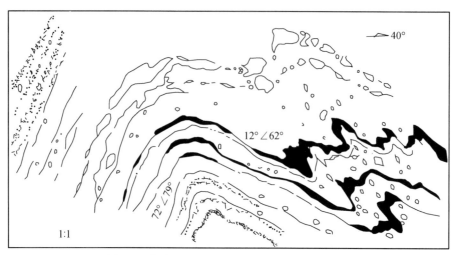

图 2.6　驾鹿尾矿坝太华群糜棱岩条带褶皱形态

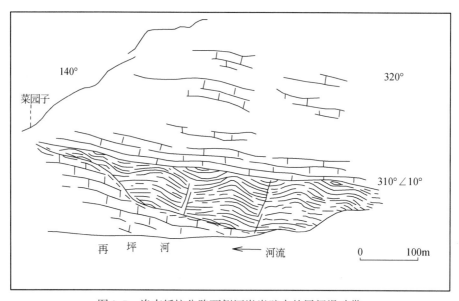

图 2.7　洛南纸坊公路西侧河岸岩壁中的层间滑动带

# 三、变质核杂岩体及褶皱

## （一）变质核杂岩体

变质核杂岩体是原地抬升的有根地块，它经历了多期变形-变质作用。

小秦岭变质核杂岩体呈椭圆状，在河南省境内为腰果形，具穹隆性质的短轴复背形。长轴总体>150km，河南省内约50km，短轴15~20km。其组成主体为太华群，并有多期次岩浆侵入，其中规模最大的为壳幔质重熔型花岗岩类。

据河南地调一队等（1993）研究，太华群的变质作用记录反映出温度、压力的有序变化，为了显示这一规律，表 2.1 中列出了变质岩系变质作用的资料，以作比较。表 2.1 表明：下部岩石单位与上部岩石单位的变质相有明显差异，构造作用产生的退级变质都是呈线型叠加于区域面型分布的较为高级变质相之上。

**表 2.1 变质核杂岩体不同期变质作用比较表**

| 构造期 | 构造层 | 变质作用 | 变质相 | | 区域表现形式 | 区域环境 | 变质条件 | |
|---|---|---|---|---|---|---|---|---|
| | | | 面型 | 线型 | | | $T/℃$ | $P/\mathrm{GPa}$ |
| 武陵期 | 下盖层（熊耳群秋盆群） | 进级区域变质作用 | 低绿片岩相 | | 全区分布 | 下降埋藏 | 232～179 | 0.20～0.48 |
| 武陵期 | 上、下部岩石单位岩系 | 退级动力变质作用 | | 绿片岩相 | 沿脆韧性剪切带分布 | 抬升及变形 | 300～500 | 0.20～1.00 |
| 吕梁期 | 基底系间韧性拆离带 | 退级动力变质作用 | | 低角闪岩相 | 沿韧性拆离带分布 | 滑覆剪切 | 580～660 | 0.43～0.50 |
| 五台期 | 上部岩石单位岩系（表壳岩系） | 进级区域热动力变质 | 低角闪岩相\|高角闪岩相 | | 热穿隆环圈状分布 | 中心型势力隆升 | 580～660\|650～780 | 0.43～0.50 0.43～0.50 |
| 阜平期 | 下部岩石单位岩系（TTG 拉斑玄武岩） | 进级区域热力变质作用 | 角闪岩相\|麻粒岩相 | | 全区分布，但麻粒岩相呈露头级 | 下降埋藏热力改造 | 640～700 | 0.48～0.50 |

变质核体经历了多期构造变形，组成核体的太华群岩石原生组构均已改造，原生层理及岩浆岩体等原生构造多被消隐，现今的区域片麻理或多类变质矿物条带，代表了面理置换的第二或第三期产物（$S_2$ 或 $S_3$）。但由于变质核体的太华群早期产状平缓叠置，构造面理置换作用是在横弯作用下发生的，故原始大层（岩性组合划分）的总体上下层序无变化。

变质核杂岩内部发育椭圆形短轴褶皱，褶皱形态及其分布与区域上巴洛氏递增变质环圈相吻合，应属早期区域热穿隆的变形产态。上部的表壳岩系在上述构造形态的基础上，由于重力失稳，而沿与下部块状岩石间的不整合面滑脱（韧性拆离带）。现今保留于杨寨—四范沟垴一带表壳岩呈残留顶盖（近水平）则是原始的层序表现。小秦岭区域这一被称为复背形的中期构造形态，是下部早期穿隆再叠加了上部表壳滑动褶皱的结果，因而其形态类型属复合型（日耳曼型+侏罗山型）。图 2.8 可以作为其概略模型，显示一种破复背形的特征。

与区域复合型褶皱的发育过程相关产生了多组、多类的断裂系统。

控制小秦岭金矿具退变质绿片岩相的脆韧性剪切带，其生成与上下岩系间韧性拆离滑覆褶皱有成因联系，多组多型的剪切带是受同一应力场环境所控制（图 2.9）。

变质核杂岩体具明显两分特征，基底岩壳可划分为下部岩石单位岩壳和上部岩石单位岩壳。

**1. 下部岩石单位岩壳**

属新太古代阜平期构造层，经历三个岩浆演化阶段，早期为基性火山喷发（拉斑玄武

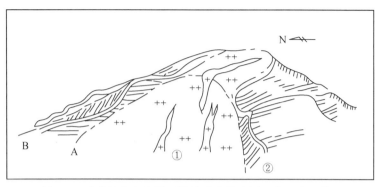

图 2.8　小秦岭化文台拱区褶皱形态模式图（据王小生等）

A. 上、下部岩系间拆离面；B. 碳酸盐岩组合与碎屑–泥质组合间拆离面

++ 灰色片麻岩　　+正南沟花岗岩床

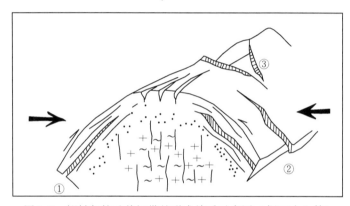

图 2.9　褶皱与控矿剪切带的形成关系示意图（据王小生等）

①顺层脆韧性剪切带；②横向脆韧性剪切带；③斜向脆韧性剪切带

岩）阶段；中期为斜长（奥长）花岗岩–英云闪长岩（TTG 岩系）侵入阶段；晚期为二长花岗岩（钾质岩系）侵入阶段。阜平运动使下部岩石单位岩壳形成片麻理 $S_1$，并产生一组平行 $S_1$ 的花岗质条带，伴随发育流弯–揉流褶皱，同时发生区域中压高温变质作用，达高角闪岩相，呈单相大面积分布。

**2. 上部岩石单位岩壳**

属新太古代五台期构造层，由焕池峪组和观音堂组构成，两套岩石组合反映一个完整的海进旋回，代表典型陆源沉积岩系。五台运动使岩石产生变质形成分层结构及醒目的区域性片麻理 $S_0'$，伴随发育伟晶质条带（代表 $S_0'$），并遭受区域热流动力变质作用，达角闪岩相。由东向西形成黑云母带→铁铝榴石带→硅线石带，显示巴洛式递增变质。

五台运动对下部岩石单位片麻理产生叠加转换效应，以 $S_2$ 面理替代 $S_1$ 面理，并使 $S_2 = S_0'$。

基底的原岩建造、变形变质特征及矿物组合有显著差异，反映其间经历了一次成岩环境和构造环境发生根本性变化的突变事件。其性质属构造不整合界面，代表本区阜平运动的存在。

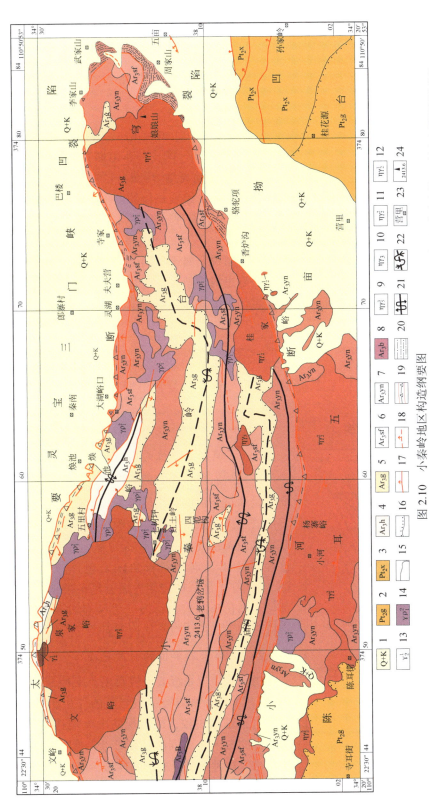

图 2.10 小秦岭地区构造纲要图

1.中–新生界；2.中元古界官道口群；3.中元古界熊耳群；4.新太古界焕池峪组；5.新太古界观音堂组；6.新太古界四范沟岩组；7.新太古界杨寨峪岩组；8.新太古界基性表壳岩；9.燕山期二长花岗岩；10.加里东期二长花岗岩；11.中岳期二长花岗岩；12.五台期二长花岗岩；13.五台期花岗伟晶岩；14.阜平期花岗伟晶岩；15.地质界线；16.不整合地质界线；17.断层；18.带有推测性质的断层；19.构造角砾岩；20.糜棱岩带；21.背斜；22.向斜（形）轴；23.居民点；24.山峰及标高

以小河断裂为界，变质核杂岩之南为陈耳街–高家岭台凹；以太要断裂为界，其北为灵宝–三门峡拗陷。显示典型的盆岭式构造格局（图 2.10）。

变质核杂岩体是一个古老的地质体，历经了长期的地质演化，在历次构造–热事件中，台穹区累积上隆，最主要的隆升发生在燕山期，致使上覆及两翼地壳长期处于引张伸展状态。小秦岭的构造格局，就是在这种拉伸体制背景下形成的。

小秦岭地区经历了三次规模较大的深源物质贯入（$Ar_3$、$Pt_1^2$、$Pz_2$—$Mz$），四次以沉积作用为主导的物质重新组合和再分配（$Pt_1^1$、$Pt_{2-3}$、$Pz_1$、$Mz$—$Kz$），在其演化的过程中发生了三次热动力为主的均一化改造（阜平期、熊耳期、印支—燕山期），其中前两次主要为区域变质–混合岩化–花岗岩化作用，第三次则是地壳重熔–花岗岩浆侵入活动。

变质核杂岩体经历了多期构造作用，强烈变形，组成核体的太华群岩石的原生组构均被改造，现在看到的片麻理和各类变质矿物代表了面理转换的第二或第三期产物（$S_2$ 或 $S_3$）。但原始地层（岩性）总体层序无变化。

变质核杂岩内部发育的短轴背斜形态及分布说明属于早期区域热穹隆。组成复背斜的主要褶皱构造有老鸦岔背形、七树坪向斜、五里村背斜等。在背斜的轴部及两翼和向斜的两翼，发育了多组、多类型的退变质绿片岩相含金脆韧性剪切带。因而，控制了本区金矿的分布。

# （二）褶　　皱

结晶基底变质岩系经历了多期强烈变形变质，呈复背斜形式构成小秦岭复杂褶皱形态。

## 1. 结晶基底的面理置换

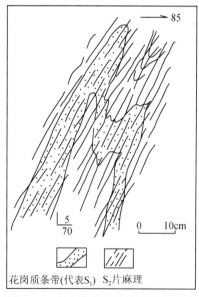

图 2.11　杨寨峪灰色片麻岩中花岗质条带被片麻理置换现象剖面素描图

### 1）下部岩石单位的面理置换

下部岩石单位存在两期区域性构造面理。早期面理是通过残留的花岗质条带（代表 $S_1$）来识别的。变形的花岗质条带（$S_1$）被晚期醒目的片麻理（$S_2$）或伟晶质条带（代表 $S_2$）所切穿、置换（图 2.11）。这种置换还表现在斜长角闪岩包体被晚期片麻理（$S_2$）切穿，部分被转变为黑云母条带，在强烈置换部位，斜长角闪岩包体及代表 $S_1$ 的花岗质条带被完全掩没消失，代之以晚期构造面理（$S_2$）。

### 2）上部岩石单位的面理置换

由副变质岩系组成，岩石多具变质成分–结构层（片麻理）。此种结构层与岩石的原生沉积纹（层）理（$S_0$）基本一致，故出现的次生构造面理用 $S_0'$ 来表达，即 $S_0' \approx S_0$。同时伴随产生一组平行 $S_0'$ 的伟晶质条带。这种条带具有层间揉皱，但未见区域性构造面理叠加。表明上部岩石单位没有产生第二期区域构造面理。

3）基底的面理置换关系

从区内变质岩系面理发育特征看，下部岩石单位发育的晚期构造面理（$S_2$）与上部岩石单位产生的构造面理 $S_0'$ 共同构成了小秦岭结晶基底构造面理（片麻理）的统一格局。

这表明，下部岩石单位发育的晚期构造面理 $S_2$ 是五台运动面状变形作用叠加置换 $S_1$ 的产物，并与上部岩石单位 $S_0'$ 产生于同一构造期，故 $S_0'$（上部岩石单位）＝$S_2$（下部岩石单位）。因此，基底间具明显构造均一化和平行化，产生协调的构造面理（片麻理）产状。特别是异岩不整合接触界面附近，强烈的构造叠加，使面理平行，界面也变得更为隐蔽，给观察和鉴别带来困难。

**2. 褶皱类型及特征**

区内结晶基底褶皱系列，是以现存新太古代五台期置换构造面理为变形面而显示的，只具形态意义，应属背、向形褶皱（片褶）系列。由于上部岩石单位转换构造面理 $S_0' \approx S_1$，故以 $S_0'$ 为基础的岩石组合层序，仍可大致代表地层层序。因此，由其组成的褶皱，亦大致代表正常背、向斜系列。下部岩石单位是一套主体不具地层意义的岩系，由其组成的褶皱，则称背、向形。

测区结晶基底确定了下列褶皱，从北往南为（图2.12、表2.2）：五里村背斜、七树坪向斜、老鸦岔背形、庙沟向斜、上杨寨背形。以老鸦岔背形为主干，组成复背斜。褶皱枢纽走向西部呈北西西向，东部向北东偏转。由于片麻理的揉流现象，局部地段褶皱形态不甚清楚。

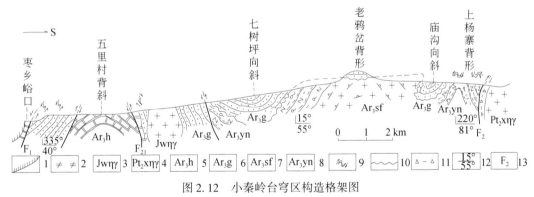

图 2.12　小秦岭台穹区构造格架图

1. 第四系；2. 花岗伟晶岩；3. 文峪岩体；4. 小河岩体；5. 焕池峪组；6. 观音堂组；7. 四范沟片麻状花岗岩；8. 杨寨峪灰色片麻岩；9. 长英质；10. 角度不整合界面；11. 碎裂岩带；12. 岩层或片麻理产状；13. 断裂编号

五里村背斜两翼被逆冲断层破坏，使核部出露焕池峪组，两翼出露下部层位观音堂组。其间以断层接触。

七树坪向斜核部，出露观音堂组，翼部出露杨寨峪灰色片麻岩及四范沟片麻状花岗岩。北翼南倾，南翼北倾。褶皱形态在枣乡峪一带较为清楚，东部渐变为向南或南东呈单向倾斜，显示南翼岩层倒转。在乱石沟、出岔及观音堂以西区段，观音堂组之下裸露下伏灰色片麻岩及片麻状花岗岩，局部表现为背斜。这表明七树坪向斜核部观音堂组总体呈平缓产状，故沟谷中露出下部基底。在樊岔、木厂峪一带，观音堂组形成产状多变的平缓波状褶皱，覆于下部岩石单位变质花岗岩系的不同岩性之上，也反映具上述褶皱形态特征。

表 2.2　小秦岭褶皱特征一览表

| 褶皱名称 | 枢纽走向 | 核部岩石单位 | 北翼产状/(°) | | 南翼产状/(°) | | 延展长度 /m | 长宽比值 |
| --- | --- | --- | --- | --- | --- | --- | --- | --- |
| | | | 倾向 | 倾角 | 倾向 | 倾角 | | |
| 五里村背斜 | 北西西 | 涣池峪组 （观音堂组） | 356～37 | 33～72 | 145～208 | 48～60 | 7000 | 4.6～14 |
| 七树坪向斜 | 北西西–北东 | 观音堂组 | 185～210 | 41～52 | 10～30 | 45～85 | 22000 | 7.3～11 |
| 老鸦岔背形 | 北西西–北东 | 片麻状花岗岩 灰色片麻岩 | 315～10 | 48～80 | 127～198 | 54～67 | 18000 | 4.5～9 |
| 庙沟向斜 | 北西西，东部 向北弯转 | （涣池峪组） 观音堂组 | 345～10 | 45～87 | 347～35 | 29～76 | 13000 | 13～26 |
| 上杨寨背形 | 北西西–北东 | 片麻状花岗岩 灰色片麻岩 | 350～39 | 35～80 | 185～205 | 75～85 | 12500 | 9.6～12.5 |

庙沟向斜核部出露的观音堂组，前人曾视为单斜叠置层，并作为老鸦岔背形南翼的组成部分。但在杨寨峪、白花峪、大王西峪、西峪垴等区段，根据拖曳褶皱判断，观音堂组南段岩石（向斜南翼）的构造面理 $S_0'$ 普遍显示北倾产状为正常层序，北段岩石（向斜北翼）的构造面理则显示北倾为倒转。这表明观音堂组不是作为前人划分的间家峪组和枪马峪组间的叠置层位产出的，而是本身以向斜（或倒转向斜）覆于其上。前人所划间家峪组和枪马峪组应属同一个构造岩石组合，并为观音堂组下伏岩系，即四范沟岩组。该区段观音堂组中断续分布的大理岩条带，应属涣池峪组大理岩的变形残块，这一事实，更表明观音堂组是以向斜样式存在的。

杨寨峪—四范沟分水岭一带，残留一套观音堂组变粒岩，呈近水平产状展布。下伏片麻状花岗岩在接触面附近，片麻理也呈近水平产状，与上覆岩层产状一致，但远离接触面的深切沟谷中，片麻状花岗岩产状明显变陡，显示不协调的产状特征。在夫夫峪一带也有类似特点。

综上所述，小秦岭地区褶皱具有独特的构造样式，它明显受观音堂组底界面（不整合构造薄弱面）制约，在全区形成表壳波状褶皱。

**3. 褶皱成因及变形期次**

区内组成褶皱的岩石发育显著的近东西向平行构造，说明岩石最终在近南北向的压扁机制下发生了变形。长英质脉体、片麻理产状与背、向斜的组合关系充分反映了这一特点。

第一期变形发生在新太古代阜平运动，与下部岩石单位主变质期相伴，在地壳深部高角闪岩相条件下，岩石发生变质分异作用，析出花岗质脉体，并以发育揉流褶皱为特征。

第二期变形发生于新太古代末五台运动，处于地壳深部角闪岩相条件下，岩石中的暗色矿物进一步分离，并在近南北向左行扭压的应力场中发生定向，置换改造了前期揉流褶皱，形成以老鸦岔复北斜为主体的不协调褶皱系列，原生面状构造则趋于消失。

# 四、小秦岭"拆离–变质核杂岩"构造格局

华北地台南缘有关深部地球物理资料、构造分区、不同构造区的地层岩石组合及构造演化等分析，都从不同侧面证实了小秦岭区是在伸展体制下长期发展形成的、具一定代表性的"拆离–变质核杂岩"构造。

从总体看来，小秦岭"拆离–变质核杂岩"构造虽然有着许多地域性的特殊表现，但它完全符合 Lister 和 Davis（1989）研究美国北科罗拉多河第三纪大陆伸展构造特征所提出的"变质核杂岩"和"拆离断层"概念的原始含义。

为了强调"拆离–变质核杂岩"构造的形态特征、组合规律和形成机理，我们将这种构造体系归结为"一核、二界、三拆离"要素组成的模型，并依此而绘制了它的组合模型剖面（图 2.13）。

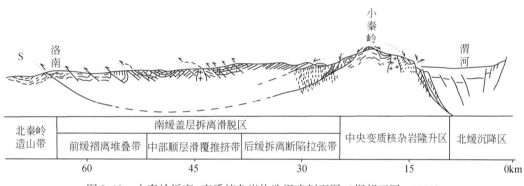

图 2.13　小秦岭拆离–变质核杂岩构造概略剖面图（据胡正国，1993）

在这一模型中，涉及了不同期次和不同产态的五条韧性或韧脆性（乃至后期呈现为脆性）的剪切带。其形成的时限是一个很受关注的问题，对此可以作如下的初步解析：

在周家山显露的南侧边界韧性剪切带被上、下部岩石单位间的拆离型缓倾韧性剪切带所切截的现象（图 2.14），真实地记录了相互的时间关系。由于 K-Ar 测年资料已经限定南缘边界韧性剪切带产生于 1800Ma 左右，则缓倾拆离韧性剪切带（底间型）的时间可能发生于 1400Ma 左右的武陵运动（熊耳运动），但交切带的拖引现象表明其定型是在热穹隆不断隆升的晚期，也即是说上、下部岩石单位间的缓倾拆离韧性剪切带起初是平直的，而其弯曲形成穹隆状是在上部岩石单位热点式穹起过程中被弯曲的。

至于上部岩石单位中位于大理岩组合层底部的拆离型脆韧性剪切带在焕池峪口切截了下伏片麻岩层内的含金石英脉体的绿片岩相千糜岩型的脆韧性剪切带，说明其形成时间比绿片岩和石英脉带的形成时间晚。

上部岩石单位岩系在下部拆离型韧性剪切带上滑脱而褶皱的时间可以初定在 1000Ma（即四堡运动），因为这时地壳正处于一个大面积区域性隆升的开始。经滑脱而褶皱，并在其演化发展的中晚期才有不同产状的绿片岩相的含金石英脉脆韧性剪切带形成。

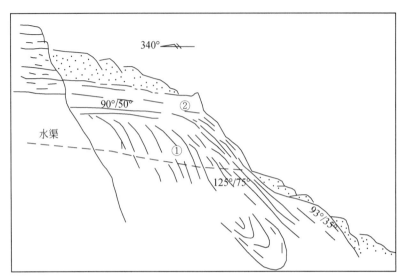

图 2.14　周家山两期糜棱岩远眺（据胡正国，1993）
① 早期；② 晚期

　　而盖层内与基底岩系之间的拆离带（韧脆性-脆性），则由充贯其中的正长斑岩（为213±5.7Ma）加以限定，亦即印支期即开始运动，一直可延续到燕山晚期至喜马拉雅早期——由拆离而形成台拱区南侧的若干堆积了白垩系、古近系和新近系的小型山间谷（盆）地。

# 五、小秦岭地区地壳演化概述

　　小秦岭地区地壳演化是复杂的。地壳的发展和构造演化呈现明显的周期性和脉动性，每一个周期都表现为一次重要的地质事件的发生和结束（胡受奚等，1988；陈衍景、富士谷，1992）。

　　阜平期（2600Ma），属于原始陆壳，地壳具高塑性。在灞源—华山—故县一带发育原始洋壳，随后有拉斑玄武岩及稍后的 TTG 岩浆侵入。其中黏土-碎屑沉积和火山碎屑沉积形成小秦岭地区花岗-绿岩地层。

　　阜平期构造作用，使小秦岭地区岩石产生中高温中压区域变质作用和早期混合岩化，形成角闪岩相到麻粒岩相变质及混合岩。初步形成近东西向塑性褶曲，其变形特点是以黏性流变分异为主，反映了以伸展机制为特征的热穹隆构造形式；并开始出现近东西向平卧褶皱及片内无根褶皱，其变形特点是以黏性流变分异为主，具有热穹隆构造形式。

　　万天丰（2004）认为，中朝板块内广泛发育新太古代变质岩系，如河南的太华岩群、登封岩群、嵩山群（2.84～2.4Ga），山东的秦山岩群（＞2.5Ga），皖北的霍邱岩群（2.7Ga），中条山的绛县岩群，吕梁山的吕梁岩群，太行山阜平岩群的上部（2.4Ga）……当时是中朝陆块的一部分。

　　白瑾（1996）将中朝陆块的中国部分（华北区），划分为 6 个陆块，小秦岭属于其中临汾陆核的西南边缘，并认为陆核可能是在碰撞过程中发生旋转运动，最后聚合起来。万天丰认为近水平方向带旋转运动的陆核碰撞、聚集过程和陆壳深部的垂直增厚同时存在。

五台—中岳期（2600~1400Ma），五台—中岳期仍以黏塑性变形-变质作用为主，由于热穹隆的作用，热流增高，地壳重熔，形成富钾花岗岩（挂家峪岩体）和大量花岗伟晶岩。其变化作用以高角闪岩相区域变质作用为主，伴有混合岩化作用，晚期产生绿片岩相退化变质作用。

大约在五台期之后，华北原始地槽阶段结束，在地台南缘形成了统一的结晶基底陆核，以抬升为主。但在熊耳期豫-陕-晋三叉裂谷槽形成，发育了一套巨厚的以中基性为主的火山岩系。三叉裂谷的出现标志着华北克拉通开始裂解。稍后又有重熔花岗岩侵入（小河岩体1.463Ga）。

同时，太华群出现隆起，小秦岭地区上部岩石单位和下部岩石单位间的缓倾斜拆离型韧性剪切带发生，老鸦岔背斜开始形成。

中岳期—晋宁期（1400~800Ma），主要表现在小秦岭南侧，相继沉积了弧前盆地性质的官道口群和栾川群地层。在潼关-三门峡-鲁山断裂以北沉积了弧后盆地性质的汝阳群。而在小秦岭-崤山-熊耳山-鲁山一带则不连续抬升，没有见沉积地层存在。

震旦—加里东期（800~405Ma），是中国大陆形成时期，祁连-北秦岭洋张开—闭合（程裕淇，1994）。小秦岭内表现为非均衡升降，局部出现小范围震旦系、寒武系地层。小秦岭则受到南北向挤压，老鸦岔主背斜基本形成，是以第二期变形而产生的面理-片麻理作为变形而构成的褶皱。

华力西—印支期（405~195Ma），小秦岭内以形成广泛分布的中基性脉岩为特征，印支期（257~205Ma）中国大陆发生大规模碰撞拼合，秦岭-大别等碰撞带在此时期先后形成，使中国大陆四分之三的面积并入潘基亚泛大陆；同时形成印支构造体系（张国伟等，2001）。即包括北秦岭碰撞带在内的四条碰撞带和比较广泛的褶皱外，还发育一系列北东向断裂和近东西向逆冲断层或逆断层。小秦岭地区部分近东西向逆断层就在此时形成。

燕山期（205~135Ma），鄂霍茨克板块和伊佐岐板块向西俯冲、挤压，中国大陆逆时针转动20°~30°，形成新华夏构造体系，出现大规模构造岩浆活动，主要特征为形成一系列北北东或北东向褶皱、逆断层；北西-北西西向横张断层或走滑断层（万天丰，2004）。同时形成豫西地区广泛分布的花岗岩株体，它们成为小秦岭主要内生矿产的成矿岩体。区内北西向逆断层与花岗岩同期或略晚形成，成为金矿的控矿构造。

四川期（135~52Ma），大陆板块内部发生构造变形，形成四川构造体系，东部盆地构造发育，最大主应力方向发生顺时针转变，为中国大陆现代地貌形成的萌芽时期。

华北期（52~23.5Ma），太平洋板块首次向西俯冲、挤压，中国大陆东部出现内变形，秦岭-大别等三条近东西向山脉和四大汇水盆地形成。

喜马拉雅期（23.5~0.78Ma），在印度-澳大利亚板块和菲律宾板块以不同速度向北运移作用下，中国西部变形强烈，东部地区变形微弱。构成大陆台阶状地形和长江、黄河水系的全线贯通。

综合上述，小秦岭地区褶皱构造演化可用下图概略表示（图2.15）。

由上述可知，小秦岭地区大地构造背景属于秦岭北缘后陆断褶皱构造，其北为典型的

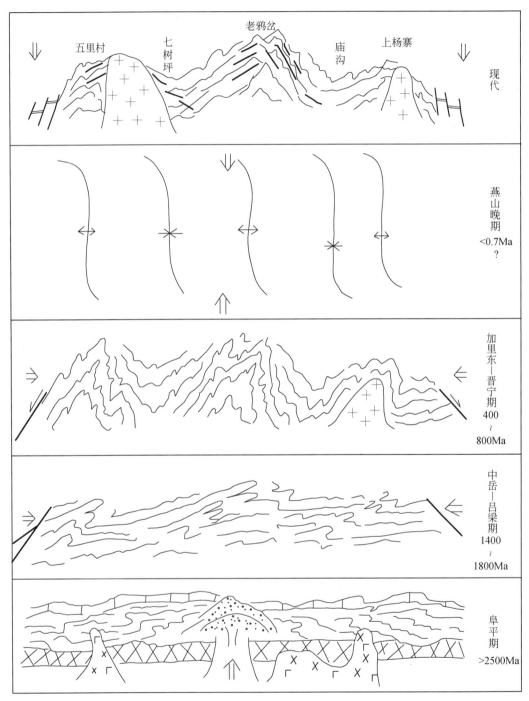

图 2.15　褶皱构造形成及演化示意图

华北陆块。该区原来也是华北陆块的组成部分,具有华北陆块基底–盖层结构。南邻秦岭
造山带。经历了复杂、多期的构造变动,特别是中生代的印支期碰撞造山运动,使华北陆

块南缘地层向南仰冲。现在小秦岭的构造变形、变质、岩浆活动与成矿作用等，均明显表现出与秦岭晋宁–印支板块碰撞后中新生代陆内造山作用有关，加入到秦岭造山活动中，成为秦岭造山带的北缘组成部分（张国伟，1997）。同时，印支期的陆陆碰撞作用，也使华北陆块与秦岭造山带成为统一的克拉通。因此，小秦岭地区既与华北陆块构造演化密切相关，同时又具有秦岭造山带的地质构造演化特征。这就是人们总是将该区纳入秦岭造山带分析、讨论的原因。但小秦岭地区北西西向分布着岛链状高级变质地体。这些高级变质地体空间分布规律、岩石组合、构造变形、同位素年龄等表明，它们原来是同一时代密切相联系的变质岩系。正是由于华熊亚热柱在燕山期的出现，以及同时期的大规模岩浆活动，不但造成了它们同时期上隆，而且造成了十分相似的矿产分布。

# 第三节　幔枝构造概述

地幔热柱理论被认为是大陆漂移，板块构造之后的第三次浪潮。地幔热柱多级演化不仅是地壳运动的动力来源，控制着地壳运动、幔壳物质交换，甚至是成矿控矿的主导因素。基于上述，我们在本项目尝试用地幔热柱理论对小秦岭金矿的成矿进行解释，以期对中深部金矿远景资源评价有所帮助。

## 一、地幔热柱理论概述

### （一）地幔热柱理论的形成

地幔热柱的认识，源于热点理论。1963 年，Wilson 提出热点假说用于解释夏威夷群岛火山岩的成因。所谓热点就是地幔中相对固定和长期的热物质活动中心，它们向活火山提供富含各种微量元素的岩浆。随着岩石圈板块的不停运动，先形成的火山从热点处移开并逐渐成为死火山，新的火山又在热点上方形成，结果就形成了一连串按年龄定向分布的线状火山链。

太平洋中的夏威夷海岭和天皇海岭，就是由呈线状展布的一系列火山锥构成的火山链，其岩石年龄的分布具有明显的定向性。岛链东南端的夏威夷岛火山年龄不超过 0.8Ma，岛上的基拉韦厄火山是目前仍在活动的活火山。从夏威夷岛链向西北，随着距离的增加，火山岩的年龄依次增加。在夏威夷海岭与天皇海岭的转折处，火山岩的年龄为约 40Ma。天皇海岭呈北西西向伸向堪察加半岛东侧，北端的明治海山的年龄则达 70Ma。

热点假说的正确性在 55 航次深海钻探时得到了证实。

Morgan（1971）则认为 Wilson 所指的固定热地幔源区实际上是一个产于地幔底部热边界层附近的热幔柱（也有人译作地柱、热点、地缕、地幔羽、地幔柱等），Deffeye（1972）认为热幔柱是下地幔上涌形成的；Anderson（1975）说热幔柱与其说是热柱，不如说它是一种化学柱，它的化学成分与周围地幔物质有明显的差别，它来源于地幔底部的 D″层。D″层从外地核那里聚集了大量放射性元素，放射热导致 D″层具有高温低黏度特征，从而形成地幔热柱。这些概念奠定了地幔热柱理论的基础：①地幔热柱往往发育于地球的核–幔边界，并且在向上运动的过程中逐渐扩大；②当垂直运动的地幔热柱上升到岩石圈底部时，地幔便开始向四周拆离扩散，形成具火山活动的热区，并可能使岩石圈上隆；③与地幔热柱内集中的上升流相平衡的回流，由地幔其余部分非常缓慢地往下运动；④地幔热柱上升点呈放射状的流体所施加给岩石圈板块的合力以及板块沿边界相互制约所产生的力，确定了板块运动的方向。

　　地幔热柱在其形成与演化过程中可能受多种因素控制和影响，并具有不同的演化过程和形态特征。日本一些学者根据研究成果，以核幔界面（2900km）、上地幔底界（670km）、岩石圈底界（100km）深度为界划分出地幔热柱一、二、三次柱（图2.16）。邓晋福等（1994）称二级地幔热柱为亚热柱。牛树银等（1996）称三级幔柱为幔枝构造。

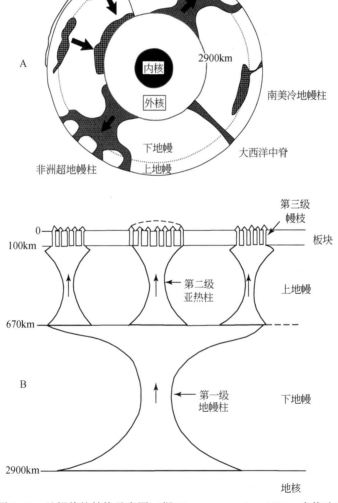

图2.16　地幔热柱结构示意图（据 Maruyama et al.，1994，有修改）

## （二）地幔热柱多级演化

地球核–幔间存在着物质对流，地幔是塑性流变物质，也是物质对流的主体成分或载体。又因为地球是层圈结构的球体，且不同圈层间存在着旋转速度差，所以地幔热柱就会表现出明显的多级演化特征（图 2.17）。

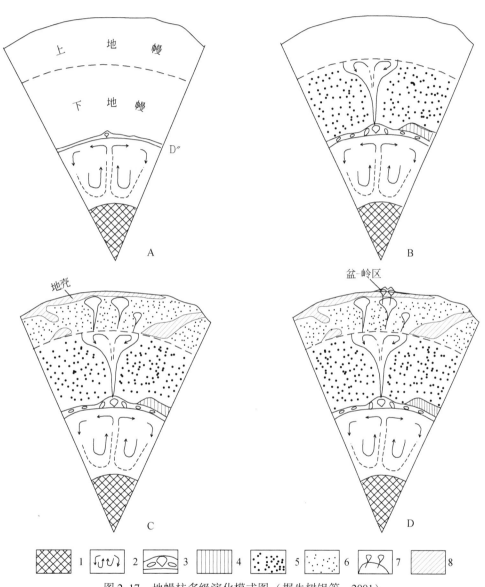

图 2.17　地幔柱多级演化模式图（据牛树银等，2001）

1. 地球内核；2. 地球外核；3. D″（超临界）层；4. 下沉冷幔柱（体）；5. 下地幔；6. 上地幔；
7. 二、三级柱；8. 俯冲堆叠岩块及岩石圈硬块

## （三）幔枝构造的基本特征

幔枝构造是地幔热柱演化的第三级构造单元，是地幔热柱多级演化在岩石圈浅部的综合表现形式。幔枝构造一般由核部岩浆–变质杂岩、外围盖层拆离滑脱层、上叠构造断陷–火山盆地等三个单元组成。幔枝构造的形成伴随着地壳上隆、岩浆活动、变形变质、含矿流体活化迁移、成矿作用等一系列地质过程。基本特征列于表 2.3。

表 2.3　幔枝构造单元特征

| 特征 | | 分区 | | |
|---|---|---|---|---|
| | | 轴部岩浆–变质杂岩隆起区 | 盖层拆离滑脱区 | 外围上叠断陷盆地区 |
| 构造 | 形式 | 多为正向穹隆区 | 正向主、次拆离滑脱区 | 多为铲状断裂控制的断陷 |
| | 形态 | 一般为浑圆状，受其他构造控制、干扰可为长轴状 | 主要环绕核部岩浆–变质杂岩隆起区展布 | 多为不规则断陷火山–沉积盆地 |
| 断裂 | 规模 | 超岩石圈断裂–岩石圈断裂 | 基底断裂 | 基底断裂–盖层断裂 |
| | 性质 | 韧性–脆韧性变形 | 脆韧性–韧脆性变形 | 脆性断裂为主 |
| 岩石组合 | | 主要为岩浆–变质杂岩 | 中新元古界及其以上盖层地层 | 主要为侏罗–白垩系火山–沉积岩系 |
| 岩浆演化 | | 深成基性–中酸–碱性岩浆活动均可发育 | 中深成中酸性岩浆活动为主 | 浅成火山喷出岩为主 |
| 变质作用 | | 面状区域性变质作用为主，接触变质作用 | 线状动力变质作用为主 | 低级变质作用火山–沉积为主 |
| 成矿作用 | | Au、Cu、Mo 等 | Au、Ag 等 | Ag、Pb、Zn 等 |

**1. 核部岩浆–变质杂岩**

岩浆–变质杂岩一般位于幔枝构造的核部，形态多为等轴状、长垣状等，面积一般 $n \cdot 10 \sim n \cdot 100 \text{km}^2$。

变质岩往往为前寒武纪变质结晶岩系，岩体多沿轴部韧性剪切带成串展布。岩体可大可小，一般是多期次侵入的环带构造。岩性从基性岩至中酸性岩均可发育，岩体附近往往发育大量脉岩。

**2. 外围拆离滑脱层**

系指岩浆–变质杂岩之上的所有盖层岩石，它与基底多呈不整合接触或断层接触，包括中–新元古界及其以上任何沉积地层单元。

当岩浆–变质杂岩隆升时，上覆盖层发生穹隆，也可以出现一系列环状、放射状构造；同时，盖层岩石开始下滑拆离，并表现出以正向拆离滑脱为主的正断活动。

主拆离滑脱带多发育在盖层与基底间的接触面上。次级拆离滑脱带多利用和改造岩石中原有薄弱带。

**3. 上叠火山–沉积盆地**

此类盆地多以构造断陷盆地为表现形式，叠加在盖层和基底中，也可横跨在两者之上。

盆地往往以一组陡倾正断裂控制着边缘，可以发育成地堑式或呈箕状。断裂往往表现出铲状特征。盆地中的充填物多为火山岩系和沉积岩系。

## （四）华北东部地幔热柱及演化

近年来，牛树银教授注重研究华北地区的区域大地构造、盆山耦合关系、地壳结构构造、地球物理特征以及油气地质等课题，发现过去厘定的华北地幔亚热柱限定在华北盆地比较局限。根据区域地质特征、区域构造演化、地球物理等资料，华北地幔热柱范围应包括华北盆地、渤海、北黄海、南黄海海域，以及朝鲜、韩国在内的整个中朝准地台的东部地区，并且具有充分的地质–地球物理证据。

从中国东部–朝鲜半岛的构造演化和黄海海域已有的油气勘探资料来看，黄海盆地是在前侏罗纪基底之上发育起来的中新生代含油气盆地，因此，区域构造演化较为复杂，形成过程、形成机制也有不同认识（马寅生等，2007；张训华等，2007；邓晋福等，2007；牛树银等，2008）。

**1. 演化阶段的划分**

黄海盆地的构造演化经历了前侏罗纪基底形成、侏罗纪—古近纪断陷、新近纪—第四纪拗陷三大阶段，三个演化阶段具有其主要的构造活动特征。

1）前侏罗纪基底形成阶段

中三叠世印支运动之前，黄海海域分属华北克拉通和扬子克拉通两个不同的构造单元，均经历了克拉通结晶基底形成、克拉通稳定盖层发育两个演化阶段。所不同的是华北克拉通的结晶基底在古元古代末（1800Ma）吕梁运动之后就已形成，从中元古代就进入克拉通盖层发育阶段。而扬子克拉通的结晶基底形成于晋宁期（800Ma），从震旦纪开始进入克拉通盖层发育阶段。

直到中生代早期印支运动期间，华北和扬子两个克拉通发生碰撞俯冲，在两个克拉通地块之间形成大别–苏鲁高压–超高压造山带，两个克拉通地块拼合为一体，并且遭受强烈的剥蚀，形成了黄海盆地的基底构造层。

2）侏罗纪—古近纪断陷发育阶段

燕山运动以来，受太平洋板块俯冲作用及华北地幔热柱之地幔物质上涌的共同影响，华北东部地区处于总体伸展构造环境，在前侏罗纪不同类型的基底之上，逐渐发育一系列北北东、北东、北东东向的断陷盆地，并且发生强烈的火山喷发与岩浆侵入，中国东部–朝鲜半岛地区进入陆内造山与成盆阶段。在这些断陷盆地内发育了巨厚的河湖相含煤碎屑岩建造和中基性火山、火山碎屑岩建造。

由于太平洋板块的俯冲作用与华北地幔热柱之地幔物质上涌作用，往往呈间歇式活动，甚至印度板块向欧亚板块之下俯冲的远程效应也仍影响着华北东部地区，而且三者之间此消彼长相互作用，以至于在此期间至少发生过三次比较强烈的构造反转事件，分别为侏罗纪末的构造反转、白垩纪末的构造反转以及新近纪末的构造反转。三期构造反转事件均使得早期盆地反转或消亡，形成沉积间断，使早期地层褶皱，在盆地的边缘形成逆断层，甚至逆冲推覆构造。据此可以把侏罗纪—古近纪盆地断陷阶段进一步划分为侏罗纪、白垩纪和古近纪三个次级断陷发育时期，形成多个火山-沉积旋回。

3）新近纪—第四纪拗陷发育阶段

古近纪末的构造反转结束了黄海盆地的断陷历史。从新近纪开始，黄海地区整体沉降，形成统一的拗陷盆地，发育了新近纪—第四纪的河湖相沉积，统一的黄海盆地开始形成。直到第四纪初1.70Ma才发生海侵，形成现代黄海盆地及黄海地区的构造面貌（图2.18）。

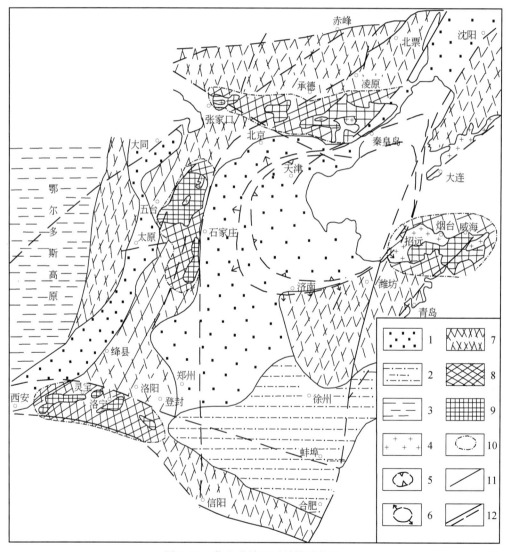

图2.18　华北盆岭区区域构造简图

1. 强烈断陷盆地；2. 沉降平原；3. 高原；4. 岩体；5. 地幔亚热柱中心断陷；6. 地幔拆离方向；7. 隆起区；
8. 幔枝构造；9. 变质-岩浆杂岩核；10. 幔枝构造范围；11. 一般断裂；12. 区域性断裂

**2. 华北东部地幔热柱的形成**

尽管目前对地幔热柱的来源、性质、大小、上升速度及成因等方面尚存在着不同认识，但它是来自地球深部物质上升流是毫无争议的，也是符合客观规律的。

根据国内外学者对地幔热柱特征的研究（邓晋福等，1992；Maruyama，1994；Fukao et al.，1994），对比华北东部盆岭区的地质演化及构造特征，可以确定华北东部盆岭区是一典型的地幔热柱，大量深部探测资料表明，华北东部盆岭区为一强烈隆升的幔隆，并呈半球形顶冠向外扩展。在地幔热柱顶部，轻质地幔物质以基性岩墙或玄武岩浆喷溢的形式上涌，并使上部地壳增温裂陷，形成由一系列铲状断裂控制的大型断陷盆地，接受了厚近万米的新生代堆积，华北平原岩石圈厚仅约 60 ~ 80km，渤海、黄海地区则薄于 60km。在华北地幔热柱的外围，地幔物质呈半球形顶冠从中部向外扩展，岩石圈厚度向外很快增厚到 80 ~ 120km，尤其向西、向北增厚更快。在太行山区、燕山区岩石圈厚至 120 ~ 160km，形成明显的幔坎或幔阶。在地质特征上，往往表现为非常明显的地壳厚度陡变带、重力梯级带、地震多发带和热泉分布带。

而鲁西-胶东地区则是在地幔热柱中心残留的陆块，就像喷泉上部托起的石球一样，地幔物质从中心向外围拆离，而中心的鲁西-胶东地块残留在地幔热柱的中心。其外围均为断陷盆地所环绕。

此外，岩石圈中明显的速度分层也说明了上述特征。上地壳以沉积地层为主，在地幔热柱顶部为 10km 左右，并且可分出中新生代盖层、古生代盖层和（部分地区）结晶基底等三个速度层；中地壳主要为低速层，并具高、低速相间排列的特征，最低速仅为 5.8 ~ 6.0km/s，其厚度在热柱顶部仅为 8 ~ 10km，而向外围山区增厚到 12 ~ 20km；下地壳则为一正速度梯度层，顶部速度为 6.2 ~ 6.4km/s，底部速度为 7.3 ~ 7.6km/s，也具有由地幔热柱顶部向外围变厚的特征。此外，在壳幔分界面附近速度梯度明显增大，这个壳幔过渡层由地幔热柱区的 2km 向外围加厚到 5 ~ 6km；在速度上有一从 7.3 ~ 7.6km/s 至 8.0 ~ 8.1km/s 的跳跃存在（孙武城等，1988）。岩石圈的速度分布在地震层析（CT）剖面上有着清楚的表现，这均表明地幔热柱的强烈上隆。

正是由于地幔热柱呈半球形向外围扩展，加之地幔位势差的存在，使岩石圈深部物质可通过上地幔顶部壳幔过渡带、中地壳等低速带（韧性流变拆离带）向造山带之下拆离流变。而这些低速软层一旦被造山带持续活动的陡倾韧性剪切带所切割，加之剪切带的减压释荷作用，便可导致原本具有一定熔融性质的低速软化物质转变为深熔岩浆源（房），沿陡倾韧性剪切带上侵，甚至通过浅部脆性断裂直达地表，形成火山喷发，以致形成沿造山带排列的点状或线状岩浆源地，表现为地幔热柱演化的第三级单元，即幔枝构造（mantle-branch structures）。岩浆（尤其是上隆地幔岩的热熔作用引起的中酸性岩浆）的密度倒置也加快了造山带的隆升速度和幅度，地表常表现为以幔枝轴部构造岩浆带为中心的隆起构造，其中隆升较快的部位可发育成典型的变质核杂岩构造。

**3. 华北东部地幔热柱构造演化**

中国东部自燕山期进入强烈活动时期，其深部机制主要受热地幔上升流的控制。使东部大陆先后进入岩石圈的拆沉作用阶段。华北地区燕山期大面积火山喷发与侵入活动，从幔源-壳幔混合到壳源为主的完整岩浆成分谱系，以及幔-壳成矿元素混合的 Au-Ag-Mo-

Pb-Zn 成矿作用均是中国东部活化的重要表现。

　　冯福闿和宋立珩（1996）从三维 S 波速度结构中圈定有关软流圈内部 S 波低速层的分布信息，将小于 4.2 ~ 4.3km/s 的地质体划分为低速层，将其解释为地幔上隆部位。华北地幔热柱就是一明显的地幔上隆区。大多数地球物理学家和地质学家认为地幔软流圈并非全部为熔融状态，大概只有 5% ~ 15% 呈部分熔融状态。地震波可在熔浆中减速并被吸收。因此，将低速层解释为晶液混合物。金振民（1995）通过实验得出，当熔融成分在 3% ~ 5% 时，熔融点主要位于矿物间的接触点上；当熔融 5% 以上时，则矿物间的接触面亦呈面状熔融，故很容易产生塑性变形，表现出低速层特征，一旦有触发因素，便可形成深熔岩浆，也是玄武岩浆的主要成因。它们是地幔热柱上涌的主动力源。

　　华北地幔热柱是华北东部中生代以来最大的区域构造事件，其构造形迹在不同时期有所不同。地幔热柱形成的早期，主要表现为区域性上隆（图 2.19A、图 2.19B）；随着地幔热柱的继续上隆，特别是在地幔热柱上涌的上方，上涌地幔强烈的热熔蚀作用，很快使下地壳局部熔融，形成局部的薄弱部位，并为地幔岩的继续上侵创造了条件。中下地壳则侧向拆离蠕变，地壳厚度减薄，上地壳侧向滑脱（图 2.19C）；当地幔岩的上涌一旦熔透下地壳时，本来就具低速高导特征的中地壳则更容易被熔融。换句话说，当地幔岩熔透下地壳时，由于岩石圈物质密度远小于地幔岩，因此，会有部分地幔岩快速上侵，可能会以基性火山喷发的形式喷发至地表，或以基性岩体的形式侵入到地壳浅部，而更多的情况是，由于低密度地壳过滤器的作用（赖绍聪，1999），地幔岩很容易以岩床的形式沿中地壳低速高导层侵入到中地壳之中，巨大地幔侵入岩床就好像插入木板中烧红的铁块一样，在地幔岩降温的同时，就把本来就具低速高导性质的中地壳或上地壳下部烤熔，并发生局部同化混染作用，以至于形成幔壳混染岩浆或壳源岩浆，并呈接力形式继续上侵，地表则发生裂陷下沉并接受沉积，形成一系列相间排列的地堑地垒，成为典型的盆岭构造（图 2.19D）。

　　此外，由于地幔岩（或幔壳混染岩浆）沿薄弱带的顺层贯入及其加入楔作用，容易使薄弱带扩大，甚至使下地壳很容易与中、上地壳失去连接，并以拆沉地块的形式下沉。同时，导致上地壳发生进一步热减薄断陷。与此同时，由于地幔热柱呈蘑菇状顶冠向外围拆离滑脱，加之地幔物质的高温度、高压力、低黏度特征，使地幔物质不断沿中地壳低速带、不同层次原有拆离滑脱带等薄弱部位向外围大规模拆离。向外拆沉的地幔物质一旦被外围陡倾韧性剪切带所切割，或者由于地幔物质向外拆离过程中导致的液压致裂作用，使新生断裂与上部活动断裂连通，便可导致地幔物质减压释荷，使原本具有一定熔融性质的低速软化物质转变成为深熔岩浆源。如果韧性剪切带直达地表且通畅性较好，则岩浆直接喷出地表形成火山爆发。火山活动旋回往往以基性、中基性岩浆喷发开始，以酸性或碱性岩浆活动为结束，总体表现出基性→中基性→中性→酸性（偏碱性）的完整岩浆活化序列。如果韧性剪切带连通性不佳，岩浆活动则以侵入形式为主。大规模的岩浆活动，特别是地幔岩侵入导致的大规模中酸性岩浆活动造成的负重力异常，使外围山系快速隆升，并逐渐形成一系列幔枝构造，与中心部位的热减薄断陷一起，逐渐形成典型的盆岭构造（图 2.19E）。

**4. 盆-山构造耦合机制**

　　如前所述，华北断陷-渤海断陷-黄海断陷区自白垩纪以来沉（陷）积厚度达 6000 ~

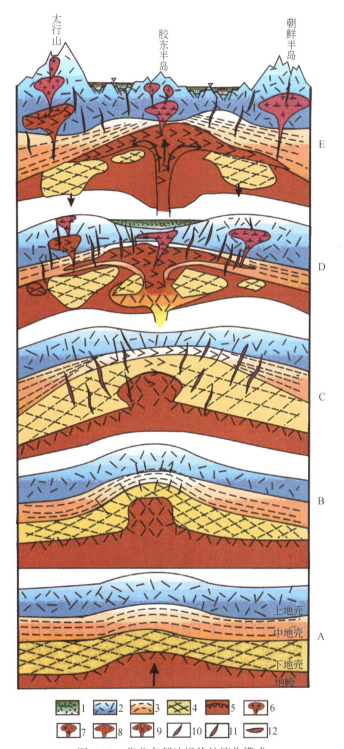

图2.19　华北东部地幔热柱演化模式

1. 新生代沉积盆地；2. 上地壳；3. 中地壳；4. 下地壳；5. 地幔岩；6. 酸性侵入岩；7. 中酸性侵入岩；
8. 中基性侵入岩；9. 基性侵入岩；10. 酸性岩脉；11. 基性岩脉；12. 新生代玄武岩

10000m，而深部地幔上隆至 34.5～35.5km 处。地幔上隆和地表断陷所占据空间的原有物质（除盆地扩张抵消掉部分体积外）哪里去了呢？而相邻造山带，如北部燕山、西部太行山、南部大别山、东部朝鲜半岛以及鲁西-胶东山地等的强烈上隆，其最大隆升幅度大于 10km，而该区地幔却下拗至 40～50km 以下。那么，山脉隆升及地幔拗陷所造成的体积亏空又由哪里来的物质补充呢？

我们认为只能是断陷区中下地壳物质沿平缓拆离滑脱带向造山带下部拆离流变，以补充山脉上隆和地幔下拗所造成的亏空。造山带上部风化剥蚀的物质则通过各种搬运介质迁移至断陷盆地中，从而构成盆地-造山带之间四维空间上的物质调整，使深部物质流变与浅部物质搬运转移达到基本的动态平衡（牛树银等，1995）。

然而，盆-山间四维物质调整是通过什么形式实现的呢？很显然，造山带隆升风化剥蚀产物的转移是通过外动力地质作用来实现的。盆地中的堆积与山脉顶部风化剥蚀产物呈反层序相关，即山脉早期剥蚀的上部地层、岩石产物堆积在盆地的下部，而山脉晚期被风化剥蚀的下部地层、岩石产物则堆积在盆地的上部。这种搬运物的堆积特征可通过盆地的石油钻孔岩芯资料进行大致对比。而深部物质向造山带底部流变（动）的过程则可从盆-山总体物质平衡的对比、大陆地壳反射剖面（COCORP）、全球地学断面（GGT）的编制、中下地壳断层出露区构造研究、不同温压条件下对岩石和矿物的流变性质实验、大陆、大洋的超深钻探等得以证明。这种特征在地球物理场上也有明显的显示（图 2.4、图 2.5），甚至在岩浆演化、地壳活动、地震分布、重力异常、航磁异常、等温居里面、地壳厚度等方面均有显示（滕吉文等，1997）。

## 二、华熊亚热柱及幔枝构造

豫西地区矿产资源丰富，是华北陆块南缘重要的成矿集中区，地质构造研究程度高。最早深入研究小秦岭地区构造的是原河南省地质局地质四队，他们利用地质力学的观点，发现和肯定了小秦岭地区新华夏系构造的存在，进而解释了小秦岭地区主要内生金属矿产与构造和岩浆岩的关系。之后又成功预测了夜长坪大型钨钼矿床，从而奠定了小秦岭地区构造研究的基础。20 世纪 80 年代初期，胡元弟和郭抗衡（1981）、张国伟全面系统地研究总结了小秦岭地区构造。进入 20 世纪 80 年代后期之后，先后有张本仁等（1987）、胡受奚等（1988，1998）、栾世伟（1992）、邵克忠等（1992）、卢欣祥（1993）、胡正国等（1994）、王志光等（1997）、陆松年等（1997）以及其他一些学者对小秦岭地区构造和矿产进行了深入的研究，其中胡正国等提出了"小秦岭拆离-变质杂岩核控矿"的观点，并建立了成矿模式。王志光等从变质核杂岩的角度探讨了小秦岭地区成矿作用及成矿预测。上述研究成果为小秦岭地区成矿构造研究奠定了基础。

需特别提出的是牛树银教授首次用地幔柱理论对小秦岭地区进行了研究，并建立了华北地块南缘亚热柱-幔枝构造，论述了幔枝构造与成矿的关系。

华熊亚热柱大体相当于豫西地区华熊陆块南缘的范围，其上的幔枝构造分别有小秦岭、崤山、熊耳山和鲁山等，为了解亚热柱与幔枝构造的基本特征，有必要对小秦岭地质背景进行了解。

## （一）豫西地区区域地质背景

### 1. 地层

华熊台隆位于华北地层大区，晋冀鲁豫地层区，豫陕地层分区。

区内太古宇地层发育，构成华北陆块最古老的基底，因变形强烈，构造十分复杂，地层序列难以恢复。由于其呈岛链状不连续的分布，因而在每个具体的太古宇地体上均各自有独立的地层层序和地层名称。各地体之间对比困难，因此，1997 年出版的《河南省岩石地层》一书中，对太古宇地层未予清理，仅做了概略介绍。

同时，区内发育元古宇地层，主要为中元古界长城系熊耳群、蓟县系高山河组和官道口群、青白口系栾川群、震旦系三岔口组和陶湾群，自古生界开始直到中生界未接受沉积，仅白垩系上统上部有零星河湖相堆积，新生界则以盆地堆积为主。

栾川断裂以北，包括洛南–栾川陆缘褶皱带和华熊台隆，构成华北陆块南缘。与其北侧的渑临台坳同属豫陕地层分区。两者均表现出地台沉积特征，表 2.4 中将两者地层均列出，以便进行比较，了解其差异。

太古宇和元古宇两者出现比较接近，而古生界和中生界地层只出现于渑临台坳。陆缘褶皱带和华熊台隆未出现。在白垩纪末期同时出现了河湖相堆积，一直延续到古近系。上述地层分布充分说明三门峡–鲁山断裂的重要作用。地层的分布见图 2.10。

北秦岭构造带地层与上述不同，主要反映褶皱带的地层特征。

### 2. 构造

小秦岭位于华北陆块南缘，南侧为北秦岭构造带。华熊台隆地壳具典型的基底和盖层地台型双层结构，基底为太华群，具深层次变质变形特征；盖层为中上元古界地层，以浅层次脆性变形为主，变质较微。

1）褶皱

小秦岭地区褶皱大多宽缓，以近东西向和北东东向及北西西向为主（图 2.20）。

嵩阳（五台）期和中岳期褶皱：分布于太华群中，就区域而论，嵩阳期为近东西向短轴背斜褶皱；中岳期为近南北向的紧闭褶皱，横跨在前者之上。如小秦岭复背斜，南坡岭–华山背斜。

熊耳期褶皱：出现于熊耳群火山岩中，为一些宽缓的近东西向隆起和凹陷。如红佛寺向斜。

晋宁、少林期褶皱：轴向近东西或北西，褶皱地层主要为官道口群、栾川群和陶湾群，如八宝山背斜。

印支—燕山期褶皱：主要发育在盆地中近东西向平缓开阔的小型背向斜，两翼对称，多受断裂破坏如杜关向斜。

2）断裂

区内断裂纵横交错，极其发育；断裂走向主要为近东西向及北东东向和北西西向（图2.20）。前人在区内划分了两条岩石圈断裂、1 条壳断裂、4 条基底断裂。

表2.4　研究区前侏罗系岩石地层单位划分表

| 年代地层 | | | 华北地层区 | | |
|---|---|---|---|---|---|
| 界 | 系 | 代号 | 秦祁昆地层区 | 华熊小区 | 豫陕地层分区 |
| 中生界 | 三叠系 | T₃ | 五里川组 | | 延长群 谭庄组／椿树腰组／油房庄组 |
| | | T₂ | | | 二马营组 |
| | | T₁ | | | 石千峰群 和尚沟组／刘家沟组 |
| 上古生界 | 二叠系 | P₂ | | | 孙家沟组；石盒子群 平顶山段／云盖山段／小风口段 |
| | | P₁ | | | 山西组；太原组 |
| | 石炭系 | C₃／C₂／C₁ | | | 本溪组 |
| | 泥盆系 | D₃／D₂／D₁ | | 柿树园组 Pz₂s | |
| 下古生界 | 志留系 | S₃／S₂ | 抱树坪组 | | |
| | | S₁ | 小寨组 | | |
| | 奥陶系 | O₃／O₂／O₁ | 二郎坪群 Pz₁e | 火神庙组；大庙组 Pz₁d | 马家沟组／三山子组／炒米店组／崮山组／张夏组 |
| | 寒武系 | €₃／€₂ | | | 馒头组 三段／二段／一段 |
| | | €₁ 600 | | | 朱砂洞组／辛集组 |
| 上元古界 | 震旦系 | Z₂ | | 陶湾(岩)组／三岔口组 | 东坡组／罗圈组 |
| | | Z₁ 800 | | 鱼库组／大红口组 | 董家组／黄莲垛组／红岭组 |
| | 青白口系 | Qb 1000 | 界牌(岩)组 | 谢湾(岩)组；栾川群 煤窑沟组／南泥湖组／三川组／白术沟组 | 洛峪口组；汝阳群 三教堂组／崔庄组 Pt₂₋₃；五佛山群 何家寨组／骆驼畔组／葡萄峪组 |
| 中元古界 | 蓟县系 | Jx 1400 | 峡河(岩)群 Pt₂₋₃ | 寨根(岩)组；宽坪岩群 Ptk 四岔口(岩)组；官道口群 冯家湾组／杜关组／巡检司组／龙家园组／高山河组 Pt₂g | 汝阳群 北大尖组／百草坪组／云梦山组 Pt₂₋₃；五佛山群 马鞍山组 Pt₂₋₃；兵马沟组 |
| | 长城系 | Chc 1800 | | 广东坪(岩)组；熊耳群 马家河组／鸡蛋坪组／许山组／许古(岩)组 | |
| 下元古界 | | Pt₁ 2500 | 秦岭(岩)群 石槽沟(岩)组／雁岭沟(岩)组／郭庄(岩)组 | | 双房(岩)组；银鱼沟群 北崖山组／赤山沟组／幸福园组；嵩山群 花峪组／庙坡山组／五指岭组／罗汉洞组 |
| 太古界 | | Ar | | 太华岩群 涣池峪组／观音堂组／四范沟(岩)组／杨寨峪(岩)组／基性喷发表壳岩 | 登封(岩)群；石梯沟(岩)群／常窑(岩)群／郭家窑(岩)群／石牌河(岩)群 |

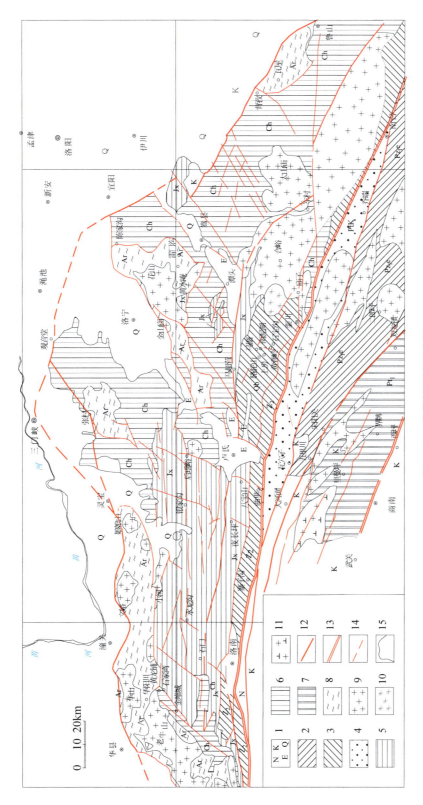

图 2.20　华熊地区地质略图

1.新生界（Q~K）；2.下古生界二郎坪群（Pz₁e）；3.上元古界栾川群和陶湾群（Qb、Z₂）；4.中上元古界宽坪群（Ptk）；5.中元古界官道口群（Jx）；6.中元古界熊耳群（Ch）；7.下元古界秦岭群（Pt₁）；8.太华群太华群（Ar）；9.花岗岩；10.碱性花岗岩；11.花岗闪长岩；12.断裂；13.板块缝合线断裂；14.推测断裂；15.地质界线

其中栾川断裂和三门陕-鲁山断裂为岩石圈断裂；马超营断裂为壳断裂，而文底-宫前断裂、洛宁山前断裂、瓦穴子断裂、朱夏断裂为基底断裂。它们为构造单元的分界断裂。

另外，文底-宫前断裂（在小秦岭段称太要断裂），朱阳-三门峡断裂、洛宁山前断裂（也称卢氏-宜阳断裂），田湖断裂均为断陷盆地边界断裂。这些断裂规模不同，其控制盆地规模和地质意义也不相同。

**3. 岩浆岩**

区内岩浆活动强烈而频繁，自太古宙到中生代都有表现，具多旋回、多期次特征。太古代表现为中基性-中酸性火山喷发及 TTG 岩系的侵入；元古宙为中基性火山喷发；中后期为碱性火山岩喷发（栾川群大红口组等），加里东期为碱性花岗岩岩基（龙王幢）和碱性脉岩侵入。中生代燕山期岩浆活动强烈而广泛，形成花岗岩基（合峪、花山等）和花岗斑岩岩株。花岗斑岩岩株与小秦岭地区钼、钨、金、银、铅、锌、铜等内生矿产具密切成生关系。

燕山期侵入岩及火山岩主要为酸性岩，次为中性岩和碱性岩。华熊台隆主要花岗岩株和岩基，如小秦岭文峪、娘娘山岩株及卢-栾地区广泛分布的岩株，熊耳山地区花岗岩基、外方山地区合峪岩基等。

另外，区内还有较多酸性岩喷发，在熊耳山地区出现密集成群的爆发角砾岩体。

除上述之外，燕山晚期（早白垩世），在华熊台隆东部边界附近，有基性-超基性岩喷发。

根据成岩系列特征，岩浆岩可分为 3 种成岩系列：①幔源型岩浆系列，华熊台隆和北秦岭构造带中岳—五台期侵入岩；②同熔型岩浆系列，晚元古代、燕山期部分火山岩，各时期闪长岩-石英二长岩-花岗闪长岩-碱性花岗岩-花岗斑岩组合；③陆壳改造型岩浆系列，主要为各期深成相花岗岩及混合花岗岩。

同时，河南区域地质志划分了岩浆岩岩带，台区主要岩浆岩带见表 2.5。

**表 2.5　河南省构造岩浆岩带划分表**

| 岩区 | 构造岩浆岩带(主带) | 岩性亚带 | 主要岩体 | | 主要构造环境 |
|---|---|---|---|---|---|
| 华北陆块南缘岩浆岩区 | 小秦岭岩带 | 娘娘山-大湖峪嵩阳期花岗岩、伟晶岩亚带 | 娘娘山、大湖峪、杨寨峪、桂家峪 | | 小秦岭复背斜，杨庄断裂，武家山-宫前断裂 |
| | | 朱阳镇-小河王屋山-晋宁期酸性岩亚带 | 朱阳镇、小河、鱼仙河 | | |
| | | 闵峪-娘娘山燕山期花岗岩及花岗斑岩亚带 | 文峪、梁埝、小妹河、龙卧沟、后河 | | |
| | 熊耳山岩带 | 金山庙-花山燕山期花岗岩亚带 | 万村、瓦房沟、嵩坪、杨圆、花山、金山庙 | | 花山背斜，北东向洛河、伊河大断裂，北西向、东西向断裂 |
| | | 雷门沟-沙土燕山期花岗斑岩亚带 | 雷门沟、小门沟、螃蟹沟、沙土、斑竹寺 | | |

续表

| 岩区 | 构造岩浆岩带（主带） | 岩性亚带 | 主要岩体 | 主要构造环境 |
|---|---|---|---|---|
| 华北陆块南缘岩浆岩区 | 嵩山–箕山岩带 | 嵩阳期闪长岩、花岗岩、伟晶岩亚带 | 石牌河、路家沟、风穴寺、许台、郭家窑、余窑 | 嵩阳期南北向褶皱、断裂 |
| | | 王屋山期花岗岩亚带 | 石坪、白家寨、摩天岭、吴家门东 | |
| | 嵩县–鲁山岩带 | 黄庄–付店王屋山期花岗闪长岩亚带 | 北科庄、瓦房、升坪、付店、阳坪、合村、黄庄 | 台缘拗陷，崤山–鲁山拱褶断断束，伊河断裂 |
| | | 磨沟–乌烧沟燕山期碱性岩、酸性岩亚带 | 龙头、磨沟、乌烧沟、白土窑 | |
| | 卢氏–确山岩带 | 卢氏–栾川燕山期花岗斑岩亚带 | 八宝山、银沟家、秦池、南泥湖、竹园沟 | 华熊台缘拗陷南缘，栾川–确山–固始深断裂北侧 |
| | | 栾川晋宁期基性岩亚带 | 陈家门、上马石、冷水、月沟 | |
| | | 合峪交口燕山期花岗岩亚带 | 大尖顶、合峪–交口、角子山、楂峪山 | |

## （二）区域地球物理、地球化学及遥感影像特征

### 1. 区域地球物理特征

1）区域重力场特征

小秦岭地区位于北北东向大兴安岭–太行山–武陵山重力梯级带与北西西向西安–南阳–信阳重力异常低值带交会部位，形成一个规模巨大的重力异常扭曲带（图2.21）。

区域重力布格异常图（图2.22）及上延16km以浅异常图上，重力异常主体为北西西走向和北东走向的复合叠加，北部和东部以北东走向为主，中南部以北西西向为主。总体表现为重力值东高西低，南北高中间低的特征。

在上延32km异常图上，重力异常表现为近南北向，在卢氏–栾川有一向东凸的低值带，反映了在深部构造上处于北北东向的莫霍面陡变带中，地壳由西向东变薄，由西部的38km向东渐变到32km。低值带的扭曲带，推断为北西向大规模侵入的以酸性岩为主的岩浆岩带（袁学诚等，1995）和秦岭幔拗带的反映，形成了立交桥式构造格架。

长期的多期次构造–岩浆活动，形成了目前隆起、盆地、岩体等复杂的地质构造特征；从而引起上述重力异常的复杂形态。低值带（区）是上中生界盆地和酸性、碱性岩浆岩引起，高值异常带（区）与基底隆起和基性–超基性岩浆岩有关，不同规模的重力异常梯级带或扭曲带由相应规模的断裂带，不同构造单元和不同地层岩性界线形成。

2）区域磁场特征

在豫西南地区，从南到北磁场总体走向由北西西逐渐转为近东西向，崤山地区又转为北东东向。中南部以正异常为主，呈北西西向带状展布；北部以宽缓的北东东走向的负异常为主。磁值总体显示南高北低，最高值位于邓州市北部，强度为2400ηT；负异常值较低，最低值位于洛宁县南部强度为-400ηT。除盆地外，负磁异常一般范围小，呈线状和

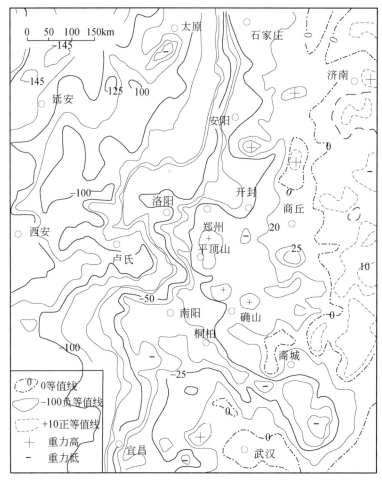

图 2.21　区域重力异常图

正磁异常相伴。范围较大的正磁异常带一般由磁性较高的火山岩、变质岩和岩浆岩引起，如栾川-维摩寺-明港正磁异常带系由一个巨大的隐伏半隐伏酸性岩为主的岩浆岩带引起。范围较大的负磁异常带主要与中、新生界盆地和无磁性的沉积岩地层有关，如南阳盆地、卢氏-洛宁盆地、灵宝-三门峡盆地（图 2.23）。

3）重磁场与深部构造

（1）地壳结构特征：由地震资料反演得到的界面深度，层速度 $v_P$ 及品质因数 $Q$ 等成果见图 2.24，剖面中显示地壳呈多层结构，总体与大陆地台型地壳相似。剖面中出现 3 条超壳断裂。

栾川断裂以北的华北陆块分为上、中、下三层，层速度及 $Q$ 值较高，上地壳速度 5.68~6.07km/s，厚 14.3~15.4km，为沉积盖层和结晶基底；中地壳速度 5.92km/s，厚 8.9km，为花岗质和闪长岩质岩石；下地壳速度 6.6km/s，厚 7.56km，为玄武质岩石。

栾川断裂与商丹断裂之间的北秦岭构造带，与华北陆块的区别是地壳分层多，存在较厚的中地壳。

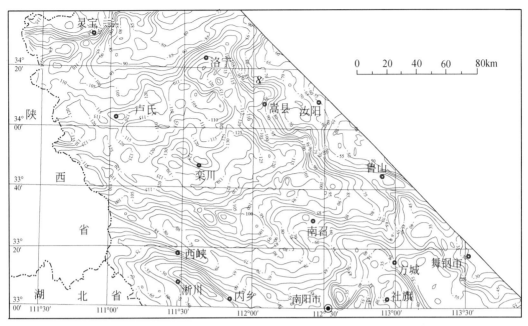

图 2.22　豫西地区重力异常图

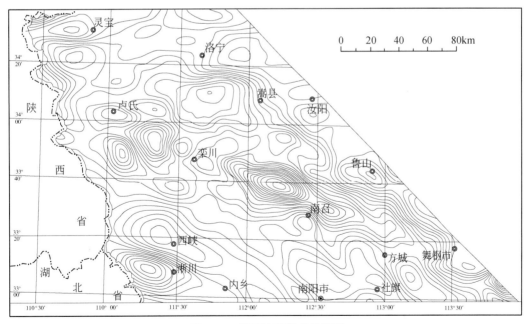

图 2.23　豫西地区航磁异常图

（2）莫霍面形态及深度：莫霍面起伏形态（地壳厚度变化）根据经验公式 $H_n=H_0-ng$ 近似推断。其中 $H_0$ 为重力零值所代表的莫霍面深度（km），$n$ 为相关系数 [km/（$10^{-5}$ m·s$^{-2}$）]，据河南省地矿局物探队计算 $n=0.07$km/（$10^{-5}$m·s$^{-2}$），$H_0=34.5$km。

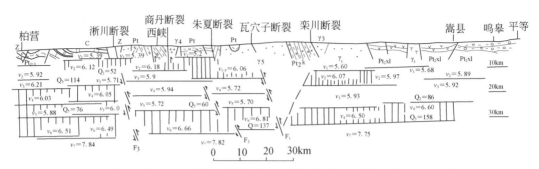

图 2.24　秦巴地区 QB-1 测线地质剖面及地壳分界面图（据张乃昌，1996，修编）

4）不同构造单元的重磁场特征

以栾川－明港断裂为界，南北分别为北秦岭构造带和华北陆块南缘两个构造单元。据燕长海等（2009）研究重磁场亦以栾川－明港重力异常梯级带为界，把重磁场分为两个大区、5 个亚区和 7 个小区（图 2.25、表 2.6）。

据图 2.25 可以发现，华北陆块与秦岭构造带的重磁场异常特征有较大差别，华北陆块规律性较差，重磁场显示北东向和北西向异常和梯级带叠加，形态复杂。总趋势是南高北低，东高西低，最低值位于灵宝地区，为 $-137 \times 10^{-5} \mathrm{m \cdot s^{-2}}$。马超营断裂上的重力异常梯级带贯穿全区，它与栾川断裂之间是重力异常低值区和磁场高值区。

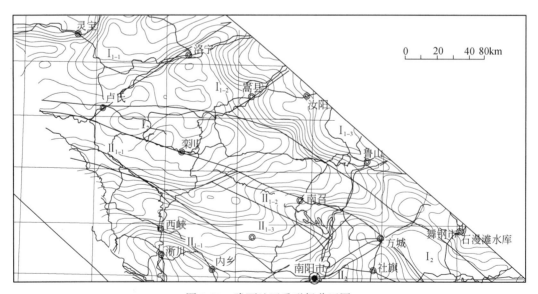

图 2.25　豫西地区重磁场分区图

亚区和小区重磁场特征见表 2.6。

表 2.6 豫西南地区重磁场分区表

| 大区 | Ⅱ 亚区 | Ⅲ 小区 |
|---|---|---|
| Ⅰ 华北陆块 | Ⅰ₁ 灵宝-嵩县-鲁山重力场高值区、磁场低值区 | Ⅰ₁₋₁ 洛宁-卢氏以西的北东向低值异常小区 |
| | | Ⅰ₁₋₂ 洛宁-潭头的杂乱异常区小区 |
| | | Ⅰ₁₋₃ 汝阳-鲁山-舞钢高值重力异常、负磁异常 |
| | | Ⅰ₂ 卢氏-车村-春水重力低值区、磁场高值区 |
| Ⅱ 北秦岭构造带 | Ⅱ₁ 南阳以西低值重力异常和高值磁异常亚区 | Ⅱ₁₋₁ 官坡-玉皇低值重力异常、高值磁异常小区 |
| | | Ⅱ₁₋₂ 白河-下王庄高值重力异常、低值磁异常小区 |
| | | Ⅱ₁₋₃ 二郎坪-黄路店重磁低值异常小区 |
| | | Ⅱ₁₋₄ 瓦穴沟-镇平高值重力异常、低值磁异常小区 |
| | | Ⅱ₂ 南阳-邓州(南阳盆地)宽缓异常亚区 |
| | | Ⅱ₃ 平氏以东杂乱异常亚区 |

5)重磁场特征与断裂构造和隐伏岩体

经重磁异常推断解释,小秦岭地区深大断裂在秦岭构造带和华北陆块明显不同,秦岭构造带内以北西向、北西西向为主,而华北陆块南缘则以北东向、北东东向构造为主(图2.26)。

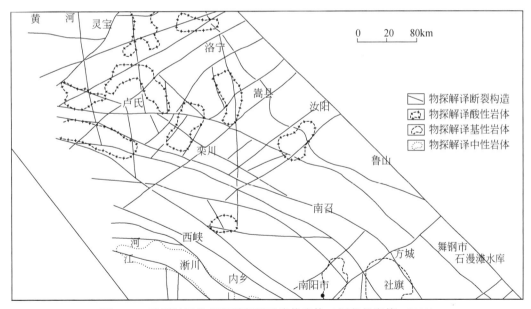

图 2.26 豫西地区物探解译断裂及隐伏岩体(据燕长海等,2009)

(1)北西、北西西向断裂:断裂带在布格重力异常图上表现为异常梯级带、扭曲带、异常分界线;在方向导数图上表现为线性异常轴线或其连线;在垂向二次导数图上为零等值线或其连线。磁场表现为正负线性异常带,扭曲带或异常分界线。区内主要深大断裂均有反映,如故县镇-三门峡、三门峡-鲁山、马超营、栾川、瓦穴子、朱夏断裂等,同时还有次级断裂。

（2）北东向断裂：其重磁场表现为较宽缓的异常梯级带或扭曲带。地貌上则为第四系沉积盆地、河谷等。推断的主要断裂有朱阳-灵宝、卢氏-洛宁、栾川-田湖等。

此外还有近南北向断裂，但规模均小。

（3）隐伏岩体：区内主要发育酸性岩体，酸性岩体重力异常为低值异常和局部负异常，在新生代盆地中表现为重力负异常。中-基性岩体密度、磁性较高，则为高重磁异常或正异常。具体推断解释的隐伏岩体见图2.26。

6）物探异常与成矿的关系

根据燕长海等（2009）研究，区内区域性深大断裂控制矿带和成矿区，而矿集区多与隐伏半隐伏岩浆岩体有关，据此划分了成矿区带和矿集区（图2.27、表2.7）。

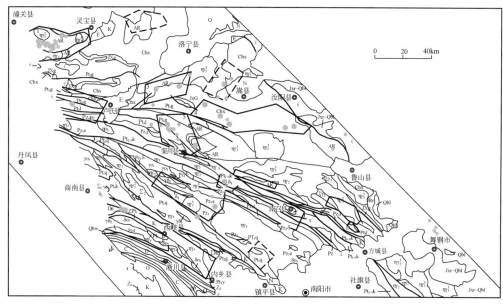

图2.27　豫西南地区矿集区分布图

**表2.7　豫西南地区矿集区划分表**

| Ⅰ级成矿带 | Ⅱ级成矿区 | Ⅲ级成矿区（带） | 矿集区 |
|---|---|---|---|
| 古亚洲和滨西太平洋叠加成矿域 | 华北陆块南缘成矿省 | Ⅲ₁华北陆块南缘多金属成矿带 | 1. 小秦岭金银锌矿集区 |
|  |  |  | 3. 寨凹-铁炉坪银铅铜矿集中区 |
|  |  |  | 4. 旧县-付店金银铅锌钼矿集区 |
|  |  |  | 2. 杜关-夜长坪铁铅锌银锰金矿化集中区 |
|  |  | Ⅲ₂华北陆块南缘褶皱带多金属成矿带 | 5. 栾川钼钨铅锌铜银金矿集区 |
|  |  |  | 6. 马市坪铅银矿化集中区 |
|  |  |  | 9. 云阳镇铅锌银矿化集中工区 |
|  |  |  | 11. 竹沟铅锌银矿化集中区 |

续表

| Ⅰ级成矿带 | Ⅱ级成矿区 | Ⅲ级成矿区（带） | 矿集区 |
|---|---|---|---|
| 秦祁昆与滨西太平洋叠加成矿域 | 秦岭大别成矿省 | Ⅲ₃北秦岭多金属成矿带 | 7. 军马河-板厂银铅锌铜金矿化集中区 |
| | | | 8. 上庄坪-水洞岭铜铅锌银矿化集中工区 |
| | | Ⅲ₄南秦岭多金属成矿带 | 12. 桐柏北部金银铅铅矿矿集区 |
| | | | 10. 淅川金银铜钒矿化集中区 |

**2. 区域地球化学异常**

本区完成了 1：20 万水系沉积物测量，区域地球化学异常依据 1：20 万水系沉积物测量成果讨论。据燕长海等（2009）统计，区内主要地质体元素分布见表 2.8，综合异常及衬值异常见图 2.28。

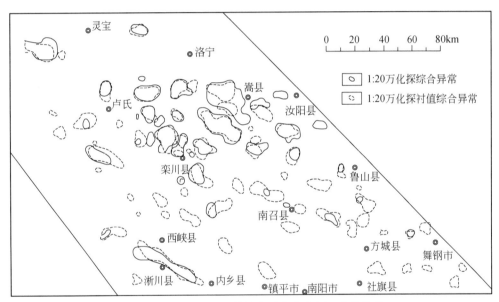

图 2.28　豫西地区地球化学衬值综合异常分布图（燕长海等，2009）

图 2.28 中，系采用子区中位数滤波法（SAMCF）（史长义等，1999）对原始数据处理后，按 1.15～1.26～1.51 等值线间隔圈定衬值异常。共圈定衬值异常 63 个。

由图 2.28 中可见，衬值异常与主要综合异常重合较好。部分异常两者出现差异。

表 2.8 说明，本区元素的同生富集以栾川群为最多，这可能与其含炭地层（煤窑沟组）有关，其他地质体一般仅具弱富集元素。在岩浆岩中，一般仅有弱富集元素，但加里东—燕山期的岩浆岩中 Au 都为极强分异，反映出岩浆岩与 Au 成矿关系密切。

在勘查地球化学中，谢学锦院士提出了地球化学块体的概念并用于指导分析判别其成矿作用和预测成矿规模，受到了人们的普遍重视。我们认为，地球化学块体不但对成矿作用有指示意义，而且也可以反映构造环境。现将本区地球化学块体及其基本特征叙述如下。

表 2.8　卢氏-栾川地区主要地质单元 1：20 万水系沉积物元素地球化学特征值表

| 主要地质单元 | 背景值 [ω(Au)×10⁻⁹，ω(其他元素)×10⁻⁶] | | | | | | | | | | | | | | 同生分布 | | | 后生叠加分异 | | |
|---|---|---|---|---|---|---|---|---|---|---|---|---|---|---|---|---|---|---|---|---|
| | Au | Ag | Cu | Pb | Zn | Cd | W | Sn | Mo | Bi | As | Sb | Co | Ni | 弱富集 K>1.2~1.5 | 富集 K>1.5~2.0 | 强富集 K>2.0 | 分异 D>3.0~6.0 | 强叠加分异 D>6.0~10 | 极强分异 D>10 |
| 华北陆块南缘 奥陶系 | 1.35 | 0.07 | 20.75 | 20.15 | 59.65 | 0.09 | 1.63 | 2.75 | 0.89 | 0.34 | 11.26 | 0.74 | 14.06 | 27.76 | As | | | Zn | | |
| 寒武系 | 1.35 | 0.06 | 22.22 | 22.06 | 64.14 | 0.09 | 2.30 | 3.08 | 0.79 | 0.37 | 12.52 | 0.83 | 15.53 | 29.63 | W Bi As | Mo | | Cu CoW Mo | Pb | Pb As |
| 洛峪群 | 1.32 | 0.07 | 18.11 | 24.58 | 59.45 | 0.09 | 1.81 | 2.89 | 0.76 | 0.33 | 9.47 | 0.85 | 14.05 | 29.21 | | | | | | Zn |
| 栾川群 | 1.23 | 0.09 | 38.38 | 50.14 | 136.19 | 0.34 | 1.82 | 2.63 | 1.09 | 0.63 | 9.42 | 0.69 | 18.16 | 29.90 | Ag | Cu | Cd Bi | Au Bi | As | Ag Pb Zn Cd W |
| 汝阳群 | 1.22 | 0.07 | 17.71 | 21.66 | 56.22 | 0.09 | 1.68 | 2.51 | 0.75 | 0.26 | 9.46 | 0.69 | 14.10 | 25.31 | Mo | Pb Zn | | Ag Mo | | Mo |
| 官道口群 | 1.44 | 0.08 | 22.92 | 28.31 | 83.87 | 0.15 | 1.68 | 2.83 | 0.72 | 0.32 | 12.04 | 0.92 | 14.80 | 29.18 | Cd As Sb | | | Cu Zn W Bi Mo Cd | | Au |
| 熊耳群 | 1.55 | 0.08 | 21.08 | 29.75 | 99.57 | 0.14 | 1.90 | 2.76 | 0.86 | 0.25 | 7.36 | 0.67 | 18.79 | 27.40 | Zn Cd | | | Cu Sb Cd Bi W | Cd | Au AgPb Mo |
| 太华群 | 1.76 | 0.07 | 31.79 | 26.48 | 92.06 | 0.12 | 1.85 | 2.62 | 0.75 | 0.29 | 6.03 | 0.51 | 20.65 | 37.77 | Au Co Ni | Cu | | As | | Au Ag Cu Pb W Mo Bi |
| 酸性侵入岩 燕山晚期 | 1.08 | 0.07 | 15.23 | 32.25 | 81.03 | 0.10 | 2.56 | 3.61 | 1.15 | 0.41 | 5.16 | 0.44 | 12.41 | 16.44 | Pb Zn WSn Mo | | | Pb W Bi | Sb | Au Mo |
| 燕山早期 | 1.28 | 0.06 | 14.47 | 33.90 | 62.98 | 0.09 | 2.30 | 3.11 | 0.86 | 0.34 | 6.42 | 0.52 | 11.48 | 17.76 | Pb | | | Ag Pb Sb | Mo | Au |
| 海西期 | 1.16 | 0.06 | 15.84 | 31.09 | 75.15 | 0.08 | 1.39 | 4.35 | 0.65 | 0.25 | 5.21 | 0.51 | 11.07 | 17.27 | Pb Sn | | | Sb | | Au |
| 加里东期 | 1.03 | 0.06 | 23.87 | 25.99 | 85.30 | 0.13 | 2.81 | 3.30 | 0.87 | 0.34 | 6.26 | 0.58 | 15.98 | 23.51 | Zn W Bi W | | | Pb W Bi As | Mo | Au |
| 晋宁期 | 1.58 | 0.05 | 23.21 | 31.84 | 89.07 | 0.11 | 2.91 | 3.02 | 1.31 | 0.29 | 8.76 | 0.77 | 15.33 | 21.58 | Au Cu Pb ZnW Mo | | | Cu Ni | Cd Ag | Sb |
| 全省 | 1.41 | 0.07 | 21.36 | 24.24 | 72.34 | 0.10 | 1.75 | 2.94 | 0.77 | 0.31 | 8.79 | 0.67 | 15.03 | 25.57 | | | | | | |
| 全国 | 1.31 | 0.08 | 21.00 | 24.80 | 68.50 | 0.14 | 2.01 | 3.29 | 0.85 | 0.34 | 9.09 | 0.73 | 12.3 | 24.3 | | | | | | |

| | 元素 | 样品数 | 平均值 | 标准离差 | 变异系数 | 最小值 | 最大值 | 背景值 |
|---|---|---|---|---|---|---|---|---|
| 豫西南地区 | Pb | 11480 | 35.93 | 201.86 | 5.02 | 0.7 | 14300 | 25.33 |
| | Zn | 11478 | 82.51 | 71.90 | 0.87 | 3.5 | 6100 | 77.47 |
| | Ag | 11482 | 96.41 | 750.40 | 7.78 | 10 | 63000 | 67.32 |

注：全省样品数为 12410 个，K=统计单元背景值/全省背景值，D=D值，离差=离差(背景值·离差)/离差(背景值·离差)；数据引自河南省 1：50 万地球化学图说明书。

1) 地球化学块体的概念及圈定

地球化学块体，通常是指地球浅部某种或某些异常高含量的大型地质体，一般来讲，面积超过 1000km² 的大型区域异常才算得上地球化学块体，其中面积超过 100km² 的作为块体内部的区域异常，面积小于 100km² 的作为局部异常。地球化学块体研究讨论的是成矿与巨量物质供应的关系，"巨型矿床和一般矿床只在成矿元素供应量上存在差异，这种差异可以由地壳中某些特别富含某种或某些元素的地球化学块体体现出来"。在地球化学块体中，矿床往往成群出现，容易以大型、特大型矿床的形式出现，这是因为这些地段具有充足的成矿物质供应和良好的成矿条件。

我们主要利用豫西已有的 1:20 万区域化探数据，然后以部分地区 1:5 万化探数据作为验证检验，用 2km×2km 的窗口进行块体的圈定及内部结构的剖分。具体方法如下：

对豫西化探数据集，通过迭代法剔除 3σ 以上的离群点，统计出豫西地区金含量的平均值，然后以金含量平均值加上一倍方差（$1.8×10^{-9}$）作为圈定金地球化学块体的下限值，圈出豫西金地球化学块体（图 2.29），并在豫西金地球化学块体内部圈出河南小秦岭（AuI）、熊耳山（AuII）、星星阴（AuIII）三个金地球化学区域异常。

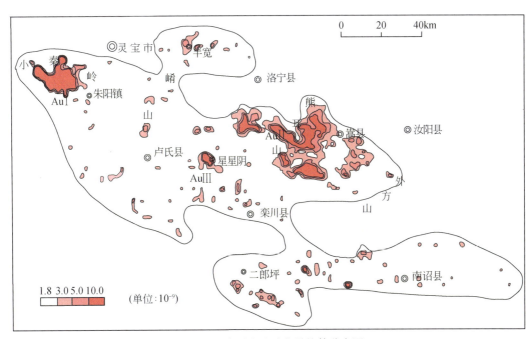

图 2.29 豫西金地球化学块体分布图

用同样的方法，以 $1.6×10^{-6}$ 作为下限，圈出豫西钼地球化学块体（图 2.30）。

2) 地球化学块体特征

（1）金地球化学块体特征

豫西矿集区金地球化学块体（图 2.29）的面积为 14906km²，下限为 $1.8×10^{-9}$，高于中国中东部大陆地壳金的丰度 $1.2×10^{-9}$，更高于华北陆块上地壳金的丰度 $0.74×10^{-9}$，很明显，该区域是华北陆块南缘强烈的区域异常，若以 $3.0×10^{-9}$ 为异常下限，区域异常面积

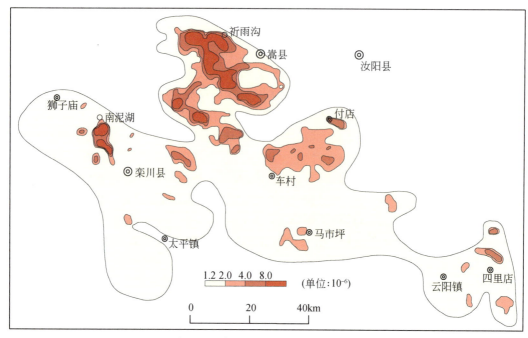

图 2.30    豫西钼地球化学块体分布图

可达 2241km²（表 2.9），栾川县以北长轴沿北西方向延伸，形状不规则，是豫西矿集区的主要金矿区，而栾川以南长轴近东西向，虽有区域异常，但浓集中心不明显，只有零星小金矿产出，实际上，在整个华北陆块的东南部，仅在边缘地带的豫西和胶东地区出现金的区域异常，我国的第一、第二黄金产地就处于这两个区域异常中。与胶东地区相比，豫西的异常面积更大，强度更高。经计算分别以 $3.0\times10^{-9}$、$5.0\times10^{-9}$ 和 $10.0\times10^{-9}$ 为边界的地球化学块体的参数如表 2.9 所示。

表 2.9    豫西金地球化学块体各含量级的基本参数

| 含量级下限/$10^{-9}$ | 面积/km² | Au 供应量/t | 样品个数 | Au 平均含量/$10^{-9}$ |
|---|---|---|---|---|
| 3.0 | 2241 | 32686 | 879 | 14.6 |
| 5.0 | 1164 | 28395 | 591 | 24.5 |
| 10.0 | 482 | 23299 | 112 | 47.3 |

综观 Au 地球化学块体的形态可以发现，小秦岭和熊耳山实际上同属一个大型异常区，不论是长轴的延伸方向，还是它们中心连线的方向都呈北西向；而崤山和二郎坪—南召一带则分别构成独立的异常。从异常强度分析，最强异常出现在小秦岭、熊耳山地区（含外方山西段）和星星阴一带。

（2）钼地球化学块体特征

豫西钼地球化学块体是一个大型的钼地球化学块体，若以 $1.2\times10^{-6}$ 为下限，其面积高达 6519km²，以 $2.0\times10^{-6}$ 为下限，面积可达 1588km²（表 2.10）。华北陆块上地壳 Mo 的丰

度为 $0.6×10^{-6}$，异常衬度为2.0。豫西钼地球化学块体长轴沿北西方向，形状不规则，强异常区主要集中在嵩县西部和南部的熊耳山地区以及栾川西北部，其异常具有强烈的浓集中心，南泥湖的异常浓集中心 Mo 的水系沉积物的最高含量高达 $60×10^{-6}$ 以上，是豫西主要的钼矿田所在地。钼地球化学区域异常与 W、Au、Ag、Pb、Zn、Cu、As 等元素的区域地球化学异常套合良好，W、Mo 某些物理化学性质相似，在成矿地质作用中具有相似的地球化学行为，南泥湖及其附近形成了大规模的钨钼共生矿，还伴生大量的铼。

表 2.10　豫西钼地球化学块体特征参数

| 含量级下限 /$10^{-9}$ | 面积 /$km^2$ | Mo 的平均含量/$10^{-6}$ | 单位面积 Mo 供应量 /（$10^4t/km^2$） | Mo 供应量 /$10^4t$ |
|---|---|---|---|---|
| 2.0 | 1588 | 5.4 | 0.84 | 1340 |
| 4.0 | 727 | 8.2 | 1.29 | 935 |
| 8.0 | 207 | 13.7 | 2.15 | 445 |

由以上所述可知，在豫西地区存在金和钼的地球化学块体。在地球化学块体中，区域化探反映其中存在 Ag、Pb、Zn、Cu、W、As 等不同规模和强度的异常，且金和钼的地球化学块体主体部分是重合的，仅钼的块体小于金的块体（Au 为 $14906km^2$，Mo 为 $6519km^2$）。地球化学块体范围与华北陆块南缘的范围基本一致，涵盖了栾川断裂以北的小秦岭、崤山、熊耳山、外方山地区，且向西延入陕西省。地球化学块体不但反映了区内存在强大的成矿作用，具有良好的寻找金矿和钼矿的前景，而且由于其范围与华-熊亚热柱相一致，也证明地幔亚热柱的存在。其成矿显然与地幔亚热柱有关。

**3. 遥感影像特征**

据燕长海等（2009）研究，本区遥感影像以 ETMX 数据为信息源，地质构造解译采用波段 7.4.1 和 5.4.3 两种方法合成图像，以便突出线、环影像信息。从 TM741 卫星遥感影像图上可以看出，线性构造以北西向为主，次为北东向。环形构造以圆形为主，次为椭圆形、半圆和弧形，多处存在环环相套的影像，空间展布总体以北东向为主，次为北西向，构成网格状。这些环形影像多对应钼多金属矿化分布区（图2.31）。

**4. 区域重砂异常特征**

重砂法直接研究有用矿物的机械分散晕的分布及特征，进而指出找矿靶区，比较直观。重砂异常是由裸露地表的矿（化）体经风化剥蚀，围绕剥蚀源区形成的机械分散晕，在找矿和成矿预测中具重要作用。由于金具有稳定的化学性质，所以容易形成重砂异常。

重砂矿物组合特征、分布规律及重砂成果表达形成重砂成果图，是金矿资源预测的重要内容。

豫西重砂测量以金、钼两类矿床为主确定自然重砂的矿物。重砂分散晕的空间分布，主要受水系、地形条件和重矿物本身稳定性的综合控制。汇水盆地网系的正确划分对追溯重砂源，圈定局部重砂异常以及对重砂的动态研究是至关重要的。本区重砂测量是分成矿区带或区域地质测量分别进行的，均按规定进行。但由于不同地区和不同阶段工作目的的不同，比例尺从 1:5万~1:20万，个别为 1:50万，其信息量和精确度显然不尽一致。

图 2.31　豫西地区遥感环形构造图

为了从区域宏观上反映重砂测量成果，将它们统一研究和分析。

1）金异常点的分布规律

金异常点是圈定金异常的依据，金异常点的密集程度标志着金的找矿信息的强弱。本区金异常密度最大的是小秦岭地区，每 125km² 范围内有金异常是 9～21 个，最高 27 个；其次为洛宁西山底乡以南，每 125km² 内有金异常点 25 个；第三是嵩县陶沟一带，每 125km² 内有金异常点 9 个。它们基本均分布在太华群变质岩中（图 2.32）。

为了研究不同岩石类型中金异常的发育程度，对不同岩石类型中金异常点的出现率作了统计（表 2.11）。从表中可以发现，变质岩区最高，沉积岩区第二，岩浆岩区第三。

表 2.11　不同岩区金异常可见率对比表 （引自河南区调队 1：50 万重砂异常说明书）

| 岩区（采样个数） | 沉积岩区（9423） | | 变质岩区（9878） | | 岩浆岩区（9982） | |
|---|---|---|---|---|---|---|
| 出现次数及可见率 | 出现次数 | 可见率/% | 出现次数 | 可见率/% | 出现次数 | 可见率/% |
| | 307 | 3.3 | 419 | 4.2 | 199 | 2.0 |

综合上述可知，豫西金异常点的密集部位主要是变质岩系（太古宇太华群）分布区，同时要有燕山期花岗岩侵入岩，这是两个必要条件。如鲁山—背孜一带有较大面积的太华群变质岩（约 573km²），但未见燕山期酸性岩浆活动，没有重砂金异常点出现（图 2.32）。

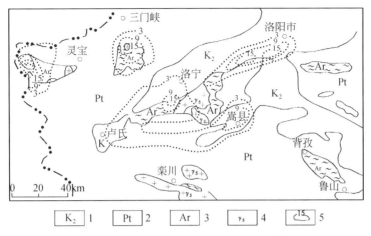

图 2.32　金异常点密度等值线与太华群及岩体关系图

1. 新生代；2. 元古代；3. 太古代；4. 燕山期酸性岩侵入体；5. 含金异常点密度等值线

**2）金的重砂异常及分布**

豫西地区共圈定重砂金异常 42 个，这些异常明显受太华群变质岩、断裂构造、燕山期花岗岩体控制（图 2.33、图 2.34）。

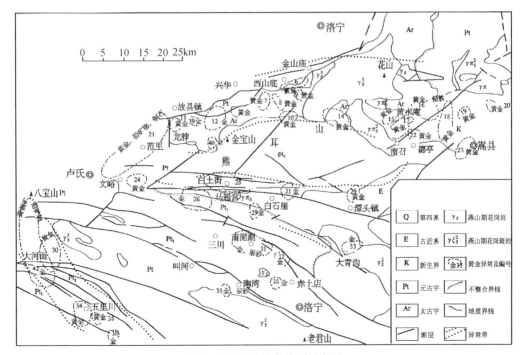

图 2.33　重砂异常分别示意图

**（1）异常与太华群变质岩在空间上密切相关**

豫西地区 42 个以金为主的重砂异常，其中 20 个分布于太华群变质岩中，其他层位少

（表 2.12）。这些异常依据地层的分布往往成群成带，如文峪–娘娘山–三角山异常带，该带呈北东东产向展布，长约 100km 左右，宽 20～30km。带内有 5 个异常，其中 1 号异常以金为主，伴有黄铜矿、铅矿物和白钨矿等矿物，其他异常为金的单矿物异常。金异常面积最大 72km²，最小 23km²，一般 40～60km²。异常明显分布在太华群变质岩中，但 1、2、3 号异常又显示与文峪花岗岩体密切相关。

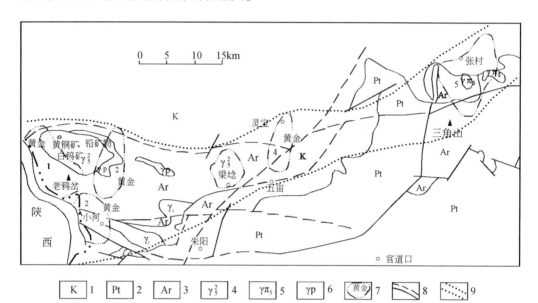

图 2.34 文峪–娘娘山–三角山金重砂异常带示意图
1. 新生界；2. 元古宇；3. 太古宇；4. 燕山期花岗岩岩；5. 燕山期花岗斑岩；
6. 伟晶岩；7. 金异常及编号；8. 断裂及推测断裂；9. 异常带界线

表 2.12 不同地层中金异常分布数量对比表

| 界 群 | 太华群 | 宽坪群 | 栾川群 | 陶湾群 | 新生界（E-Q） | 其 他 |
|---|---|---|---|---|---|---|
| 金异常个数 | 20 | 8 | 3 | 1 | 7 | 3 |

该带异常中的金含量一般大于 1～10 粒，最高达 34 粒。金呈不规则细粒状、树枝状和片状。粒径多为 0.06～0.3mm，最大可达 0.9mm。矿物组合以金为主，其次为方铅矿、黄铜矿、黄铁矿、白钨矿、孔雀石、锆石、重晶石、锡石等。

龙脖–花山–嵩县金异常带，该带主体在熊耳山北坡，但受花山岩体影响变化大。带内主要为太华群变质岩，次为中新生代盆地。但受花山花岗岩岩体影响有形态变化，该带呈近东西向展布，长约 100km，宽 10～15km，由 22 个金异常组成，异常面积一般较小，多为 10～25km²，最小的仅 2～3km²。该带东部有 20 个异常分布于花山花岗岩体外围。

带中异常的金含量为 1～10 粒，高者可达 20～48 粒。

（2）异常围绕燕山期花岗岩岩分布

在小秦岭文峪花岗岩和熊耳山花山花岗岩周围，是太华群变质岩中金异常分布的主体。

（3）异常与区域性断裂关系密切

在马超营断裂带中有马超营-潭头金异常带，该带主要为中元古界官道口群碳酸盐岩地层，北侧为中元古界熊耳群火山岩系；异常带沿马超营断裂带呈近东西向或北西向展布，全长约45km，宽7～15km，该带由6个异常组成。异常中金含量一般都高于20粒，最高48粒。其矿物组合以金、辰砂、方铅矿、独居石、白钨矿为主，次为黄铁矿、白铅矿、重晶石、钼铅矿及铜矿物等。

在瓦穴子断裂带中有大河面-五里川金异常带，该带地层主要为宽坪群、丹凡密群。

异常呈北西-南东向展布，长约35km，宽约10km，由5个小异常组成，其中34、35、38号异常集中于五里川一带加里东期花岗岩体的北东边缘。异常中金含量一般在10～20粒，金粒直径在0.5mm左右，最大达2.0mm，金粒多呈树枝状、片状。矿物组合以金为主，次为辉锑矿、白铅矿、方铅矿、自然锌、自然铜及辰砂等。

3）金粒形态及矿物组合特征

异常中金粒的形态和大小具明显规律性，总体规律是小秦岭、熊耳山、崤山地区金粒细小，其他地区相对粗大（表2.13）。

而且不同类型（地区）金矿伴生矿物不同，小秦岭、熊耳山、崤山地区主要矿物组合为自然金、锆石、白钨矿、铅矿物、铜矿物等；而其他地区则为自然金、锆石、独居石、铅矿物、白钨矿、泡铋矿、重晶石、辰砂、雄雌黄等（表2.14）。反映它们在成因上的不同。

**表 2.13　自然金粒度统计表**

| 地　　区 | 金　粒　形　态 | 金粒直径/mm |
|---|---|---|
| 小秦岭、崤山、熊耳山 | 主要为不规则细粒状、树枝状，其他为片状 | 一般0.03～0.6<br>大者0.9～1.0 |
| 嵩县、陶村、德亭卢氏-洛阳 | 主要为粒状、薄膜状，其次为片状，少见滚圆状 | 一般0.1～0.9<br>大者1.0～1.8 |

**表 2.14　黄金及其组合矿物概率对比表**（据王化民资料改编）

| 概率/%　　组合矿物　　分布地区 | 黄金 | 辰砂 | 雄雌黄 | 重晶石 | 铜矿物 | 铅矿物 | 辉钼矿 | 闪锌矿 | 黑钨矿 | 白钨矿 | 铬铁矿 | 泡铋矿 | 刚玉 | 独居石 | 锆石 | 磷钇矿 |
|---|---|---|---|---|---|---|---|---|---|---|---|---|---|---|---|---|
| 小秦岭、崤山、熊耳山 | 100 | 3 | 1 | 4 | 26 | 28 | 2 | 3 | | 79 | 1 | 1 | | 18 | 85 | 10 |
| 陶村、德亭、卢氏 | 100 | 43 | 24 | 28 | | 60 | | | | 58 | | 53 | | 70 | 100 | 22 |

# 三、华熊亚热柱基本特征

亚热柱-幔枝构造是地幔热柱多级演化的第二、三级单元（牛树银等，2002，2007），犹如果树树干分长出来的树杈和树枝，亚热柱沟通了核-幔源成矿物质，是成矿物质重要的运移通道，而幔枝构造则是非常重要的成矿储矿构造。

华熊矿聚区西起华山，向东经崤山、熊耳山、外方山，东到鲁山一带，其北界为潼关–三门峡–鲁山断裂；南界为栾川断裂。东西长约320km，南北宽50～100km。呈向北凸出的不规则长条形，是很好的亚热柱–幔枝构造组合，控制着一系列大中型金矿、钼矿及银多金属矿床（胡受奚等，1988；罗铭玖等，1991；陈衍景、富士谷，1992；王志光等，1997；卢欣祥等，2003）。本书拟从幔枝构造的视角简要探讨该区的成矿控矿作用。

## （一）华熊亚热柱–幔枝构造的组成

华熊亚热柱泛指展布于潼关–三门峡断裂以南，栾川断裂以北的华山—熊耳山—鲁山一带，其中展布有小秦岭、崤山、熊耳山、鲁山等多个幔枝构造，它们各有自己的地质特征，并分别控制着不同类型的内生金属矿床。

### 1. 幔枝构造展布特征

由于幔枝构造隆升的幅度不同、外围盖层拆离滑脱的距离大小以及上叠构造盆地的切割程度不同，华熊亚热柱展布区有多个被分割为互不相连的孤立幔枝构造，它们呈岛链状分布，由西向东依次为小秦岭幔枝构造、崤山幔枝构造、熊耳山幔枝构造、鲁山幔枝构造等，由于幔枝构造的强烈隆升，它们构成了豫西主要山脉的主脊（图2.35）。

幔枝构造的构造形态为两种基本，一种为等轴状，另一种为长轴状。分为穹隆型（崤山）、长垣型（熊耳山）和地垒型（小秦岭）变质核杂岩，并认为它们分别代表了伸展构造活动演化初期、中期和晚期阶段所形成的构造样式（王志光等，1997）。胡正国等（1994）也曾归纳过小秦岭地区的变质核杂岩模式。我们赞同上述的分析，并且也用变质核杂岩的观点探讨过太行山区的构造演化与成矿作用（牛树银等，1993）。但是，从地球动力学上分析，变质核杂岩构造注重了形态分类及模式的建立，没有与深部联系起来。而幔枝构造是地幔热柱多级演化的第三级单元，幔枝构造形成的早期主要表现为一定范围的隆起；中期由于核部岩浆作用的强烈活动及其构造的隆升，加之外围盖层发生大幅度正向滑脱拆离，在核部隆起部位产生揭顶式剥蚀作用，形成典型的变质核杂岩；晚期随着剥蚀程度的加剧，甚至可以把盖层剥蚀殆尽，成为隆升的变质杂岩区。虽然三个阶段不同，但它们是幔枝构造的不同演化阶段，其地球动力学机制均受幔枝构造控制，并且通过亚热柱–地幔热柱与深部机制联系起来。成矿作用也自然有了深部来源的支持。很显然，变质核杂岩仅仅是幔枝构造演化的中间阶段，尽管早期的隆起和晚期的大规模隆升之地球动力学机制并没有变化，但从构造形态来讲，已经不属于变质核杂岩系统。

华熊亚热柱展布区中的各幔枝构造形态有所不同，主要反映了幔枝构造的活动强度、规模及岩浆活动的强度有所不同，也会受到上地壳区域构造应力场的影响和主要剪切带活动特征的制约。如小秦岭幔枝构造中岩浆活动强烈，隆升幅度较大，相对剥蚀作用强烈，上覆盖层基本被剥蚀殆尽，仅在幔枝构造的外围尚存留有少量的盖层。而崤山幔枝构造、熊耳山幔枝构造、鲁山幔枝构造等幔枝构造相对上隆幅度较小，剥蚀程度稍弱一些，故均有中（上）元古界地层覆盖于拆离断裂之外，而且盖层厚度由北而南增厚，显示了不同幔枝构造隆升的差异以及不同幔枝构造的形态特征（图2.35）。

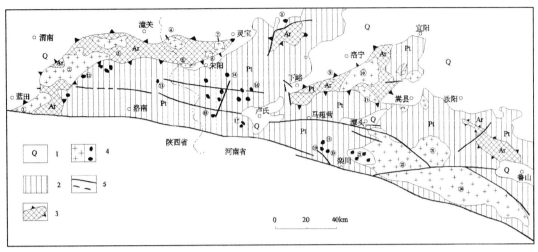

图 2.35　华熊幔枝构造示意图

1. 沉积盆地; 2. 拆离滑脱层; 3. 核部岩浆–变质杂岩; 4. 花岗岩; 5. 断层

①蓝田岩体; ②老牛上岩体; ③华山岩体; ④文峪岩体; ⑤小河岩体; ⑥桂家峪岩体; ⑦娘娘山岩体; ⑧张村岩体; ⑨金山庙岩体; ⑩花山–蒿坪岩体; ⑪李铁沟岩体; ⑫金堆城岩体; ⑬木龙沟岩体; ⑭银家沟岩体; ⑮夜长坪岩体; ⑯后瑶峪岩体; ⑰八宝山岩体; ⑱骆驼山岩体; ⑲上房岩体; ⑳南泥湖岩体; ㉑龙王撞岩体; ㉒合峪岩体; ㉓太山庙岩体; ㉔四棵树岩体

## 2. 幔枝构造核部的岩浆–变质杂岩

区内四个幔枝构造的变质核杂岩, 具有相似性, 也存在差异。

小秦岭地区变质核杂岩分布于豫陕交界处, 东西长 140km, 南北宽约 70km, 面积大于 1000km², 该杂岩体西段呈北东向, 东段为近东西向。其下部为一套以变质花岗岩为主的岩石组合, 包括 TTG 岩系和钾质花岗岩; 上部为以沉积岩为主的副变质岩系。变质程度以角闪岩相为主, 有部分绿片岩相和麻粒岩相。同时内部发育以中生代花岗岩为主的侵入体。其南北两侧为拆离断层构成的边界断裂。内部发育不同方向的脆韧性剪切带, 以近东西向为主, 剪切带中往往发育石英脉, 成为小秦岭金矿的赋矿构造。

崤山地区变质核杂岩面积较小, 呈穹隆状, 面积约 450km²。由变质侵入岩和表壳岩残块组成; 变质侵入岩包括 TTG 岩系和变质二长花岗岩及变质辉长岩辉绿岩, 它们构成变质核杂岩的主体。表壳岩系则以变质沉积岩为主。同时存在上基底, 为早元古代的铁铜沟组 (罗汉洞组), 岩性为含砾石英岩。基底四周由拆离断层与中元古界熊耳群相邻, 总体变质程度达绿片岩相。变质核杂岩体内部存在近南北向韧脆性剪切带, 形成金矿床。

熊耳山变质核杂岩分布于熊耳山北麓, 面积约 573km², 呈东宽西窄的长垣状, 东、南部为中元古界熊耳群火山岩系覆盖, 西侧拆离断层明显, 北侧为山前断裂与洛宁盆地相邻。基底岩系由表壳岩系和变质侵入岩组成, 表壳岩系为中基、中酸性火山岩–沉积岩建造; 变质侵入岩由富钠的 TTG 岩系和富钾的二长花岗岩组成, 其中见有零星呈带状分布的超镁铁质岩, 呈岩块式岩体, 变质杂岩变质程度主体为角闪岩相。其间有北东向韧脆性剪切带, 是金矿赋矿构造。

鲁山变质核杂岩分布于鲁山背孜街一带, 呈椭圆状北西向分布, 北东侧为断层与寒武–奥陶系沉积建造相邻, 南西侧为拆离断层与熊耳群火山岩相邻。变质核杂岩由变质侵入岩和表壳岩系组成。总体研究程度低，其表壳岩系可与小秦岭、熊耳山地区表壳岩对比。

**3. 幔枝构造外围拆离滑脱层**

华熊亚热柱构造的主拆离断裂位于各幔枝构造与上覆盖层之间。上覆地层主要为中元古界熊耳群、官道口群和栾川群。这些盖层均出现于亚热柱的南侧，除鲁山幔枝构造核部杂岩北部有上覆盖层之外，其他幔枝构造的北侧一般不出现盖层。这种不对称的分布特征，说明与华熊亚热柱形成的幔枝强烈隆生及存在向南的巨大推覆力有关。

小秦岭变质核杂岩北侧被巨大的区域断裂（三门峡–宝鸡断裂即潼关–三门峡–鲁山断裂）破坏断掉；其南缘可见到南倾的厚度很大的糜棱片麻岩，绿泥石角砾岩及微角砾岩构成的剪切带。其中糜棱片麻岩的拉伸线理倾向多为 $140° \sim 160°$，旋转应变标志显示上盘岩层向北西剪切，与区域上其他变质杂岩一致，即上盘岩层向西剪切。但局部可以见到相反的逆向剪切特征。熊耳山变质核杂岩总体拆离断层不明显，仅在西北部见到拆离断层，其他地区拆离断层厚仅数米，主要为糜棱岩，出现于片麻岩与熊耳群之间。北侧的拆离断层向北西西缓倾，厚度小于 100m。按 Lister 等的解释，糜棱片麻岩缺失或很薄，可能意味着处于伸展地带的熊耳山核杂岩是从较浅部位抬升到地表的。

崤山变质核杂岩规模小，外形呈穹隆状，出露面积约 20km×25km。其表壳构造岩基本上被保存下来。

崤山核杂岩体外缘为一拆离断层，围绕核杂岩体分布，总体上拆离断层为一向四周沿不同方向缓倾的正断层，倾角多在 30° 以下（图 2.36），拆离断层上盘多为熊耳群，仅东北部放牛山至唐山一带出露一套含砾石英岩、厚层状石英岩、云母石英片岩及白云质大理岩地层。多数人认为相当早元古代陕西铁铜沟组（河南称罗汉洞组）。

拆离断层将片麻岩与熊耳群相隔离，但放牛山铁铜沟组拆离断层较复杂。本区糜棱片麻岩的流状构造显示面理方位变化较大，但其中拉伸线理较为稳定（图 2.37），几乎均向北西倾斜，仅在杂岩体北东缘相反。图 2.38 剖面表示糜棱片麻岩带从西向东可能出现的褶皱及糜棱岩前锋带以上的弱应变区。

综上所述，从崤山核杂岩外缘的拆离断层向四周倾斜和片麻岩线理所显示的舒缓褶皱，均表明随着拆离伸展过程的进行，原始平面状的剪切带已发生弯曲上拱，这种褶皱通常被认为是由于构造拆离导致地壳减薄引起的均衡补偿，或者是深成岩体的侵入导致局部的均衡调整造成。由此推断小秦岭、熊耳山核杂岩同样发生了褶皱，致使原始向北西倾斜的构造带拱起弯曲。

**4. 外围上叠断陷–沉积盆地**

华熊亚热柱外围发育一系列上叠断陷–沉积盆地，自西向东依次为灵宝–朱阳盆地、卢氏–洛宁盆地、潭头–嵩县盆地等。这些盆地中，潭头–嵩县盆地和灵宝–朱阳盆地形成于晚白垩世，卢氏–洛宁盆地形成于始新世。与华北其他地区幔枝构造上叠盆地存在最明显的差异是基本没有火山岩。

盆地的展布形态多呈长条状，其长轴方向与北东向区域主构造方向一致，显然，盆地的形成与伸展体制控制下区域断裂发展演化有关。

这些盆地均为箕状盆地，其最大沉降出现于盆地南侧，向北逐步抬高，形成不对称形态。显示受到了北侧幔枝构造强烈抬升的影响。

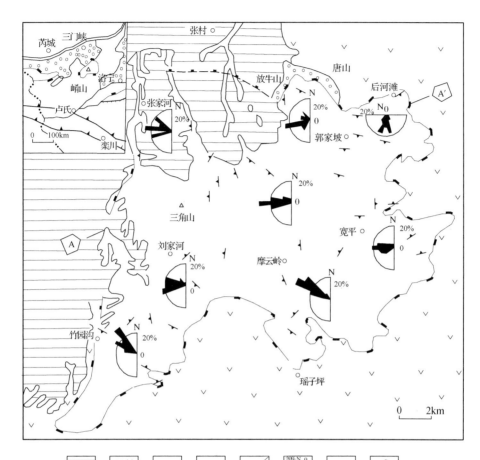

图2.36　崤山变质核杂岩地质构造略图（据石铨曾，1996，修改）

1. 第四系；2. 中元古界熊耳群；3. 古元古界铁铜沟组；4. 变质核杂岩（主要为糜棱片麻岩）；

5. 拆离断层；6. 各不同区段拉伸线理玫瑰图；7. 糜棱面理产状；8. 剖面位置

图2.37　北望放牛山–唐山地质素描图（据石铨曾，1996）

图示为古元古代铁铜沟组陡峭的山峰，而宽缓的山丘为糜棱片麻岩，两者接触处为剥离断层。此图由东到西约3km

　　这些盆地与幔枝构造形成典型的盆岭地貌形态，这种盆岭地貌几乎涵盖了整个华熊亚热柱构造区，说明本区为区域性伸展、岩石圈拉伸薄化作用而形成的盆–岭构造系统。

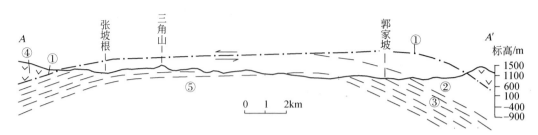

图 2.38　崤山变质核杂岩的 *A—A′* 示意剖面图（据石铨曾，1996）

①拆离断层；②位于糜棱片麻岩前锋带以上及拆离断层以下的弱变形带；③糜棱片麻岩；④拆离断层上盘的熊耳群；⑤太古界片麻岩

## （二）华熊幔枝构造的演化

华熊亚热柱构造在地质、地球物理、地球化学及遥感解释等方面均有明显特征。

### 1. 大规模强烈隆升及岩浆演化

被栾川断裂和潼关-三门峡-鲁山断裂围限的华熊亚热柱，自古生代末就出现大规模隆升，燕山期达到高峰。

按照板块构造观点，本区构造演化可以表述为早、中元古代伸展拉张；晚元古代—古生代俯冲碰撞；中生代伸展抬升的构造演化。

早、中元古代，华北太古代克拉通开始裂解，在伸展机制作用下，形成被动大陆边缘裂谷。出现大量 A 型花岗岩（龙王撞、桂家峪）及双峰式火山岩（熊耳群），同时有基性岩墙群。

晚元古代，秦岭现代体制板块构造开始，古秦岭洋扩张，出现板块俯冲，秦岭主造山阶段开始；在挤压走滑作用下，在主缝合线两侧出现双峰式火山岩（宽坪群）。

古生代，为秦岭主要造山变形期，在俯冲碰撞作用下，地壳加厚并垂向增生，壳幔交换发育。在区内广泛出现了基性岩脉。

三叠纪，陆-陆碰撞，华北板块与扬子板块实现对接。主造山期结束，向板内构造体制转化，在区内仅形成磨沟碱性岩体（204Ma，U-Pb 法定年）。

侏罗纪—白垩纪，在伸展走滑机制下，华熊亚热柱-幔枝构造体系开始形成。其表现是大量深源浅成型花岗岩（Ⅰ型：金堆城、南泥湖、花山、李铁沟、文峪、华山、老牛山、秋树湾等岩体），浅源深成型花岗岩（S 型：伏牛山岩体等），A 型花岗岩（太山庙、张世英等岩体）；同时，随着岩浆侵入，地壳隆升垮塌、岩石圈减薄，形成了小秦岭、崤山、熊耳山、鲁山等幔枝构造。

同时，由于幔枝构造的强烈隆升，拆离带上盘的地层由北向南大规模滑覆，从现今表现来看，主要是高山河组砂岩及官道口群碳酸盐岩产生了长距离滑动位移，在熊耳山南坡大面积熊耳群火山岩中部出现了两个不协调的滑块（图 2.39）。滑动距离至少在 3km 以上。

综上所述小秦岭、熊耳山、崤山、鲁山等幔枝构造的变质核杂岩均为太古宇新太古界变质岩，这些变质岩均为花岗-绿岩，即由花岗质片麻岩系（变质侵入岩系）和绿岩（变

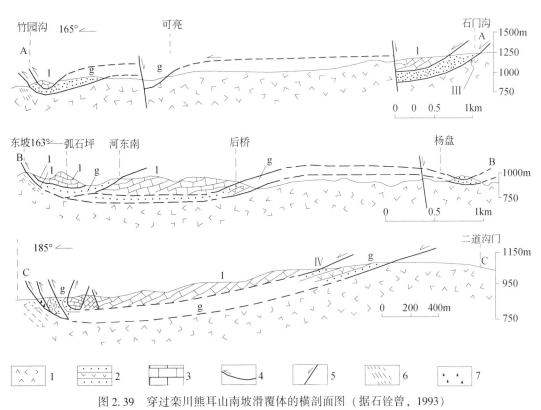

图 2.39　穿过栾川熊耳山南坡滑覆体的横剖面图（据石铨曾，1993）

1. 熊耳群；2. 高山河组（g）；3. 龙家园组（l）；4. 滑动断层；5. 滑动期后高角度断层；6. 片理化部位；7. 构造角砾岩

质表壳岩系）组成。

　　变质核杂岩多呈北东向展布，与中新生代构造线一致。仅西端的小秦岭和东端的鲁山有所变化。在太古界片麻岩中，分布有大面积由前寒武纪至燕山期的花岗岩，这些花岗岩基本均局限在片麻岩系中，没有见到岩体穿过片麻岩系边界的低角度正断层而侵入到上覆元古代地层中的现象。由此判断岩体原始侵位并非现在出露的部位，而是深成侵入体同片麻岩一起从深部隆升到地表的产物。这一过程即 Armstrong（1972）所说的构造拆离的过程，它是通过规模巨大的地壳内部的剪切带进行的。这类剪切带在深部表现为面状糜棱岩带，在浅部则表现为低角度正断层。华熊亚热柱上的幔枝构造是由上述剪切带拆离到地表的，因此它们是拆离地体。

**2. 地球物理特征**

　　华熊幔枝构造在航磁、重力、地壳厚度等地球物理资料上有非常清楚的显示。

1）上地幔凸起

　　华熊幔枝构造位于北北东向大兴安岭-太行山-武陵山梯级带与北西向西安-南阳-信阳低值重力异常带交会部位（图 2.40）。

　　在布格重力异常图上，华熊幔枝构造为一个巨大的圈闭异常区，北界大体约在潼关-三门峡-鲁山断裂，南界跨过栾川断裂。北界陡南界缓，向西未封闭，显示不对称态势（图 2.22）。

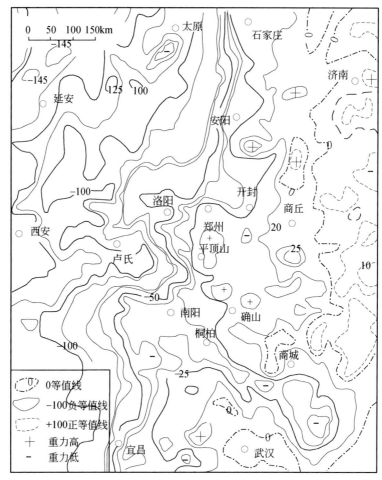

图 2.40　区域重力异常图

2) 环状航磁异常

本区航磁异常总体形态与重力异常相似,为一个向西未封闭的异常带,北界在潼关-三门峡-鲁山断裂,南界跨过栾川断裂,其中在小秦岭、熊耳山地区形成闭合圈。其他部分显示受地貌及地质体分布影响而有变化 (图 2.23)。

# 第三章　小秦岭韧脆性剪切带

小秦岭以金为主的矿床，均赋存于变质核杂岩内的韧脆性剪切带中，因此，对韧脆性剪切带的研究就成为远景预测中的关键问题。

在全球范围内，与剪切带相关的金矿床普遍发育。自 20 世纪 90 年代以来，国内外的研究者们对该类金矿床开展了大量卓有成效的研究，在理论方面不断取得新认识和新进展，使人们对与剪切带有关的金矿成矿作用的理解逐渐深入和全面。在找矿实践中，剪切带已被作为一种重要的勘查线索和目标，引导人们在金矿勘查方面取得许多新突破，在剪切带中发现了许多大型、超大型金矿床。有人形象地将剪切带比喻为岩石圈中金等成矿物质的一个"天然生产车间"（王义天等，2004）。

## 第一节　小秦岭剪切带的类型

剪切带是发育在地壳内部的一条线性高应变带，其形态多呈狭长的板状、面状或曲面状。小秦岭的剪切带主要呈曲面状。

根据剪切带岩石变形特征，一般分为脆性、韧性剪切带两个端元类型以及其间的过渡类型，如脆-韧性剪切带。一条理想的大型剪切带在垂向上由地表向深部的不同构造层次上往往表现出脆性，脆-韧性和韧性的变形特征。小秦岭地区的剪切带大多上部为脆-韧性，下部为韧性。在边界断裂中部分地段上部可见脆性变形。

根据剪切带的运动学特征，可以分为逆冲、正滑、走滑剪切带。小秦岭地区则为其过渡类型-斜滑剪切带。结合区域构造体制和剪切运动特征，小秦岭的剪切带为挤压推覆剪切带。

另外根据剪切带的规模及主次关系，可以分为主剪切带（或称一级剪切带），次级剪切带（或称二级剪切带）。它们共同构成小秦岭剪切构造系统。一般将边界断裂称为一级剪切带，主要是边界断裂控制矿带。变质核杂岩的内部的剪切带称为二级或三级剪切带。二级剪切带一般长约 $n\cdot 1000\mathrm{m}$，个别长度 $>10000\mathrm{m}$，它们是主要控矿剪切带。

在小秦岭地区，剪切带根据规模、形成环境、产状特征等可以划分为四类（表 3.1）。

## 一、区域边界剪切带

剪切带区域边界是华北陆块南缘结晶基底剪切带的组成部分，构成了本区早期区域构造格架的南北两条边界。

南侧剪切带东起周家山，向西经小河（白花峪口），到洛南驾鹿一带，简称小河断裂。总长约 150km，河南境内约 50km，宽度出露不全，最大可达 5km。西部产状 12°～15°∠60°～80°，东部周家山则变为 140°∠70°。该剪切带中有小河花岗岩、辉绿岩脉、正长岩脉

**表 3.1　小秦岭地区剪切带类型**

| 类型 | 分布、规模 | 产状特征 | 构造岩类 | 形成环境 | 构造体制 | 实例 |
|---|---|---|---|---|---|---|
| 区域边界韧性剪切带 | 结晶岩系南北边界,规模大 | 陡倾、切层 | 糜棱岩 | 角闪岩相为主 | 走滑挤压体制 | 驾鹿一带 |
| 层内韧性剪切带 | 太华群中早期顺层及切层,规模小 | 平缓、陡倾 | 变晶糜棱岩构造片(麻)岩 | 角闪岩相 | 穹隆伸展体制 | 各处均有 |
| 界面韧性、韧脆性剪切带 | 金硐岔组与观音堂组接触处,焕池峪组与洞沟组接触处,规模大 | 缓倾为主、波状 | 构造片(麻)岩、糜棱岩、碎裂岩 | 角闪岩相、绿片岩相 | 伸展滑覆体制 | 文峪八公里处老公路一带 |
| 褶-断型脆韧性剪切带 | 含金石英脉的控矿构造非控矿构造规模小-中 | 顺层、切层缓-中等倾角为 | 糜棱岩千糜岩 | 绿片岩相 | 剪切挤压体制 | M164 |

的侵入。在角闪岩相糜棱岩带之上,叠加有呈线状、带状分布的绿片岩相千糜岩、糜棱岩及构造角砾岩(图3.1)。主要反映早期左行走滑逆冲到晚期引张正断的多期复杂变形史。

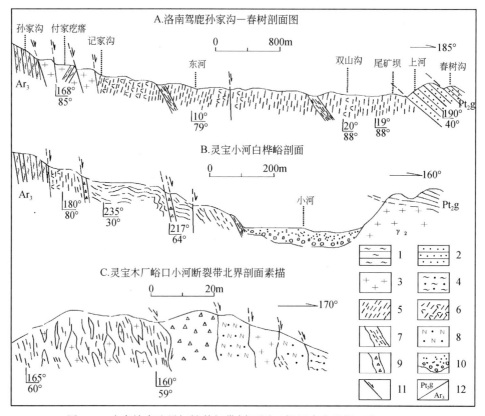

图 3.1　小秦岭南边界韧性剪切带剖面图 (据河南省地调一队,1993)

1. 角闪斜长片麻岩;2. 石英岩;3. 伟晶岩;4. 碎裂混合岩;5. 糜棱岩(角闪岩相);6. 角闪质糜棱岩(角闪岩相);7. 构造片岩(绿片岩相);8. 碎裂斜长角闪岩;9. 构造角砾岩;10. 第四系松散堆积物;11. 脆性断层;12. 地层代号:$Ar_3$为太华群,$Pt_2g$为高山河组

北侧边界剪切带，东起武家山，向西经大湖、石母峪、太要、华山至蓝田一带，简称太要断裂。近东西向波状弯曲，总长约150km。由于晚期山前断陷破坏和第四系覆盖，造成出露残缺不全，在石母峪地区宽约1km以上（图3.2）。剪切带产状约0°∠60°~80°。在早期糜棱岩中见有伟晶岩脉、辉绿岩脉，且两者又受晚期的脆韧性剪切作用而发生糜棱岩化，之后又被脆性活动叠加形成角砾岩带，反映与小秦岭南韧性剪切带相似的复杂变形史，表现早期左行走滑逆冲韧性剪切到晚期引张正断以及其间的多次活动。

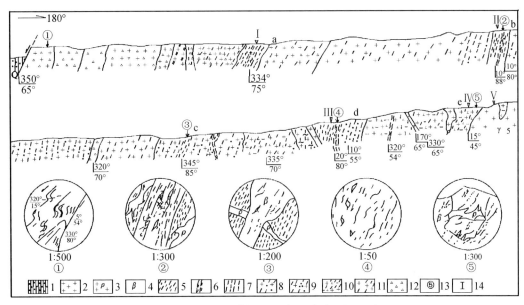

图3.2　灵宝石母峪实测剖面图（据河南省地调一队，1993）

1. 第四系松散堆积物；2. 花岗岩；3. 伟晶岩脉；4. 辉绿岩脉；5. 角闪岩相糜棱岩；6. 绿片岩相糜棱岩；7. 糜棱岩化条痕状混合岩；8. 长英质初糜棱岩；9. 糜棱岩化均质混合岩；10. 劈理化、糜棱岩化黑云角闪花岗岩；11. 糜棱岩化花岗岩；12. 构造角砾岩或碎裂岩；13. 局部放大素描位置及编号；14. 测量点及编号

放大素描说明：①山前断裂滑动断块中不对称正向剪切褶皱；②绿片岩相小型剪切带叠加于古老的糜棱岩带之上，绿片岩相糜棱岩中见S-C结构；③片理化辉绿岩脉切穿花岗质糜棱岩和伟晶岩；④较老韧性剪切带中长英质标志体显示断面具逆向剪切；⑤文峪岩体外侧边部岩石中矿物呈环带状定向排列

边界断裂的演化大体可分为三个阶段，即早、中、晚三期。

## （一）早期韧性变形变质

该期形成了糜棱岩带，为角闪岩相，出现糜棱岩系列岩石，总体向北陡倾。切过太华群，显示左行平移–伸展剪切特征，发育比较典型的韧性剪切带运动学标志。

### 1. 拉伸线理

线理有拉伸的黑云母，石英及长石显示，属矿物拉伸线理。单条长1.5~4mm，宽0.2~0.3mm，多平行密集分布。小河断裂东段线理倾伏方向在110°~160°，具有较宽的变化范围（图3.3），倾伏角27°~30°。而在太要断裂则线理倾伏方向为北至北西向，倾伏角48°~90°。这种变化与后期的构造叠加有密切关系。

## 2. 旋转碎斑系

碎斑成分以石英、长石为主，一般大小为 0.2～1.0cm，少数可达 2cm，个别可达 5cm

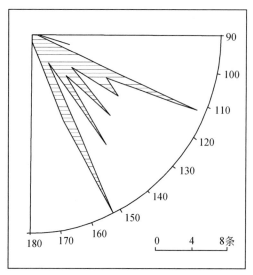

图 3.3　小河断裂糜棱岩拉伸线理倾向
玫瑰图（据 113 个数据统计）

×12cm。多数发生旋转，呈眼球状、透镜状、不规则状产出。以 σ 型为主，少数为 δ 型。碎斑拖尾由基质或动态重结晶颗粒组成。根据拖尾判断，属左行剪切，小河断裂带中剪切指向为北西（图 3.4）。表明是在简单的剪切作用下非同轴应变产物。而太要断裂在糜棱岩系中发育以 σ 型旋转碎斑系为主，池峪口一带多数碎斑拖尾指示上层向北滑脱，下层向南逆冲（图 3.5）。

### 3. S-C 组构

S-C 组构在糜棱岩系中十分发育，在池峪口附近长石碎斑及片状碎基呈定向排列组成 S 面理，并相交于 C 面理之上（图 3.6），其锐角指示构造上层向下滑脱，下层向上逆冲，与碎斑拖尾指向

一致。在小河断裂五亩东寺沟一带 S-C 组构较典型，其锐角指示构造上层向北西逆冲，为左行剪切（图 3.7）。其 S-C 面理锐角一般为 10°～37°。

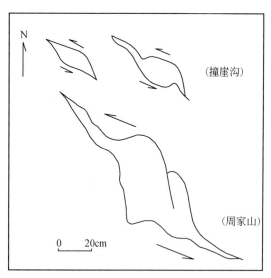

图 3.4　小河断裂糜棱岩带旋转碎斑特征素描图

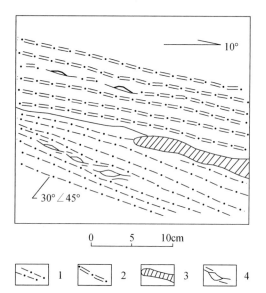

图 3.5　灵宝阳平池峪太要断裂糜棱岩带特征素描图
1. 黑云母花岗质糜棱岩；2. 黑云母花岗质超糜棱岩；3. 石英细脉；4. 长石旋转碎斑

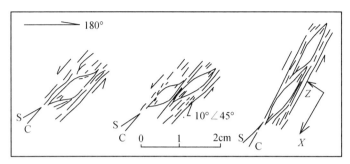

图 3.6　池峪太要断裂带中的长石旋转碎斑和 S-C 组构特征剖面素描图

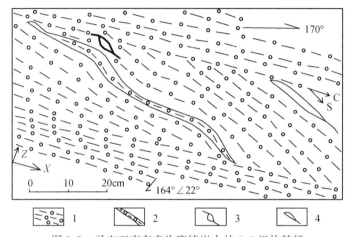

图 3.7　灵宝五亩东寺沟糜棱岩中的 S-C 组构特征

1. 长英质初糜棱岩；2. 黑云长英质初糜棱岩；3. 单个石英旋转碎斑；4. 石英质细脉

**4. 多米诺（书斜）构造**

　　主要见于小河断裂带中，糜棱岩中长石碎斑常具羽状显微裂纹，系长石在剪切方向上沿解理滑动，错位而形成的，系韧性剪切中的脆性行为，其结果产生斜列的多米诺（书斜）构造。裂纹指向北西，表明为左行剪切（图3.8）。

**5. 剪切褶皱**

　　太要断裂的糜棱岩带中，AB 型和 B 型褶皱常见，在递进剪切变形中形成的 B 型褶皱轴面向南倒倾，指示构造上层下滑，下层向上逆冲（图3.9）。小河断裂与太要断裂不同，在糜棱岩带中普遍发育 A 型褶皱，其枢纽方向为 110°。还可见到以糜棱面为变形面的不对称小褶皱（图3.10），指示为左行剪切，指向北西。

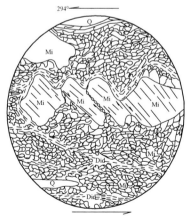

图 3.8　长英质糜棱岩中的多米诺构造

Mi. 微斜长石；Q. 石英；Did. 绢云母条痕

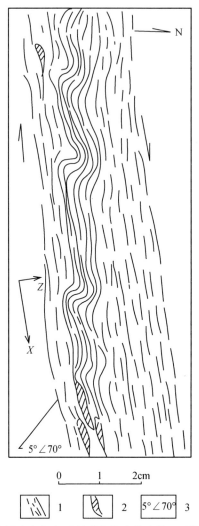

图 3.9　灵宝焦村武家山太要断裂糜棱岩带中的 B 型组织剖面素描图
1. 糜棱面理；2. 石英脉；3. 产状

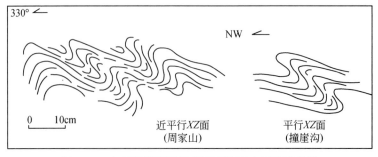

图 3.10　小河断裂糜棱岩带不对称面内组织素描图

## （二）中期韧脆性变质变形

该期表现为韧性向脆性的转化，早期形成的糜棱岩带再次产生糜棱岩、千糜岩、构造片岩、碎裂岩。具绿片岩相变质特征，多叠加在早期糜棱岩带之上，并切截早期糜棱岩（图3.11）。在变质杂岩核体内，该期脆性变形有含金石英脉充填，构成工业矿体。

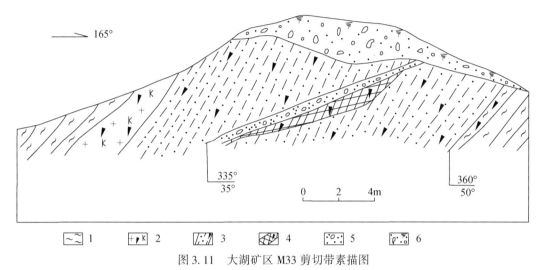

图3.11　大湖矿区M33剪切带素描图

1. 条带状混合岩；2. 碎裂岩化伟晶岩；3. 碎裂糜棱岩；4. 碎裂岩化含金石英脉；5. 断层泥砾岩；6. 坡积物

该期活动时间长，包括主成矿期，具正、逆、韧、脆多元性转化。但以平移–逆冲为主。

## （三）晚期脆性变质变形

该期活动造成南北边界断裂相背陡倾，正断性质产生了显著的构造地貌，发育三角面、断层崖、陡坎等地貌特征。由于基底断裂，盖层断块移动，形成盆岭构造。

北侧边界断裂北倾，倾角65°~80°。断面向下延伸呈铲状，垂直差异运动幅度第四纪达2000m，据物探资料，总体下延深度达25km。地表层破碎带$n \cdot 10 \sim 100m$。碎裂岩系切割了文峪花岗岩体，带内岩石由南向北破碎程度逐渐加强，并发育一组北倾阶梯状裂面（图3.12）。

南侧边界断裂，断面南倾倾角55°~80°。上盘下降，呈3~5断带和断阶，以正向滑移为主。略具左行平移特征，破碎带宽$n \cdot 10 \sim 100m$，形成30~50m高的断层三角面。垂直差异运动幅度在第四纪时>1000m。据物探资料，主断带向深部变缓，延深约5~10km（周国藩，1989）。该带总体表现为绿片岩相的千糜岩化，并有同构造期的塑性变形的各种岩脉分布（图3.13）。

上述动力学表现尽管出现于边界断裂中，但小秦岭变质核杂岩体的变质变形是在同一应力作用下发生的，因此各期次的变质变形在杂岩体内同样存在。

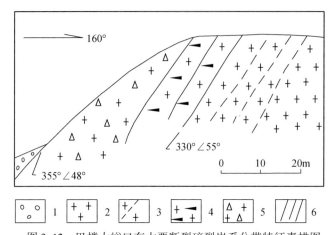

图 3.12　巴楼大峪口东太要断裂碎裂岩系分带特征素描图

1. 第四系残坡积物；2. 文峪花岗岩系列；3. 片理化花岗岩；4. 碎裂花岗岩、伟晶岩；
5. 花岗质伟晶质角砾岩；6. 阶梯状断面

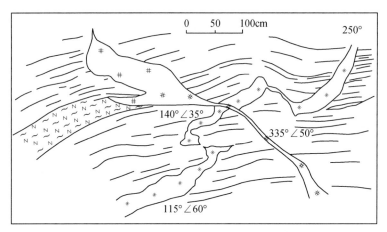

图 3.13　付家疙塔山口处朱家沟断裂断块中碎裂岩内伟晶岩脉

# 二、层内韧性剪切带

系指分布于太华群各层层位（片麻理层）内的中小型韧性剪切带，主要表现于杨寨峪灰色片麻岩、四范沟片麻状花岗岩及观音堂组中。多呈顺层产出（图 3.14），也有切层（图 3.15）。

图 3.15 为一条小型切层韧性剪切带，它使混合岩化片麻岩发生韧性变形，沿韧性剪切面，长英质矿物定向生长形成线理，有时这些线理可以是角闪石等。

总体来看，此类剪切带多为露头级别，一般与早期顺层掩卧褶皱构造相伴，其中可见鞘褶皱及"Z"型等不对称褶皱变形，因此，是在早期深层次的环境中受穹隆伸展体制作用形成的。尽管受到改造，但其强烈的剪切流变特征是明显的。由于形成的力学机制为穹隆伸展体制，因此规模小，但分布广泛。

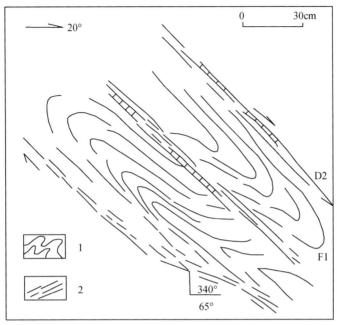

图 3.14　桐峪沟口南 220m 处层内型韧性剪切带

1. 条痕状混合岩；2. 韧性剪切带

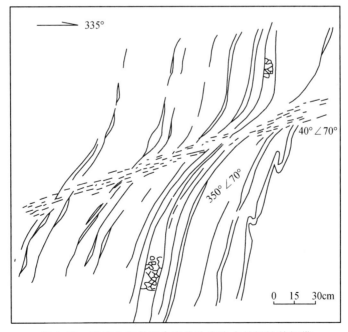

图 3.15　潼峪七母角混合岩化片麻岩中的韧性剪切带

## 三、界面韧性、脆性剪切带

主要分布于上部与下部岩石单位之间，此外分布于上岩石单位观音堂组和焕池峪组之间。由于不同构造层之间岩性差异，提供了区内穹形非均一性隆升过程中的层间滑脱条件。不同构造层间的变形作用导因于重力和岩石强度所引起（图 2.4、图 2.5）。

## 四、褶–断型脆韧性剪切带

该类剪切带系指空间和产状上与复背斜密切相关，其最初的形成受控于统一变形机制，其后又经历复杂演化历史的一类绿片岩相脆韧性剪切带。它们是本区金矿和钼、铅矿赋矿构造，部分剪切带有各类脉岩充填。按走向可分为四组，即近东西向、近南北向、北东–北北东向、北西向。这四组剪切带控矿意义不同。其动力学机制也各异，总体以走滑逆冲为主，剪切、引张、正断走滑为次。

总之，本区太华群成岩之后，早期区域变质普遍达角闪岩相，局部可达麻粒岩相。后经长期深埋变质作用，热穹隆体制的改造作用，以及走滑挤压抬升隆起，在构造带内呈现持久的退变演化。因此韧性剪切带是不同构造发展阶段形成的。又经历了其后的多次构造叠置改造作用，呈现最终的构造状态。

韧性剪切带以角闪岩相变质作用环境为主；脆韧性剪切带则以绿片岩相变质作用环境为主。两者的区别可以总结为（河南地调一队等，1993）：

（1）在角闪岩相韧性剪切带中的糜棱岩等构造岩中，出现较多的同构造产出的黑云母；在绿片岩相脆韧性剪切带中的构造岩中多为绢云母、多硅白云母、绿泥石等片状矿物，黑云母则极少出现。

（2）韧性剪切带中，长石类矿物镜下可见较强塑性变形，斜长石机械双晶广泛发育；长石边缘细粒化而呈异质核幔构造。双晶弧形弯曲、塑变带状定向及透镜状残斑等。宏观标本中，长石可呈云朵状等，显示"流变"外貌。角闪石类矿物具波状消光，压扁成透镜状定向排列等塑性变形特征；在地表露头可见角闪石退变的黑云母集合体呈蝌蚪状塑变形态。

在脆韧性剪切带中，长石碎斑以碎裂为主，塑性变形为次，同时可见石英碎斑呈脆性的"显微石香肠"构造。

（3）在宏观上，角闪岩相韧性剪切带多为较宽带状产出；绿片岩相的脆韧性剪切带则多呈线状或多条密集状产出。这种宏观产态的差异显然反映了两类剪切带形成机理和环境的不同。

# 第二节　小秦岭韧脆性剪切带的基本特征

## 一、韧脆性剪切带的分布特征

据统计，全区共发现石英脉及剪切带 600 余条。它们均分布于背斜和向斜两翼，一般分布是背斜多于向斜；总体表现具有丛聚性特征，由老鸦岔背形—五里村背斜—七树坪向斜递减，由每平方公里 10 条—6 条—5 条。娘娘山岩体以东剪切带密度平均 3 条。且其含矿性也由老鸦岔背形—五里村背斜—七树坪向斜—娘娘山以东递减。反映褶皱控制剪切带，剪切带控制金矿床。

# 二、剪切带的产状特征

根据 1∶5 万矿产图说明书和有关勘探报告，二级脆韧性剪切构造空间分布的基本特征见表 3.2。根据表 3.2，控矿断裂带按方向可划分出六组七类。

**表 3.2　糜棱岩带空间分布特征统计表**（据黎世美等，1996 修编，其中的长度为糜棱岩带长度）

| 特征值 | | 北西西-东西-南西西向 | | 北北东向 | 北北西向 | 北西向 | 北东-北东东向 | 近南北向 |
|---|---|---|---|---|---|---|---|---|
| | | 290°~270° | 250°~285° | 10°~35° | 350°~325° | 325°~290° | 35°~70° | 350°~10° |
| 产出状态 | 倾向/(°) | 200~180 | 340~15 | 280~305(主) 100~125(次) | 55~80(主) 235~260(次) | 20~55 或 200~235 | 305~340 或 125~160 | 80~100(主) 260~280(次) |
| | 倾角/(°) | 35~55(主) 10~35(次) | 15~25(主) 30~70(次) | 50~75(主) 20~40(次) | 55~75 | 35~58 | 40~80(主) 20~30(次) | 55~85(主) 20~30(次) |
| 矿脉规模 | 长度 一般/最大/m | 2000~4000 16000 | 50~800 7000 | 100~500 1200 | 100~500 1680 | 500~1000 >3000 | 500~1500 >2500 | 200~500 1400 |
| | 厚度 一般/最大/m | 0.3~2.0 13.1 | 3~10 100 | 0.3~0.5 1.4 | 0.2~0.8 5.9 | 0.5~0.8 3.68 | 0.4~1.0 3.30 | 0.15~1.5 3.0 |
| | 延深 一般/最大/m | 500~600 >1156 | | 100~200 >300 | 100~200 580 | 200~300 >500 | 100~500 >500 | 100~200 >300 |
| 矿脉数(条) | | 183 | 100 | 41 | 20 | 39 | 48 | 34 |
| 占全区总数的百分比/% | | 39.4 | 21.5 | 8.8 | 4.3 | 8.4 | 10.3 | 7.3 |

## 1. 近东西向组

本组断裂走向在南西西-东西-北西西之间，可分为南倾组（为主）和北倾组（为次）两种，是区内最主要的糜棱岩带，其分布几乎遍布小秦岭全区，仅在娘娘山以东少见。该组断裂长度最大，它控制区内 90% 以上的金储量。区内主要大型的矿床和除枪马峪之外的中型矿床均产于该组断裂之中。本组断裂中南倾断裂倾角中等，北倾断裂较缓。南倾断裂多（约占区内断裂总数的 40%），北倾断裂少（约占 20%）。本组断裂受小秦岭复背形中的背形和向斜控制（图 3.16、图 3.17）。图 3.16 显示不对称的相向对冲形态，北翼断裂呈叠瓦状，而且这种叠瓦状构造在区内普遍发育。图 3.17 显示为向斜内部相向倾斜，两翼倾角接近，但向南倾斜断裂规模大，向北倾斜断裂规模小。

## 2. 北北西向组

该组断裂不发育，仅占 4.3%，多呈短小矿脉稀散分布，赋存小型矿床。如文峪矿区

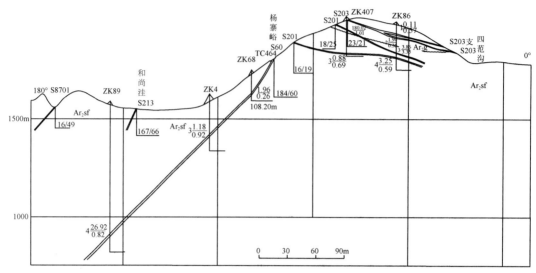

图 3.16　四范沟—和尚洼地质剖面图

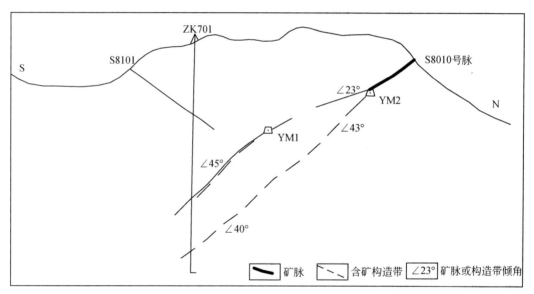

图 3.17　红土岭矿区第 7 勘探线剖面

的 S540、S527 等,个别可达中型,如枪马峪的 S410 矿脉。

**3. 北北东向组**

不甚发育,多呈单脉零散分布,主要有文峪 S509,桂家峪 Z01、Z02、Z03 和娘娘山岩体东侧的 S861、S862、S864 等。多为矿点,个别可达小型。

**4. 北西向组**

不甚发育,其数量仅占 8.4%,多呈单脉产出,少数呈脉组出现。金矿规模为矿点或者小型。

### 5. 北东–北东东向组

不甚发育，数量仅占 10.3%，主要分布于文峪岩体西侧（小文峪沟），中部王家峪及娘娘山岩体东侧的武家山、周家山等地。多构成矿点，个别为小型。

### 6. 近南北向组

不发育，数量占 7.3%，呈单脉分布，如金铜岔的 S136、S135，老鸦岔南的 Q915、Q903，西峪 S910、S956 等。多为矿点和矿化点。

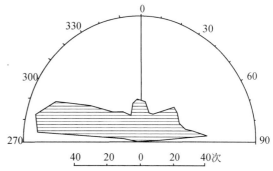

图 3.18 河南小秦岭台穹含矿断裂走向玫瑰图（据 558 条统计）

剪切带均表现为线状分布的高应变带，其方向不同，规模各异，前人据 558 条矿脉构造产状统计，这些韧脆性断裂走向以接近东西 290°~300° 走向为主，代表了区域构造线方向（图 3.18）。构造面倾向多变，以南倾为主（21.9%）（图 3.18、图 3.19、表 3.3）。

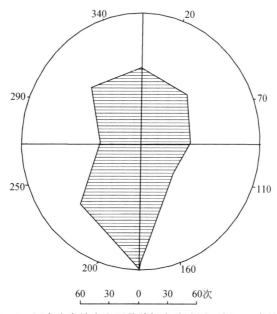

图 3.19 河南小秦岭含金石英脉倾向玫瑰图（据 558 条统计）

表 3.3 小秦岭地区含矿断裂倾向统计表

| 倾向/（°） | 北 340~19 | 北东 20~69 | 东 70~109 | 南东 110~159 | 南 160~199 | 南西 200~249 | 西 250~289 | 北西 290~339 | 合计 |
|---|---|---|---|---|---|---|---|---|---|
| 频数/次 | 72 | 66 | 52 | 46 | 122 | 86 | 40 | 74 | 558 |
| 比例/% | 12.9 | 11.8 | 9.3 | 8.2 | 21.9 | 15.4 | 7.2 | 13.3 | 100 |
| 序次 | 4 | 5 | 6 | 7 | 1 | 2 | 8 | 3 | |

断面倾角以20°～60°为主，倾角由大到小显示正态分布（图3.20）。

另外，王亨志等（1983）对河南境内400余条含金构造带551个产状测量数据也进行了统计，其赤平投影（图3.21）表明，区域控矿断裂主要走向为286°，主要倾向为南南西（196°），倾角18°～54°，次倾向为北北东组（16°），倾角36°以下，与前述结果一致。

同时在走向上具舒缓波状且平行脉密集分布构成叠互状及分支复合特征（图3.22～图3.24）。

剪切带在垂向上也存在舒缓波状变化。可构成"S"形（图3.25～图3.27）。同时，在垂向上也存在向上或向下的分支复合，构成"Y"形或"帚状"分布（图3.28、图3.29）。

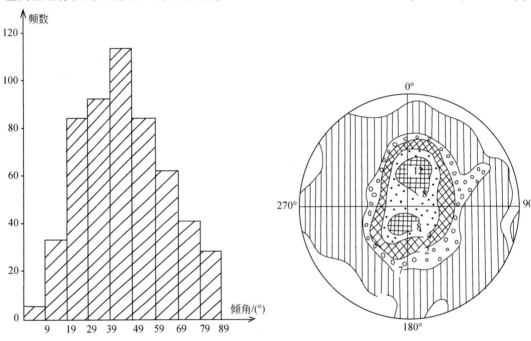

图3.20　河南小秦岭含矿断裂倾角分布直方图　　图3.21　河南境内含矿构造产状下半球赤平投影图
（据551条统计）　　　　　　　　　　　　　（据王亨治等，1983，551个数据统计）

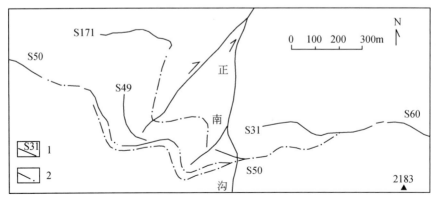

图3.22　S31、S171、S49与S50、S60矿脉分布特征图
1. 矿脉及编号；2. 含金碎裂岩-糜棱岩带

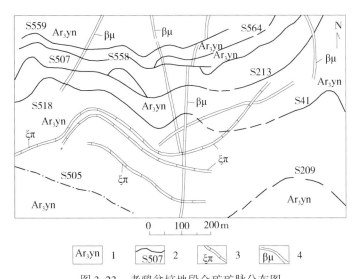

图 3.23 老鸦岔垴地段金矿矿脉分布图

1. 杨寨峪岩组；2. 金矿脉；3. 正长斑岩脉；4. 辉绿岩脉

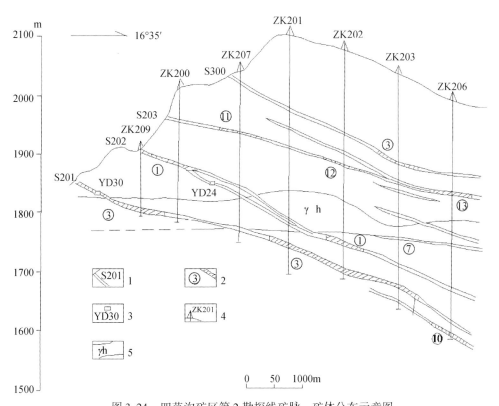

图 3.24 四范沟矿区第 2 勘探线矿脉、矿体分布示意图

1. 矿脉位置及编号；2. 矿体位置及编号；3. 坑道位置及编号；4. 钻孔位置及编号；5. 黑云母花岗岩

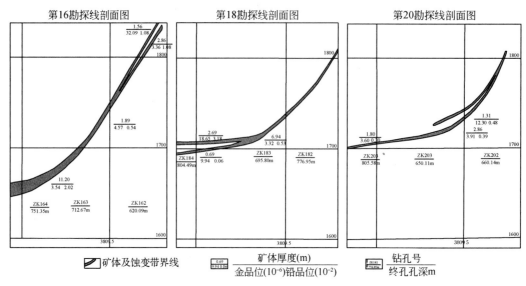

图 3.25　东闯矿区 S507 脉深部矿体产状变化图

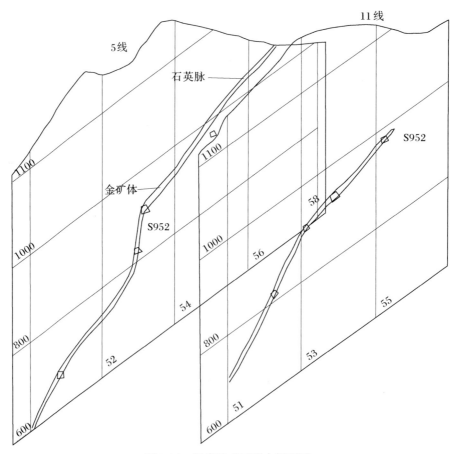

图 3.26　马家洼矿区联合剖面图

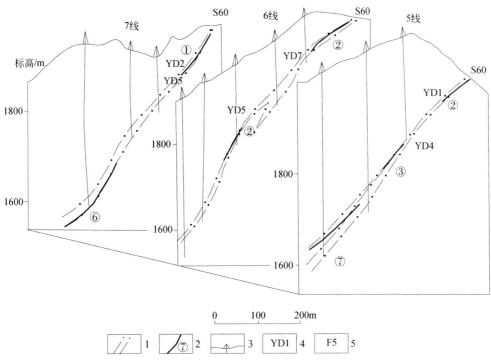

图 3.27 杨寨峪矿区 S60 矿脉联合勘探线剖面图 (黎世美等, 1996)

1. 含金剪切带 (糜棱岩); 2. 工业矿体及编号; 3. 钻孔及编号; 4. 探矿巷道及编号; 5. 断裂及矿脉编号

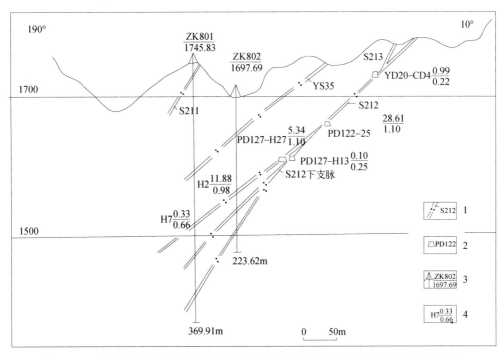

图 3.28 和尚洼矿区第 8 勘探线剖面矿脉展布图 (矿体沿上部缓倾斜的矿脉分布)

1. 矿脉位置及编号; 2. 坑道位置及编号; 3. 钻孔位置及编号/孔口标高 (m); 4. 样线编号$\dfrac{品位\ (10^{-6})}{厚度\ (m)}$

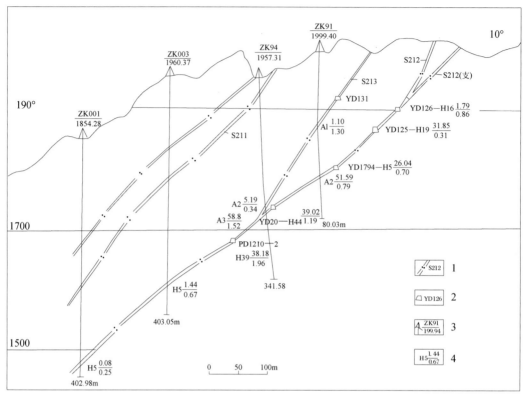

图 3.29　和尚洼 0 线矿脉关系图

1. 矿脉编号；2. 沿脉位置及编号；3. 钻孔位置及编号；4. 样品编号 $\dfrac{\text{品位}（10^{-6}）}{\text{厚度}（\text{m}）}$

# 三、剪切带的形成与演化

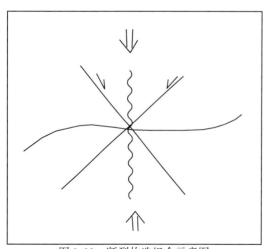

图 3.30　断裂构造组合示意图

## 1. 剪切带的形成

本区剪切带的形成与一般断裂构造形成的力学机制是相同的。从区域宏观分析，往往首先出现强大的南北向挤压、缩短，因此北东向和北西向的压扭性断裂发育，并形成共扼（图 3.30）。

然而，南北向挤压的后期多出现顺时针或逆时针的扭动，造成各种方向的构造走向发生变化，其中最主要的北西向组变成北西西向，从而形成与变质核杂岩走向基本一致的强大的密集分布的北西西向剪切带（图 3.31）。

由上述构造格局造成了：①主剪切带

主要为 NWW 向的；②共轭剪切带形成的交汇部位，由于构造交汇而出现应力引张，利于成矿；并大体控制了矿体（床）的东西向近等距分布；③剪切带交汇部位在垂向上是倾斜的，而不是垂直的，造成矿体往往侧伏，而且多数向北西西侧伏。

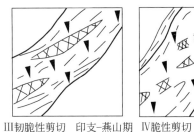

图 3.31　变质核杂岩中剪切构造组合叠加的两种形式

**2. 主要控矿剪切带的演化**

根据前述可知，区内剪切带的发生，发展演化是复杂的。但其总体规律是早期韧性剪切；中期脆韧、韧脆性剪切；晚期为脆性剪切。这种发展演化显然与其运动机制相关。其概略变化过程可由图 3.32 表示。

Ⅰ韧性剪切（两期）　　Ⅱ脆韧性剪切　　Ⅲ韧脆性剪切　印支-燕山期　Ⅳ脆性剪切　燕山晚期

图 3.32　变质核杂岩中韧-脆性剪切带的演化示意图

# 第三节　剪切带与矿化的关系

## 一、剪切带长度与矿化关系

区内已发现控矿断裂带达 600 多条，金矿主要赋存于长度大的控矿断裂带中。

如：中矿带 S505-S209-S50-S60 是区内最长的控矿构造，长度约 16km。赋存有文峪、杨寨峪两个大型矿床和老鸦岔中型金矿。

S507 脉长约 8km，赋存东闯（特）大型金铅矿，金硐岔中型金矿。

北矿带 F5 长度 12km，赋存有大湖大型钼金矿床和灵湖中型金矿床。

S-0Ⅷ脉带长约 1500m，赋存马家凹中型金矿。

矿田中一般的规律是剪切带长度与金矿化强度和规模成正比。

## 二、剪切带空间分布密度与矿化关系

从全区来看，中矿带含矿构造分布密度最大，约 10 条/km²，北矿带平均不到 6 条/km²；北中矿带平均不到 5 条/km²。娘娘山岩体以东矿脉密度平均 3 条/km²。上述矿带的含矿性也存在由中矿带-北矿带-北中矿带-娘娘山以东地区逐渐降低的变化。

在主要矿区中，都有不同规模和方向的断裂构造发育，如：

（1）大湖钼金矿区：发育各类断裂 91 条，其中近东西向 43 条。在 43 条断裂中有 4 条为含矿断裂；在含矿断裂中 F5 断裂赋存整个矿床 95% 的金储量。

（2）东闯金铅矿区：各类断裂 98 条。成矿期近东西向断裂 29 条，其中 8 条断裂含矿。在 S507 矿脉中赋存了矿区金总储量的 70.35%。

（3）文峪金矿区：已发现含金石英脉 90 余条，其中 9 条断裂见有工业矿体。S505 矿脉金储量占矿区总储量的 51.4%。

（4）四范沟金矿区：各类断裂 132 条，其中近东西向 57 条，提交出储量的 4 条。S201 号脉金储量占矿区总储量的 49%。

（5）马家凹金矿区：区内有近东两向断裂 53 条，其中 9 条赋存工业矿体。这 9 条含矿断裂产于南北宽仅 60 余米的范围内。0-Ⅱ 号脉的储量占矿区总储量的 43%。

其他矿区也存在类似情况。上述规律说明：

（1）矿化富集区一般都有密集平行的同期断裂存在。

（2）在含矿断裂中往往有一条断裂为主要的赋矿断裂，赋存绝大部分资源储量，这些主要的赋矿断裂应该是区内的主结构面。因此，主结构面的判定对找矿特别是深部找矿十分重要。

上述规律可以形象地用"一街多巷"来表述。

# 三、剪切带厚度与矿化强度的关系

小秦岭金矿矿脉的分布不但具有从聚性成群成带的特征，而且每个矿床矿体的品位和厚度，特别是品位具有极不均匀的特征（表 3.4）。由表 3.4 可以看出：

表 3.4　主要矿床品位厚度特征表

| 矿带 | 矿床（脉） | 品位/$10^{-6}$ | | | 厚度/m | | | |
|---|---|---|---|---|---|---|---|---|
| | | 最大值 | 平均值 | 变异系数/% | 最大值 | 最小值 | 平均值 | 变异系数/% |
| 中矿带 | 文峪 S530 | 43.3 | 11.26 | 164 | 3.50 | 0.60 | 1.06 | 88 |
| | 东闯 S507 | 132.3 | 8.15 | 177 | 13.14 | 0.10 | 1.92 | 100 |
| | 杨寨峪 | 445.83（东）228.79（西） | 13.82 | 125 | 6.06 | 0.25 | 1.14 | 83 |
| | 四范沟 | 53.19 | 10.13 | 150 | 1.91 | 0.18 | 1.06 | 71 |
| | 和尚洼 | 97.31 | 17.22 | 279 | 3.19 | 0.19 | 0.97 | 55 |
| | 金铜岔 | 547.30 | 15.12 | 330 | 4.92 | 0.09 | 0.74 | 81 |
| 北中矿带 | 金渠沟 | 199.18 | 10.95 | 176 | 1.61 | 0.69 | 1.04 | 64 |
| | 红土岭 | 65.00 | 11.84 | 116 | | 0.70 | 1.04 | 80 |
| 北矿带 | 大湖 F5 | 18.06 | 6.75 | 104 | 18.04 | 0.52 | 3.36 | 156 |
| | 灵湖 F5 | 863.35 | 6.81 | 118 | 11.94 | 0.30 | 2.40 | 87 |
| | 焕池峪 | 37.8 | 4.68 | 104 | | | 1.45 | 77 |
| | 马家凹 | 88.6 | 5.77 | 109 | 12.70 | 0.15 | 1.39 | 150 |

（1）总体来看，中矿带各矿床平均品位最高（$8.15×10^{-6} \sim 17.22×10^{-6}$），北中矿带次之（$10.95×10^{-6} \sim 11.84×10^{-6}$），北矿带最低（$4.68×10^{-6} \sim 6.81×10^{-6}$）。品位的变异系数也服从上述规律，中矿带最高（125% ~ 330%），北中矿带其次（116% ~ 176%），北矿带最低（104% ~ 118%）。以上说明，矿田内中矿带矿化作用最强，由中矿带到北中矿带再到北矿带依次降低。

（2）各矿床的矿体厚度变化较小，相比而言北矿带略高，其变异程度也较大。中矿带和北中矿带规律不明显，两者相比中矿带厚度和厚度的变异程度略高于北中矿带，说明矿体均受糜棱岩带控制，而糜棱岩带和矿体均在相同的构造作用之中，因而产生的构造变形，不但在形态变化上密切相关，而且在变形的规模上比较接近，造成各矿带矿体厚度比较接近，其变异程度也低（图 3.33 ~ 图 3.36）。

就单个矿体或一个中段来看，一般品位与厚度正相关，但也存在不相关或负相关的。

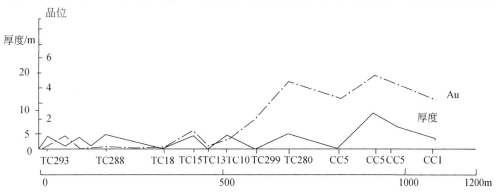

图 3.33　焕池峪矿区 Σ190 石英脉走向厚度品位曲线图

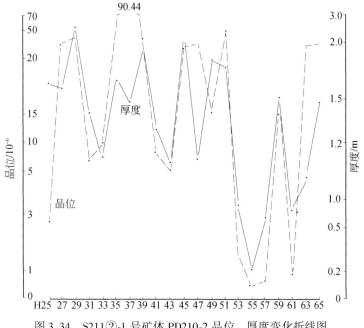

图 3.34　S211②-1 号矿体 PD210-2 品位、厚度变化折线图

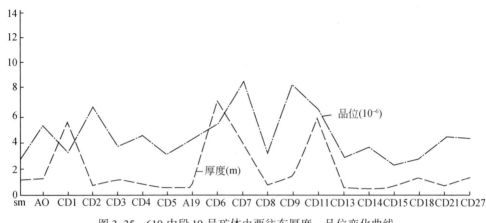

图 3.35　610 中段 19 号矿体由西往东厚度、品位变化曲线

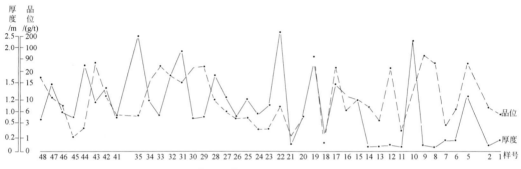

图 3.36　201 号脉①号矿体 1900m 中段厚度、品位变化曲线图

# 四、剪切带走向与矿化强度的关系

在脆韧性剪切带内，矿床的分布受剪切带一定方向段控制。特别是规模大的剪切带尤其明显，长度大于 16km 的 S505-S60 矿脉，是小秦岭地区目前已知长度最大的剪切带，其中探明的黄金储量超过 100t。它可以分出北西走向的"1、3、5、7"弱矿化段及近东西向的"2、4、6、8"强和较强矿化段，二者相间分布（图 3.37）。

近东西向段自西向东分别控制了文峪、东闯、老鸦岔-金硐岔、杨寨峪等矿区的主要矿体，弱矿化段自西向东分别控制了西闯、南闯、老鸦岔、正南沟等零星矿化和无矿段。这种曲折状剪切带控矿特征是由剪切带形成期和成矿期的应力状态决定的。因成矿期近东西向剪切带的力学性质是压剪性，平面上具反扭特点（图 3.38）。

在近东西向段出现引张，产生引张空间，利于矿液沉淀富集。而北西向段受挤压、剪切带紧闭，不利于成矿。这种控矿机制，在一个矿床中也可出现，从而造成矿体在走向上的不连续性或分段矿化的状况。如文峪金矿 S505 矿脉，在西路将以西近东西向地段矿化好，矿体规模大，矿化连续性好；西路将以东北西向地段矿化明显减弱，矿体规模小，无矿间距增大（图 3.39）。

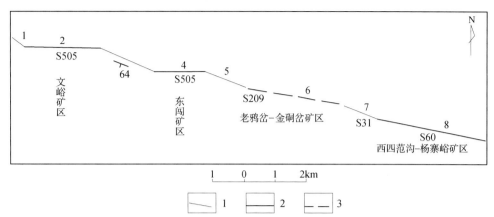

图 3.37　S505–S209–（S60）含金剪切带的走向和控矿特征示意图

1. 弱控矿段；2. 最强控矿段；3. 较强控矿段

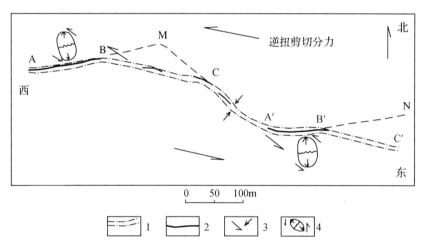

图 3.38　S60 矿脉东段 1936m 中段断裂控矿应力分析平面图（引自黎世美等，1996）

1. 控矿断裂带；2. 工业矿体；3. 不同层次的作用力方向；4. 应变椭球体，表示局部引张状态

　　杨寨峪矿区 S60 号矿脉，亦出现近东西向矿体和北西向弱矿化段相间分布的特点，而且这种变化在不同标高水平上具有相似性的侧伏特征（图 3.40），图中 $X—X'—X''$ 为强矿化段，$Y—Y'—Y''$ 为弱矿化或无矿段。

　　在近东西向的含矿断裂中，断裂走向变化对矿化强度具有明显的控制作用，在北矿带中部含矿断裂北倾的大湖钼金矿和南倾的马家凹金矿，含矿断裂走向近东西时，矿化强度大，易于形成矿体，走向为北西西或南西西时矿化弱或无矿（图 3.41）。在东部的灵湖矿区（断裂北倾）和西部的马家洼矿区（断裂南倾），则是在断裂走向北西时，矿化强度大，往往形成矿体，近东西向时矿化弱，一般无矿体存在。

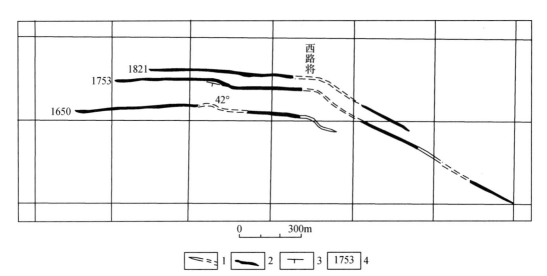

图 3.39  文峪矿区 S505 号矿脉联合中段平面图

1. 含金脆韧性剪切带；2. 工业矿体成矿柱；3. 构造带产状；4. 坑道编号及标高

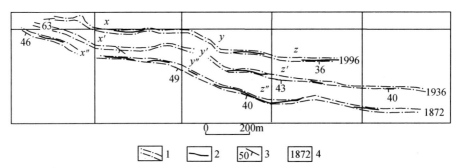

图 3.40  杨寨峪矿区 S60 矿脉联合中段平面图（据黎世美等，1996）

1. 含金脆性剪切带；2. 工业矿体；3. 断裂带产状；4. 中段标高

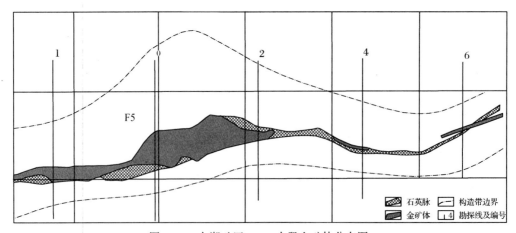

图 3.41  大湖矿区 645m 中段金矿体分布图

# 五、剪切带倾角变化与矿化强度的关系

　　剪切带的含矿性与其倾角密切相关，在垂向呈"S"形产出的韧脆性剪切带中，一般均在倾角变缓处含矿（图3.42）。各矿带矿床中均存在这种规律（图3.25、图3.26）。

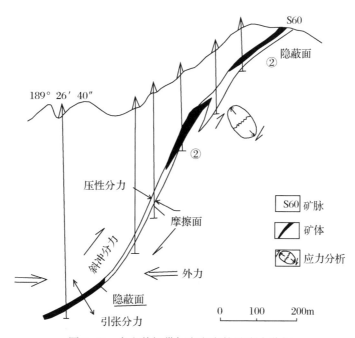

图 3.42　含金剪切带倾向方向控矿应力分析

1. 含金剪切带；2. 工业矿体；3. 应变椭球体表示局部引张部位的应力状态

# 六、剪切带控矿的力学分析

　　根据前述，本区金矿矿体不管在倾向还是在走向上，均产于产状变化部位。在倾向上主要是缓倾部位成矿，走向上，一个矿区在一定方向上富集成矿。由于本区的剪切带在走向上呈舒缓波状，倾向上多呈"S"形弯曲，这就造成在水平方向和倾斜方向不连续，这种特征与豆荚状矿体的分布规律比较一致。其成矿部位总是在应力引张部位，这种规律可以用图 3.43 表示。

　　地质条件、岩石类型和主应力方向及其变化，造成这种矿体形态及延伸极其复杂，但总体规律还是比较明显。像 S505-S60 这个区内规模最大的矿脉在近东西方向上成矿，北西向段无矿或弱矿化，而与其毗邻的 S212 矿脉则在北西向段成矿，近东西方向段无矿或弱矿化，其可能的原因是：前者规模大（长约 16km），后者规模小（约 2km），而且相距近，当 S505-S60 矿脉南部（上盘）岩块向东滑扭时，S212 矿脉的北部（下盘）岩块出现的是与 S505-S60 矿脉相同的运动方向，从而造成 S212 矿脉实际运动体制与 S505-S60 矿脉的运动方向相反（图 3.43），这就是造成 S212 矿脉北西向段成矿的原因。小秦岭地区剪切带往往密集分布，出现这种结果就不止这一处，从而造成区内剪切带控矿十分复杂的结果。也说明在区内无法用一种规律对所有矿脉进行解释和推断。

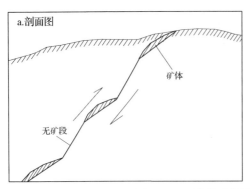 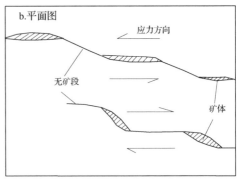

图3.43 豆荚状矿体形成的力学分析示意图

# 七、成矿阶段在剪切带中的表现

构造活动的变形性质改变及脉动性发展，直接控制着金矿化多期次多阶段的叠加富集过程。

## （一）第 I 成矿阶段：黄铁矿-石英阶段

该阶段的特点是糜棱岩带中充填交代形成含少量黄铁矿的白色石英脉。石英脉呈脉状、透镜状、扁豆状等形态在构造带中尖灭侧现或再现分布，多数厚度大、连续性好。脉体与构造壁或糜棱片理大多近于平行。石英脉的倾角往往比构造带缓5°～10°（图3.44）。在构造带出现应力引张地段，如产状变化、分支、复合处容易形成石英脉或石英脉厚度增大。

据统计，小秦岭地区已发现石英脉600余条（范永香，1993），这些石英脉基本上都是 I 期石英脉。

其中：

>1000m：84 条，查明资源储量占全区总资源储量的80%以上。

500～1000m：38 条。

200～500m：102 条。

100～200m：106 条。

50～100m：100 条。

<50m：180 条。

石英脉在糜棱岩中呈透镜状断续分布，尖灭再现和尖灭侧现比较普通（图3.45）。

石英脉的分布在糜棱岩带中受应力引张部位控制。由于糜棱岩带形成后经历了复杂的构造变动，因而石英脉的分布也比较复杂。总体来看，浅部含脉率大于深部，与金矿化的强度变化是一致的（表3.5～表3.7）。

以上三表说明，含矿断裂带中石英脉含脉率除了倾向上由上到下总体由高到低的变化外，还存在石英脉发育、金矿化强到石英脉不发育、金矿化减弱的规律；金矿体在走向和

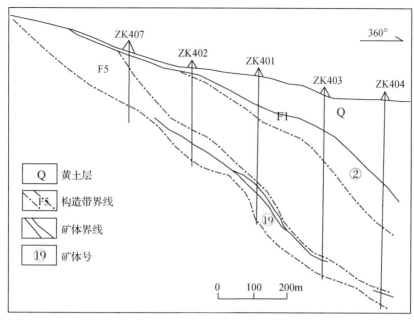

图 3.44 大湖金矿区第 S 勘探线剖面图

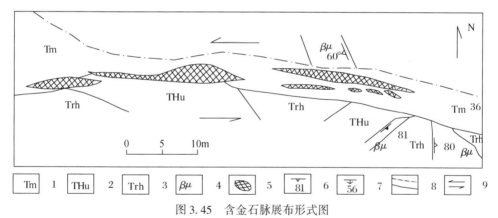

图 3.45 含金石脉展布形式图

1. 碎裂糜棱岩；2. 碎裂混合岩；3. 碎裂花岗岩；4. 辉绿岩；5. 含金石英脉；6. 岩脉产状；
7. 构造带产状；8. 地质界线；9. 扭动方向

倾向上可以大于石英脉（含有蚀变岩型矿化），也可以小于石英脉。

表 3.5 S60 号脉不同标高段含脉率变化特征表

| 东段 | | 矿化连 | 西段 | | 矿化连 |
|---|---|---|---|---|---|
| 分布位置 | 含脉率/% | 续程度 | 分布位置 | 含脉率/% | 续程度 |
| 地表 | 71.4 | 较连续 | 2032 中段 | 83 | 连续性好 |
| 1966m 中段 | 62.2 | 间断 | 1966 中段 | 67 | 间断 |
| 1872m 中段 | 50.0 | 间断 | 1900 中段 | 52 | 间断 |
| 钻孔<br>（1700～1500m） | 41.6 | 间断 | 1841 中段 | 14 | 间断 |
| | | | 1730 中段 | 33 | 间断 |

　・88・　　　　　　　　　　　　　　　　小秦岭幔枝构造与深部找矿

表 3.6　大湖矿区 F5 不同标高含脉率含矿率统计表

| 标高/m | 工程控制矿脉长度/m | 石英脉 | | 金矿体 | | 矿化连续程度 |
|---|---|---|---|---|---|---|
| | | 总长度/m | 含脉率/% | 总长度/m | 含矿率/% | |
| 685 | 850 | 495 | 58.2 | 430 | 50.6 | 不连续 |
| 645 | 600 | 560 | 93.3 | 400 | 66.7 | 不连续 |
| 610 | 1130 | 635 | 56.2 | 560 | 49.6 | 不连续 |

表 3.7　201、202、203 号脉不同标高含脉率、含矿率及矿化连续性比较表

| 矿脉编号 | 分布位置 | 矿脉长度/m | 含金石英脉 | | | | 矿体 | | 矿化连续程度 | 备注 |
|---|---|---|---|---|---|---|---|---|---|---|
| | | | 数量/条 | 总长度/m | 含脉率/% | 平均厚度/m | 总长度/m | 含矿率/% | | |
| 201 | 地表 | | | | 29.0 | | | | | 钻孔含脉率、含矿率系指见脉、见矿钻孔数与钻孔总数之比 |
| | 1900 中段 | 584.10 | 17 | 407 | 69.7 | 0.75 | 409 | 70.0 | 连续 | |
| | 1881 中段 | 288.40* | 5 | 146 | 50.6 | 0.92 | 152 | 52.7 | 间断 | |
| | 1878 中段 | 577.70 | 12 | 300 | 51.9 | 0.63 | 424 | 73.4 | 连续 | |
| | 1856 中段 | 241.50 | 6 | 155 | 64.2 | 0.64 | 166 | 68.7 | 连续 | |
| | 1842 中段 | 405.68 | 6 | 112 | 27.6 | 0.60 | 236 | 58.2 | 较连续 | |
| | 钻孔 | | | | 38.6 | | | 27.3 | | |
| 202 | 地表 | | | | 45.6 | | | | | |
| | 1910m 中段 | 179.95 | 9 | 86 | 47.8 | 0.53 | 160 | 88.9 | 连续 | |
| | 1893m 中段 | 248.65 | 6 | 182 | 73.2 | 0.61 | 210.8 | 84.8 | 连续 | |
| | 1856 中段 | 324.73 | 3 | 71 | 21.9 | 0.62 | 152 | 46.8 | 较连续 | |
| | 钻孔 | | | | 46.2 | | | 26.9 | | |
| 203 | 地表 | | | | 45.7 | | | | | |
| | 1700m 中段 | 268.80 | 16 | 125.80 | 46.8 | 0.48 | 146 | 54.3 | 较连续 | |
| | 钻孔 | | | | 46.7 | | | 41.7 | | |

　　该阶段的黄铁矿一般为中粒、部分为粗粒、自形程度较高的立方体。在石英脉中为星散状或浸染状分布，少数为团块状或粒状集合体，这些黄铁矿不受构造裂隙控制，说明黄铁矿与石英脉为一个阶段的产物。由于这些黄铁矿金含量低，黄铁矿含量少（1%～5%），所以不构成独立的工业矿体。在部分矿床中有大量辉钼矿出现，有些构成工业矿体（如大湖矿区）。

　　另外，在第Ⅰ阶段石英脉中见有平行脉壁的劈理，在显微镜下可见到石英被压碎、拉长，有强波状消光和变形纹等，表明第Ⅰ阶段石英脉形成后又有构造叠加。

## （二）第Ⅱ成矿阶段：石英-黄铁矿阶段

　　为本区金矿的主要成矿阶段之一。该阶段的主要矿物为烟灰色石英和黄铁矿，有时有黄铜矿和磁黄铁矿，金矿物主要为自然金和银金矿。

矿物的空间分布具以下特征：

（1）不同种类的矿物组合呈条带状，细脉状分布于石英脉（Ⅰ阶段）顶底部，与石英脉壁大致平行（图3.46、图3.47），构成明显的条带状构造。

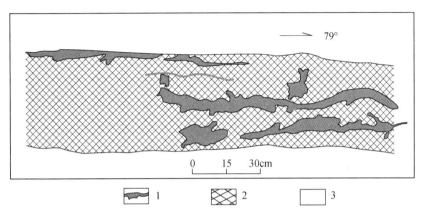

图3.46　含金石英脉中石英（Ⅱ）-黄铁矿（Ⅱ）条带形态特征素描图
1. 石英（Ⅱ）-黄铁矿（Ⅱ）；2. 石英（Ⅰ）；3. 黄铁矿化、
硅化、糜棱岩化混合岩（金硐岔矿区 S9 脉 1904m 中段坑道北壁）

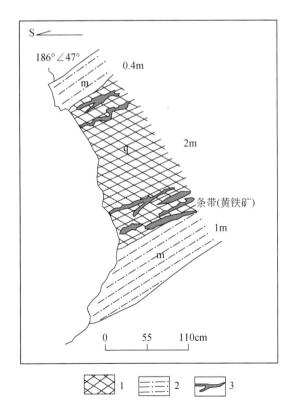

图3.47　糜棱岩、含金石英脉空间出露形态及其矿化特征（S505 脉 1787m 中段）
1. 第Ⅰ阶段含金石英脉；2. 糜棱岩；3. 条带状黄铁矿

（2）不同种类的矿物组合呈团块状、不规则状分布于Ⅰ期石英脉的顶底部或中部。团块的排列总体具一定的方向性。

（3）不同矿物组合呈透镜状或细脉状，平行糜棱岩面理分布于其中或其边部，也可与糜棱岩面理斜交。

该阶段的黄铁矿多呈半自形-他形五角十二面体晶体及五角十二面体与立方体、八面体聚形晶和立方体与八面体聚形晶，含金性好（表3.8）。黄铁矿普遍具破碎现象。

由上述可知，第Ⅱ阶段矿化是在第Ⅰ阶段石英脉和前期糜棱岩带的基础上叠加产生的。其力学性质为压剪性，具反扭特征，主应力方向358°~178°，在此应力下，近东西向南倾矿脉的上盘向北东逆冲，在其中形成产状为140°∠26°的张性裂隙（表3.9），这些张裂隙主要发育在石英脉或糜棱岩的顶底部，形成本阶段黄铁矿（黄铜矿、磁黄铁矿）、石英条带状构造。

**表3.8　小秦岭地区典型金矿区含金石英脉中各矿化阶段黄铁矿含金量比较**
（引自王亨治、栾世伟等，1988）

| 矿脉类型 | 矿区类型 | 矿物-成矿阶段 | 含金量/$10^{-6}$ | 样数 |
|---|---|---|---|---|
| 含金石英脉型 | 文峪矿区（S505） | 黄铁矿-Ⅰ | 13.17 | 4 |
| | | 黄铁矿-Ⅱ | 75.68 | 9 |
| | | 黄铁矿-Ⅲ | 63.34 | 11 |
| | | 黄铁矿-Ⅳ | 3.63 | 1 |
| | 金铜岔（S9） | 黄铁矿-Ⅰ | 98.17 | 7 |
| | | 黄铁矿-Ⅱ | 138.51 | 3 |
| | | 黄铁矿-Ⅲ | 115.00 | 22 |
| | 杨寨峪矿区（S60） | 黄铁矿-Ⅰ | 3.42 | 4 |
| | | 黄铁矿-Ⅱ | 435.73 | 9 |
| | | 黄铁矿-Ⅲ | 162.63 | 4 |
| | 枪马矿区（S410） | 黄铁矿-Ⅱ | 240.40 | 2 |
| | | 黄铁矿-Ⅳ | 39.60 | 1 |

**表3.9　小秦岭金矿田主要含金脆-韧性剪切构造活动与蚀变矿化演化的关系**
（据河南省地调一队，1994）

| 期 | | | 成矿前 | 成矿期 | | | | 备注 |
|---|---|---|---|---|---|---|---|---|
| 阶段 | | | | 一 | 二 | 三 | 四 | |
| 构造运动 | 性质 | | | 压剪性（右行） | 压剪性（左行） | 压（剪）性（右行） | 压性（左行） | 以近东西向南倾者为例，内摩擦角为30° |
| | 广度 | | 最广 | 广 | 较广 | 中等 | 小 | |
| | 强度 | | 最强 | 强 | 较强 | 中等 | 弱 | |
| | 主应力方位 | $\sigma_1$ | | 321°∠62° | 178°∠21° | 340°∠14° | 21°∠9° | |
| | | $\sigma_2$ | | 70°∠10° | 82°∠14° | 70°∠0° | 285°∠30° | |
| | | $\sigma_3$ | | 166°∠25° | 323°∠64° | 160°∠75° | 125°∠58° | |
| | | 位移方向 | | 334°∠33°（上盘） | 11°∠50°（上盘） | 340°∠15°（上盘） | 360°∠16°（上盘） | |

续表

| 期 | | 成矿前 | 成矿期 | | | | 备注 |
|---|---|---|---|---|---|---|---|
| 阶段 | | | 一 | 二 | 三 | 四 | |
| 围岩蚀变 | 类型 | 硅化、钾化、碳酸盐化 | 硅化、绢云母化 | 黄铁绢英岩化、绿泥石化、绿帘化、硅化 | 硅化、黄铁矿化、绢云母化、绿帘石化 | 硅酸盐化、硅化、绿泥石化、黄铁矿化 | |
| | 强度 | 中 | 强 | 强 | 中 | 较弱 | |
| 成矿作用 | 阶段和特征 | | 黄铁矿-石英阶段 | 石英-黄铁矿阶段 | 石英-多金属硫化物阶段 | 石英-碳酸盐岩阶段 | |
| | 广度 | | 最广 | 较广 | 中 | 较小 | |
| | 强度 | 微弱 | 较弱 | 最强 | 强 | 弱 | |

## (三) 第Ⅲ阶段：石英-多金属硫化物阶段

本阶段是主要成矿阶段之一，以同时出现较多的黄铁矿，方铅矿、闪锌矿、黄铜矿为特征，伴有少量烟灰色和透明石英及微量金矿物等。矿物的分布有以下特征：

（1）多金属硫化物和石英集合体主要沿第Ⅰ阶段石英脉中部（或顶底部）的多组裂隙呈网格状分布，并熔蚀交代石英，使石英在硫化物间呈云朵状、似角砾状残余，形成网格状、云朵状构造（图3.48）。

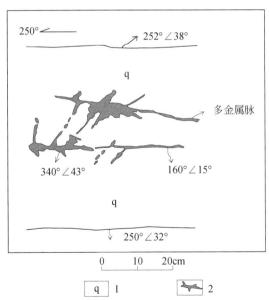

图3.48　多金属脉在石英脉中的赋存形态

（金洞岔 S9 脉八坑）

1. 第Ⅰ阶段石英脉；2. 第Ⅲ阶段多金属脉

（2）硫化物和石英集合体呈条带状大致平行脉壁分布于石英脉中，可以叠加在第Ⅱ阶段黄铁矿之上，也可构成单独脉带。

（3）硫化物特别是方铅矿、黄铜矿集合体，沿石英脉或糜棱岩、围岩中多组裂隙呈网脉状或细脉状分布。

上述特征表明，第Ⅲ阶段构造活动方式仍以压剪性为主，主应力方向为340°～160°，由于石英脉经过多次构造应力叠加，使前期形成的各种方向的裂隙更加发育，从而形成网格状裂隙系统，多金属硫化物和石英沿这些裂隙充填，熔蚀交代，形成网格状、云朵状和细脉状及条带状构造。

因此，在石英脉后期改造强烈，多组裂隙发育的部位，利于多金属硫化物的形成。但是多金属硫化物的发育程度，还与热液成分、强度、温度等物理、化学条件有关。所以，多金属硫化物矿化主要出现在文峪岩体南侧，中矿带西段。在其他区段，多金属硫化物矿化并不发育。

本阶段形成的硫化物全部为他形粒状集合体，粒度为微–中粒。黄铁矿含金高（表3.7）。

## （四）第Ⅳ成矿阶段：石英–碳酸盐阶段

该阶段为成矿的尾声，强度最弱，一般不能构成工业矿体。

主要矿物为白云石，铁白云石、方解石、石英，有时有黄铁矿。脉体多呈细脉状分布于含金剪切带内及两侧围岩中，常斜切石英脉和糜棱岩带（图3.49、图3.50）。脉体规模小，一般长数十厘米至数米，厚0.5～5cm。此阶段构造活动力学性质以剪切为主，具左行特征。石英–碳酸盐脉沿剪切形成的张性裂隙充填形成。

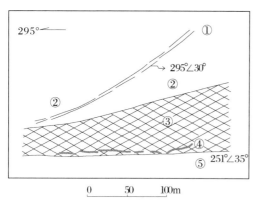

图3.49　第Ⅳ矿化阶段碳酸盐-
石英脉出露特征

①第Ⅵ矿化阶段产生的碳酸盐–石英细脉呈橘黄色
黄白色；②蚀变矿化伟晶岩；③含金石英脉（Ⅱ）；
④石英（极少量）黄铁矿（Ⅱ）；⑤强硅化蚀变混
合岩（金硐岔9号脉八坑）

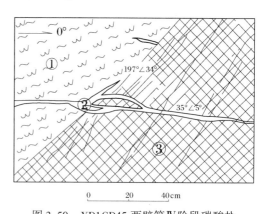

图3.50　YD1CD45西壁第Ⅳ阶段碳酸盐
石英脉穿Ⅰ阶段石英脉素描图

①黄铁绢英岩化混合岩；②Ⅳ阶段碳酸盐石英脉；
③Ⅰ阶段石英脉

# 八、成矿后断裂

　　已有资料说明，区内主要断裂均为"长寿型"断裂，至新生代以及现代仍在活动，这些继续活动的断裂，往往对矿体造成一定程度的破坏。在 S505-S60 矿脉中，成矿后断裂表现明显，总体规律是成矿后断裂少而规模小，相对而言，西部规模较大，东部规模较小。西部东闯矿区 F63 是区内已知规模最大的破矿断裂，产状 330°∠65°，它错断了 S505、S507、S508 等主要矿脉，一般断距 10m 左右，最大断距近 20m，上盘以约 30°角向南西逆冲，显示逆时针扭动特征（图 3.51）。

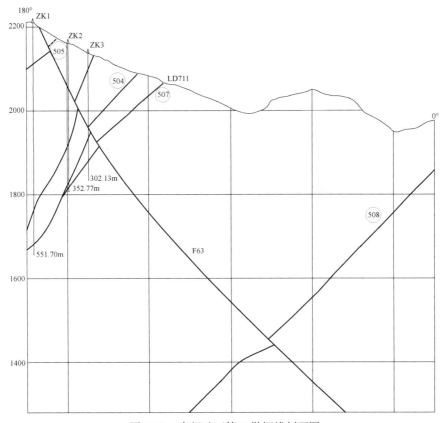

图 3.51　东闯矿区第 B 勘探线剖面图

　　东部成矿后断裂只出现在糜棱岩带内部石英脉中，具顺时针扭动特征，一般不切过糜棱岩带，充分说明这些断裂具脆韧性特征（图 3.52、图 3.53）。

　　在 F5 矿脉中，成矿后断裂表现与 S505-S60 矿脉东部基本相同，仅出现在剪切带内（图 4.80），其特征是断距小，对矿体基本不存在破坏作用。

　　对比上述成矿后断裂可以发现，成矿后构造运动也不是一期，S505-S60 矿脉西段系由逆时针扭动造成，而其他地段则主要表现为顺时针扭动。两者强度差异较大。

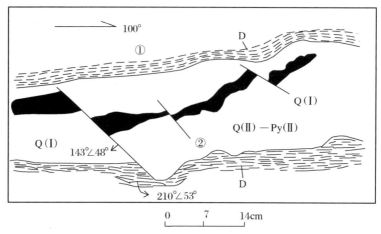

图 3.52　成矿后构造活动特征

①压扭性，在石英脉顶、底形成断层泥；②张扭性，在含金石英脉内错断石英-黄铁矿脉

Q（Ⅰ）. 主体含金石英脉；Q（Ⅱ）-Py（Ⅱ）. 第Ⅱ阶段石英-黄铁矿脉（杨寨峪矿区 S60 矿脉 1794m 中段）

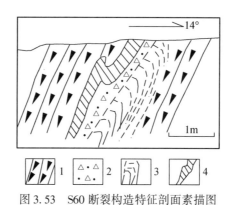

图 3.53　S60 断裂构造特征剖面素描图

1. 碎裂岩；2. 构造角砾岩；3. 糜棱岩；4. 含金石英脉

# 第四章 小秦岭地区主要矿脉及矿床特征

## 第一节 概　　述

小秦岭金矿田中深部金矿远景资源调查评价属于大比例尺预测，针对小秦岭地区主要是盲矿预测。目标集中在矿田范围内，目的是实现对工业矿体的预测，其理论基础是工业矿体，局部富集理论。

按照叶天竺的观点：从成矿学的角度分析，中深部与浅部本质上属于同一成矿作用系统内，其成矿条件、控制因素、成矿作用没有本质的区别。因此，对浅部矿体分布规律研究是中深部预测的首要任务。通过浅部矿体的研究建立工业矿体的产状模型，从而实现由二维到三维空间以及从定性到定量预测。这就是我们对浅部主要矿体进行详细研究的理论依据。

矿床学的研究，是以具体的单个矿床（矿脉）的研究为基础的。矿床各类模型的建立是以一组矿床的特征为依据的，一个剪切带（矿脉）构成一个独立的矿化体。因此，单个矿床或矿脉的研究是矿床学研究的基础。

小秦岭地区已勘查的矿床有数十个，这些矿床中，主要矿床赋存在几条主要的剪切带中，现以剪切带为主，讨论典型矿床的基本特征。

## 一、剪切带控矿一般规律

据不完全统计，河南小秦岭内已发现剪切带（含金石英脉带）600 余条。

在 600 余条剪切带中，有：

长度大于 1000m 的 84 条；

长度大于 500～1000m 的 38 条；

长度大于 200～500m 的 102 条；

长度大于 100～200m 的 106 条；

长度小于 100m 的 280 条。

已查明资源储量的 80% 以上在长度大于 1000m 的剪切带中。已有资料说明，矿床规模与剪切带长度正相关，其一般的规律是：

长度大于 3000m 的控制大型金矿床；

长度在 1000～3000m 的控制中型金矿床；

长度小于 1000m 的往往形成小型矿床或矿点。

根据上述规律，本区远景评价的主要对象是区内长度最大或较大的剪切带。

剪切带在本区内受背斜和向斜控制，背斜主要在近轴部，向斜主要在两翼。其分布具丛聚性特征，即往往成群成带，这些密集带简称矿带，由南而北依次为南矿带、中矿带、北中矿带、北矿带。依据现有勘查资料，南矿带矿化弱，金矿不发育，因此，本次评价主要对象为中矿带、北中矿带和北矿带的主要矿脉。

由于剪切带即矿脉，所以评价中一般用矿脉编号，即 Sxx，个别矿脉遵循习惯仍用 F 为代号（如 F5）。但在 1∶5 万地质矿产图中，仍保留前人原代号，如 ∑···、H···、Q···、S···、汉字等。

矿脉的矿化强度与矿脉空间分布密度正相关，即单位面积内出现的矿脉数量越多，矿脉的矿化强度越大；矿脉数量越少，矿化强度越弱。就矿脉密度而论，由中矿带→北矿带→北中矿带依次减少，其矿化强度也依次降低。

# 二、剪切变形的规模

区内剪切带的形成，不但为成矿提供了有利的空间，而且造成了岩层的位移，研究岩层在剪切作用中形成的位移，无疑是很有意义的。

矿床的勘查积累了大量资料，为研究剪切作用产生的位移提供了条件。

青崖子金矿区位于小秦岭中部，老鸦岔背形和七树坪向斜之间，主要矿脉为 S59 和 S1，长度大于 2000m，走向 285°，倾向南南西，倾角平均约 40°，宽 1~3m，最宽 10m。根据 S59 矿脉错断辉绿岩脉的情况，推定 S59 上下盘的最大水平位移为 100m 左右（图 4.1）。位移显示的受力方向为顺时针扭动。

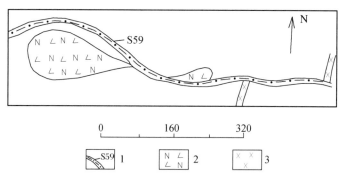

图 4.1　青崖子 F59 断裂对围岩的拉长错位现象平面素描图
1. 含矿断裂及矿脉编号；2. 斜长角闪岩；3. 辉绿岩

四范沟矿区位于老鸦岔主背形北翼，主要矿脉为 S201、S202、S203 脉组，与 S60 矿脉形成对冲，规模较大，在剪切带第二期韧脆性活动中，其晚期表现出脆性逆冲，结果在糜棱岩带中形成断层泥砾、断层泥。其上盘逆冲斜距不尽一致。矿区中逆冲距离约为 105m（图 4.2）。

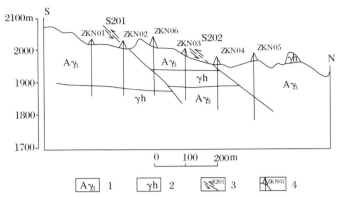

图 4.2　四范沟金矿第 N 勘探线逆冲断裂特征剖面图
1. 新太古代斜长片麻岩；2. 黑云花岗岩；3. 断裂及编号；4. 钻孔及编号

# 第二节　S505-S60 矿脉

## 一、中矿带概述

中矿带位于小秦岭复背斜老鸦岔主背斜轴部，矿带西起豫陕交界的西峪，东到木厂峪一带，北起分水岭北侧，南到庙沟梁一线，东西长约 21km，南北宽 3~6km。

矿带内地形陡峻，峭壁林立，形成近东西向连续的山脊，为小秦岭的分水岭，其最高峰为海拔 2413.8m 的老鸦岔垴，系河南省最高山峰。

区内地层主要为四范沟片麻状花岗岩，部分地段为杨寨峪灰色片麻岩。脆韧性剪切带发育其特征有：①剪切带空间分布密度最大，每平方千米 10 条；②剪切带长度最大的 S505-S60 长约 16km，次长的 S507-S9 长约 8km；③已获黄金资源储量多，约占全区总资源储量的 76%，小秦岭地区已知 5 个大型金矿床本区有 4 个，因而是最主要的矿带。

剪切带在区内的分布并不是均匀的，具有明显的丛聚性密集成群。在文峪、东闯、杨寨峪地区形成密集区，前曾述及，剪切带空间分布密度与金矿化成正相关，因而在上述三地区构成最重要的成矿区。而且多数剪切带与 S505-S60 基本平行，其分布主要在 S505-S60 之北，其南侧相对稀疏（图 4.3）。

基本平行的剪切带又分为南倾和北倾的两组，南倾组为主，倾角在 40°~60°，北倾组较少，且主要出现于杨寨峪北侧的四范沟地区，西部东闯地区也有出现。其倾角在 15°~30°。由于这些含矿断裂基本平行，在剖面上构成叠瓦状（图 4.4）。

## 二、矿脉地质背景

S505-S60 矿脉在文峪、东闯称 S505，向东在西长安岔称 S209，在金硐岔地区称 S50、S31，杨寨峪及其以东称 S60，东端被 S301 所截，总长约 16km。在西端控制文峪金矿，东端控制杨寨峪金矿，中部控制老鸦岔金矿，西端延出河南省进入陕西境内。

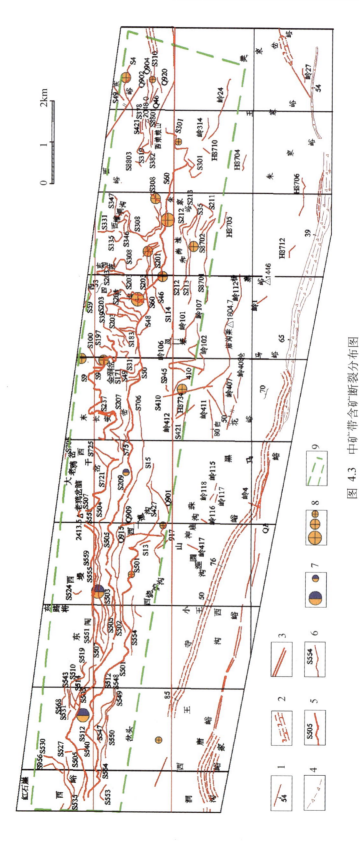

图 4.3　中矿带含矿断裂分布图

1.断裂产状；2.糜棱岩带；3.断裂；4.构造角砾岩带；5.主要含矿断裂及编号；6.一般含矿断裂及编号；7.大型、小型金矿床；8.大型、中型、小型金铅矿床；9.矿带边界

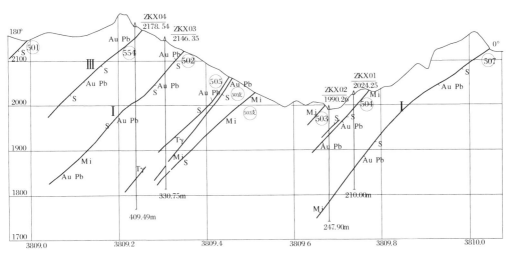

图 4.4　东闯矿区第 X 勘探线剖面图

## （一）地层（岩石）

区内主要岩石为四范沟片麻状花岗岩和零星杨寨峪灰色片麻岩。

四范沟片麻状花岗岩的岩性组合为片麻状黑云二长花岗岩、片麻状角闪花岗岩、片麻状黑云花岗闪长岩及片麻状似斑状二长岩。粒度相对较粗及发育片麻状构造为特征，属钾质岩系，原岩为二长花岗岩岩石组合。

杨寨峪灰色片麻岩主要岩性为黑云更长片麻岩、黑云角闪斜长片麻岩、片麻状斜长花岗岩、片麻状黑云石英闪长岩、花岗闪长岩，属钠质岩系，为一套斜长花岗岩–花岗闪长岩（TTG 岩系）的变质产物。岩石中条带构造发育，早期为花岗质条带（变质分异），显示早期区域片麻理（$S_1$），后期为伟晶质条带，为外来贯入条带，并平行晚期区域片麻理（$S_2$）。

## （二）岩　浆　岩

矿带岩浆岩种类多，时代不一，规模大小不等。多为脉岩，按生成先后顺序有：黑云母花岗岩、伟晶岩、辉长辉绿岩、辉绿岩、花岗细晶岩、石英脉、云煌岩等。现以杨寨峪矿区 S60 为主讨论。

**1. 黑云母花岗岩**

在区内为隐伏的岩体，分布于区域主背形（老鸦岔）轴部的混合岩中，厚 20～100m，出露标高在 1660～1840m（图 4.5）。

岩石灰–深灰色，主要矿物为更长石、微斜长石、石英，次为黑云母。

该岩石与混合岩类岩石多呈过渡及侵入接触。

**2. 伟晶岩**

在区内广泛发育，形态为脉状或小岩体，多呈透镜状、树枝状等复杂形态，与混合岩多呈渐变过渡接触，穿插混合岩、片麻岩、黑云母花岗岩（图 4.6）。

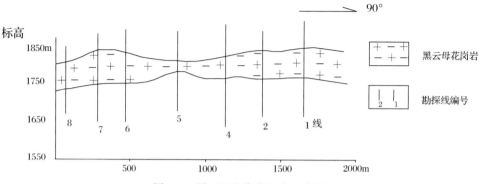

图 4.5　黑云母花岗岩形态示意图

岩石呈淡红-浅灰白色，花岗伟晶结构，各种交代结构，块状构造。其矿物成分、结构构造与混合岩相似。可能为混合成因。

**3. 基性脉岩**

矿带基性脉岩发育，约有 70 条以上，充填在近东西向、近南北向、北东向、北西向等断裂中。其规模大小不一，大者长数千米，厚 50～70m，小者长仅数米，厚 $n\sim n\cdot 10m$。一般长数百米，厚数米。

主要岩石有辉长辉绿岩、辉绿岩、辉绿玢岩。主要矿物成分前者为中-拉长石、普通辉石。辉绿玢岩：拉长石（或为斑晶）、普通辉石。

辉绿岩脉切穿辉长辉绿岩脉（图 4.7）；辉绿岩脉也互相穿切（图 4.8）；他们均被矿脉穿切（图 4.9）。

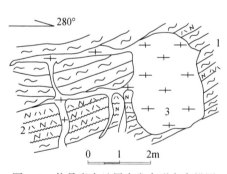

图 4.6　伟晶岩在地层中发布形态素描图
1. 条痕状混合岩；2. 斜长角闪片麻岩；3. 伟晶岩

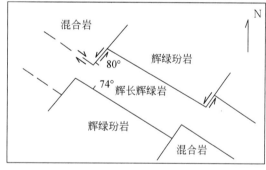

图 4.7　北西西与北东向岩脉错动关系示意图

**4. 花岗细晶岩**

不发育，规模小，一般长度小于 10m，厚 10～15cm。切穿基性岩脉。岩石灰白色，花岗细晶结构，块状构造。主要矿物为微斜长石、石英、更长石。

**5. 石英脉**

本区石英脉绝大多数为含金石英脉，其中 S60 是主要矿脉，另外南侧有 S211、S212、S213 脉组，北侧有 S201、S202、S203、S308 脉组，均发育石英脉。

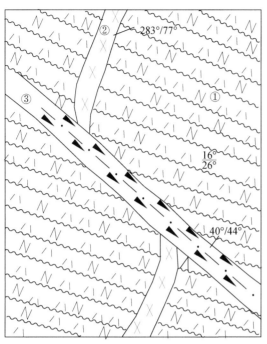

图 4.8  矿脉错断辉绿岩构造素描图
①斜长角闪片麻岩；②辉绿岩；③碎裂糜棱岩

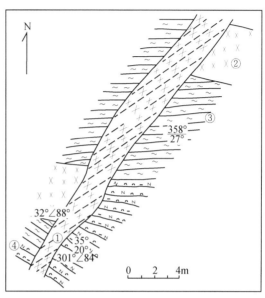

图 4.9  BT3010 处素描图
图示辉绿岩糜棱岩化、辉绿岩互相切穿
①糜棱岩化辉绿岩；②辉绿岩；
③条痕状混合岩；④黑云斜长角闪片麻岩

石英脉长度为 3 ~ 220m，厚度为 0.2 ~ 3.90m，在剪切带中断续分布。

石英脉在剪切中呈尖灭再现或尖灭侧现（图 4.10、图 4.11）。

石英脉分支复合或呈侧列形式产出（图 4.12 ~ 图 4.14）。

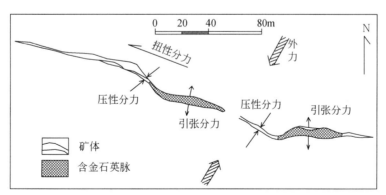

图 4.10  YD4 1872m 中段石英脉分别特征及力学性质分析图

石英脉中有时有围岩包裹体（图 4.15）。

**6. 云煌岩**

充填在北东向断裂内，不发育，仅见 4 条。规模小，长 $n \cdot 10m ~ n \cdot 100m$，宽 $n \cdot 10cm ~ 2m$。走向上相变明显，有闪斜煌斑岩、黑云煌斑岩、云煌岩等不同岩石。

岩石土黄-褐黄色，煌斑结构、块状构造，主要矿物为正长岩、黑云母或斜长石、次闪石等。它们切穿石英脉。

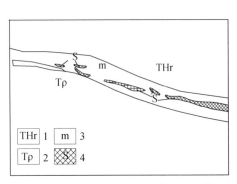

图 4.11　S60YD16 中石英脉在构造带
中展布形式示意图

1. 碎裂混合花岗岩；2. 碎裂伟晶岩；
3. 糜棱岩；4. 石英脉

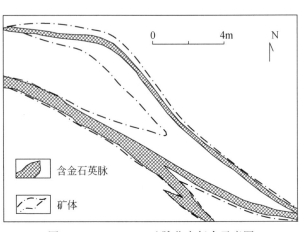

图 4.12　S213YD20 矿脉分支复合示意图

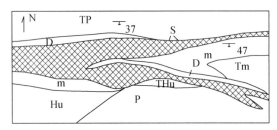

图 4.13　S60 石英脉形态(交汇膨大)素描图

Hu. 混合岩；THu. 碎裂混合岩；P. 伟晶岩；TP. 碎裂伟晶岩；m. 糜棱岩；Tm. 碎裂糜棱岩；D. 复合断裂；S. 石英脉

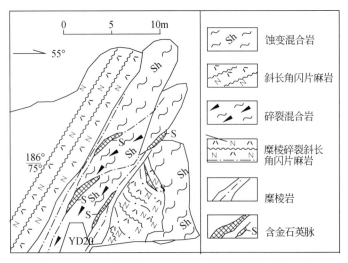

图 4.14　S213 石英脉（构造岩）的侧列形式（YD20）

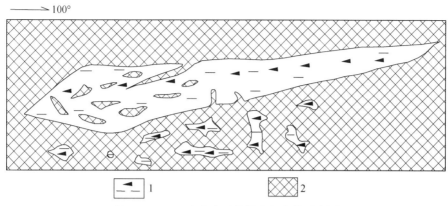

图 4.15 YD3 中含金石英脉内包裹体示意图

1. 碎裂糜棱岩；2. 含金石英脉

# （三）构 造

## 1. 褶皱

S505-S60 矿脉位于老鸦岔主背形轴部，主背形呈舒缓波状横贯东西，西部翘起而紧密，向东至娘娘山岩体东（矿脉外）分岔而倾状。西部走向北西西，东部走向北东东，形成向南突出的弧形；文峪矿区 S505 出现于背形轴部但偏向南翼；杨寨峪矿区东部 S60 矿脉偏向背形北翼。两翼不对称，南翼略陡，北翼略缓，其轴面南倾或北倾。

在文峪和东闯矿区庙沟向斜占据矿区主体；在杨寨峪矿区主背形两翼见有次级小褶皱，且北翼岩石产状不协调，显示褶皱分支。说明主背斜形成时存在北强南弱的不均匀挤压。

## 2. 断裂

S505-S60 分布区剪切构造十分发育，其总体特征：首先，剪切构造分布具有丛聚性，在文峪和东闯矿区，杨寨峪矿区及老鸦岔地区最发育，其他地区相对较弱；其次，S505-S60 之外的次级剪切带多数出现于其北侧，南侧相对较少；最后，剪切带是以近东西向组为主的，其他方向相对少而小。石英脉主要出现于近东西向组剪切带中，从而决定了该组剪切带为主要成矿构造，只在枪马峪地区 S410 为近南北向矿脉。

依据剪切带与成矿的关系，可分为成矿期前、成矿期和成矿期后三个期次。

1）成矿期前剪切带

该期剪切带包括花岗伟晶岩脉和基性岩脉，根据产状可分为近东西向，近南北向，北西向，北东向四组，其中近东西向组数量很少。

近东西向组走向 285°～290°，倾向南或北，倾角在 60°以上，结构面光滑平直，个别宽度可达 50～70m（充填基性岩脉）。性质为压扭。

北东向组走向 35°～60°，倾向北西，倾角 60°左右，结构面光滑平直，延伸稳定。性质为扭-张。

北西向组走向 295°～305°，倾向北东，倾角 60°左右，结构面光滑平直，延伸稳定。

性质为扭-压。

性质为扭-压。

近南北向组走向350°~10°，近直立，结构面平直，具不对称追踪现象，个别构造蚀变、矿化明显，可构成矿体。

2）成矿期剪切带

本期构造是叠加在早期构造上的复合构造，绝大多数为近东西向构造，其特征是其中没有基性岩脉，但发育不同规模的石英脉。在文峪、东闯、杨寨峪（包括四范沟S201-S308、和尚洼S211-S213）出现的近东西向矿脉均属此期构造。其长度变化大，最长16km，最短 $n \cdot 100m$，一般宽2~10m。力学性质为压扭。

3）成矿期后剪切带

成矿期近东西向剪切带仍有继承性活动，较多见的是，沿原断裂面产生新扭性角砾岩及断层泥，统称泥砾岩，厚度较小，一般10~30cm，沿矿体上下盘接触带分布，当角砾中有石英脉碎块时，也可构成矿体的一部分（图4.16）。

有时产生小型拖拽构造，显示上盘斜落（图4.17）。

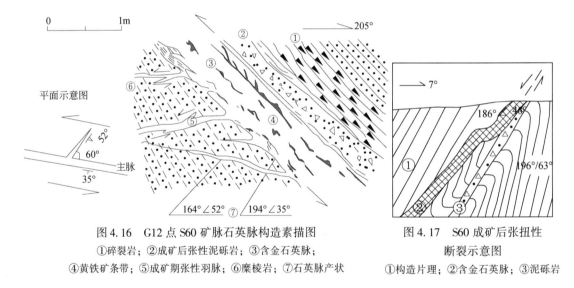

图4.16　G12点S60矿脉石英脉构造素描图
①碎裂岩；②成矿后张性泥砾岩；③含金石英脉；
④黄铁矿条带；⑤成矿期张性羽脉；⑥糜棱岩；⑦石英脉产状

图4.17　S60成矿后张扭性
断裂示意图
①构造片理；②含金石英脉；③泥砾岩

# 三、矿脉特征

文峪矿区已发现含金石英脉90余条，主要矿脉有8条。

杨寨峪矿区含金石英脉28条，主要矿脉有8条，其中S201、S202、S203、S308在四范沟S202脉组中讨论，本节只讨论S60、S211、S212、S213。

矿区中矿脉的分布见图4.18、图4.19。

主要矿脉的基本特征见表4.1~表4.3。

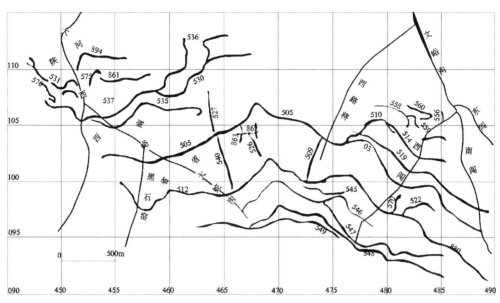

图 4.18　文峪金矿区矿脉分布示意图

**表 4.1　杨寨峪矿区主要矿脉特征表**

| 矿脉号 | 位置 | 出露矿脉标高/m | | 规模/m | | | | 产状 | | |
|---|---|---|---|---|---|---|---|---|---|---|
| | | 最高 | 最低 | 出露长度 | 最大厚度 | 最小厚度 | 平均厚度 | 走向 | 倾向 | 倾角 |
| S60 | 轴部 | 2120 | 1720 | >4100 | 34 | 2 | 7 | 265°~315° | 南南西 | 30°~70° |
| S212 | 南翼 | 2057 | 1600 | >2100 | 7.00 | 0.70 | | 280° | 南南西 | 30°~70° |
| S213 | | 2030 | 1740 | 840 | 3.19 | 0.20 | | 270°~320° | | 30°~85° |
| S211 | | 1970 | 1650 | 1170 | 1.60 | 0.20 | | 280°~310° | | 35°~70° |

**表 4.2　文峪矿区主要矿脉特征简表**

| 矿脉编号 | 产状 | 长度/m | 厚度/m | Au品位/10⁻⁶、Pb品位/% | 含矿率/% | 资源储量 | | 金储量比率/% | 备注 |
|---|---|---|---|---|---|---|---|---|---|
| | | | | | | 金金属量/kg | 铅金属量/t | | |
| 505 | 180°~220° ∠37°~55° | 4200 | 0.17~3.46 | Au:7.26 Pb:2.01 | 60~90 | 26 960 | 7475 | 51.4 | |
| 512 | 180°~200° ∠44°~47° | 4600 | 0.62~1.42 | Au:7.68 Pb:0.14 | 27~70 | 1 826.04 | 339.1 | 3.5 | 与东闯501脉相连 |
| 530 | 170°~190° ∠45°~47° | 2300 | 0.60~5.00 | Au:11.26 Pb:2.55 | 35~58 | 14 721.1 | 3 305.35 | 28.1 | |
| 535 | 180°~195° ∠40°~50° | 1300 | 0.76 | Au:7.39 Pb:4.07 | 77~87 | 1758 | 9 686 | 3.4 | |
| 861 | 175°~185° ∠35°~42° | 600 | 0.64~0.70 | Au:10.01 Pb:1.16 | 84 | 2 735.33 | 3 166.23 | 5.2 | 为1460~1524中段含矿率 |

续表

| 矿脉编号 | 产状 | 长度/m | 厚度/m | Au 品位/10⁻⁶、Pb 品位/% | 含矿率/% | 资源储量 | | 金储量比率/% | 备注 |
|---|---|---|---|---|---|---|---|---|---|
| | | | | | | 金金属量/kg | 铅金属量/t | | |
| 894 | 170°~205°∠30~40° | 450 | 0.70~0.98 | Au:8.88 Pb:0.82 | 44~86 | 1157 | 1069 | 2.2 | |
| 509 | 280°~305°∠50~75° | 392 | | Au:16.16 | 50~67 | 1020 | | 1.9 | |
| 540 | 70°∠65° | 480 | 0.34~0.69 | Au:12.31 Pb:6.22 | | 1717.12 | 8677.76 | 3.3 | |
| 862 | 325°~345°∠60° | 510 | 0.66~1.06 | Au:6.20 | 21~36 | 569.4 | | 1.1 | |
| 合计 | | | | | | 52463.99 | 63718.44 | 100.1 | |

**表 4.3　S505-S60 矿脉倾角变化表**

| 标高/m | 观测点数/个 | 平均倾角/(°) | 标高/m | 观测点数/个 | 平均倾角/(°) |
|---|---|---|---|---|---|
| 2090 | 1 | 48 | 1640 | 1 | 61.7 |
| 2040 | 11 | 39.7 | 1605 | 1 | 50 |
| 1760 | 2 | 64 | 1580 | 1 | 54 |
| 1730 | 1 | 64 | 1405 | 1 | 68 |
| 1705 | 1 | 44 | 898 | 1 | 40 |

矿脉具有如下基本特征:

(1) S505-S60 矿脉为矿田内长度最大的矿脉,在河南省内长约 16km。宽 2~34m、平均约 7m。已发现两个大型金矿床和一个中型金矿床。

(2) 其平行矿脉发育,且主要出现在文峪、东闯、杨寨峪矿区,其次为老鸦岔矿区。

(3) 矿脉走向总体近东西向,但不平直,呈东西向和北西向折线状由西向东相间排列(图 3.37)。其中近东西向段的文峪、东闯、老鸦岔、杨寨峪矿区为主要矿化区。走向北西时无矿或矿化很弱。

(4) 主构造带上盘或下盘均可见到压扭性分支,这些分支与主构造带组成"入"字形或呈"帚"状。其锐角指向对盘运动方向(图 4.20、图 4.21)。

(5) 构造岩:该脉石英脉发育,石英脉两侧大多保留宽窄不一的构造岩,主要为糜棱岩系和碎裂岩系组成。糜棱岩系包括长英质糜棱岩、超糜棱岩、绿泥千糜岩和构造片岩等;碎裂岩系包括碎裂糜棱岩、碎裂岩、断层角砾岩等。一般碎裂岩多在糜棱岩外侧。但有时中部的石英脉亦有碎裂现象。

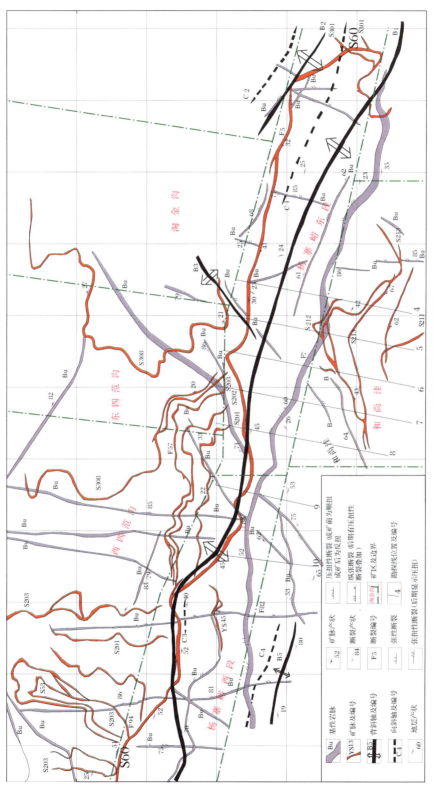

图 4.19　杨寨峪一带构造纲要图

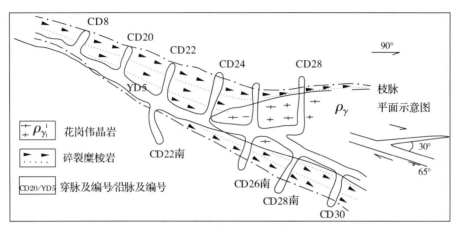

图 4.20　S60 矿脉 YD5 坑分支素描图

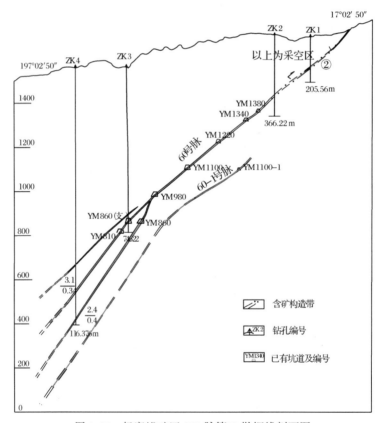

图 4.21　杨寨峪矿区 S60 脉第 Y 勘探线剖面图

# 四、矿体特征

## 1. 矿床（体）基本特征

本区为脉状金矿，由不同形态、规模、产状的矿脉组成，每一条矿脉都是一个相对独立的矿化体，它们各自构成独立的矿床或矿体。这就决定了每一条矿脉都有评价的前提。

前曾述及，矿床（体）均产于韧脆性剪切带中，因此韧脆性剪切带就是矿脉。同时，韧脆性剪切带的分布具有丛聚性成群成带的特征，这些成群成带的矿脉往往同时出现矿化。资料显示，成群成带的诸多矿脉中，规模最大的剪切带一般为主要赋矿构造，其资源储量占矿区或矿脉总资源储量的 50% 以上。但此种规律在东闯矿区有所变化。在东闯矿区不但有 S505 这个最大的矿脉，同时存在规模略小于 S505 的矿脉 S507。目前控制资源储量 S507 是主要的，它在东闯矿区赋存了整个矿田中数十个矿床中最多的资源储量。这是本区特征之一。依据上述，评价中以主结构面为主，同时兼顾其他矿脉。主要矿脉矿体特征见表 4.4 ～ 表 4.7。

**表 4.4　文峪矿区矿体特征表**

| 矿脉号 | 矿体规模/m | | | 产状 | Au 品位/$10^{-6}$ |
| --- | --- | --- | --- | --- | --- |
| | 长度/m | 斜深/m | 厚度/m | | |
| S505 | 40 ～ 1170 | 290 ～ 135 | 0.17 ～ 3.46 | | 3.51 ～ 17.09 |
| S512 | 268 | 800 | 0.40 ～ 2.20 | 180° ～ 220° ∠37° ～ 55° | 3.00 ～ 16.84 |
| S530 | 50 ～ 260 | 618 | 0.76 ～ 2.01 | 180° ～ 200° ∠44° ～ 47° | 5.39 ～ 43.22 |
| S535 | 200 ～ 430 | 335 | 0.6 ～ 3.35 | 170° ～ 190° ∠38° ～ 67° | 7.83 |
| S861 | 100 ～ 780 | 340 ～ 800 | 0.5 ～ 1.75 | 175° ～ 190° ∠42° | 7.53 ～ 9.62 |
| S509 | | 210 | 0.54 | 295° ∠60° | 6.93 |
| S519 | | 180 | 0.57 | 190° ～ 200° ∠50° | 6.13 |
| S540 | | 279 | 0.63 | | 12.31 |
| S862 | 510 | | 1.07 | 325° ～ 345° ∠60° | 5.59 |

**表 4.5　S60 东段主要矿体规模比较表**

| 矿体编号 | 矿体规模 | | | | | | 埋藏深度/m | 产状 |
| --- | --- | --- | --- | --- | --- | --- | --- | --- |
| | 长度/m | 最大斜深/m | 平均厚度/m | 平均品位/$10^{-6}$ | 金属量/t | 储量比/% | | |
| 1 | 314 | 268 | 1.06 | 11.76 | 1.731 | 8.15 | 1682 ～ 1999 | 185° ～ 220° |
| 2 | 466 | 477 | 1.42 | 15.36 | 5.601 | 26.37 | 1740 ～ 2091 | ∠30° ～ 50° |
| 3 | 740 | 528 | 1.26 | 15.00 | 10.870 | 51.17 | 1706 ～ 2043 | |
| 4 | 610 | 286 | 0.77 | 8.23 | 1.643 | 7.73 | 1850 ～ 2015 | 含矿率66% |
| 6 | 314 | 132 | 0.93 | 14.40 | 1.270 | 5.98 | 1530 ～ 1660 | |

表 4.6　S60 西段主要矿体特征一览表

| 矿体号 | 走向长度/m | 倾向长度/m | | | 平均厚度/m | 长：宽 | 平均品位/10⁻⁶ | 矿体产状 | 标高/m | 储量 | |
|---|---|---|---|---|---|---|---|---|---|---|---|
| | | 最小 | 最大 | 平均 | | | | | | 金属量/kg | 储量比/% |
| 1 | 610 | 42 | 339 | 191 | 1.87 | 1：0.6 | 12.68 | 188°∠39°~55° | 2039~1716 | 5985.37 | 78.5 |
| 2 | 280 | 41 | 147 | 94 | 1.05 | 1：0.5 | 12.32 | 195°∠50° | 1810~1680 | 802.87 | 10.5 |
| 3 | 186 | 50 | 241 | 146 | 1.39 | 1：1.3 | 6.98 | 182°∠53° | 1890~1700 | 499.91 | 6.6 |
| 7 | 380 | 83 | 83 | 83 | 2.04 | 1：0.2 | 1.93 | 195°∠44° | 1818~1690 | 322.78 | |

表 4.7　和尚洼矿区主要矿体特征表

| 矿体号 | 标高/m | 长度/m | 平均厚度/m | 矿体斜深/m | | | 矿体产状 | 品位/10⁻⁶ | | 工业储量 | |
|---|---|---|---|---|---|---|---|---|---|---|---|
| | | | | 最小 | 最大 | 平均 | | 变化范围（平均） | 变化系数/% | 金属量/kg | 储量比/% |
| S212-Ⅰ | 1940~1500 | 1497 | 0.97 | 89 | 589 | 262 | 180°~220°∠30°~52° | 0.10~97.31（17.27） | 60 | 15786 | 96.98 |
| S212-Ⅳ | 1585~1640 | 80 | 0.80 | 57 | 65 | 61 | 193°∠52° | 0.29~23.14（10.93） | 119 | 126 | 0.77 |
| S213-Ⅱ | 1851~1954 | 30 | 0.76 | 9 | 110 | 100.5 | 191°∠57° | 2.88~23.16 | 86 | 53 | 0.32 |
| S213-Ⅳ | 1850~1950 | 145 | 0.82 | | | 100 | 182°∠55° | 0.87~21.75（9.5） | 102 | 171 | 1.05 |
| S211-Ⅰ | 1620~1673 | 51 | 0.51 | 75 | 75 | 75 | 220°∠38° | 1.52~25.02（7.54） | 94.96 | 33 | 0.20 |

**2. 矿床（体）走向和倾向分布特征**

矿体长度在 $n \cdot 10 \sim n \cdot 100 \sim 1497$m，多数为 $n \cdot 100$m；每个矿化段（矿区）均有一个主矿体（或矿脉），其资源储量占矿区或矿脉总资源储量的 50% 以上，其矿体规模为大型；矿体形态为脉状、板状、透镜状、豆荚状。矿体长度与斜深之比多数为<1，少数为>1，产生这种结果的原因主要与勘探深度有关。

前曾述及，S505-S60 脉长约 16km，存在着分段矿化的特征，其主要矿化段在文峪、东闯、老鸦岔、杨寨峪地区。其中老鸦岔地区相对矿化弱，东闯地区 S507 矿化强。因此，基本以文峪和杨寨峪两个矿区为主讨论。兼顾杨寨峪南侧 S211、S212、S213 脉组（和尚洼）。杨寨峪北侧的 S202 脉组另外单独评述。

在区域上该矿脉存在着走向近东西矿化强，走向北西时矿化弱的规律，此规律在矿区中依然存在（图 4.22）。

但在 S60 毗邻的 S212 脉组中相反，矿脉走向在北西向时矿化强，近东西向时矿化弱或无矿（图 4.23、图 4.24）。产生这种结果的原因是受力方向的变化，在第三章中已经分

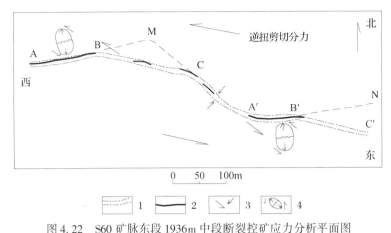

图 4.22　S60 矿脉东段 1936m 中段断裂控矿应力分析平面图

1. 控矿断裂带；2. 工业矿体；3. 应变椭球体，表示局部引张状态；4. 不同层次应力方向

析。但此种结果也反映矿田内如此密集分布的矿脉，各脉之间受力变化相当复杂，在评价矿化富集部位时，要十分审慎。

矿体在垂向（倾向）上的变化相对比较稳定，即总是在相对缓倾角部位矿化强，成"S"状或"波浪"状的矿脉，实际是一种被改造了的折线状，其成矿部位出现在缓倾区段，缓倾区段是由于应力引张出现的构造扩容部位（图 4.25、图 3.27）。此种规律在第三章中作了分析。

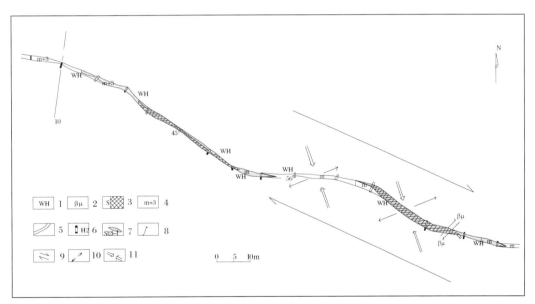

图 4.23　和尚洼 1654m 中段 10 线以东含金石英脉及矿体尖灭再现与断裂构造产状变化关系图（含构造应力分析）

1. 条纹状混合岩；2. 辉绿岩脉；3. 含金石英脉；4. 糜棱岩夹石英脉；5. 断裂构造带；6. 取样位置；
7. 矿体及其编号；8. 勘探线及其编号；9. 断层扭动（应力）方向；10. 张性分力；11. 压性分力

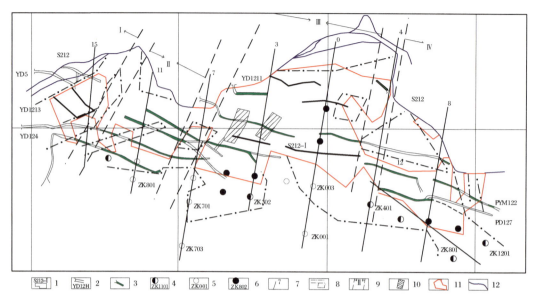

| 1 | 2 | 3 | 4 | 5 | 6 | 7 | 8 | 9 | 10 | 11 | 12 |

图 4.24　S212 含金石英脉、矿体分布水平投影图

1. 矿体及编号；2. 坑道及编号；3. 坑道中石英脉段；4. 见石英脉钻孔；5. 未见石英脉钻孔；6. 见矿钻孔（均见石英脉）；7. 勘探线及编号；8. 含石英脉界限；9. 矿化富集段范围及编号；10. 无矿天窗；11. 矿体边界；

12. 矿脉地表露头线

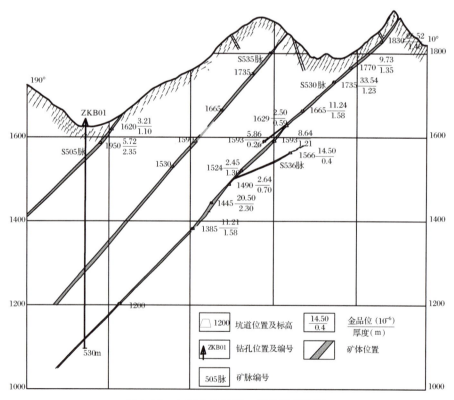

图 4.25　文峪金矿区第 B 勘探线剖面图

　　在倾斜方向上，由于受力方向及围岩构造条件的变化，其扩容空间的位置往往不是上下对应，而是有一定的倾伏方向，而且扩容位置的大小也并不一致，这就造成了矿化体的大小和强度有差异；同时造成矿体的侧伏。只有当走向和倾向两个方向的扩容位置同时存在，才可能形成大而富的矿体。如果只存在走向或倾向某一单独的扩容空间，其矿化体小，矿化弱。由于集中矿化部位是受区域构造交叉控制的（见第三章），因此，矿化集中区往往是限定在一定的范围内。离开区域构造交汇部位则无明显矿化。造成在扩容区域内矿化集中分布，如杨寨峪矿区的 S60，以及 S202 脉组、S212 脉组；东闯矿区的 S507、S505 等矿脉。它们不管产状如何或规模大小，都有强矿化出现。在一个矿区内，矿脉中的矿体集中分布于一定区段（图 4.26）。

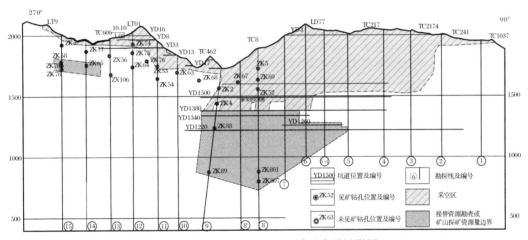

图 4.26　杨寨峪矿区 S60 矿脉垂直纵投影图

　　矿脉中扩容空间的变化，造成矿液沉淀条件的变化，首要的是控制了石英脉的规模，而石英脉的规模往往指示了矿化范围的规模（表 4.8、表 4.9）。

表 4.8　S60 矿脉中石英脉及含脉率统计表

| 标高/m | 石英脉规模 | | | 含脉率/% | 含矿率/% | 矿化连续程度 |
|---|---|---|---|---|---|---|
| | 数量/条 | 长度/m | 厚度/m | | | |
| 地表 2032 | 7 | 10～41 | 0.25～1.78 | 71～83 | 76～100 | 较连续 |
| 1966 | 5 | 9～220 | 0.20～3.90 | 62～67 | 69～95 | 有间断 |
| 1900 | 3 | 21～215 | 0.35～2.92 | 52 | 61 | 间断 |
| 1872 | | | | 50 | 66 | 间断 |
| 1841 | 2 | 4～7.5 | 0.20～0.50 | 14 | 100 | 连续 |
| 1730 | 5 | 3～11 | 0.30～1.90 | 33 | 100 | 连续 |
| 钻孔 | | | | | 39 | 间断 |

表 4.9　S505 矿脉不同中段矿化强度参数表（据黎世美等，1996，改编）

| 强度指数特征值 / 矿脉所处标高/m | 矿体平均品位 /10⁻⁶ | 矿体平均厚度 /m | 金线金属量 /10⁻⁶ | 金品位变化系数 /% | 含矿率 /% | 含脉率 /% | 样品数 /个 |
|---|---|---|---|---|---|---|---|
| 1900~2000（地表） | 9.71 | 1.39 | 13.5 | 56.02 | 71.8 | | 13 |
| 1854 | 11.84 | 1.33 | 15.75 | 98.39 | 73.2 | 76.1 | 86 |
| 1821 | 12.45 | 1.71 | 21.29 | 85.72 | 64.8 | 80.7 | 200 |
| 1787 | 7.00 | 1.73 | 12.11 | 113.19 | 72.5 | 83.0 | 106 |
| 1755 | 5.42 | 1.16 | 6.29 | 73.32 | 48.0 | 60.9 | 121 |
| 1721 | 7.40 | 0.74 | 5.48 | 149.47 | 36.0 | | 244 |
| 1687 | 4.51 | 1.76 | 7.94 | 129.19 | 68.7 | 78.4 | 184 |
| 1650 | 3.55 | 1.50 | 5.32 | 72.53 | 60.3 | 73.3 | 123 |
| 1590 | 6.58 | | | 124.50 | | 63.5 | 24 |
| 1524 | 3.43 | | | 104.9 | | 61.3 | 15 |
| 1500~1400 | 4.08 | 1.19 | | 124.7 | | | |
| 1400~1300 | 0.64 | 0.54 | | 187.5 | | | |
| 1300~1200 | 1.82 | 0.34 | | 90.7 | | | |

由表 4.8、表 4.9 可知，在倾斜方向上，石英脉的发育程度是由上而下波状变化的，这就造成矿体规模由上而下波状变化。一般的规律是含矿率与含脉率成正比，这已为多数矿区所证明，只有个别区段相反，或两者之间无明显相关关系。但总体趋势似由上而下含脉率降低，造成这种结果可能是真实情况的反映，也可能是工程控制不够造成的（下部为钻孔资料）。

**3. 矿体厚度**

矿体厚度在 0.51~2.04m，多数在 1m 左右，其变异系数多小于 0.8，即多数为稳定型，但当矿体处于石英脉（或剪切带）交汇复合部位时，其厚度增大（图 4.13、图 4.27）。

**4. 矿体品位**

矿区中金品位为 $0.1 \times 10^{-6} \sim 17.24 \times 10^{-6}$，多数矿体平均品位为 $10 \times 10^{-6}$。品位变化系数为 86%~279%，说明多数矿体金品位为较均匀型或不均匀型，部分矿体为极不均匀型。总体反映 S505-S60 脉中的金矿床为中等品位。金在矿体中不均匀分布。

前曾述及，矿体在走向上是不连续的，在走向上矿体品位一般存在中部高两端低的变化。

品位变化在倾向上是比较明显的，经统计金品位沿倾向自上而下存在波状起伏变化（表 4.9、表 4.10）。根据表 4.9 中金品位和线金属量编制了图 4.28。该图说明不管是金品位还是线金属量，均呈波状起伏变化，其总体趋势则由上而下逐渐降低。此种结果仅反映了勘查控制区间的变化。控制段之下尚不能认定为无矿，比如在 S60 矿脉中，在逐渐波状降低之后又出现了强矿化段（表 4.10）。

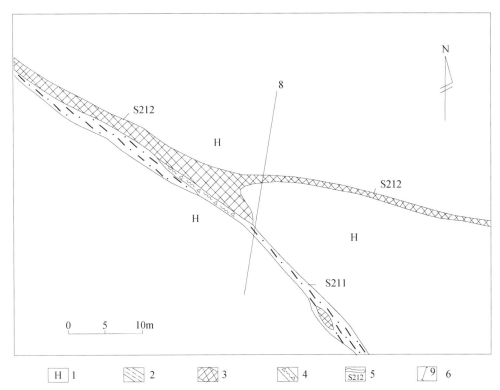

图 4.27　1571m 中段 S211、S212 矿脉复合部位含金石英脉形态示意图（YD124）
1. 混合岩；2. 糜棱岩；3. 含金石英脉；4. 断层角砾岩；5. 矿脉及编号；6. 勘探线及编号

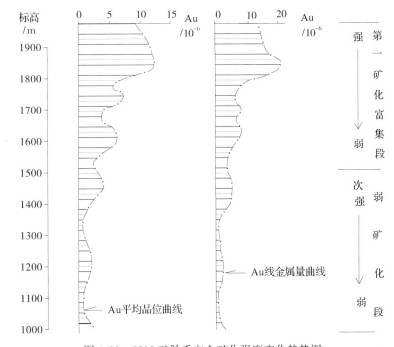

图 4.28　S505 矿脉垂向金矿化强度变化趋势图

**表 4.10　S60 号矿脉金矿化垂向变化表**（据黎世美等，1996）

| 标高范围/m　＼　特征值 | 工程数 /个 | Au 平均品位 /10⁻⁶ | 均方差 σ | 变化系数 $C_V$/% | 备注 |
|---|---|---|---|---|---|
| 2100～2050 | 13 | 14.75 | 20.8 | 141.3 | 地表工程探槽露头统计 |
| 2050～2000 | 19 | 26.85 | 76.9 | 286.6 | |
| 2000～1950 | 15 | 12.9 | 21.11 | 163.3 | |
| 1950～1900 | 6 | 5.07 | 4.18 | 82.4 | |
| 1900～1850 | 5 | 2.49 | 4.19 | 168.3 | |
| 1850～1800 | 6 | 3.88 | 7.6 | 195.8 | |
| 1800～1750 | 5 | 3.68 | 6.1 | 164.6 | |
| 1750～1700 | 3 | 2.69 | 3.5 | 130.1 | |
| 1700～1650 | 5 | 0.83 | 0.64 | 77.5 | 钻孔资料 |
| 1650～1600 | 7 | 0.99 | 1.7 | 172.5 | |
| 1600～1550 | 2 | 13.4 | | | |
| 1450～1400 | 2 | 0.33 | | | |
| 1250～1200 | 1 | 0.16 | | | |
| 900～850 | 1 | 22.1 | | | |

# 第三节　S507-S9 矿脉

该矿脉分布于 S505 的北侧，由东闯矿区开始与 S505 基本平行向东延伸，在老鸦岔以东称 S721，在东长安岔称 S237，金硐岔一带称 S9。总长约 8km。该矿脉在东闯矿区赋存东闯金矿，东端 S9 赋存金硐岔金矿。限于该矿脉工作程度偏低，这里主要讨论东闯矿区的矿脉。

# 一、地 质 背 景

## （一）地　　层

该断裂与 S505 矿脉基本平行，相距约 500m，位于 S505 北侧，其地层（岩石）基本为四范沟片麻状花岗岩。矿脉与 S505-S60 毗邻，所处构造位置相同，均在老鸦岔背形构造近轴部，略偏向南翼（图 4.29）。矿脉的产状特征和岩石学特征与 S505-S60 也比较一致。

## （二）岩　浆　岩

矿区中岩浆岩主要为各类脉岩，从老到新描述如下：

**1. 混合花岗伟晶岩**

广泛分布于矿区各地（岩）层中，形态多不规则，主要为脉状，产状与地层基本一致，一般长 $n \cdot 10 \sim n \cdot 100$m，宽 $n \sim n \cdot 10$m。花岗伟晶岩结构，块状构造。主要由钾微斜长石及微斜长石、石英、云母组成。前人测得 K-Ar 法同位素年龄 1519～1597Ma。为吕梁期产物。

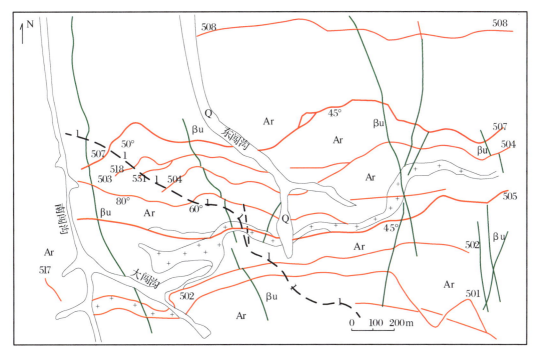

图 4.29 东闯金铅矿区矿床地质略图

## 2. 黑云母二长花岗岩

是区内规模最大的脉岩，产状为 150°~180°∠40°~64°。区内长 2200m，宽 10~150m。主要矿物为钾微斜长石、石英，次为黑云母。前人测得其同位素年龄 197Ma。被辉绿岩脉切穿。时代为印支—燕山早期产物。

## 3. 辉绿（玢）岩

在矿区广泛分布，受成矿期前断裂控制，已发现 36 条。按产状可分为近东西向、北西向和北东向 3 组，以北西向组最发育。长一般 $n \cdot 10$~1000m 左右，厚度 1~10m。矿物成分为普通辉石和拉长石。当拉长石斑晶多时变为辉绿玢岩，多被石英脉切穿，同位素年龄 148~182Ma，为燕山早期产物。

## 4. 正长斑岩

区内共发现 5 条，分为近东西向，北东向和南北向 3 组。

近东西向组有 3 条，产状 180°~200°∠54°~78°，长 140~400m，宽 1~2m。切穿辉绿岩脉（图 4.30）。

北东向组 1 条，产状 130°~150°∠48°。

南北向组 1 条，弯曲状，倾向南南东–南南西，倾角 42°~48°。

后两组长度 100m 和 290m，宽 0.6~2m。

## 5. 石英脉

本区石英脉一般泛称含金石英脉，是因为铅、金矿化往往与石英脉密切相关。所以石英脉是区内重要的找矿标志之一。由于矿化与石英脉密切相关，因此本区金矿也称为石英脉型金矿。

石英脉主要产于成矿期剪切带中，一般为脉状或透镜状，在剪切带中往往呈尖灭再现或尖灭侧现、分支复合、波状起伏等变化（图 4.31 ~ 图 4.34）。其厚度多小于剪切带，有时其厚度可等于剪切带厚度。铅、金矿化一般与剪切带中石英脉的发育程度正相关。

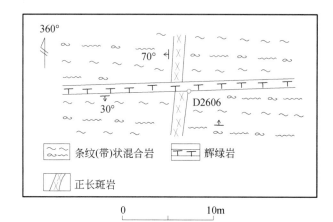

图 4.30　D2606 地质点脉岩穿插关系素描图

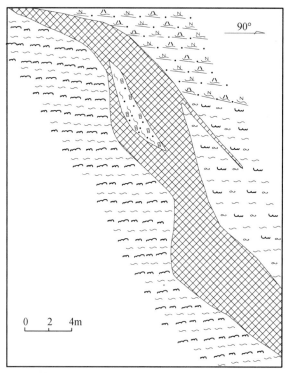

图 4.31　507 矿脉 YD3 坑矿脉形态图

1. 条纹（带）状混合岩；2. 条纹（痕）状混合岩；3. 多金属矿化蚀变岩；4. 混合质斜长角闪岩；5. 石英脉

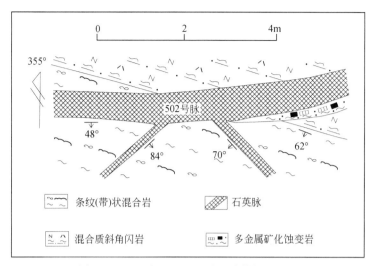

图 4.32　YD4 坑近 774m 处矿脉特征平面图

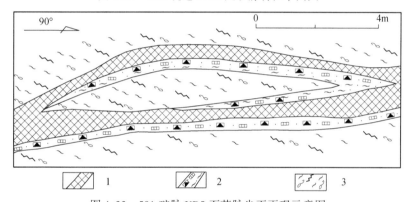

图 4.33　501 矿脉 YD5 石英脉尖灭再现示意图

1. 石英脉；2. 多金属矿化蚀变岩；3. 条纹（带）状混合岩

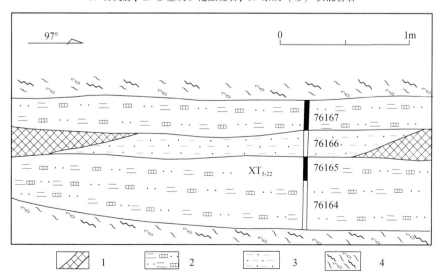

图 4.34　501 矿脉 YD5 石英脉尖灭再现示意图

1. 石英脉；2. 黄铁绢英岩；3. 糜棱岩；4. 条纹（带）状混合岩

## （三）矿脉（构造）特征

据统计，东闯矿区内共发现剪切带98条，可划分为成矿前期、成矿期（燕山期）、成矿期后三个期次。成矿期前剪切带57条，可分为近东西向压韧性（12条）、北西向强韧性（27条）、北东向强韧（18条）三组。

成矿期剪切带20条，可分为北西向张扭性（2条）近东西向压扭性（8条）。

成矿期后剪切带21条。多为北东向和北西向张扭性剪切带。

成矿期前剪切带按产状可分为3组，即近东西向、北北西向和北北东向，它们多被辉绿岩脉充填。

**1. 近东西向剪切带**

产状 355°~20°∠50°~80°，长数十米至千余米不等，宽4~10m，沿走向和倾向均呈舒缓波状，水平和垂直断距小于5m。其断面平滑，具压扭性特征。

**2. 北北西向剪切带**

具有近等距（100~200m）密集分布特征，产状 60°~80°∠60°~87°。长数百米至千余米，宽1~5m，走向上具蛇形弯曲。无明显断距，个别剪切带偶可形成局部石英脉，有些在后期活动中使充填的辉绿岩糜棱岩化。与北北东向剪切带为共轭关系、力学性质为张扭性（图4.35、图4.36）。

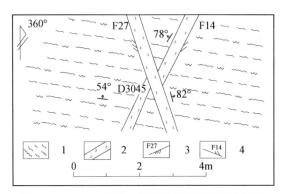

图4.35 D3045地质点辉绿岩脉穿插关系素描图

1. 条纹（痕）状混合岩；2. 辉绿岩；

3. 压扭性断裂及编号；4. 张扭性断裂及编号

**3. 北北东向剪切带**

产状 280°~310°∠60°~85°，为与北北西向剪切带共轭的构造，力学性质为张扭性。在区内不太发育。

**4. 成矿期剪切带**

成矿期剪切带一般走向 260°~280°，倾向南，倾角30°~60°，长度自数百米至8km。断裂破碎带宽0.5~15m。其中主要为糜棱岩，挤压片理、透镜体发育，并具较强蚀变与矿化。石英脉在断裂破碎带中呈扁豆状、透镜状断续分布。

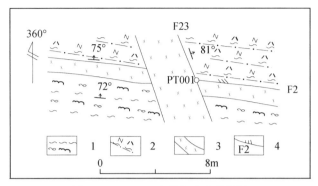

图 4.36　PT001 地质点地质素描图

1. 条纹（带）状混合岩；2. 混合质斜长角闪岩；3. 辉绿岩；4. 压扭性断裂及编号

成矿期的 20 条剪切带中，8 条进行了勘探，7 条仅作了普查，其他为预查，近东西向剪切带为主要控矿构造，它们在平面上具平行等距（40~200m）密集分布的特点（图4.29），在剖面上从北往南呈叠互状。

成矿期后剪切带在矿区不发育，多为北东向和北西向，可见错断了矿脉，但断距小，一般不超过 5m（图 4.37~图 4.39）。只有 F63 规模稍大，它连续错断了区内主要矿脉，一般断距 10m，最大可达 20m 左右（图 3.51），具逆时针扭动特征。

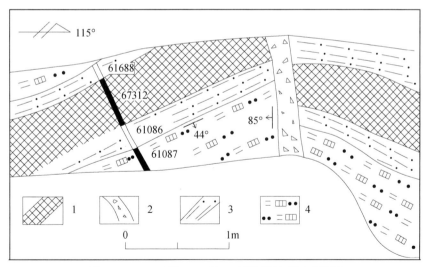

图 4.37　501 矿脉 YD5 坑 40 号样线处顶板素描图

1. 石英脉；2. 碎裂岩；3. 糜棱岩；4. 黄铁绢英岩

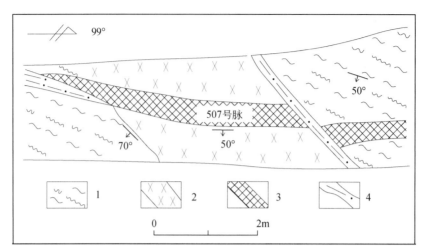

图 4.38　YD3 坑 602m 处顶板脉岩穿插关系素描图

1. 条纹（痕）状混合岩；2. 辉绿岩；3. 石英脉；4. 糜棱岩

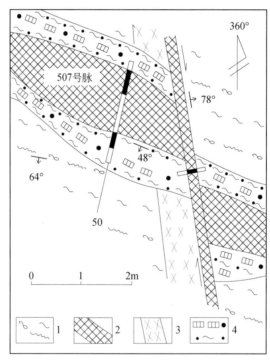

图 4.39　YD3 坑 50 号样线脉岩关系素描图

1. 条纹条痕状混合岩；2. 石英脉；3. 辉绿岩；4. 多金属矿化蚀变岩

# 二、主要矿脉特征

主要矿脉基本特征见表 4.11。

矿区内重要含矿剪切带有 8 条，其中 4 条为主要矿脉，即 S507、S508、S503、S504。

表 4.11　东闯矿区主要矿脉特征一览表

| 序号 | 矿脉号 | 矿脉长度/m | 矿脉厚度/m | 赋存标高/m | 最低控制标高/m | 产状 | | | 含矿率/% | Au 品位/$10^{-6}$、Pb 品位/% | 资源储量 | | 金储量比率/% |
| | | | | | | 走向 | 倾向 | 倾角 | | | 金金属量/kg | 铅金属量/t | |
|---|---|---|---|---|---|---|---|---|---|---|---|---|---|
| 1 | 508 | | 0.47~2.3 平均:1.46 | 1364~1671 | 1364 | 90° | S | 35°~50° | 75 | Au:5.21 Pb:0.74 | 5323 | 6192 | 7.9 |
| 2 | 507 | 3200 | 0.4~13.14 平均:2.30 | 1362~2185 | 1362 | 70°~130° 一般95° | S | 30°~60° 平均48° | 58 | Au:9.14 Pb:3.57 | 47173 | 215752 | 70.3 |
| 3 | 504 | 1680 | 0.21~6.62 平均:1.53 | 1918~2185 | 1743 | 65°~105° | S | 35°~60° | 67 | Au:4.82 Pb:6.61 | 3435 | 25774 | 5.1 |
| 4 | 503 | 1270 | 0.15~1.28 平均:1.07 | 1710~2048 | 1641 | 90°~125° | S | 45°~65° | 62 | Au:4.22 Pb:3.16 | 662 | 5217 | 1.0 |
| 5 | 502 | 1200 | 0.14~6.11 平均:1.17 | 1907~2215 | 1746.05 | 75°~105° | S | 35°~50° | 66 | Au:7.61 Pb:4.54 | 5925 | 35328 | 8.8 |
| 6 | 501 | 2190 | 0.18~2.95 平均:1.14 | 1810~2187 | 1871.54 | 90°~110° | S | 40°~48° | 29 | Au:5.69 Pb:1.23 | 1510 | 3265 | 2.3 |
| 7 | 505 | 3000 | 0.4~13.14 平均:0.84 | 1729~2260 | 1586.26 | 60°~110° | S | 30°~60° 平均44° | 56 | Au:5.40 Pb:4.51 | 2064 | 17664 | 3.1 |
| 8 | 540 | 700 | 0.20~2.18 平均:0.81 | 2168~2285 | 1967.84 | 60°~95° | S | 30°~60° | 52 | | 985 | 6501 | 1.5 |
| 合计 | | | | 1362~2285 | 1967 | 60°~130° | S | 30°~65° | | | 67077 | 315693 | 100 |

　　四条矿脉均在剪切带中，并受其控制。在走向和倾向上波状起伏明显。一般规律是：在主断面走向 70°~90° 时，往往有石英脉赋存，矿体厚度大，矿化强；当主断面走向 80°~100° 时，石英脉变薄，矿体厚度小，矿化中等；当主断面走向为 90°~120° 时，构造岩发育，石英脉少见，矿化微弱。在倾向上在主断面由缓变陡或由陡变缓的弧形弯曲部位往往有厚大石英脉赋存，特别是缓变陡的部位，矿体厚度大且矿化强；当主断面以 60° 以上稳定延伸部位，石英脉少见，矿化减弱。

　　总之，主断面为构造引张扩容部位，为矿液的聚集及金、铅富集提供了良好空间。本区矿体沿断裂走向上相间出现和按一定标高赋存的规律都是受剪切带舒缓波状影响的结果。

　　S507 矿脉舒缓波状明显，在矿区自西向东其走向由 60° 逐渐转为 130°，形成明显向北凸出的弧形；在垂向上，由地表向下，矿脉倾角呈缓—陡—缓—陡—缓的波状变化。地表（1998m 以上）倾角 30°~40°，1875m 为 60°，1831m 为 40°，1724m 为 60°，1653m 为 30°。在 18 线和 26 线 1700m 标高处倾角仅 10° 左右，因而与 S504 矿脉复合，形成厚大矿体。

在矿区西部，17~25线之间，有一隐伏矿脉，编号S981。其出现标高在1350m左右。产状15°~30°∠20°~30°。下部出现三条分支脉，已控制长在80~120m左右，矿脉厚0.4~2.0m，平均0.8m。矿脉中石英脉发育，矿化以铅为主，铅的一般品位为5%~10%，Au平均为$3×10^{-6}$，最高$32.6×10^{-6}$。

此种矿脉与杨寨峪地区出现的S202脉组相似，均为与主矿脉（S50）倾向相反，倾角较缓的对冲矿脉。

# 三、矿 体 特 征

东闯矿区已勘探8条矿脉，共圈定了39个金矿体及共生的铅矿体。为一大型石英脉型金、铅共生矿床。主要矿体基本特征见表4.12。S507矿脉中矿体特征见表4.13。

表4.12　东闯矿区主要矿体特征一览表

| 序号 | 矿脉号 | 矿体号 | 标高/m | 矿体规模 | | 产状 | | | 厚度 | | Au品位/$10^{-6}$、Pb品位/% | | 资源储量 | | |
|---|---|---|---|---|---|---|---|---|---|---|---|---|---|---|---|
| | | | | 长度/m | 斜深/m | 走向/(°) | 倾向 | 倾角/(°) | 平均 | 变化系数/% | 平均 | 变化系数/% | 矿石量/t | 金金属量/kg | 铅金属量/t |
| 1 | 508 | 矿₁ | 1671~1364 | 700 | 434 | 95 | S | 35~50 | 1.46 | 36 | 4.47 | 44 | 1190827 | 5323 | 6192 |
| 2 | | 矿₁ | 1711~1362 | 720 | 349 | 90~105 | S | 45~30 | 1.68 | 46 | 6.24 | 113 | 1042628 | 6506 | |
| 3 | 507 | I | 2165~1410 | 885 | 879 | 65~130 | S | 48 | 0.98 | 75 | 7.67 4.74 | 177 218 | 996081 | 7644 | 47234 |
| 4 | | II+II+IV | 2145~1533 | 1220 | 690 | 65~130 | S | 43 | 3.11 | 100 | 8.53 4.41 | 184 189 | 3672893 | 31333 | 161869 |
| 5 | 504 | IV | 1745~2155 | 680 | 420 | 90~95 | S | 34~60 | 1.07 | 63 | 5.67 4.20 | 155 154 | 514758 | 2921 | 21591 |
| 6 | 502 | I | 1797~2147 | 787 | 510 | 75~105 | S | 35~50 | 1.17 | 63 | 7.61 4.54 | 248 122 | 778957 | 5925 | 35328 |
| 7 | 501 | III | 1963~2193 | 568 | 337 | 90~110 | S | 39~41 | 1.14 | 51 | 5.8 1.2 | 101 15 | 258754 | 1502 | 3116 |
| 8 | 合计 | | | | | | | | | | | | 8454898 | 61154 | 275330 |

表 4.13　507 号矿脉矿体特征一览表

| 序号 | 矿体号 | 赋存标高/m | 最大长度/m | 最大斜深/m | 平均倾角/(°) | 平均厚度/m | 厚度变化系数/% | Au 平均品位/10⁻⁶ | Au 变化系数/% | Pb 平均品位/10⁻⁶ | Pb 变化系数% | 矿体形态 | 金属储量 Au/kg | 金属储量 Pb/t |
|---|---|---|---|---|---|---|---|---|---|---|---|---|---|---|
| 1 | I | 2165~1362 | 885 | 879 | 48 | 0.98 | 75 | 7.67 | 177 | 4.74 | 218 | 大透镜状 | 7644 | 47234 |
| 2 | XⅢ | 1725~1685 | 40 | 48 | 47 | 0.48 | 47 | 12.47 | 118 | 1.66 | 170 | 小透镜状 | 30 | 40 |
| 3 | XⅣ | 1860~1693 | 240 | 240 | 45 | 0.78 | 48 | 5.03 | 152 | 2.48 | 195 | 扁豆状 | 274 | 1350 |
| 4 | Ⅱ+Ⅲ+Ⅳ | 2145~1533 | 1220 | 690 | 43 | 3.11 | 100 | 8.53 | 184 | 4.41 | 189 | 大透镜状 | 31333 | 161869 |
| 5 | Ⅲ | | 170 | 309 | 38~57 | 0.61 | 50 | 10.81 | 90 | 4.22 | 24 | 扁豆状 | 449 | 1754 |
| 6 | Ⅳ | | 165 | 338 | 49 | 1.42 | 149 | 4.16 | 82 | 0.57 | 104 | 扁豆状 | 500 | 689 |
| 7 | Ⅴ | | | | | 0.78 | | 3.48 | | 2.84 | | | 178 | 1451 |
| 8 | Ⅵ | 2145~2125 | 28 | 26 | 42 | 0.52 | | 6.03 | | 0.01 | | 小透镜状 | 5 | 0 |
| 9 | Ⅷ | 1766~1685 | 155 | 210 | 44 | 0.62 | 41 | 2.37 | 106 | 3.60 | 33 | 小透镜状 | 86 | 1310 |
| 10 | Ⅸ | 1712~1691 | 60 | 60 | 19 | 0.84 | | 18.48 | | 0.92 | | 小透镜状 | 79 | 40 |
| 11 | Ⅺ | 1707~1691 | 60 | 96 | 8 | 0.69 | | 9.94 | | 0.06 | | 小透镜状 | 60 | 4 |
| 12 | Ⅻ | 1738~1721 | 30 | 53 | 22 | 1.31 | | 12.30 | | 0.48 | | 扁豆状 | 29 | 11 |
| 13 | 507-矿₁ | 1711~1362 | 720 | 349 | 30~45 | 1.68 | 77 | | | 0.24 | 84 | | 6506 | |
| 14 | 合计 | | | | | | | | | | | | 47173 | 215752 |

由表 4.12 可知，区内主要的 5 条矿脉的主矿体，从矿体长度而论均为大型，从倾向延深而论仅 S507 的两个矿体和 S502 的 Ⅰ 号矿体为大型。主要矿体走向为 65°~130°。倾角为 35°~50°，厚度为 0.98~1.68m，最大可达 3.11m；绝大多数矿体厚度稳定，个别较稳定；Au 平均品位为 $4.47 \times 10^{-6}$ ~ $8.53 \times 10^{-6}$，Pb 为 1.2%~4.74%。在所有矿脉中，S507 的金金属量占主要矿体储量的 74.37%，因此 S507 为矿区内主结构面。

表 4.13 说明，S507 脉矿体有 13 个，赋存标高为 2145~1362m，多数为 2145~1533m；从矿体长度而论 3 个为大型，其余 10 个多数为小型，个别为中型，从矿体倾向延深而论 2 个为大型，其余为中小型；倾角为 8°~57°，多数为 38°~48°；平均厚度为 0.48~3.11m，厚度变化除个别外均属稳定型。Au 平均品位为 $4.16 \times 10^{-6}$ ~ $18.48 \times 10^{-6}$，

其变化少数为不均匀，多数为较均匀和均匀；矿体形态为透镜状和扁豆状。其中主要矿体（Ⅱ+Ⅱ+Ⅳ）金金属量占矿脉总储量的66.42%。

矿体基本特征可概括如下两个方面。

## （一）矿 体 产 状

矿体受剪切带控制，在剖面上往往形成平行排列的矿体，每一个剪切带所控制的矿体，都是独立存在，各剪切带之间并无联系（图4.40、图4.41）。

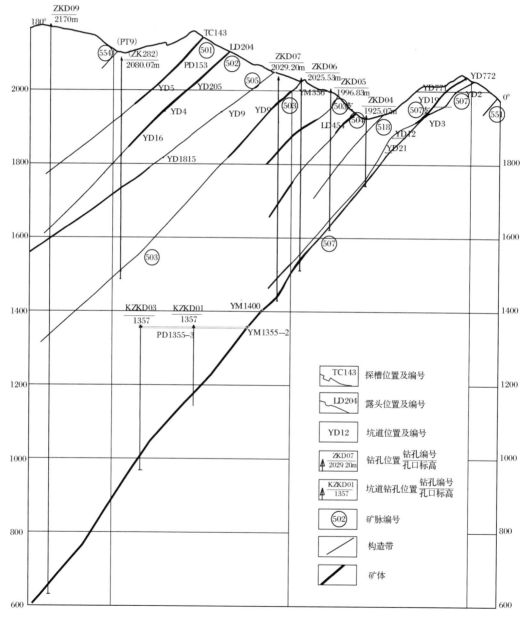

图4.40　东闯矿区第D勘探线剖面图

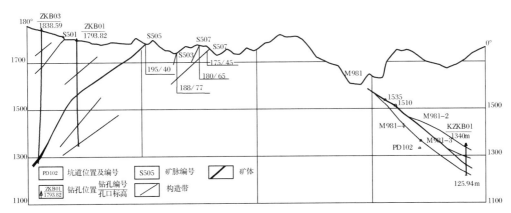

图 4.41　东闯矿区第 B 勘探线剖面图

在倾向上，各矿体多上下对应，只有 S507 脉下部有向西倾伏的趋势。S502 似向东倾伏。

但由地表向下，矿体规模存在由大至小再到大，再到小的波状变化，其矿化强度也具波状变化，此种变化和石英脉的垂向变化总体一致，即由上而下，石英脉的规模存在大小不等的变化。总体规律是石英脉发育，矿化强，石英脉小而少则矿化弱，没有石英脉则无矿化。但局部也有例外。即有矿化必有石英脉，而有石英脉不一定有矿化（表 4.14）。

表 4.14　东闯矿区主要矿脉浅部含脉率含矿率统计表（据勘探报告修编）

| 矿脉号 | 工程号（高程） | 控制矿脉长度/m | 石英脉 | | | 含脉率/% | 矿体长度/m | 含矿率/% |
| | | | 总长度/m | 条数 | $\dfrac{单脉长度/m}{厚度}$ | | | |
| --- | --- | --- | --- | --- | --- | --- | --- | --- |
| 507 | 地表（2000~2150） | 1308 | 730 | 6 | $\dfrac{20\sim147}{0.1\sim1.19}$ | 56 | 450 | 34 |
| | YD1（2064） | 544 | 446 | 7 | $\dfrac{14.5\sim164}{0.1\sim1.80}$ | 82 | 413 | 76 |
| | YD2（1996） | 1031 | 594 | 5 | $\dfrac{14\sim226}{0.1\sim4.95}$ | 58 | 651 | 63 |
| | YD3（1929） | 640 | 591 | 8 | $\dfrac{6\sim262}{0.1\sim4.60}$ | 92 | 490 | 77 |
| 502 | 地表（1920~2200） | 1500 | 535 | 9 | $\dfrac{20\sim165}{0.2\sim1.27}$ | 36 | 590 | 39 |
| | YD10（2008） | 870 | 675 | 2 | $\dfrac{135\sim540}{0.2\sim1.70}$ | 78 | 630 | 72 |
| | YD4（1940） | 790 | 760 | 2 | $\dfrac{300\sim434}{0.14\sim1.03}$ | 96 | 680 | 86 |

续表

| 矿脉号 | 工程号（高程） | 控制矿脉长度/m | 石英脉 | | | 含脉率/% | 矿体长度/m | 含矿率/% |
|---|---|---|---|---|---|---|---|---|
| | | | 总长度/m | 条数 | 单脉长度/m / 厚度/m | | | |
| 504 | 地表 | 1680 | 1230 | 7 | $\frac{26 \sim 460}{0.1 \sim 5.60}$ | 73 | 720 | 43 |
| | CD3（2025） | 150 | 99 | 2 | $\frac{9 \sim 90}{0.37 \sim 1.16}$ | 66 | 129 | 86 |
| | YD13（2018） | 405 | 300 | 1 | $\frac{300}{0.26 \sim 1.50}$ | 74 | 395 | 98 |
| | YD22（2008） | 224 | 84 | 2 | $\frac{5 \sim 79}{0.25 \sim 1.19}$ | 38 | 40 | 18 |
| | LD454（1911） | 125 | 105 | 2 | $\frac{21 \sim 84}{0.23 \sim 0.70}$ | 84 | 125 | 100 |
| | YD204（1863） | 146 | 144 | 1 | $\frac{144}{0.27 \sim 1.06}$ | 99 | 6 | 4 |
| 501 | 地表（1900～2170） | 2190 | 1721 | 8 | $\frac{16 \sim 610}{0.14 \sim 1.36}$ | 78 | 603 | 28 |
| | YD5（2070） | 840 | 603 | 12 | $\frac{4 \sim 139}{0.2 \sim 0.88}$ | 72 | 244 | 29 |

## （二）矿体厚度、品位特征

前曾述及矿体厚度总体稳定或较稳定（图4.42）。显示剪切带控矿的特征。

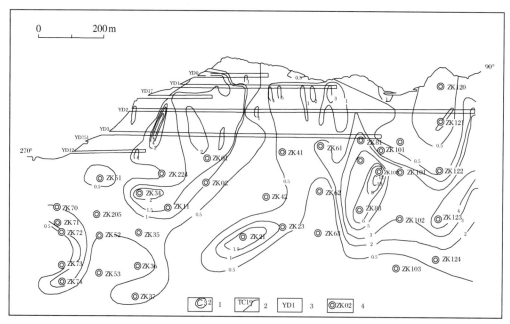

图 4.42　507 矿脉 Ⅰ、Ⅱ 号矿体厚度等值线图

1. 矿体厚度等值线；2. 探槽工程及编号；3. 坑道及编号；4. 钻孔及编号

　　矿体品位相对变化较大，且存在由上而下 Au、Pb 品位逐渐降低的趋势，但这种变化是波状起伏的（图 4.43、图 4.44）。

　　Au、Pb 品位与厚度一般呈正相关，而且矿体中 Au 和 Pb 品位正相关（图 4.45、图 4.46）。

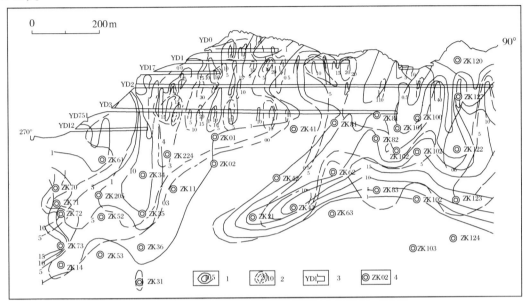

图 4.43　507 矿脉 Ⅰ、Ⅱ 号矿体金铅品位等值线图

1. 金品位等值线（$10^{-6}$）；2. 铅品位等值线（%）；3. 坑道及编号；4. 钻孔及编号

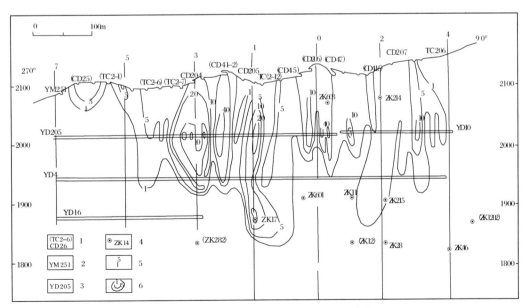

图 4.44　502 矿脉 Ⅰ 矿体金品位变化等值线图

1. 探槽及老硐编号；2. 平硐编号；3. 沿脉坑道编号；4. 钻孔位置及编号；

5. 勘探线位置及编号；6. 金品位等值线（$10^{-6}$）

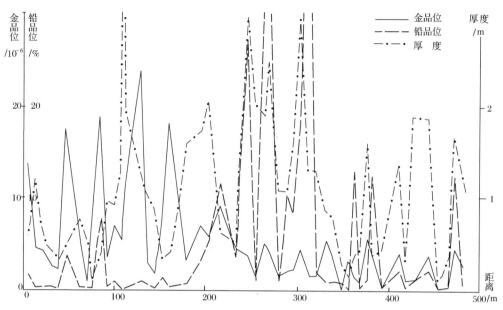

图 4.45　507 矿脉 I 号矿体 YD2 厚度及金、铅品位变化曲线图

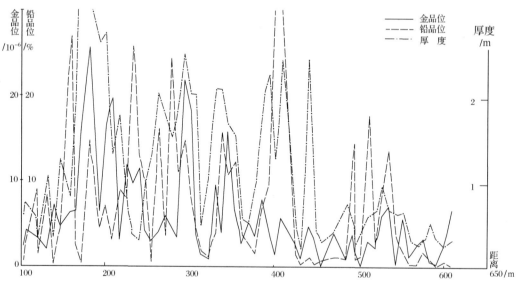

图 4.46　507 矿脉 I 号矿体 YD3 厚度及金、铅品位变化曲线图

此小节插图（图 4.42～图 4.46）据中国人民武装警察部队黄金第九支队，

《河南省灵宝县豫灵乡东闯金、铅矿区中段 507、502、501 号脉勘探地质报告》，1989

# 第四节　S202 脉（组）

S202 矿脉（组）为与 S60 矿脉对冲的脉组，由 S201、S202、S203、S308 等 4 条矿脉组成，分布于杨寨峪 S60 矿脉北侧。包括原勘查的四范沟西段、四范沟东段、淘金沟三个

矿区。

# 一、地 质 背 景

## （一）地层（岩石）

地层（岩石）为四范沟片麻状花岗岩，岩性主要为黑云中长–斜长条痕条纹状混合岩，夹斜长角闪片麻岩及斜长角闪岩。总体与S505-S60矿脉基本一致。

## （二）岩　浆　岩

区内主要有黑云母花岗岩、伟晶岩、辉绿岩和石英脉等。

伟晶岩：分为混合伟晶岩和花岗伟晶岩。混合伟晶岩呈不规则状、树枝状、似脉状，零星分布，单体面积多为 $n \cdot 10km^2$。微量矿物有磷灰石、褐帘石、锆石、电气石和磁铁矿。锆石多柱状自形晶，粒度 $0.3 \sim 0.5mm$。其同位素年龄 $1553 \sim 1380Ma$。可能为混合岩化产物。

花岗伟晶岩呈脉状，产于黑云母花岗岩的内接触带，长 $1 \sim n \cdot m$，宽 $0.1 \sim 0.2m$。暗色矿物少，不含或少含磁铁矿、绿帘石。

黑云母花岗岩：为正南沟岩床的一部分，厚 $20 \sim 60m$，岩床呈背斜形，与老鸦岔背形延伸方向相近。产状平缓，比地层倾角小 $10° \sim 20°$（图4.47）。背形枢纽西高东低，向东倾伏。岩体无冷凝边。接触面围岩无烘烤和蚀变现象（图4.48）。岩体边缘的脉体切割了混合伟晶岩（图4.49），岩体又被基性岩脉和含金石英脉穿切。

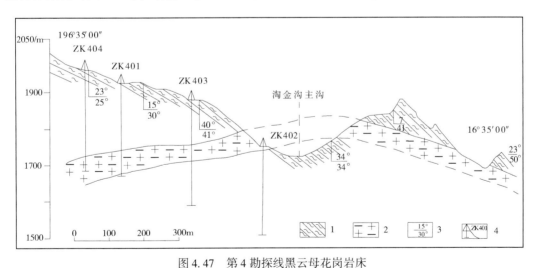

图4.47　第4勘探线黑云母花岗岩床
1. 条痕状混合岩；2. 黑云母花岗岩；3. 岩层产状；4. 钻孔及编号

岩石具中细粒花岗结构，交代结构，主要矿物有更长石、微斜长石、石英。微量矿物有褐帘石、硅灰石、榍石、锆石、磁铁矿。

岩体中见有混合岩，片麻岩包裹体。

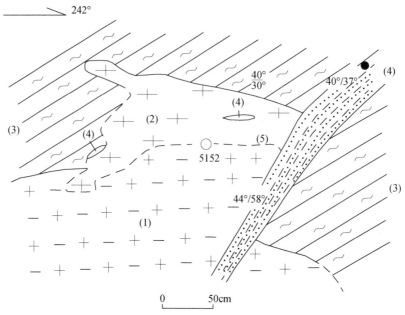

图 4.48　5152 地质点黑云母花岗岩接触带素描图
(1) 黑云母花岗岩;(2) 伟晶岩;(3) 条痕状混合岩;(4) 糜棱岩;(5) 过渡边界

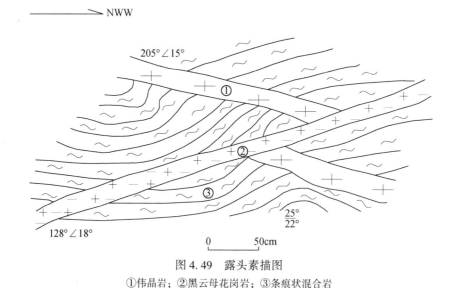

图 4.49　露头素描图
①伟晶岩;②黑云母花岗岩;③条痕状混合岩

　　基性岩脉:基性岩脉发育,规模变化大,受断裂控制。

　　辉长辉绿岩仅一条,倾向 310°,倾角 87°,宽 20~30m。两端延入邻区。主要矿物斜长石、辉石、微量矿物磷灰石、钛铁矿、磁铁矿。蚀变较强,次生矿物发育。

　　辉绿岩有 90 条以上,规模大小不一,大者长 2100m,局部宽 20;小者长 $n \cdot 10$m,宽 $0. n$m。按走向可分为近南北向、北东向,北西向和近东西向,以前两组最多见。主要矿物斜长石、辉石、微量矿物磷灰石。

具不同程度蚀变，彼此互相交切（图4.50），它们切穿伟晶岩和黑云母花岗岩，又被含石英脉剪切带切穿。辉绿岩全岩 K-Ar 法同位素年龄 182～147.9Ma，时代为燕山早期。

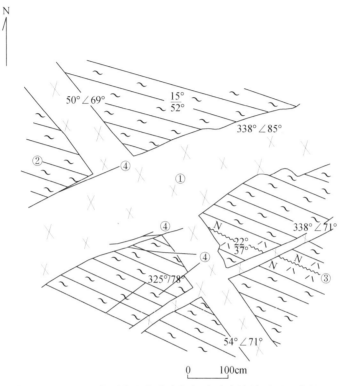

图 4.50　BT3014 北西向和北东向辉绿岩脉交接关系平面素描图
①辉绿岩脉；②条痕状混合岩；③斜长角闪片麻岩；④劈理和节理

含金石英脉：产于韧脆性剪切带中，透镜状和不规则脉状，长一般 $0.nm～n\cdot10m$，最长 107m。厚度多小于 1m。呈单脉或复脉，具胀缩变化和分支复合，尖灭再现或侧现等变化。切穿上述各类脉岩，说明形成较晚。

按产状分为近东西向、近南北向、北东向和北西向 4 组，以前者规模大，数量多，为主要研究对象。

## （三）构　　造

### 1. 褶皱

矿区位于老鸦岔背侧轴部近北翼，太华群似北倾的单斜。地层走向 290°，倾角南缓北陡，南翼倾角 20°～30°，北翼倾角 30°～45°。次级小褶皱见于西部和北部。

### 2. 断裂

矿区内长度大于 10m 的断裂有 140 条以上（图4.19）。

近东西向断裂：总计 90 多条。其中 4 条含矿。走向 280°～285°，倾向北北东，倾角 15°～25°。控矿断裂长度大于 2550m，倾向延深大于 1600m；单脉宽度一般小于 1m。最薄仅几厘米。走向和倾向上均呈舒缓波状、膨大、缩小、分支、复合，并发育挤压透镜体。石英脉在带内呈脉状、透镜状和不规则状，其上或下盘张性羽状分支发育，所指扭动方向为逆时针。

F1 与 F48 分别长 1600m、1400m，走向由西向东由东西向转为北东东向，北倾，倾角由 40°转为 70°~87°。断裂带宽 6~10m，具波状变化，它们错断地层及其中的黑云母花岗岩，上盘逆冲 105m。产生的平面位移也为百米左右。

北西西–北西向断裂：约有 40 条。长 $n \cdot 10m$~750m，仅 F35>2130m。宽一般小于 1m。走向 300°~320°，倾向北东，倾角 70°~85°。局部直立。断裂中多有辉绿岩充填，断面平直，见有阶状追踪。

北东向断裂：区内约 20 余条，长一般 $n \cdot 10$~$n \cdot 100m$，个别（F3）长度 1700m，宽 10~20m 或 20~30m，倾向 330°，倾角 70°~88°，一般为辉绿岩充填。

近南北向断裂：约有 30 余条，有 6 条纵贯全矿区，为辉绿岩充填，宽 2~10m，倾向 260°~290°，倾角大于 80°，局部反转，辉绿岩具不同程度片理化，后期沿断裂有逆时针方向位移。

成矿后构造：区内未发现成矿后的控岩断裂；早期断裂 F36 对地层（岩石）错断明显，成矿后仅局部破碎，与矿脉交汇处无明显位移。

在矿体中，石英脉边缘有泥砾岩局部充填，横切或斜切矿脉的构造裂隙少，仅在局部见到，其规模小，未造成大的位移（图 4.51~图 4.53）。

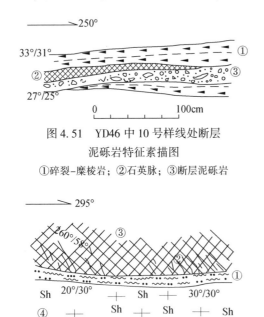

图 4.51　YD46 中 10 号样线处断层泥砾岩特征素描图
①碎裂–糜棱岩；②石英脉；③断层泥砾岩

图 4.52　YD25 中扭节理与断层泥砾岩分布素描图
①断层泥；②扭节理；③含金石英脉；④蚀变伟晶岩

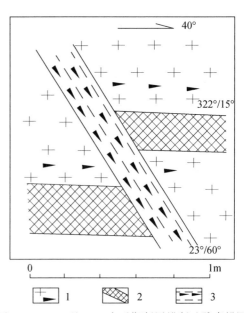

图 4.53　YD4 基 14-4 点后期断层错断矿脉素描图
1. 碎裂伟晶岩；2. 含金石英脉；3. 碎裂–糜棱岩

总之，本区破矿构造不发育，矿体完整保存良好。

# 二、矿脉特征

S202 脉组是 1964 年金矿普查发现的。后经 1969 年、1980～1982 年普查、1983～1984 年详查，1985～1996 年结束勘探。系统地质工作取得了丰富的地质资料。证实该脉组 S201、S202、S203、S308 为含矿断裂。为薄脉型品位较富的金矿床。主要矿脉基本特征见表 4.15、表 4.16。

根据表 4.15、表 4.16，S202 脉组矿脉主要特征为：

（1）该脉组与 S60 矿脉为对冲脉组，但两者很不对称，S60 为中等倾斜（倾角 45°左右），S202 脉组基本平行为缓倾脉，倾角一般 17°～25°。

（2）S202 脉组基本平行，由下部的 S201 至上部的 S308 其间垂距西部在 250m 左右，向东其垂距波状变化，依次为 250m～220m～270m。倾向方向，由南向北，垂距由 240m 到 360m，说明倾角在下部增大，但不同步。

（3）在四范沟东西段和东部淘金沟，矿脉出露的标高逐渐降低。在西端 S308 部分被剥蚀向东正常延伸至东四范沟东部多数矿脉隐伏，到淘金沟矿区则完全隐伏，说明该脉组由西向东有倾伏趋势。

（4）S202 脉组在剖面上呈叠互状，且走向（长约 4000m）和倾向（延深>2000m）上稳定延伸，显示脆韧性剪切带特征。

表 4.15　S201、S202、S203、S308 号脉西段分布及规模一览表

| 矿脉号 | 标高/m | | | | 规模/m | | | | | | 产状/（°） | | |
|---|---|---|---|---|---|---|---|---|---|---|---|---|---|
| | 出露最高标高 | 出露最低标高 | 出露高差 | 钻孔控制最低标高 | 长度 | | 控制最大斜深 | 厚　度 | | | 走向 | 倾向 | 倾角 |
| | | | | | 走向 | 倾斜 | | 最小 | 最大 | 平均 | | | |
| S201 | 2020 | 1760 | 260 | 1420.77 | 2550 | 850～>1600 | >1600 | 0.15 | 2.69 | 0.84 | 290～295 | 20～25 | 14～27 |
| S202 | 2057 | 1892 | 165 | 1467.34 | 1100 | | >1360 | 0.15 | 3.10 | 0.75 | 285 | 15 | 14～24 |
| S203 | 2123 | 1693.30 | 429.70 | 1639.46 | 2100 | 560～>1550 | >1550 | 0.14 | 2.39 | 0.84 | 285～290 | 15～20 | 14～24 |
| S308 | 2070 | 1855 | 215 | 1791.10 | 740 | 850～>930 | >930 | 0.10 | 1.23 | 0.49 | 270～280 | 0～10 | 13～15 |

表 4.16　四范沟矿区东段主要矿脉特征一览表

| 矿脉号 | 标高/m | 规模 | | | | 控制最大斜深/m | 产状/（°） | 含脉率/% | 所含矿体 | 形态特征 |
|---|---|---|---|---|---|---|---|---|---|---|
| | | 长度/m | 厚度/m | | | | | | | |
| | | | 最大 | 最小 | 平均 | | | | | |
| S308 | 2050～1690 | 700 | 10.42 | 0.10 | 1.24 | 1270 | 12°∠17° | 31 | S308-① | 薄层状脉状 |
| S203 | 1983～1800 | 800 | 5.88 | 0.25 | 1.28 | 680 | 55°∠23° | 38 | S203-①<br>S308-② | 薄层状脉状 |

续表

| 矿脉号 | 标高/m | 规模 | | | | 控制最大斜深/m | 产状/(°) | 含脉率/% | 所含矿体 | 形态特征 |
|---|---|---|---|---|---|---|---|---|---|---|
| | | 长度/m | 厚度/m | | | | | | | |
| | | | 最大 | 最小 | 平均 | | | | | |
| S202 | 1923~1439 | 710 | 9.29 | 0.26 | 1.37 | >1300 | 53°∠58° | 53 | S202-① | 薄层状 |
| S201 | 1795~1360 | 670 | 7.08 | 0.31 | 2.39 | >1300 | 50°∠23° | 19 | S201-①<br>S201-② | 薄层状 |

# 三、矿体特征

依据工业指标和地质规律，共圈定矿体40多个，主要矿体有6个，在西段为了显示各矿脉主要矿体，给出了主要矿体主要参数（表4.17、表4.18）。

**表4.17　四范沟金矿区西段矿体分布特征一览表**

| 矿脉号 | 矿体号 | 规模 | | | | | | 平均品位/10⁻⁶ | 矿体产状 | | 标高/m | 工业储量 | |
|---|---|---|---|---|---|---|---|---|---|---|---|---|---|
| | | 走向长度/m | 倾向长度/m | | | 平均厚度/m | 长：斜深 | | 倾向/(°) | 倾角/(°) | | 金属量/kg | 储量比/% |
| | | | 最小 | 最大 | 平均 | | | | | | | | |
| S201 | 1 | 500 | 200 | 460 | 250 | 1.16 | 1：0.5 | 11.36 | 10~40 | 12~27 | 1840~1962 | 3931 | 17.9 |
| | 2 | 275 | 300 | 420 | | 1.32 | 1：1.5 | 10.65 | 45 | 14~17 | 1801~1932 | 1892 | 8.6 |
| | 3 | 465 | 300 | 623 | 555 | 1.03 | 1：1.3 | 8.13 | 10~20 | 14~21 | 1566~1903 | 3915 | 17.8 |
| S202 | 1 | 470 | | 500 | | 1.23 | 1：1.06 | 15.03 | 20~45 | 13~24 | 1731~1963 | 6026 | 27.4 |
| S203 | 11 | 366 | 68 | 170 | 118 | 1.03 | 1：0.3 | 7.88 | 10 | 13 | 1908~1967 | 962 | 4.4 |
| | 13 | 333 | 68 | | 235 | 1.16 | 1：1.6 | 4.51 | 16 | 6~17 | 1827~1905 | 603 | 2.7 |
| S308 | 3 | 67 | | | 73 | 1.18 | 1：1.1 | 15.01 | 20 | 21 | 1880~1906 | 231 | 1.1 |
| 矿区 | 36 | 27~500 | 10 | 623 | — | 1.06 | — | 10.13 | — | 6~27 | 1472~2058 | 22012 | |

表 4.18 四范沟金矿区东段工业矿体特征一览表

| 矿脉号 | 矿体号 | 空间位置 | | | 矿体规模 | | | | | | |
| | | 勘探线区间 | 标高/m | | 长度 | 厚度/m | | | 矿体斜深/m | | |
| | | | 最高 | 最低 | | 变化范围 | 平均厚度 | 变化系数/% | 最小 | 最大 | 平均 |
| S308 | S308-① | 西 1~5 | 1883 | 1712 | 700 | 0.13~8.31 | 0.96 | 76.1 | 182 | 520 | 310 |
| S203 | S203-① | 13~1 | 1912 | 1829 | 148 | 0.64~1.95 | 1.46 | 48.87 | 52 | 310 | 181 |
| | S203-② | 2~5 | 1918 | 1848 | 157 | 0.30~5.81 | 1.42 | 130.18 | 50 | 156 | 103 |
| S202 | S202-① | 13~5 | 1916 | 1666 | 660 | 0.28~3.40 | 1.12 | 64.30 | 154 | 720 | 448 |
| S201 | S201-① | 2~5 | 1691 | 1670 | 170 | 0.72~1.03 | 0.88 | 25.05 | 104 | 106 | 105 |
| | S201-② | 13~1 | 1710 | 1528 | 130 | 0.40~1.51 | 094 | 46.99 | 113 | 402 | 258 |

| 矿脉号 | 矿体号 | 矿体产状 | | 矿体形态 | 品位/10^{-6} | | | 工业储量 | |
| | | 倾向 | 倾角 | | 变化范围 | 平均品位 | 变化系数/% | 金属量/kg | 储量比/% |
| S308 | S308-① | 12° | 12°~26° | 似层状 | 0.1~245.13 | 12.81 | 237.88 | 5422 | 35.4 |
| S203 | S203-① | 39° | 17° | 枝状 | 1.98~12.33 | 5.83 | 67.27 | 264 | 1.7 |
| | S203-② | 62° | 23° | 不规则层状 | 0.11~126.10 | 6.24 | 225.83 | 422 | 2.7 |
| S202 | S202-① | 53° | 17° | 似层状 | 0.04~359.30 | 13.43 | 228.74 | 9004 | 58.8 |
| S201 | S201-① | 56° | 13° | 板状 | 4.39~16.50 | 9.37 | 85.16 | 205 | 1.3 |
| | S201-② | 22° | 27° | 长条板状 | 0.62~5.80 | 2.14 | 81.98 | | |

据表 4.17、表 4.18 可以发现，本区矿体特征如下：

（1）矿体长度个别为大型，多数为中小型矿体，斜深按平均值则均为中小型，按最大值则个别为大型，多数中小型。

（2）矿体资源储量在西段以 S201 为主，并从 S201 ~ S202 ~ S203 ~ S308 依次减小。而在东段则资源储量主要在 S202 和 S308，其余均小。

（3）矿脉呈叠瓦状，与 S60 矿脉对冲；矿体在矿脉倾角变化处发育，上下并不对应（图 4.54 ～ 图 4.56），矿脉（体）由浅而深、由西向东倾角增大。矿脉（体）在东段东部隐伏，并以隐伏状态向东延至淘金沟，仍然存在金矿体（图 4.55）。

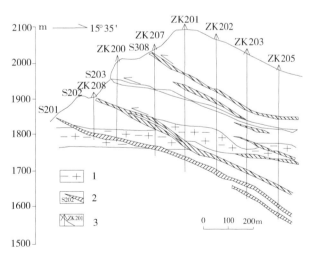

图 4.54 枣香峪四范沟金矿叠瓦状含矿构造剖面图
1. 黑云母花岗岩；2. 含金断裂；3. 钻孔及编号

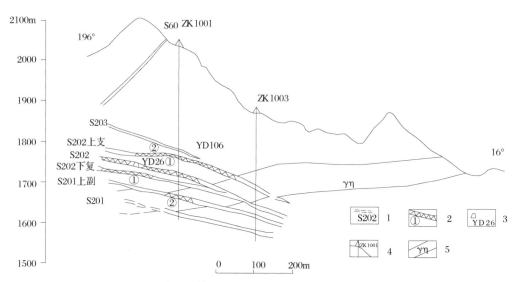

图 4.55　淘金沟第 10 勘探线矿脉、矿体分布剖面示意图

1. 矿脉及编号；2. 矿体及编号；3. 坑道及编号；4. 钻孔及编号；5. 黑云母花岗岩

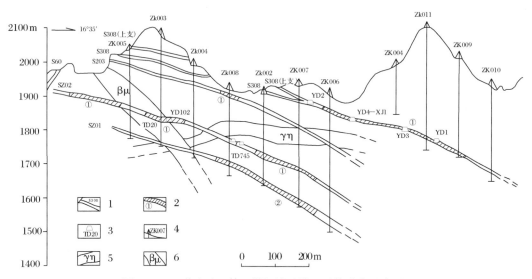

图 4.56　四范沟矿区第 0 勘探线矿脉、矿体分布示意图

1. 矿脉位置及编号；2. 矿体位置及编号；3. 坑道位置及编号；4. 钻孔位置及编号；5. 黑云母花岗岩；6. 辉绿岩

（4）矿体产出与石英脉密切相关。石英脉呈透镜状、脉状、不规则状，沿走向和倾向具分支复合（图 4.57、图 4.58）、膨大、收缩等变化。在断裂带中，石英脉多呈尖灭再现（图 4.59），或尖灭侧现现象。

在厚大石英脉中有围岩包裹体出现（图 4.57～图 4.60）。

石英脉规模大小不等，长 2～107m，一般 10～30m，厚一般 0.2～1.0m，最厚 8.06m。

石英脉的规模与其在构造中的位置和围岩性质密切相关，矿脉产状变化、分支复合或膨大部位石英脉厚度大。当围岩为混合岩、伟晶岩等花岗质岩石时利于石英脉的形成（图

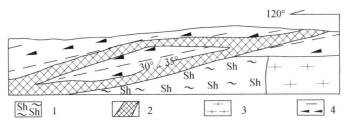

图 4.57　S202 矿脉 YD24 坑 54 样线处石英脉分支复合素描图
1. 蚀变碎裂岩；2. 石英脉；3. 伟晶岩；4. 碎裂-糜棱岩

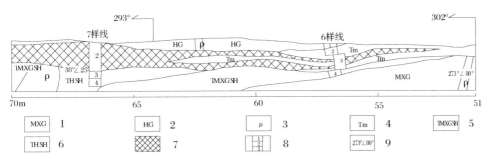

图 4.58　YD29 南壁 51~70m 石英脉形态素描图
1. 斜长角闪片麻岩；2. 条痕状混合岩；3. 伟晶岩；4. 碎裂-糜棱岩；5. 蚀变碎裂斜长角闪片麻岩；
6. 蚀变碎裂混合岩；7. 石英脉；8. 样品位置及编号；9. 脉岩产状

4.61）。

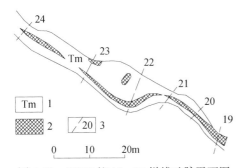

图 4.59　YD29 坑 19~24 样线矿脉平面图
1. 碎裂-糜棱岩；2. 含金石英脉；3. 样线及编号

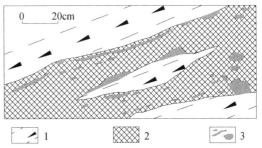

图 4.60　YD2 坑 23 样线附近分布在
石英脉中的碎裂-糜棱岩透镜体素描图
1. 碎裂-糜棱岩；2. 含金石英脉；3. 黄铁矿

　　石英脉与成矿的关系是：含脉率高，含矿率也高（表4.19）。表4.19说明，由地表向下，含脉率和含矿率具波状起伏变化，但总体是逐渐有所降低。

　　（5）矿体厚度相对比较稳定，东西段比较接近，分别为1.07m和1.06m。

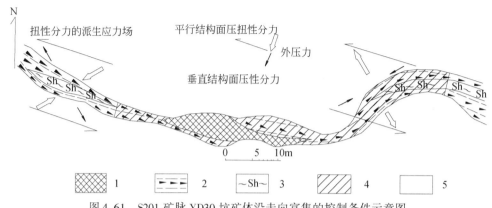

图 4.61  S201 矿脉 YD30 坑矿体沿走向富集的控制条件示意图

1. 石英脉；2. 碎裂-糜棱岩；3. 蚀变混合岩；4. 矿段；5. 非矿段

表 4.19  S201、S202、S203 号脉不同标高含脉率、含矿率及矿化连续性比较表

| 矿脉编号 | 分布位置 | 矿脉长度/m | 含金石英脉 | | | | 矿体 | | 矿化连续程度 | 备注 |
|---|---|---|---|---|---|---|---|---|---|---|
| | | | 数量/条 | 总长度/m | 含脉率/% | 平均厚度/m | 总长度/m | 含矿率/% | | |
| S201 | 地表 | | | | 29.0 | | | | | 钻孔含脉率、含矿率，系指见脉、见矿钻孔数与钻孔总数之比 |
| | 1900m 中段 | 584.10 | 17 | 407 | 69.7 | 0.75 | 409 | 70.0 | 连续 | |
| | 1881m 中段 | 288.40 | 5 | 146 | 50.6 | 0.92 | 152 | 52.7 | 间断 | |
| | 1878m 中段 | 577.70 | 12 | 300 | 51.9 | 0.63 | 424 | 73.4 | 连续 | |
| | 1856m 中段 | 241.50 | 6 | 155 | 64.2 | 0.64 | 166 | 68.7 | 连续 | |
| | 1842m 中段 | 405.68 | 6 | 112 | 27.6 | 0.60 | 236 | 58.2 | 较连续 | |
| | 钻孔 | | | | 38.6 | | | 27.3 | | |
| S202 | 地表 | | | | 45.6 | | | | | |
| | 1910m 中段 | 179.95 | 9 | 86 | 47.8 | 0.53 | 160 | 88.9 | 连续 | |
| | 1893m 中段 | 248.65 | 6 | 182 | 73.2 | 0.61 | 210.8 | 84.8 | 连续 | |
| | 1856m 中段 | 324.73 | 3 | 71 | 21.9 | 0.62 | 152 | 46.8 | 较连续 | |
| | 钻孔 | | | | 46.2 | | | 26.9 | | |
| S203 | 地表 | | | | 45.7 | | | | | |
| | 1700m 中段 | 268.80 | 16 | 125.80 | 46.8 | 0.48 | 146 | 54.3 | 较连续 | |
| | 钻孔 | | | | 46.7 | | | 41.7 | | |

（6）矿体金品位平均西段为 $10.13 \times 10^{-6}$，最大 $15.01 \times 10^{-6}$，最小 $8.13 \times 10^{-6}$，东段平均为 $10.82 \times 10^{-6}$，最大 $13.43 \times 10^{-6}$，最小 $2.14 \times 10^{-6}$。其品位变化系数随矿体增大而提高（图 4.62、图 4.63），主要矿体为不均匀型，中小矿体则分别为较均匀型和均匀型。

（7）矿体厚度相对比较稳定，东西段比较接近，分别为 1.07m 和 1.06m。

各矿脉中矿体金品位不集中，在其分布直立图中，S201、S202、S203、S308 中显示三个母体；且以第一个母体和第三个母体为主（图 4.64）；在 S201 中第一母体为 $1 \times 10^{-6} \sim$

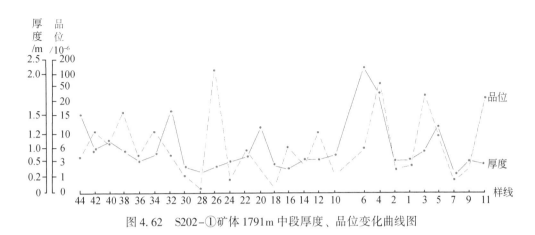

图 4.62　S202–①矿体 1791m 中段厚度、品位变化曲线图

$6×10^{-6}$，S202、S203 和 S308 中第一母体均为 $1×10^{-6} \sim 3×10^{-6}$，第三母体在 S201、S203、S308 中均为 $20×10^{-6} \sim 50×10^{-6}$，在 S202 中为 $50×10^{-6} \sim 100×10^{-6}$，但不太明显。此种情况很可能说明，金的矿化至少有三期，以第一第三两期矿化为主，后两期矿化叠加在第一期矿化之上，从而造成直方图中金品位分布呈不太明显的"U"型。

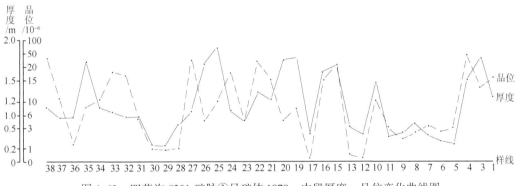

图 4.63　四范沟 S201 矿脉①号矿体 1878m 中段厚度、品位变化曲线图

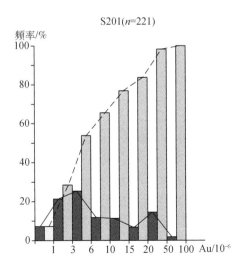

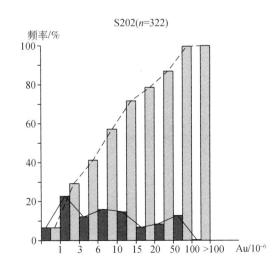

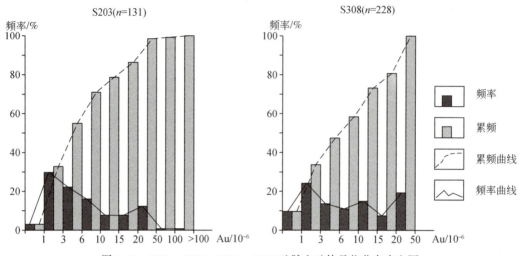

图 4.64    S201、S202、S203、S308 矿脉金矿体品位分布直方图

# 第五节    北矿带 F5 矿脉

## 一、北矿带概述

该带位于小秦岭金矿田的北部，西起五里村一带，东到洞沟、寺泉东，北起太要断裂，南到安家窑一线，东西长约 20km，南北宽约 3km 左右。

该带受五里村背斜控制，剪切带走向与背斜轴向一致，呈近东西向，少数为北西向。带内有大型大湖钼金矿床、灵湖金矿床，中型马家凹和马家洼金矿床，小型焕池峪金矿床等。金矿床数量和规模仅次于中矿带，在矿田中排行第二。大湖矿区与金共生钼矿，同时带内有夕卡岩型铁矿、热液交代型蛭石、磷灰石矿及钾长石矿点为其重要特征。

与中矿带相比，北矿带剪切带空间分布密度较稀，每平方公里约 6 条，但局部地段又十分密集，马家凹矿区在宽度仅 60 余米的范围内，平行分布有 9 条剪切带，是矿田内剪切带密度最大的地区（图 4.65）。

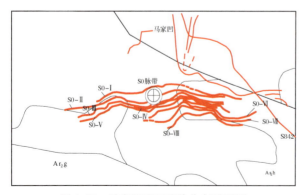

图 4.65    马家凹矿区矿脉分布平面图

区内主要含矿断裂有 F5、F35、S952、S0、Σ190 等脉带，其次尚有 F1、F6、F7、F8、S4、E64 脉等。其中长度最大的为 F5，长约 10km，其中有大湖、灵湖、夫夫峪等金矿床。次长的 F6 脉长约 5km，矿化微弱，西端与其他含矿剪切带长仅 $n \cdot 100 \sim >2000$m。其中 F35 为主要的钼矿脉，其特征是长度小（仅 800m 左右），但厚度大（$n \sim 100$m 左右），其中石英脉发育，因此又称 S35。除

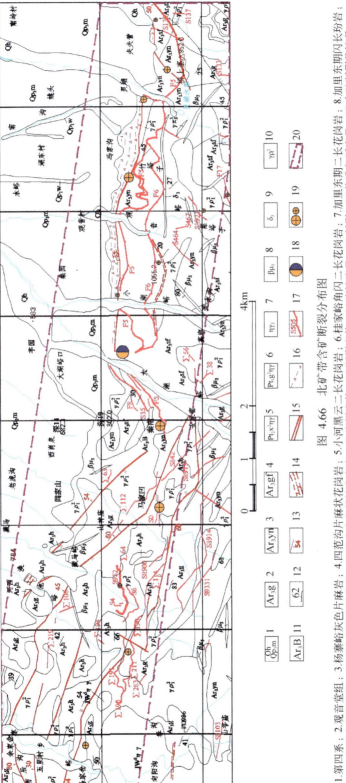

图 4.66　北矿带含矿断裂分布图

1.第四系；2.观音堂组；3.杨寨峪灰色片麻岩；4.范沟片麻状花岗岩；5.小河黑云二长花岗岩；6.桂家峪角闪二长花岗岩；7.加里东期二长花岗岩；8.加里东期闪长玢岩；9.加里东期闪长岩；10.五台期花岗伟晶岩；11.晚太古代基性表壳岩；12.岩层产状；13.断裂；14.糜棱岩带；15.断裂产状；16.构造角砾岩带；17.含矿断裂及编号；18.大型钼金矿床；19.中型、小型金矿床；20.矿带边界

其中的钼矿外，还有小的金矿体（图4.66）。

　　剪切带集中分布于五里村背斜近轴部，但以大湖矿床为界，东部基本为北倾，且为缓倾构造，倾角一般为25°～35°，西部基本为南倾断裂，倾角中等（45°左右）。如 S952，S0 脉带，Σ190 脉等。这两种倾向的剪切带，一般南倾为主，北倾者规模小。

　　南倾脉组往往存在矿脉倾向上的波状变化，如在 S952（马家洼）900m 标高以上倾角缓（约15°左右），900m 向下倾角逐渐变为30°～45°，在缓倾部位和倾角变化部位矿化强，矿体厚度大（最大可达4m 以上）（图4.67）。

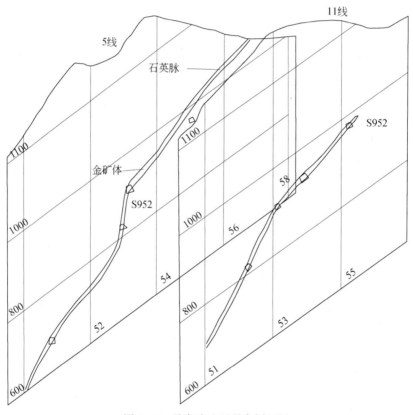

图4.67　马家洼矿区联合剖面图

# 二、F5 矿 脉

　　该矿脉出露于秦南，向东经大湖、灵湖至夫夫峪一带，赋存有秦南、大湖、灵湖、夫夫峪等金（钼）矿床，总长约 10km。是北矿带最主要的矿脉。

## （一）地 质 背 景

　　该剪切带受五里村背斜控制，出露于背斜的北翼。毗邻太要拆离断裂。在大湖峪以西主要地层为焕池峪组（轴部）和观音堂组（两翼）。向东主要为四范沟片麻状花岗岩和杨寨峪灰色片麻岩。

**1. 岩浆岩**

区内岩浆活动频繁，岩浆岩发育，除西部文峪燕山期二长花岗岩之外，在 F5 两侧还发育花岗伟晶岩、辉绿岩、辉绿玢岩、花岗斑岩、长英岩及石英脉等脉岩。

1）花岗伟晶岩

分布较普遍，但主要在西段，多呈脉状、树枝状、不规则状分布，规模大小不等，出露面积由数平方米到数十平方米。

岩石灰白色、浅肉红色，主要矿物为微斜长石、更长石、石英。次要矿物绢云母、钠黝帘石、绿泥石。

伟晶岩中常见有混合岩残留体，部分地段与混合岩接触界限不清。据区域资料，形成于五台期（1553～1380Ma），常被后期脉岩切割（图4.68）。

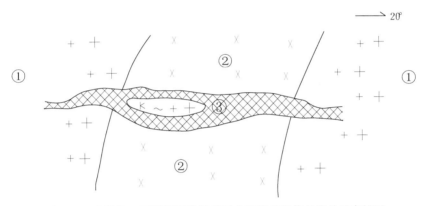

图 4.68　大湖沟口西侧辉绿岩穿插混合钾长花岗伟晶岩关系素描图
①混合钾长花岗伟晶岩；②辉绿岩；③含金石英脉

2）辉绿岩

是区内最发育的脉岩，在大湖矿区长度大于 20m 的有 50 多条，最大者长 1100m，宽 30m，呈岩墙产出；小者长 10～20m，宽 0.5～1m；一般长 300～500m，宽 2～4m。按走向分为近东西向，北西向和北东向三组。以北西向组最发育。

近东西向组：规模较大的共 9 条，长一般 500m，宽 2～50m，一般 10m 左右，走向 260°～280°，倾向北北西至北北东，南倾者很少；倾角一般 58°～87°，个别直立。走向上呈舒缓波状。其形成可分为两期，早期北东东向脉体被北西向切割（图4.69）。晚期北东向切割了花岗斑岩脉（图4.70）。

北西向组：主要有 29 条，走向 330°～345°，倾向北东，极少南东倾，倾角 65°～85°。走向长大于 1000m，宽 2～6m。该组岩脉穿切近东西向脉体（图4.69），走向上常与辉绿玢岩脉呈过渡关系。局部具强片理化和糜棱岩化。

北东向组：不发育，主要的仅 3 条，均呈隐伏状，走向 35°～50°，倾向北西，倾角 70°左右。

辉绿岩呈深暗绿色，主要矿物为基性斜长石、辉石，次为石英、微量矿物为磷灰石和

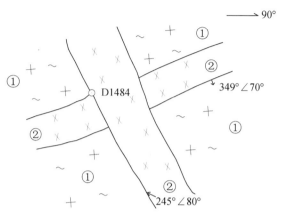

图 4.69　D1484 点北西向辉绿岩脉与早期东西向辉绿岩脉穿插关系素描图
①混合花岗岩；②辉绿岩

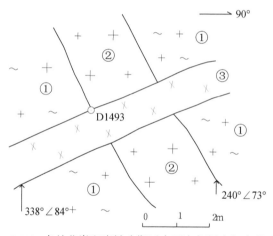

图 4.70　D1493 点处花岗斑岩被晚期近东西向辉绿岩切穿关系素描图
①混合花岗岩；②花岗斑岩；③辉绿岩

磁铁矿，蚀变较强。"X"节理发育，走向追踪现象明显。为燕山早期形成（182 ~ 147.9Ma）。

3）辉绿玢岩

区内仅见 3 条，有北西向和近东西向两组，产状与同方向辉绿岩基本一致，长度最大 1100m，宽 4 ~ 6m。在走向上与辉绿岩多呈渐变过渡关系。

岩石深灰至暗灰色，斑晶为基性长石，具定向排列，基质为隐晶质，由基性斜长石、辉石组成，可见少量石英。蚀变较强。

4）黑云母花岗岩脉

区内见到 7 条，长由百余米至千米不等，宽 3 ~ 6m，走向北西（330° ~ 350°），倾向 32° ~ 80°，倾角陡。多处见被近东西向辉绿岩脉切穿，也有矿脉将其错断。

岩石呈灰色，斑晶为更长石，基质为微斜长石（30%）、更长石（13%）、石英（25%）、黑云母（7%）。微量矿物有磁铁矿、磷灰石、榍石。具强糜棱岩化。

5）长英岩

不发育，呈脉状或不规则团块状产出，岩石灰白色、浅肉红色。主要矿物为石英、斜长石，微量矿物为黄铁矿。可能为混合花岗岩的分异产物。

6）石英脉

比较发育。大湖矿区主要出现于 F5、F35、F7、F8、F1 中，灵湖矿区主要在 F5 中。其产状基本与剪切带一致，在走向和倾向上有 10° 左右交角，显示左旋逆冲特征。

脉体规模大小不等，长数米至数十米，最长可达 72m。厚 0.3～1m，最厚 2m，但在 F35 中厚度大于 10m。多为单脉，具膨胀、狭缩、分支复合、尖灭再现、尖灭侧现特征（图 4.71），石英脉切穿辉绿岩和花岗斑岩脉（图 4.72），说明其形成晚于前者，应为燕山晚期形成。

石英多为白色-灰白色，半自形-他形晶，可见绢云母或黄铁矿等矿物。

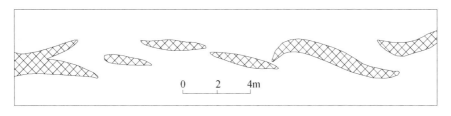

图 4.71　YD0718m 中段含金石英脉分布特征示意图

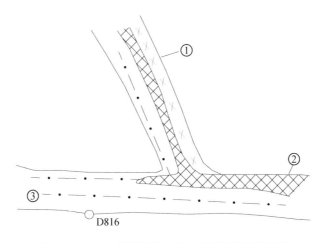

图 4.72　D816 点辉绿岩与含金石英脉关系素描图
①辉绿岩；②含金石英脉；③糜棱岩

### 2. 构造

1）褶皱

F5 脉分布于五里村背斜北翼，该背斜西端为文峪岩体所截，向东仅到太阳沟一带，被断裂截断，自大湖峪向东，因为地层主要为四范沟和杨寨峪岩组，其构造形态不具背斜意义，可称为背形。两翼为逆冲断裂破坏，F5 脉所处地层（岩组）显示为单斜特征，但由于背斜（形）演变历史长，岩石组合复杂，物理性质存在差异，背斜（形）出现不均匀的形变，形成边幕式褶曲和平行次级小褶皱（图 4.73）。这些边幕式褶皱（在大湖矿区）和次级褶皱，往往形成良好的成矿空间，造成矿体富集。

区内地层总体倾向 356° ~ 37°，倾角在 33° ~ 72° 之间变化。其趋势是越近轴部越缓，远离轴部逐渐变陡。背斜轴线方位 278° ~ 328°，轴面两侧摆动，倾角 81° ~ 89°。

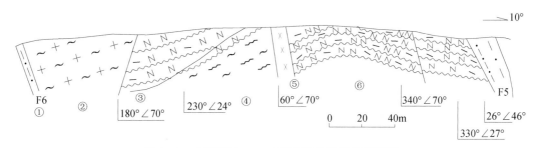

图 4.73　小湖峪口 F5、F6 间背斜构造示意剖面图

①糜棱岩；②混合花岗岩；③斜长片麻岩；④混合片麻岩；⑤辉绿岩；⑥黑云斜长片麻岩

2）断裂

区内断裂构造（剪切带）发育，在大湖矿区按走向分为 4 组（表 4.20、图 4.74）。

表 4.20　大湖矿区断裂统计表

| 组别 | 近东西向 | 北西–北北西向 | 北东向 | 近南北向 | 合计 |
|---|---|---|---|---|---|
| 数量/个 | 43 | 41 | 6 | 1 | 91 |
| 百分比/% | 47.3 | 45.1 | 6.6 | 1.0 | 100 |

（1）近东西向断裂

以 F1、F5、F6 和 F7、F8、F35 以及被辉绿岩充填的断裂为代表。其中前者属区域性韧性剪切带，其他仅出现在矿区中。F5、F1、F35 为含矿断裂。

该组断裂产状基本与地层一致，走向和倾向上具舒缓波状，膨大缩小，分支复合特征。最长约 8km 以上，最短不足 500m。具有韧性剪切带性质，其力学性质在成矿前为压扭性，局部引张，成矿期为压扭性；成矿后为扭性。

（2）北西–北北西向

该组断裂走向 320° ~ 350°，倾向以北东–北东东为主，倾角 65° ~ 85°，少数倾向南西。走向长 $n \cdot 10$ ~ 1100m 不等，带内多被辉绿岩、辉绿玢岩、花岗斑岩脉充填。为多期活动的压–压扭性断裂。

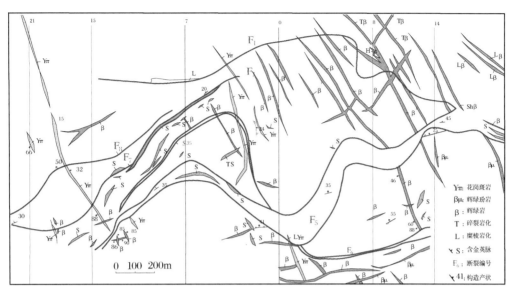

图 4.74　大湖金矿区构造纲要图

（3）北东向组

本组断裂仅 6 条，分布在矿区中东部。走向长 40～250m，宽 2m 左右。其中 3 条充填有石英脉。走向 35°～50°，倾向北西，倾角 40°～70°。为压-压扭性断裂。

（4）近南北向组

仅一条，见于小湖峪口，为破碎带。长仅 100m，最宽 2～3m。走向 12°，倾向南东东，倾角 45°左右。局部有金矿化石英脉。力学性质为张性。同时，矿区内广泛发育基性-酸性各类岩脉，这些脉岩主要沿上述断裂发育，并在部分地段出现了钾长石英脉，与钼矿关系密切。

3）矿脉（糜棱岩带）特征

区内所有矿体均产于糜棱岩带中，但并非所有糜棱岩带都含矿。主要含矿断裂为 F5、F35、F1，其次 F7、F8 见小的矿体和矿化体。

（1）F5：是北矿带最主要的控矿构造带。该断裂分布于五里村背斜北翼，太要断裂南侧，总长约为 8km。带内主要为糜棱岩化的片麻岩、辉绿（玢）岩、花岗斑岩、石英脉等。具有膨大-缩小、舒缓波状、分支复合等特征。出露标高 1030～648m。在 2 线与 F6 交汇归并，14 线以东与 F1 复合。

总体走向 255°，倾向北西，平均倾角 34°。6 线以东倾角 40°～45°，4～5 线 30°～37°，7 线以西 20°，显示东陡西缓。8 线以东厚度 90m；4～6 线厚度 50～65m；2～5 线厚 77～95m；7 线以西再变薄，膨胀狭缩相间出现，显示舒缓波状特征。在底板等高线图上（图 4.75），在大湖矿区中部 3～8 线出现一个北东向展布的波谷，显示边幕式褶曲特征，它控制着主要矿体。

（2）F35：位于矿区中西部，F7 与 F5 之间。长约 800m，地表宽 20～50m，下部最宽约 100m，总体倾向 340°～350°，倾角 25°～35°。主体部分为 I 期石英脉充填，其次为糜

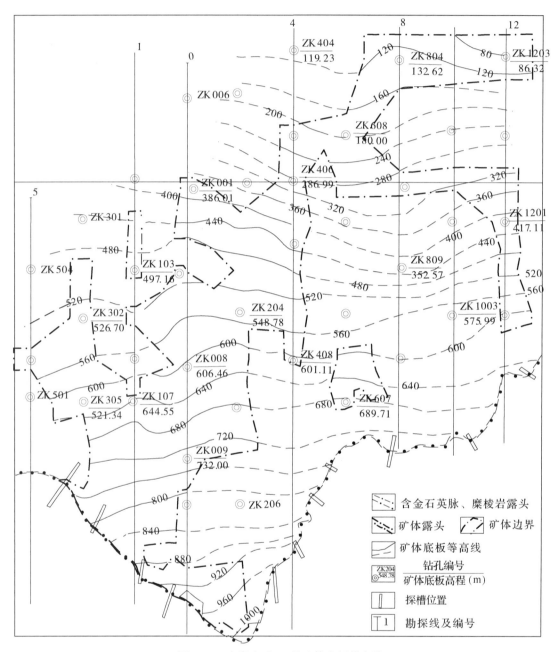

图 4.75　大湖金矿 19 号矿体底板等高线

棱岩和破碎岩。石英脉一般厚 10～20m。膨胀狭缩明显，具舒缓波状特征。分支复合现象发育，上下盘尚有多条平行支脉分布；在 0 线附近与 F7 交汇，向东交于 F5。

　　石英脉形成之后，受压扭性作用影响造成石英脉破碎，含矿热液沿破碎的石英脉及裂隙贯入，不但形成了若干个小的金矿化体和矿体，而且形成了钼矿体。在此过程中有大量钾长石（微斜长石）形成，主要呈团块状分布于钼矿化体中，因此，钾化成为钼矿化的标志。

（3）F1：为区域性韧性剪切带，出露于矿区北部基岩与黄土相接触部位，带内由糜棱岩、碎裂岩及构造角砾岩组成。总长约6km，矿区内长约2.5km。紧邻太要断裂南侧，可能为太要断裂的分支。该断裂上部大多剥蚀，可见最大宽>200m，残存的厚度由东向西变薄，如8～12线厚度110m，2～6线厚60m，2线以西厚仅18～42m。总体倾向10°左右，倾角35°～42°。2线以东倾角36°～39°，0线变为26°，3～5线又变为36°～39°，11线以西再变为23°。显示波状起伏十分强烈，在14线以东与F5复合。

该断裂有含金石英脉断续分布，地表矿体规模小，下部控制3个盲矿体。

主要矿脉基本特征见表4.21。

**表 4.21　大湖金矿区含金构造带特征表**

| 矿带号 | 位　　置 | | | 矿带规模/m | | | | | 矿带之间厚度/m | | | 平均产状/（°） | 存在矿体的个数 | 岩　　性 |
| | 勘探线号 | 标高/m | | 长度 | 控制斜深 | 矿带厚度 | | | 最大 | 最小 | 平均 | | | |
| | | 最高 | 最低 | | | 最大 | 最小 | 平均 | | | | | | |
| F1 | 10-20 | 790 | 655 | >2600 | 680 | 171 | | | | | | 360∠33 | 3 | 碎裂岩为主，局部见糜棱岩，夹含金石英脉 |
| F8 | 19-7 | 937 | 860 | 800 | 330 | 37 | 3 | 14 | >200 | | 100 | 330∠45 | 3 | 碎裂岩及糜棱岩夹含金石英脉 |
| F7 | 19-0 | 1031 | 670 | 1200 | 740 | 20 | 2 | 15 | 75 | 45 | 60 | 335∠50 | 2 | 石英脉体及碎裂岩、糜棱岩 |
| F35 | 11西-5东 | 826 | 670 | 700 | 365 | 70 | 3 | 30 | 100 | 35 | 68 | 350～360∠27 | 6 | 石英脉及碎裂岩 |
| F5 | 15-20 | 1030 | 648 | 2200 | 1350 | 160 | 12 | 80.5 | 100 | 20 | 60 | 350～10∠27 | 18 | 糜棱岩、碎裂岩夹含金石英脉 |
| F6 | 2-20 | 1030 | 700 | >750 | 未控 | 40 | 4 | 30 | >300 | 0 | ∠150 | 350～10∠40 | | 糜棱岩、碎裂岩 |

## （二）矿体特征

### 1. 矿体基本特征

主要矿体的基本特征见表4.22。

表4.22说明，F5中金矿体储量占矿区总储量的87%，而其他16个矿体合计仅占矿区总储量的13%，反映本区长度最大的糜棱岩带F5是最主要成矿断裂。

表 4.22　大湖金矿区主要矿体特征及储量规模统计表

| 矿脉号 | 矿体号 | 标高/m | | 矿体规模/m | | |
| | | 赋存 | | 长度 | 平均斜宽 | 控制最大斜深 |
| | | 最低 | 最高 | | | |
| F5 | 19 | 45 | 1012 | 1180 | 879 | 1200 |
| | 22 | 1 | 638 | 295 | 864 | 1180 |
| | 21 | 367 | 625 | 229 | 401 | 1140 |
| F1 | 2 | 391 | 600 | 300 | 188 | 508 |

| 矿脉号 | 矿体号 | 矿体规模/m | | | | 产状/ (°) | | |
| | | 厚度 | | | | 走向 | 倾向 | 倾角 |
| | | 最大 | 最小 | 平均 | 变化系数/% | | | |
| F5 | 19 | 18.04 | 0.52 | 3.36 | 156 | N80E | 350 | 32.5 |
| | 22 | 4.92 | 0.45 | 2.13 | 100 | W-E | 360 | 39 |
| | 21 | 2.82 | 0.38 | 1.36 | 67 | W-E | 360 | 36 |
| F1 | 2 | 1.50 | 0.78 | 1.11 | 39 | W-E | 360 | 41 |

| 矿脉号 | 矿体号 | 品位/$10^{-6}$ | | | | 储量 | | 所占矿区比例/% | |
| | | 最高 | 最低 | 平均 | 变化系数 | 矿石量/t | 金属量/kg | 矿石量比 | 金属量比 |
| F5 | 19 | 18.06 | 2.86 | 6.75 | 104 | 2097442 | 14166 | 67 | 69 |
| | 22 | 21.72 | 1.55 | 6.76 | 101 | 364720 | 2467 | 11.7 | 12 |
| | 21 | 16.75 | 1.75 | 5.38 | 105 | 215642 | 1161 | 6.9 | 6 |
| F1 | 2 | 32.10 | 3.86 | 10.25 | 126 | 80167 | 822 | 2.6 | 4 |

**2. 金矿体产状与形态**

本区矿体均产于糜棱岩带中，规模较大的矿体，多呈脉状，或似板状、似层状，规模小的矿体呈透镜状。大湖和灵湖两个矿区均只有一个矿体（大湖为 19 号矿体，灵湖为 I号矿体）出露地表，其他矿体均为盲矿体。大湖矿区的金矿体主要赋存于 F5 糜棱岩带内的张性构造面中，该构造面与 F5 断裂带走向和倾向相同，倾角较糜棱岩带缓 5°～10°，但又不超越糜棱岩带的边界，造成矿体的分布由浅至深从糜棱岩带的底板附近伸向顶板附近（图 4.76）。

该组张性构造面在灵湖矿区不发育，其金矿赋存于靠近顶板和靠近底板的糜棱岩带中（图 4.77）。在纵剖面图上，矿体由北西向南东由糜棱岩带的顶板附近向底板附近延伸，显示糜棱岩带形成之后出现了向北西逆冲特征（图 4.78）。因此，尽管两个矿区的主要矿体均产于 F5 中，但其形成机制显然不同，大湖矿区是在韧性变形形成糜棱岩之后，发生逆冲构造活动形成的张性构造面成矿。灵湖矿区的成矿可能与糜棱岩带与围岩界面所形成的地球化学障有关，又受向北西扭冲形成的张性裂隙控制。

灵湖矿区矿体总体倾向为 37°，平均倾角 25°～30°，大湖矿区矿体总体倾向 360°，平均倾角 32.5°～41°。产状变化说明两矿区成矿构造变动的差异，即灵湖矿区构造北西向段成矿，东西向段无矿或弱矿化，而大湖矿区则在东西向时成矿，北西向时无矿或弱矿化（图 4.79、图 4.80）。糜棱岩带的边幕式褶曲造成糜棱岩带的厚度变化和走向弯曲；厚度变

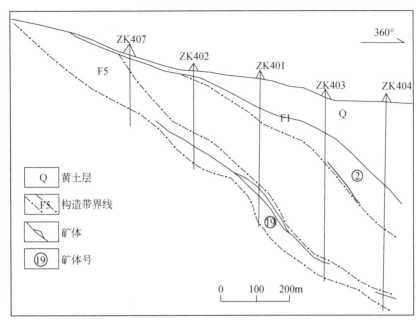

图 4.76　大湖金矿区第 4 勘探线剖面图

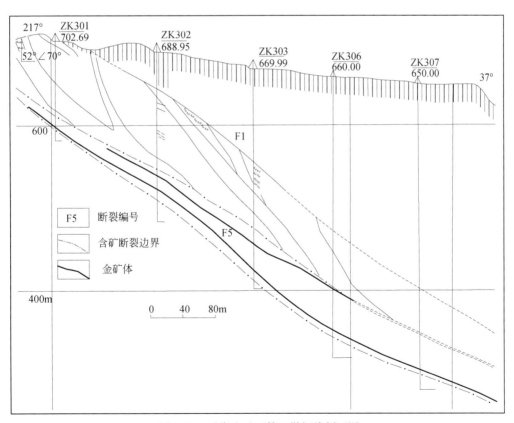

图 4.77　灵湖金矿区第 3 勘探线剖面图

大和走向弯曲部位往往是构造应力的引张部位，因此容易形成金的富集成矿或出现金的厚大的富矿体。

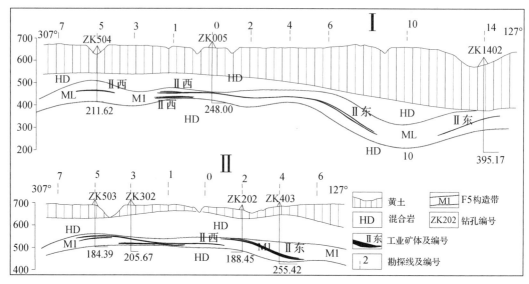

图 4.78　灵湖金矿Ⅱ、Ⅲ号纵剖面图

从灵湖矿区的纵剖面图上，可以发现矿体在走向上具有明显的规律变化。首先是在走向上矿体不连续并有分叉现象，同时具侧列现象。在平面图上糜棱岩带由于边幕式褶曲而波状起伏，从底板等高线图和纵剖面图上可以看出，整个灵湖矿区位于糜棱岩带边幕式褶曲形成的箱状背斜顶部，在边幕式向斜中往往是两翼出现矿体而近轴部无矿（图4.78）。同时，边幕式褶曲还造成侧伏，以大湖矿区最明显。其主矿体向北东侧伏，侧伏角约35°（图4.81~图4.84）。

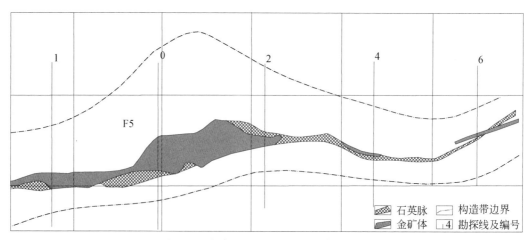

图 4.79　大湖矿区 645 中段金矿体分布图

钼矿只出现于大湖矿区。钼矿体主要产于F35，其次为F5。F5中的钼矿体主要产于

F35 与 F5 交汇部位。总体而论，Mo 与 Au 成反比，钼发育则无金，金发育则无钼，很少两者同时存在。因此，Mo 矿体主要出现于金矿体两侧和下部（图 4.85、图 4.86）。

矿体为厚层状、透镜状，矿体形态较简单，沿走向和倾向显示分支复合现象，矿石十分破碎。

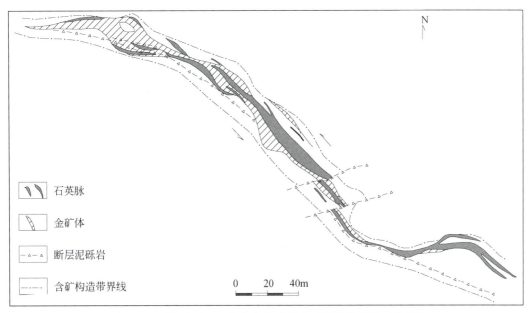

图 4.80　灵湖矿区 725 中段东部矿体及石英脉侧列平面示意图

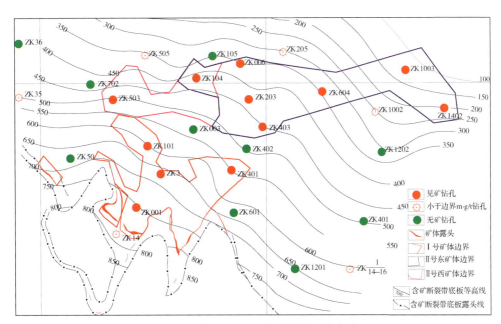

图 4.81　灵湖金矿区 F5 断裂带底板等高线图

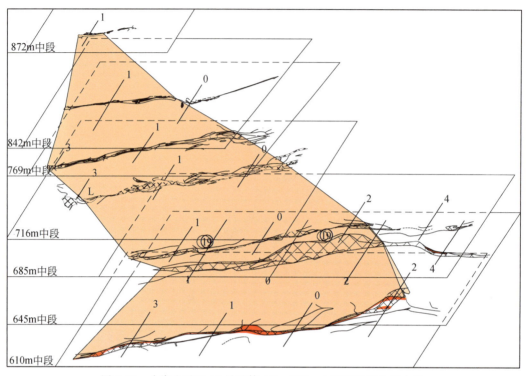

图 4.82　大湖金矿区 19 号矿体 610~872m 中段矿体垂向展布图

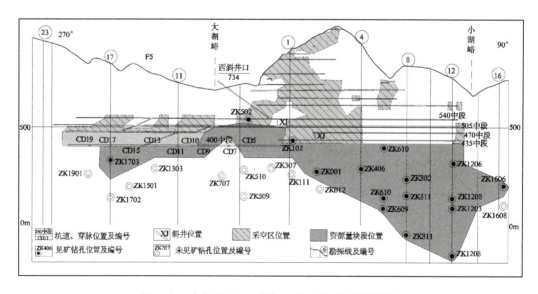

图 4.83　大湖矿区 F5 矿脉 19 号矿体垂直纵投影图

### 3. F35 钼矿体特征

矿体严格受 F35 构造带控制，产状与 F35 基本一致，局部超出 F35 边界。分布范围：西起 9 线以东，东至 1 线以西，F5 和 F7 之间，长 400m 左右，倾向延伸 400m 左右。走向

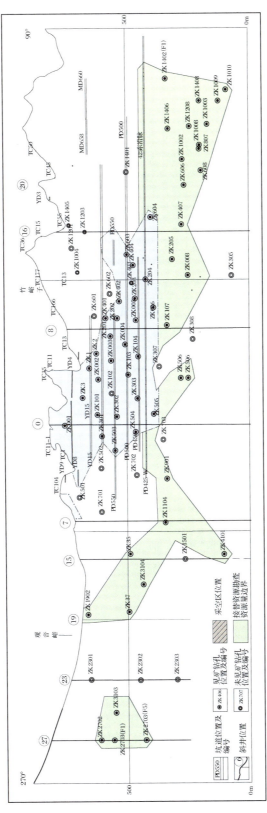

图 4.84　灵湖矿区 F5 矿脉垂直纵投影图

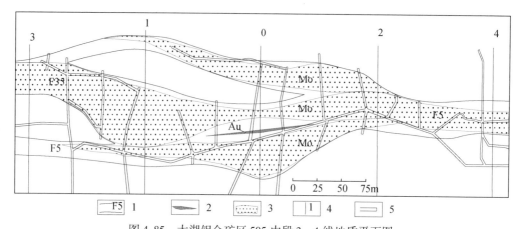

图 4.85　大湖钼金矿区 505 中段 3—4 线地质平面图

1. 断裂构造带及编号；2. 金矿体；3. 钼矿体；4. 勘探线；5. 坑道

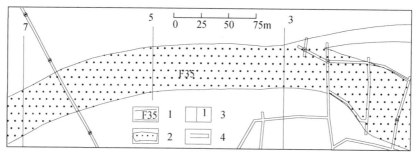

图 4.86　大湖钼金矿区 505 中段 7—3 线地质平面图

1. 断裂构造带及编号；2. 钼矿体；3. 勘探线；4. 坑道

近东西向，倾向北，平均倾角 33°，沿走向与倾斜方向均具有分支复合现象，在 1 线以西与 F5 交汇。

矿体最小厚度 2.30m，最大 38.20m，地表宽度 10 ~ 50m，平均厚度 17.53m，属不稳定型。单工程品位最低 0.07%，最高 0.31%，一般 0.09% ~ 0.18%，矿体平均品位 0.153%，品位变化属不均匀型。

**4. F5 钼矿体特征**

矿体主要产于 F5 中–下部，浅部斜切到 F5 底部。分布范围：西起 7 线东 30m；东至 4 线东 20m；标高自 652 ~ 415m，最低到 200m 左右。东西方向总长约 700m，沿倾向延伸约 300m，长宽比 2.3∶1，总体走向 80°，倾向北–北北西，矿体在倾向方向倾角有一定变化，具波状起伏特征，矿体平均倾角 33.5°（图 4.87、图 4.88）。

矿体最小厚度 1.50m，最大 13.55m，平均厚度 6.66m，属较稳定型。单工程品位最低 0.06%，最高 0.19%，一般为 0.07% ~ 0.12%，矿体平均品位 0.099%，品位变化属较均匀型。

同时，在矿脉中出现了强烈的稀土矿化，稀土总量接近边界品位（表 4.23）。

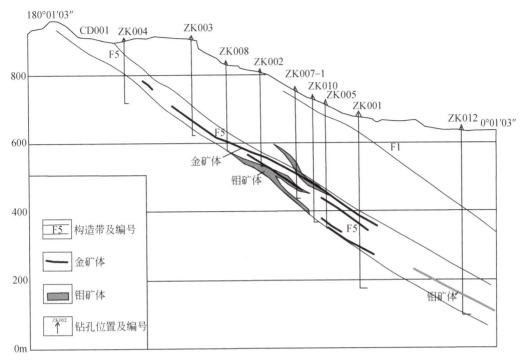

图 4.87　大湖钼金矿区 0 线剖面

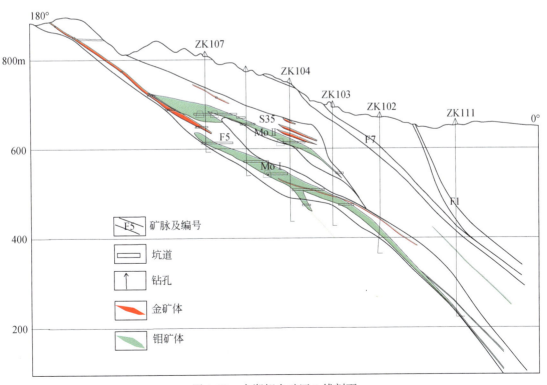

图 4.88　大湖钼金矿区 1 线剖面

表 4.23　大湖矿区矿脉稀土元素平均值表（单位：$10^{-6}$）

| 样号 | La | Ce | Pr | Nd | Sm | Eu | Gd | Tb | Dy | HO | Er |
|---|---|---|---|---|---|---|---|---|---|---|---|
| Y4/DH5053A | 74.7 | 130.4 | 12.92 | 38.36 | 4.41 | 1.19 | 2.40 | 0.29 | 0.94 | 0.11 | 0.26 |
| Y6/DH5053A | 65.4 | 116.0 | 9.99 | 27.61 | 2.73 | 0.73 | 1.24 | 0.14 | 0.50 | 0.07 | 0.19 |
| Y8/DH5053A | 213.2 | 391.4 | 42.28 | 119.46 | 13.48 | 3.79 | 7.53 | 0.84 | 3.08 | 0.42 | 1.00 |
| Y21/DH5053A | 10.1 | 20.5 | 1.47 | 4.59 | 0.64 | 0.22 | 0.34 | 0.04 | 0.13 | 0.02 | 0.04 |
| Y22/DH5053A | 7.3 | 8.7 | 1.02 | 3.59 | 0.76 | 0.38 | 0.84 | 0.17 | 0.97 | 0.20 | 0.57 |
| Y24/DH5053A | 141.1 | 323.9 | 36.54 | 109.28 | 13.97 | 3.28 | 7.33 | 0.79 | 2.60 | 0.33 | 0.73 |
| Y27/DH5053A | 1256 | 1901 | 188.1 | 485 | 35.4 | 2.94 | 12.9 | 1.49 | 5.94 | 0.91 | 2.86 |
| Y35/DH5053A | 1302 | 2421 | 256.6 | 689 | 60.3 | 10.78 | 22.5 | 2.06 | 6.71 | 0.72 | 2.15 |
| Y6/DH435-0R | 80 | 158 | 16.5 | 48 | 5.9 | 1.63 | 3.0 | 0.36 | 1.48 | 0.22 | 0.59 |
| Y7/DH435-0R | 36.9 | 85.1 | 9.30 | 30.20 | 4.28 | 1.30 | 2.92 | 0.41 | 1.77 | 0.30 | 0.75 |
| Y8/DH435-0R | 9 | 19 | 2.7 | 10 | 1.9 | 0.94 | 2.0 | 0.37 | 2.11 | 0.41 | 1.16 |
| Y9/DH435-0R | 17 | 32 | 3.6 | 11 | 1.9 | 0.56 | 1.7 | 0.33 | 1.75 | 0.32 | 0.89 |

| 样号 | Tm | Yb | Lu | Y | ∑REE | LREE/HREE | La/Yb | δEu | LREE | MREE | HREE |
|---|---|---|---|---|---|---|---|---|---|---|---|
| Y4/DH5053A | 0.02 | 0.11 | 0.01 | 3.63 | 269.79 | 63.14 | 457.11 | 1.12 | 256.41 | 9.34 | 4.04 |
| Y6/DH5053A | 0.02 | 0.10 | 0.01 | 3.41 | 228.17 | 97.98 | 460.15 | 1.22 | 219.03 | 5.41 | 3.73 |
| Y8/DH5053A | 0.11 | 0.47 | 0.06 | 14.14 | 811.34 | 58.02 | 305.08 | 1.15 | 766.42 | 29.15 | 15.77 |
| Y21/DH5053A | 0.00 | 0.03 | 0.00 | 0.52 | 38.67 | 62.05 | 257.78 | 1.47 | 36.68 | 1.40 | 0.59 |
| Y22/DH5053A | 0.11 | 0.58 | 0.09 | 7.92 | 33.22 | 6.16 | 8.50 | 1.46 | 20.63 | 3.33 | 9.26 |
| Y24/DH5053A | 0.07 | 0.33 | 0.04 | 9.93 | 650.22 | 51.42 | 292.40 | 0.99 | 610.82 | 28.30 | 11.10 |
| Y27/DH5053A | 0.30 | 1.67 | 0.24 | 24.8 | 3920.02 | 146.96 | 507.31 | 0.42 | 3830.57 | 59.58 | 29.87 |
| Y35/DH5053A | 0.11 | 0.65 | 0.09 | 18.3 | 4792.76 | 135.34 | 1350.13 | 0.89 | 4668.45 | 103.04 | 21.26 |
| Y6/DH435-0R | 0.07 | 0.46 | 0.07 | 7.1 | 323.41 | 49.62 | 117.57 | 1.18 | 302.53 | 12.61 | 8.27 |
| Y7/DH435-0R | 0.12 | 0.69 | 0.12 | 8.94 | 183.12 | 23.63 | 36.29 | 1.12 | 161.54 | 10.98 | 10.61 |
| Y8/DH435-0R | 0.20 | 1.25 | 0.20 | 14.2 | 65.55 | 5.69 | 5.03 | 1.48 | 40.77 | 7.74 | 17.04 |
| Y9/DH435-0R | 0.14 | 0.96 | 0.14 | 9.6 | 82.62 | 10.74 | 12.12 | 0.95 | 64.35 | 6.53 | 11.74 |

表 4.23 说明，在 505 中段 3A 剖面中，样品 Y27 和 Y35 出现了稀土元素强富集，它们分别是绢云母化花岗伟晶岩和硅化钾化辉钼矿化碎裂岩。稀土元素和 Au、Mo、Ag 含量分别是：

| 样号 | ∑REE | Au | Mo | Ag |
|---|---|---|---|---|
| Y27（$10^{-6}$） | 3920.02 | 1.3618 | 47.95 | 73.67 |
| Y35（$10^{-6}$） | 4792.76 | 0.3553 | 1195.61 | 738.29 |

其他样品 ∑REE 含量在 $n \cdot 10 \times 10^{-6} \sim n \cdot 100 \times 10^{-6}$，相应 Au、Mo、Ag 含量也低。

由上述可得出如下认识：

（1）稀土总量高的样品其 Mo 含量高，并存在一定程度的 Au、Ag 矿化。可能系由

Au、Mo 叠加矿化造成，不说明 Au 与稀土之间的成生关系。

（2）稀土总量高的样品轻重稀土比值高，La/Yb 值高，δEu 低。

（3）稀土总量高的样品，中稀土含量显著升高。按照肖荣阁教授的观点，其反映了热水溶液成矿的特征。

∑REE 的富集不但是大湖钼金矿床的特点，也给矿床开发中的综合利用指出了新方向。对此，有必要进行认真研究，特别是钼矿石、钼精粉及钾长石化的研究。

# 第六节　北中矿带 S8201 矿脉

## 一、北中矿带概述

该带位于中矿带和北矿带之间，西起文峪岩体东南侧，东到黑峪子一带。南北宽 2～2.5km，东西长约 10km。

### （一）含矿断裂的一般特征

含矿断裂的形态及分布受七树坪向斜控制，向斜构造西端被文峪岩体吞噬，东端仰起消失，随向斜仰起矿带也不存在。

矿脉走向以近东西向和北西向为主，次为北东东向和近南北向，产出于向斜两翼及仰起端。主要矿脉有 S846、S845（金渠沟）、S875、S303、S304、S305、（桐沟）S8201、S8202 等。

矿带内以中小型矿床为主，如中型金渠沟金矿（S845、S846）、桐沟金矿（S303）、出岔沟金矿（S8101）、红土岭金矿（S8201），小型红土岭金矿（S8010）、东峪金矿（S1001）等（图 4.89）。

### （二）含矿断裂分布与走向特征

**1. 含矿断裂的分布特征**

矿带中部，含矿断裂密集成带出现，如金渠沟矿区的 S845、S846、S763 等，桐沟矿区的 S303、S301、S304、S308 等。靠近文峪岩体附近及东端仰起带，矿脉分布较稀疏且分散。

**2. 含矿断裂的走向特征**

含矿断裂分布于七树坪向斜之中，主要分布于向斜两翼。断裂走向与向斜轴向一致，多为近东西向。在向斜东端翘起处，北翼的 S845、S846、S871 等和南翼的 S301、S302、S303、S304 等，出现逐渐靠拢的趋势，形成近于椭圆的形态。

向斜北翼的金渠金矿 S846、S845 矿脉，断裂和矿体走向均为北西（290°～310°）；向斜南翼的红土岭金矿 S8201、S8202（隐伏）矿脉及矿体走向为东西向-北西西向（270°～300°），局部达 320°。桐沟矿区 S303 矿脉略有偏转，走向为 260°，显然受向斜翘起端的影响。红土岭矿区分布于向斜轴部附近的 S1001、S1007 矿脉走向为近东西方向（190°）。

矿脉及矿体在走向上膨胀、收缩、分支、复合较为多见。南翼桐矿矿区的 S303 切过

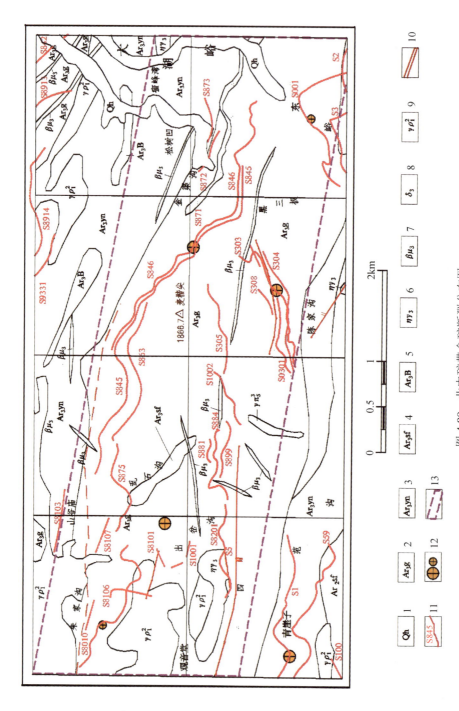

图 4.89　北中矿带含矿断裂分布图

1.第四系；2.观音堂组；3.杨寨峪灰色片麻岩；4.四范沟片麻状花岗岩；5.晚太古代基性表壳岩；6.加里东期二长花岗岩；7.加里东期闪长岗岩；
8.加里东期花岗闪长岩；9.五台期花岗伟晶岩；10.断裂；11.含矿断裂及编号；12.中型、小型金矿床；13.矿带边界

了S301，S884切过了S893（隐伏），这些交切部位对矿化强度具明显的控制作用，桐沟矿区的Ⅱ号矿体即为S303切过S301的结果。

# 二、S8201 矿脉

矿脉出露于阳平镇红土岭地区，区内有红土岭、金渠沟和桐沟三个中型金矿，朱家沟、黑峪子两个小型金矿，它们构成矿田的北中矿带。其中红土岭的S8201、S8202等脉分布于七树坪向斜南翼，赋矿糜棱岩带却向南倾，与地层倾向相反，这在矿田内是仅有的。

## （一）区域地质背景

矿区位于七树坪向斜。七树坪向斜长约20km，近东西向，东端狭窄翘起，止于娘娘山岩体；西端被文峪岩体吞蚀，轴线在平面上呈南凸弧形，轴面略向北倾。北翼地层倾角36°~55°，南翼25°~52°。核部出露观音堂组。

向斜构造西段断裂构造较发育，这些断裂被各类脉岩和构造岩充填，主要为与向斜轴线一致的近东西向断裂，均已成为糜棱岩带。

## （二）矿区地质

**1. 花岗-绿岩**

矿区主要出露观音堂组，两侧见少量杨寨峪片麻岩。观音堂组岩性主要为黑云斜长片麻岩。硅线石榴长石片麻岩、变粒岩、浅粒岩和石英岩。杨寨峪片麻岩主要岩性为黑云母闪长岩。呈灰-深灰色，具鳞片粒状变晶结构、变余花岗结构，条带状构造，片麻状构造。矿物成分以斜长石（更长石）、石英、黑云母为主，含少量微斜长石和角闪石。

**2. 构造**

1）褶皱

矿区位于七树坪向斜西端近轴部，北翼地层倾向170°~190°，倾角35°~55°，南翼地层倾向340°~25°，倾角25°~60°。

2）断裂

区内断裂构造较发育，以近东西向为主，此外还有北西向、北东向和近南北向。

矿区自北而南依次分布S875、S1001、S1007、S883、S8201、S8202、S884、S1002等矿脉。其中S8202呈隐伏状，南部矿脉露头最高标高为1920m（S1002），北部矿脉露头最低标高为1190m（S875）。S1002矿脉走向北东，其余矿脉走向近东西，倾向南，倾角16°~60°；沿走向和倾向呈舒缓波状。矿脉走向出露长度50~3800m，厚0.15~7.68m，控制最大斜深890m。它们在空间上呈组分布，各矿脉在平面上近于平行。剖面上呈叠瓦状（图4.90、图4.91）。

## （三）矿脉特征

矿脉严格受压扭性断裂控制，形态简单，延伸稳定，具膨大收缩、尖灭再现的特点。

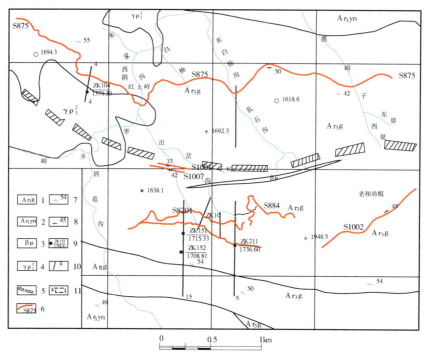

图4.90 红土岭地区地质图

1. 观音堂组变粒岩、黑云斜长片麻岩、石英岩；2. 杨寨峪组灰色片麻岩；3. 辉绿岩脉；4. 五台期花岗伟晶岩；
5. 背斜轴位置；6. 矿脉及编号；7. 片麻理产状；8. 矿脉产状；9. 钻孔位置（钻孔编号/孔口标高 m）；10. 勘探线
位置及编号；11. 已完工浅中部普查/勘探范围

矿脉由含金石英脉、矿化蚀变岩、糜棱岩和碎裂岩组成。石英脉单脉长数十米至数百米，呈脉状、透镜状断续分布，与围岩界线清楚。围岩有黑云斜长片麻岩、浅粒岩、变粒岩、石英岩、斜长角闪岩及花岗伟晶岩、辉绿岩等。

各矿脉特征见表4.24，主要矿脉特征分述如下。

### 1. S875（F875）

位于矿区北部七树坪向斜北翼，西起TC44，向东经红土岭、乱石沟，至黑峪子沟，走向长度3800m，出露标高1690～1000m，相对高差约600m。走向250°～300°，平均280°，平均倾向190°，倾角30°～60°，平均50°。沿走向和倾向均呈舒缓波状。西段控制最低标高为1060m，最大斜深340m，东部控制最低标高为1000m，最大斜深615m，矿脉由含金石英脉，矿化蚀变岩和糜棱岩组成；矿脉厚0.3～4.34m，平均1.27m，石英脉长40～120m，厚0.29～2.94m，一般0.95m，呈脉状，透镜状断续分布，矿脉的含脉率为54.2%。矿脉中赋存6个矿体，其中5个矿体分布于矿脉西段浅中部，1个矿体分布于矿脉东段的中深部。

### 2. S8201

位于矿区南部，七树坪向斜南翼，西起四范沟探槽TC72，东至出岔沟第3勘探线，走向长1320m，出露标高1685～1452m，相对高差233m，矿脉走向260°～300°，平均

表 4.24　红土岭地区主要矿脉特征一览表

| 矿脉号 | 位置 | | 规模 | | | | | 产状 | | | 组成物质 | 矿化蚀变 | 含脉率/% | 赋存主要矿体 | 矿脉围岩 |
|---|---|---|---|---|---|---|---|---|---|---|---|---|---|---|---|
| | 出露位置 | 勘查标高/m | 长度 | 厚度/m | | | 控制最大斜深/m | 走向/(°) | 倾向/(°) | 倾角/(°) | | | | | |
| | | | | 最大 | 最小 | 平均 | | | | | | | | | |
| S875 | TC44—黑峪子 | 1690~1000 | 3800 | 4.34 | 0.30 | 1.27 | 615 | 250~300 | 160~210 | 30~60 | | 黄铁矿化、绢云母化、硅化、黄铁绢英岩化 | 54.2 | Ⅰ、Ⅱ、Ⅲ、Ⅳ、Ⅶ、Ⅰ | 黑云斜长片麻岩、石英岩、浅粒岩 |
| S8201 | TC72—3线 | 1685~1013 | 1320 | 15.48 | 0.15 | 2.63 | 890 | 270~320 | 180~230 | 16~60 | | 钾化、绢云母化、硅化、黄铁绢英岩化 | 63 | ①、②、③、④ | 黑云斜长片麻岩、石英岩、斜长角闪岩、辉绿岩 |
| S8202 (隐状) | 5线—2线 | 1215~1011 | 540 | 2.02 | 0.21 | 0.96 | 253 | 270~300 | 180~210 | 54 | 石英脉、糜棱岩、蚀变岩 | 硅化、绢云母化、黄铁矿化、黄铁绢云岩化 | 58.75 | ① | 黑云斜长片麻岩、斜长角闪岩 |
| S893 | 5线附近 | 1602~1284 | 50 | 1.26 | 0.36 | 0.89 | 520 | 250~290 | 160~200 | 18~44 | | 钾化、硅化、绢云母化、黄铁绢英岩化、黄铁矿化、方铅矿化 | 36 | ①②③ | 黑云斜长片麻岩、浅粒岩、斜长角闪岩 |
| S884 | 出岔—乱石沟 | 1780~1735 (地表) | 800 | 2.70 | 0.30 | 1.27 | 1.15 | 40~80 | 130~170 | 5~30 | | 硅化、黄铁矿化、黄铁绢英岩化 | 65 | 矿化富集段1处 | 黑云斜长片麻岩、浅粒岩 |
| S1002 | 老和尚帽 | 1920~1725 (地表) | 1100 | 6.50 | 0.50 | 2.63 | 2.40 | 40~60 | 310~330 | 25~50 | | 硅化、黄铁绢英岩化、黄铁矿化 | 73 | 矿化富集段2处 | 黑云斜长片麻岩、浅粒岩、斜长角闪岩 |

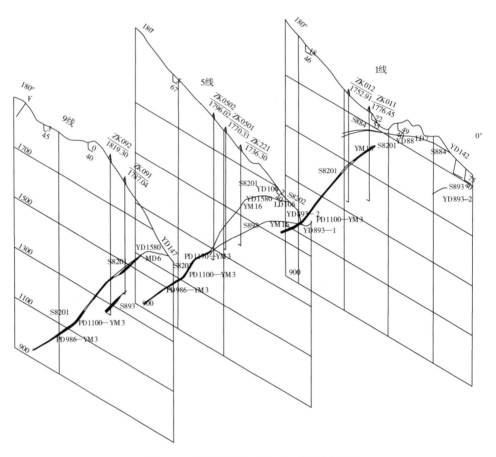

图 4.91  北中矿带红土岭矿区联合剖面图

270°，倾向南，倾角 16°～60°，平均 52°。第 15 勘探线以东矿脉倾角在浅部较缓（16°～30°），中深部较陡（45°～65°）（图 4.91）。已控制的最低标高 1013m，最大斜深 890m，矿脉由含金石英脉、矿化蚀变岩和糜棱岩组成，脉厚 0.15～15.48m，平均 2.63m，石英单脉长 70～560m，厚 0.59～7.55m，一般 1.36～2.46m，呈脉状、透镜状断续分布，含脉率为 63%。矿脉赋存 4 个矿体。

**3. S8202**

位于矿区第 5 勘探线至第 2 勘探线之间，S8201 矿脉下盘，两者相距的 400m，为隐伏矿脉。走向近东西，倾向南，倾角 54°。走向长约 540m，沿倾斜深>253m，标高 1216～1011m，矿脉由含金石英脉、矿化蚀变岩和糜棱岩组成，厚度 0.21～2.02m，平均 0.98m。呈薄脉状断续分布，矿脉的含脉率 58.7%，脉内仅赋存一个金矿体。

矿脉在走向上存边幕式褶曲，以相邻的金渠沟金矿区最明显（图 4.92）。这些边幕式褶曲对矿体的分布富集有一定控制作用。

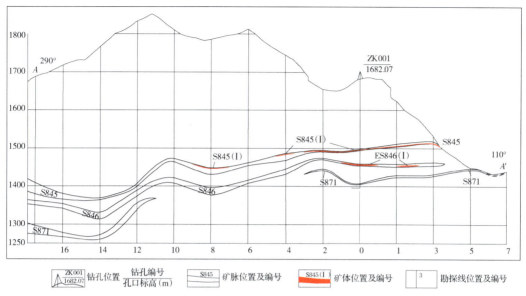

图 4.92　金渠沟金矿 A—A′ 纵剖面图

## （四）围 岩 蚀 变

矿体围岩主要为石英岩、浅粒岩、黑云斜长片麻岩、辉绿岩等，以及这些岩石受挤压而形成的一套构造岩。

成矿围岩蚀变分布于含金石英脉的顶、底板或其延伸方向。蚀变类型有硅化、绢云母化、黄铁矿化、钾长石化、碳酸盐化、黑云母化、绿泥石化及它们的组合，如绢英岩化、黄铁绢英岩化等，与金矿化关系密切的是黄铁矿化、硅化、绢云母化。如果黄铁矿化，硅化与其他蚀变类型组合叠加出现，则金矿化强，有时构成金矿体的一部分。

围岩蚀变的宽度一般为 0.5~1.5m，最大可达 32m。一般靠近矿体蚀变强，远离则渐弱，其中金含量也由高变低，在石英脉的延长方向，蚀变可达 10m 左右。

## （五）矿 体 特 征

区内含矿断裂为 S875、S8202、S8201 及 S893 等矿脉，其中前者主要形成矿体 4 个，即 S875-①、S8202-①、S8201-③、S8201-④。其中 S8201-③号矿体是浅部露头矿体，其余 3 个为盲矿体。

矿体产状受赋矿断裂形态变化控制，呈脉状、似板状、透镜状，走向近东西，倾向南，倾角 16°~60°，一般 50° 左右。矿体长 66~843m，斜宽 313~672m，平均厚度 0.90~2.18m，全区平均厚 1.44m。主要矿体厚度分布特征见图 4.93。厚度变化系数 54%~69%，属厚度较稳定型。矿体平均品位 $9.93 \times 10^{-6}$~$24.39 \times 10^{-6}$，全区平均品位 $12.87 \times 10^{-6}$。品位变化系数 94%~152%，属品位较均匀-不均匀类型（表 4.25、图 4.95）。

表 4.25   红土岭矿区主要矿体特征一览表

| 矿脉号 | 矿体编号 | 空间位置 | | 矿体规模 | | | | | | 矿体产状 /(°) | 矿体形态 | 品位/10⁻⁶ | | 变化系数/% | Au金属量 | 含脉率/% | 含矿率/% |
| | | 分布范围 | 赋存标高/m | 走向长度/m | 倾斜宽度 | | 厚度/m | | | | | 变化范围 | 平均品位 | | | | |
| | | | | | 最大/m | 一般/m | 变化范围 | 平均厚度 | 变化系数/% | | | | | | | | |
| S875 | ① | 13线—5线 | 1187~920 | 843 | 370 | 313 | 0.30~2.94 | 1.00 | 60 | 190∠48 | 脉状 | 1.01~49.00 | 18.73 | 94 | 10804 | 54.2 | 18.21 |
| S8202 | ② | 3线—0线 | 1296~930 | 267 | 672 | 672 | 0.47~2.02 | 0.90 | 54 | 185∠54 | 脉状 | 0.20~12.2 | 14.41 | 114 | 3747 | 58.8 | 30.1 |
| S8201 | ③ | 15—1线 | 1292~936 | 710 | 454 | 350 | 0.59~6.94 | 2.12 | 60 | 200~180∠52 | 似板状 | | 9.93 | 152 | 1337 | 63 | 33.99 |
| | ④ | 17线—15线 | 1203~1070 | 66 | 162 | | 0.68~1.40 | 1.04 | | 185∠55 | 透镜状 | 1.86~83.30 | 24.39 | | 378 | | |

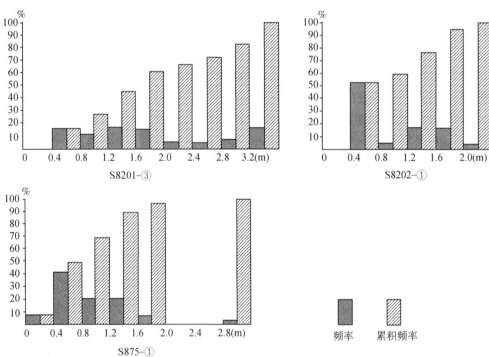

图 4.93   红土岭矿区矿体厚度分级频率、累积频率直方图

**1. S8201-③号矿体**

位于 S8201 的矿脉第 15 勘探线至第 1 勘探线之间，矿体走向长 722m，倾向最大斜宽 890m，赋存标高 1672~936m，矿体产状与矿脉产状一致，走向近东西向，倾向南，倾角 16°~59°。近地表附近倾角缓，深部变陡。矿体呈似板状，垂直纵投影图上呈现上下宽中

间窄的形态（图4.94），说明上下矿化基本连续，但中间存在弱矿化段。矿体内部有小的无矿天窗存在。矿体厚0.15～7.55m，平均1.92m，厚度变化系数>180%，属厚度不稳定型，局部有膨大收缩变化。单样品位 $0.00 \times 10^{-6}$ ～ $262.75 \times 10^{-6}$，矿体平均品位 $8.67 \times 10^{-6}$，品位变化系数193.8%，属品位很不均匀型。金矿石以黄铁矿石英脉型为主，构造蚀变岩型和多金属硫化物石英脉型次之。矿体完整，无夹石，无后期构造破坏。

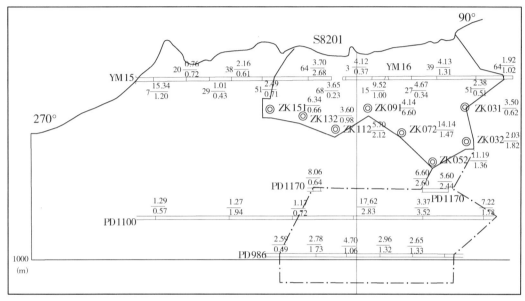

图4.94　S8201矿脉垂直纵投影图

矿体中深部富集部位，西起15线，东至1线。矿体走向长710m，沿倾斜最大宽454m，一般350m，赋存标高1292～963m。矿体走向东西，倾向南，倾角49°～58°，平均52°。矿体厚0.59～6.94m，平均2.12m，厚度变化系数69%，属厚度稳定型，局部有膨大收缩变化。工程（样线）品位 $0.20 \times 10^{-6}$ ～ $102.00 \times 10^{-6}$。矿体平均品位 $9.93 \times 10^{-6}$，品位变化系数152%，属品位不均匀型。矿化连续，仅在11线以西标高1170～1070m处有一个长约80m的无矿天窗。矿体品位与厚度呈正相关（图4.95）。

**2. S875-①号矿体**

位于S875矿脉的东段，西起13线西，东至5线东。矿体产状与矿脉一致。走向280°，倾向190°，倾角47°～57°，平均48°，矿体走向长843m，沿倾斜最大斜宽370m。赋存标高1187～920m。矿体呈脉状，在垂直纵投影图上呈规则矩形轮廓，矿体东、西及下部均未封闭。矿体厚0.3～2.94m，平均1.00m。厚度变化系数60%。厚度属稳定类型，局部有膨大收缩变化，工程（样线）品位 $1.52 \times 10^{-6}$ ～ $41.57 \times 10^{-6}$，平均品位 $18.73 \times 10^{-6}$，品位变化系数94%，属品位均匀类型。矿化基本连续，金矿石以黄铁矿石英脉型为主，构造蚀变岩型和金属硫化物石英脉型次之。

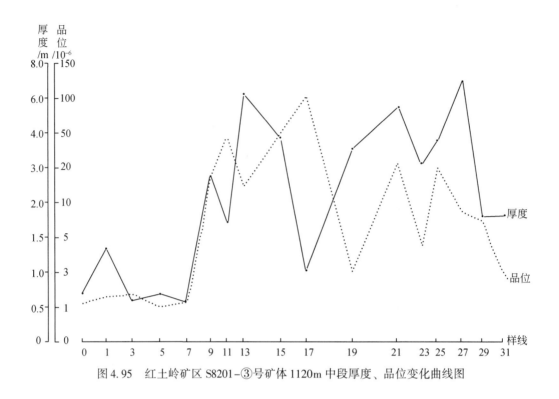

图 4.95　红土岭矿区 S8201–③号矿体 1120m 中段厚度、品位变化曲线图

# 第七节　矿　石　学

矿石学研究是内生金属矿床研究的基础内容，受到矿床学者的普遍重视。小秦岭金矿勘查开发历史长，矿石研究资料比较丰富，其中尤以黎世美等的资料较为系统，本章结合以往和本项目资料，进行综合分析，以期对矿床的成因和成矿预测提供资料。

## 一、矿石矿物概述

### （一）矿石矿物成分

不同类型的含金石英脉，其矿物组成有所不同。矿脉中主要矿物为石英，一般占 70%～90%。次要矿物为黄铁矿（5%～10%，局部>30%）、方解石、绢云母、铁白云石以及方铅矿、黄铜矿和闪锌矿（在少量矿脉中方铅矿和黄铜矿含量较高，可构成工业矿体）。微量矿物在矿脉中一般占 1%～2%，有磁铁矿、赤铁矿、黑钨矿、白钨矿、磁黄铁矿、辉铋矿、辉钼矿（在大湖矿床中构成工业矿体）、黝铜矿、辉铜矿、斑铜矿、自然金、银金矿、碲金矿、碲金银矿、碲铋矿、碲铅矿等。表生矿物有褐铁矿、针铁矿、蓝铜矿、孔雀石、铜蓝、白铅矿、铅矾等。

金属硫化物以黄铁矿为主，其次是方铅矿、黄铜矿和闪锌矿。在多金属硫化物型矿脉中，方铅矿、黄铜矿和闪锌矿为次要矿物，而在黄铜矿–黄铁矿型和少硫化物型矿脉中则为微量矿物，含量 1% ~ 2%。

## （二）共生组合与矿物生成顺序

### 1. 矿物共生组合

根据不同矿石类型，本区矿物共生组合有 11 种（表 4.26）。

表 4.26　矿物共生组合一览表

| 矿物共生组合 | 矿物成分 | | |
|---|---|---|---|
| | 金属矿物 | 脉石矿物 | 金银矿物 |
| 自然金-黄铁矿-石英 | 黄铁矿 | 石英 | 自然金 |
| 自然金-石英-白钨矿-黄铁矿 | 黄铁矿、白钨矿、黄铜矿 | 石英、绢云母、碳酸盐矿物 | 自然金 |
| 自然金-石英-辉钼矿-黄铁矿 | 黄铁矿、辉钼矿 | 同上 | 自然金 |
| 自然金-银金矿-石英-黄铁矿 | 黄铁矿、黄铜矿、闪锌矿、方铅矿 | 同上 | 自然金、银金矿 |
| 自然金-石英-黄铁矿-黄铜矿 | 黄铁矿、黄铜矿 | 同上 | 自然金 |
| 自然金-石英-黄铁矿-闪锌矿-黄铜矿-方铅矿 | 黄铁矿、黄铜矿、闪锌矿、斑铜矿、方铅矿、辉铜矿、碲铅矿 | 同上 | 自然金、碲金矿、辉银矿 |
| 自然金-石英-黄铁矿-黄铜矿-方铅矿 | 黄铁矿、黄铜矿、方铅矿、辉钼矿 | 石英、绢云母、重晶石、碳酸盐矿物 | 自然金 |
| 自然金-银金矿-石英-黄铁矿-闪锌矿-黄铜矿-方铅矿-碲化物 | 黄铁矿、闪锌矿、黄铜矿、方铅矿、斑铜矿、碲铋矿、辉碲铋矿 | 石英、绢云母、碳酸盐矿物 | 自然金、银金矿、碲金矿、碲金银矿 |
| 自然金-石英-黄铁矿-黄铜矿-磁黄铁矿 | 黄铁矿、磁黄铁矿、方铅矿、碲铅矿 | 同上 | 自然金 |
| 自然金-石英-黄铁矿 | 黄铁矿、磁铁矿、斑铜矿、黄铜矿、闪锌矿、方铅矿、辉钼矿、白钨矿 | 石英、长石、黑云母、绢云母、角闪石、绿泥石、绿帘石等 | 自然金 |
| 自然金-石英-褐铁矿 | 黄铁矿、方铅矿、黄铜矿、磁铁矿、赤铁矿、褐铁矿、铜蓝、蓝辉铜矿、斑铜矿、白铅矿、铅矾、孔雀石、黄钾铁矾。脉石：石英、碳酸盐矿物 | | 自然金 |

### 2. 矿物生成顺序

根据不同物理化学条件下形成的矿物种类。共生组合及其相互关系，将本区金矿成矿划分为热液期和表生期，热液期又划分为 IV 个成矿阶段。各矿化期矿化阶段矿物生成顺序见表 4.27。

表 4.27　矿物生成顺序表

| 矿物名称 | 热液期 黄铁矿-石英阶段(Ⅰ) | 石英-黄铁矿阶段(Ⅱ) | 石英-多金属硫化物阶段(Ⅲ) | 碳酸盐-石英阶段(Ⅳ) | 表生期 |
|---|---|---|---|---|---|
| 石英 | ▬▬▬ | ▬▬▬ | ▬▬▬ | ▬▬▬ | |
| 绢云母 | - - - - | | ▬▬ | ▬▬ | |
| 黄铁矿 | ▬▬▬ | ▬▬▬ | ▬▬▬ | - - - | |
| 自然金 | ········· | ▬▬▬ | ▬▬▬ | - - - - | |
| 黄铜矿 | | - - - - | ▬▬▬ | | |
| 闪锌矿 | | - - - - | ▬▬▬ | | |
| 方铅矿 | | - - - - | ▬▬▬ | | |
| 白钨矿 | | ▬▬▬ | - - - - - | | |
| 辉钼矿 | | ——— | | | |
| 银金矿 | ———— | ———— | | - - | |
| 磁黄铁矿 | | | ——— | | |
| 碲矿物* | | - - - | - - - | | |
| 毒砂 | | | - - - | | |
| 辉锑铅矿 | | | | - - - | |
| 重晶石 | | | ——— | — | |
| 萤石 | | | ——— | — | |
| 碳酸岩** | - - - | | | ——— | |
| 斑铜矿 | | | ——— | | — |
| 辉铜矿 | | | ——— | | — |
| 蓝辉铜矿 | | | | | ——— |
| 铜蓝 | | | | | ——— |
| 白铅矿 | | | | | ——— |
| 铅矾 | | | | | ——— |
| 孔雀石 | | | | | ——— |

碲矿物*：碲金矿、碲金银矿、碲铅矿、碲铋矿、辉碲铋矿。
碳酸岩**：方解石、白云石、铁白云石。

## （三）矿石结构、构造及矿石类型

### 1. 矿石结构、构造

1）矿石结构

根据金矿物及各种金属矿物之间的关系及结晶程度等划分八种矿石结构：

（1）自形-半自形晶粒结构：黄铁矿呈比较完整的立方体及少量的五角十二面体及晶面不完整的半自形粒状。

（2）半自形他形粒状结构：自然金、银金矿呈他形不规则粒状，黄铁矿、黄铜矿、斑铜矿、方铅矿等呈他形不规则粒状。

（3）交代残余结构：方铅矿交代闪锌矿、黄铜矿。

（4）包含结构：自然金呈他形粒状包裹于黄铁矿、方铅矿、黄铜矿及石英中。碲金银矿、辉银矿包裹在方铅矿中。

（5）侵蚀结构：晚期形成的黄铜矿、方铅矿沿早期结晶的黄铁矿边缘或裂隙交代。

（6）压碎结构：早期晶出的黄铁矿被压碎或产生裂隙构成压碎结构，自然金沿细小裂隙充填。

（7）似斑状结构：由粒度不同，从粗到细渐变的黄铁矿构成。

（8）乳滴状结构：闪锌矿、方铅矿内分布较多乳滴状黄铜矿。

2）*矿石构造*

根据金属矿物在矿石中的赋存状态、结合矿石类型划分为六种矿石构造。

（1）浸染构造：金属矿物黄铁矿、方铅矿、黄铜矿、自然金等呈自形、半自形、他形粒状，均匀或不均匀散布在石英脉或蚀变构造岩中。根据金属矿物含量的多少进一步又可分为稀疏浸染状、中等-稠密浸染状构造。

（2）团块状-块状构造：在矿石中主要为黄铁矿及其他金属矿物集合体密集分布呈团块状-块状。

（3）脉状-网脉状构造：金属矿物主要为黄铁矿，以及少量方铅矿、黄铜矿呈细脉状沿岩石角砾充填而成网脉状金属矿物集合体。

（4）条带状构造：黄铁矿、褐铁矿、黄铜矿、方铅矿沿石英脉裂隙充填交代与石英相间排列呈条带状。

（5）角砾状构造：含金石英脉矿化围岩受构造破坏形成角砾状岩石，在角砾之间被后期多金属硫化物交代完毕，有时成矿后又受后期构造破坏作用而破碎成角砾。

（6）多孔蜂窝状构造：局部地段在表生作用下，黄铁矿等硫化矿物被溶解、流失而残存一些空洞，呈蜂窝状。

矿区以自形-半自形、半自形-他形粒状结构为主，矿石构造以条带状构造、团块状、块状构造居多，浸染状构造次之。

**2. 矿石类型**

1）*矿石自然类型*

（1）根据构成矿石的原岩性质、结构、构造、矿物共生组合等特征，分为以下几种自然类型：

①含金石英脉型矿石：金品位高、分布广，是矿床的主要矿石类型。矿石除含4%～10%黄铁矿外还有微量黄铜矿、方铅矿、白钨矿、辉钼矿。

②含金构造蚀变岩型矿石：含金石英脉顶、底板的矿化围岩、或者是含矿带中的岩石。岩性多为斜长角闪片麻岩、条带（条痕）混合岩、混合伟晶花岗岩、硅化碎裂岩、糜

棱岩等。由硅质黄铁矿及少量多金属硫化物交代形成的矿石，金品位低–中等，也是矿区主要矿石类型。

③含金多金属硫化物型矿石：多在矿脉或含金石英脉中心发育，分布范围小、局限，集中分布在矿体中部，矿物种类多、复杂，由多种金属硫化矿物及自然金、银金矿、碲金矿交代叠加前期矿石而形成。一般金及硫、铜、铅等品位较高。经常组成富矿段。

矿区以含金石英脉矿石为主，含金构造蚀变岩型矿石次之，多金属硫化物型矿石最少。但在文峪、东闯、金硐岔等矿区多金属硫化物型矿石显著增多。

矿石类型的分布，在一些矿区表现出空间规律。如：

大湖矿区 F5，地表～575m 标高为含金石英脉型金矿石，575m 标高以下多为构造蚀变岩型金矿石；

文峪矿区 S505 地表（约 2100m）～1500m 标高为含金石英脉型铅金矿石，1350～1000m 标高为构造蚀变岩型金矿石。

根据金属硫化物含量，矿石类型的空间变化是：

①和尚洼矿区（S212）：1725～1629m 标高为石英多金属硫化物型金矿石，1629m 标高以下为石英黄铁矿型金矿石；

②金渠沟（S845）：1620m 标高以上为石英多金属硫化物型金矿石，1620m 标高以下为石英少硫化物型金矿石；

③文峪矿区（S505）：2000～1000m 标高为含金石英脉型铅金矿石，1500～1350m 标高为石英少硫化物型金矿石。

上述矿石类型的空间变化，对研究矿化规律具有重要意义。

（2）按氧化程度分为原生金矿石、混合金矿石及氧化金矿石，多数矿区以原生矿为主。氧化金矿石分布在地表及构造裂隙发育地段，范围局限，分布零星，主要由褐铁矿、赤铁矿及铜、铅次生矿物组成，其他矿物成分与原生矿基本相同，金品位也较高。部分矿区以混合金矿石为主，分布广。

2）矿石工业类型

根据选冶工艺及矿物共生组合，本区矿石工业类型只有一种，即少硫化物金矿石，矿石中绝大部分为混合矿，氧化矿及原生矿少量。金属矿物的平均含量为 4.5%～10.83%，脉石矿物为 87.83%～95.5%。采用混合浮选流程处理矿石，伴生的铜、硫等组分可以综合回收。

## （四）矿石地球化学

### 1. 常量元素地球化学

本区金矿均产于剪切带中，经过长期演化特别是成矿作用的改造，使矿石中的常量元素既受原岩的制约又表现出矿化蚀变的特征。总体显示为：$SiO_2$ 含量 56.72%～78.96%；$TiO_2$ 含量 0.0n%～0.n%；$Al_2O_3$ 含量 0.n%～n·10%；$Fe_2O_3$ 含量 n%～n·10%；MgO、CaO、FeO 含量 0.n%～n%；$Na_2O$ 含量 0.0n%～0.n%，个别为 n；$K_2O$ 含量 0.n%～n%；MnO 含量 0.0n%～0.n%；$P_2O_5$ 含量多为 0.n%；烧失量 n%～10.n%（表4.28）。

其特征为：在常量元素中 CaO>MgO；$K_2O>Na_2O$；$Fe_2O_3>FeO$，说明矿石中钙质多于镁质，钾长石化作用和氧化作用强烈。

表 4.28　矿石化学全分析结果表

| 氧化物/% | 杨寨峪(2) | 四范沟(3) | 和尚洼(3) | 大湖 | | | 金渠 | | 东闯 | | | |
|---|---|---|---|---|---|---|---|---|---|---|---|---|
| | | | | 石英脉型(3) | 蚀变岩型(4) | 钼矿(3) | 石英脉型(2) | 蚀变岩型(7) | S507 | S502 | S501 | S540 |
| $SiO_2$ | 66.95 | 72.22 | 66.71 | 62.52 | 74.49 | 62.47 | 61.28 | 65.09 | 45.10 | 78.96 | 72.37 | 56.72 |
| $TiO_2$ | 0.50 | 0.34 | 0.39 | 0.18 | 0.22 | 0.32 | 0.25 | 0.74 | 0.20 | 0.03 | 0.11 | 0.08 |
| $Al_2O_3$ | 9.30 | 8.14 | 10.18 | 3.30 | 7.35 | 10.08 | 3.84 | 9.07 | 5.53 | 0.43 | 2.39 | 3.96 |
| $Fe_2O_3$ | 8.67 | 7.52 | 8.65 | 17.22 | 3.94 | 2.34 | 18.52 | 5.35 | TFe 11.80 | TFe 3.58 | TFe 814 | TFe3.78 |
| FeO | 1.68 | 2.28 | 2.61 | | 2.24 | 0.87 | 1.51 | 3.63 | | | | |
| CaO | 1.73 | 0.77 | 2.41 | 1.67 | 3.47 | 7.67 | 1.41 | 2.35 | 1.44 | 0.31 | 0.03 | 0.80 |
| MgO | 0.86 | 1.20 | 0.98 | 0.49 | 1.29 | 0.43 | 1.38 | 1.79 | 1.16 | 0.11 | 0.10 | 0.39 |
| $Na_2O$ | 2.40 | 0.49 | 0.51 | 0.32 | 0.59 | 0.64 | 0.05 | 0.32 | 0.09 | 0.01 | 0.02 | 0.11 |
| $K_2O$ | 2.41 | 2.74 | 2.77 | 2.03 | 4.92 | 6.75 | 0.98 | 3.52 | 1.86 | | | 1.30 |
| MnO | 0.23 | 0.19 | 0.19 | 0.04 | 0.11 | 0.12 | 0.00 | 0.07 | | | | |
| $P_2O_5$ | 0.16 | 0.12 | 0.07 | | | | 0.10 | 0.11 | | | | |
| 烧失量 | 3.28 | 1.80 | 4.87 | | | | 11.30 | 6.46 | | | | |
| Σ | 99.3 | 97.74 | 100.34 | | | | 100.66 | 98.23 | | | | |
| Au | 13.91 | 9.79 | | 8.88 | 5.29 | 0.437 (Mo) | 22.29 | 15.13 | 27.64 | 8.26 | 5.43 | 8.10 |
| Ag | 5.75 | 8.32 | | 4.40 | 1.23 | | 22.60 | | 198.9 | 58.0 | 50.92 | 81.0 |

注：Au、Ag 单位为 $10^{-6}$，其余均为%。表头括号中的数字为样品数。

## 2. 微量元素地球化学

我们分析了小秦岭地区不同金矿矿石微量元素，矿石可以划分为石英脉型、钾长石英脉型和碎裂岩型。

由于各类矿石中成矿金属元素都是微量元素，根据各类矿石微量元素作出 R 型相关聚类分析，R 型相关聚类分析谱系中形成三个群组（图4.96），即 Au、Ag、Cu、Co、W 组，B、Hf、Zr、U、Mo、Th、Ce、Ba、Nb、Sn、Sr、Ti 组和 Be、F、Y、Cs、Li、Sc、V、Rb、Ta、Cr、Ni 组。聚类分析谱系中 Au、Ag、Cu、Co、W 组与其他两组呈负相关，是由于各组元素赋存在不同的独立矿物中。

矿石中 Au 与 Ag 呈现明显的正相关关系，金品位高的矿石中银含量也较高（表4.29），达到伴生品位，因此可以综合利用。

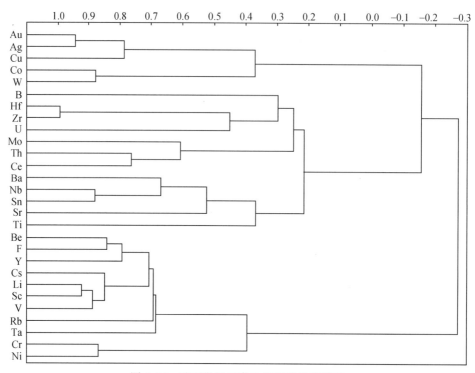

图 4.96　矿石微量元素 R 型聚类分析谱系

矿石中 Mo 与 Ce 等稀土元素正相关，一些钼矿石中稀土达到伴生品位。

### 3. 矿石稀土元素地球化学

矿石稀土总量最高 $4792.76×10^{-6}$，最低 $4.35×10^{-6}$，平均 $479.77×10^{-6}$，大部分在 $100×10^{-6}$ 左右，稀土总量高的矿石主要是钼矿石，大湖钼矿石普遍稀土总量较高（表 4.30 ~ 表 4.32）。

稀土配分曲线可以划分三类，一是轻稀土强烈富集型，配分曲线呈强烈右倾斜型，并且稀土总量最高（表 4.30、图 4.97）；二是轻稀土弱富集型，配分曲线呈缓右倾斜型，稀

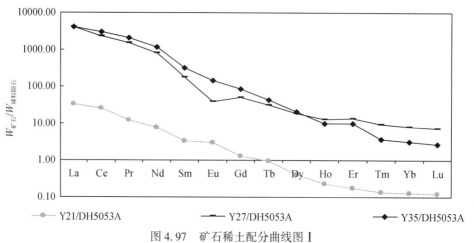

图 4.97　矿石稀土配分曲线图 I

表 4.29　不同矿区矿石样品微量元素分析原始数据表（冯建之等，2009）

| 样品编号 | Au | Ag | B | Ba | Be | Co | Cr | Cs | Cu | F | Hf | Li | Mo | Nb | Ni | Rb | Sc | Sn | Sr | Ta | Th | Ti | U | V | W | Zr |
|---|---|---|---|---|---|---|---|---|---|---|---|---|---|---|---|---|---|---|---|---|---|---|---|---|---|---|
| 2-7/杨-860 | 9220.1 | 35203 | 1.1 | 2485 | 0.26 | 39.4 | 9.8 | 0.32 | 3600.8 | 109 | 0.76 | 3.42 | 59 | 9.7 | 12.8 | 14.0 | 0.49 | 0.86 | 46 | 0.02 | 1.57 | 502 | 0.63 | 3.9 | 255.50 | 22.5 |
| 2-8/杨-860 | 954.2 | 13142 | 1.1 | 1313 | 0.24 | 229.9 | 8.6 | 0.44 | 385.2 | 143 | 1.14 | 1.56 | 6 | 9.5 | 1.1 | 25.5 | 0.67 | 0.70 | 26.7 | 0.01 | 3.12 | 319 | 0.59 | 7.8 | 909.90 | 29.7 |
| Y7/LH425-CD19 | 8.5 | 107 | 2.8 | 1637 | 3.00 | 52.2 | 157.9 | 1.20 | 76.4 | 1382 | 7.28 | 19.80 | 22 | 8.9 | 79.9 | 68.0 | 34.81 | 2.33 | 244.8 | 0.60 | 4.16 | 5763 | 2.58 | 174.3 | 33.26 | 125.0 |
| Y8/LH425-CD19 | 3.7 | 13 | 1.1 | 731 | 1.16 | 30.0 | 171.7 | 0.52 | 25.2 | 586 | 4.72 | 16.63 | 16 | 6.4 | 36.5 | 24.5 | 27.27 | 0.83 | 384.8 | 0.33 | 2.19 | 5554 | 0.63 | 139.2 | 4.99 | 106.8 |
| Y10/LH425-CD19 | 119.7 | 114 | 1.1 | 18952 | 0.16 | 2.5 | 7.6 | 0.27 | 11.7 | 133 | 0.20 | 2.34 | 47 | 2.0 | 3.5 | 2.0 | 0.93 | 0.70 | 4122.9 | 0.02 | 0.18 | 3468 | 1.13 | 34.3 | 1.24 | 2.0 |
| Y4/WY1329 | 15.6 | 76 | 3.0 | 1590 | 0.23 | 3.7 | 7 | 0.41 | 28.4 | 143 | 0.94 | 1.32 | 17 | 6.1 | 1.9 | 13.2 | 1.16 | 0.72 | 36.7 | 0.05 | 1.29 | 691 | 0.26 | 12.0 | 1.52 | 30.7 |
| Y5/WY1329 | 1.1 | 11 | 1.5 | 995 | 0.04 | 0.6 | 5.9 | 0.28 | 3.0 | 71 | 0.36 | 0.46 | 16 | 4.3 | 1.1 | 1.9 | 0.05 | 0.70 | 13.5 | 0.01 | 1.16 | 129 | 0.23 | 3.4 | 1.46 | 8.9 |
| Y6/WY1329 | 73.3 | 563 | 12.9 | 997 | 1.85 | 23.0 | 30.3 | 6.68 | 243.5 | 1066 | 7.64 | 13.72 | 43 | 13.3 | 16.4 | 183.7 | 15.54 | 2.43 | 141.5 | 0.51 | 11.43 | 2227 | 1.27 | 71.7 | 17.18 | 159.8 |
| Y7/WY1329 | 167.0 | 342 | 1.1 | 1085 | 0.05 | 89.5 | 10.1 | 0.28 | 73.0 | 81 | 0.40 | 0.45 | 11 | 5.4 | 22.1 | 2.0 | 0.36 | 0.70 | 17 | 0.01 | 0.65 | 175 | 0.27 | 4.5 | 12.02 | 13.5 |
| Y8/WY1329 | 4.7 | 43 | 4.2 | 988 | 2.05 | 18.8 | 70.5 | 2.81 | 4.9 | 860 | 5.08 | 9.84 | 9 | 12.9 | 16.1 | 132.9 | 24.59 | 1.63 | 272.1 | 0.37 | 5.76 | 6129 | 0.48 | 130.6 | 43.92 | 94.5 |
| Y9/WY1329 | 12.0 | 123 | 2.3 | 701 | 0.42 | 11.5 | 10.4 | 0.76 | 120.1 | 184 | 2.15 | 1.72 | 22 | 3.6 | 4.3 | 42.9 | 1.61 | 0.70 | 31.7 | 0.09 | 4.57 | 497 | 0.83 | 13.7 | 21.09 | 70.4 |
| Y4/DH5053A | 213.2 | 280 | 2.4 | 10724 | 0.18 | 9.4 | 8 | 0.36 | 43.0 | 74 | 0.55 | 1.41 | 3122 | 24.9 | 6.8 | 7.0 | 0.32 | 0.70 | 394.9 | 0.01 | 2.71 | 1892 | 0.66 | 20.8 | 1.53 | 13.8 |
| Y6/DH5053A | 161.7 | 3980 | 1.7 | 14360 | 0.09 | 1.6 | 3.6 | 0.25 | 288.9 | 54 | 2.78 | 0.52 | 6672 | 74.5 | 1.1 | 38.3 | 0.11 | 0.70 | 640 | 0.01 | 2.22 | 2353 | 0.42 | 23.7 | 9.14 | 55.4 |
| Y8/DH5053A | 1038.5 | 294 | 2.6 | 18002 | 0.23 | 5.5 | 2.4 | 0.45 | 1085.3 | 88 | 0.61 | 0.81 | 4410 | 91.0 | 4.0 | 16.7 | 0.26 | 1.36 | 639.3 | 0.02 | 4.47 | 3261 | 4.36 | 33.2 | 8.50 | 12.5 |
| Y21/DH5053A | 294.0 | 836 | 1.6 | 18386 | 0.09 | 9.0 | 2.5 | 0.25 | 46.0 | 81 | 0.47 | 0.39 | 2759 | 17.5 | 9.4 | 2.1 | 0.02 | 0.70 | 415.1 | 0.01 | 1.56 | 3060 | 0.25 | 26.6 | 67.31 | 12.6 |
| Y22/DH5053A | 6.9 | 17 | 1.1 | 2281 | 1.39 | 0.6 | 5.5 | 0.26 | 51.5 | 78 | 0.33 | 0.35 | 73 | 6.0 | 1.1 | 2.4 | 0.03 | 0.70 | 29.9 | 0.01 | 0.36 | 329 | 1.28 | 3.0 | 69.27 | 9.1 |
| Y24/DH5053A | 743.4 | 319 | 2.5 | 38440 | 1.04 | 1.6 | 4.3 | 0.59 | 30.0 | 64 | 0.80 | 0.50 | 3535 | 355.6 | 4.3 | 39.6 | 0.22 | 20.94 | 1021.7 | 0.11 | 9.00 | 7183 | 1.50 | 74.3 | 5.81 | 15.0 |

续表

| 样品编号 | Au | Ag | B | Ba | Be | Co | Cr | Cs | Cu | F | Hf | Li | Mo | Nb | Ni | Rb | Sc | Sn | Sr | Ta | Th | Ti | U | V | W | Zr |
|---|---|---|---|---|---|---|---|---|---|---|---|---|---|---|---|---|---|---|---|---|---|---|---|---|---|---|
| Y7/DH435-0R | 138.6 | 315 | 1.1 | 8354 | 0.58 | 5.5 | 31 | 0.66 | 162.3 | 357 | 2.62 | 3.00 | 167 | 12.0 | 9.8 | 48.0 | 5.69 | 2.18 | 488.4 | 0.10 | 7.71 | 2355 | 4.87 | 41.9 | 18.81 | 53.6 |
| Y5/DH435-0R | 38.96 | 68 | 4.59 | 1333 | 1.63 | 2.0 | 9 | 1.22 | 83 | 594 | 5.3 | 6.7 | 7.1 | 4.9 | 4.7 | 97 | 3.7 | 1.88 | 526 | 0.18 | 2.9 | 1349 | 1.06 | 32 | 9.20 | 136 |
| Y6/DH435-0R | 434.50 | 276 | 2.42 | 2314 | 1.19 | 2.5 | 3 | 0.50 | 5 | 285 | 4.1 | 4.4 | 1135.9 | 5.6 | 4.2 | 91 | 2.7 | 1.48 | 415 | 0.34 | 6.6 | 824 | 2.76 | 28 | 12.22 | 85 |
| Y8/DH435-0R | 701.80 | 940 | 1.28 | 9690 | 0.36 | 5.6 | 11 | 0.35 | 14 | 128 | 1.0 | 1.6 | 794.3 | 2.4 | 8.4 | 30 | 3.9 | 0.68 | 692 | 0.03 | 1.7 | 1724 | 10.64 | 26 | 9.84 | 23 |
| Y9/DH435-0R | 54.76 | 35 | 2.02 | 649 | 0.33 | 3.2 | 15 | 0.18 | 16 | 202 | 1.2 | 2.5 | 219.3 | 2.9 | 8.7 | 22 | 6.9 | 2.85 | 294 | 0.04 | 2.6 | 749 | 1.59 | 17 | 9.04 | 23 |
| Y10/DH435-0R | 9.83 | 46 | 1.02 | 872 | 0.93 | 5.7 | 7 | 0.54 | 28 | 594 | 6.8 | 3.5 | 7.1 | 3.0 | 11.1 | 139 | 4.4 | 2.48 | 111 | 0.12 | 18.8 | 899 | 3.67 | 26 | 2.85 | 158 |
| Y11/DH435-0R | 4.51 | 35 | 0.98 | 358 | 2.61 | 19.4 | 297 | 1.25 | 12 | 948 | 3.8 | 11.9 | 3.8 | 5.6 | 80.9 | 52 | 8.4 | 3.49 | 218 | 0.38 | 2.6 | 2548 | 1.48 | 109 | 5.20 | 105 |
| Y19/DH5053A | 7.66 | 44 | 1.48 | 1001 | 4.49 | 52.9 | 65 | 13.46 | 71 | 3066 | 10.7 | 21.4 | 4.9 | 5.3 | 45.2 | 236 | 38.5 | 3.72 | 186 | 0.29 | 2.6 | 11242 | 2.43 | 274 | 18.95 | 217 |
| Y25/DH5053A | 10.32 | 43 | 9.90 | 613 | 2.28 | 3.9 | 5 | 0.70 | 115 | 524 | 33.1 | 4.3 | 83.1 | 14.1 | 3.9 | 59 | 1.6 | 3.97 | 384 | 0.45 | 8.4 | 4947 | 7.32 | 26 | 15.29 | 842 |
| Y27/DH5053A | 1362 | 74 | 2.82 | 1404 | 0.94 | 3.1 | 0 | 1.45 | 250 | 335 | 19.5 | 2.3 | 47.9 | 4.9 | 2.4 | 144 | 4.9 | 1.92 | 238 | 0.20 | 98.0 | 1799 | 2.43 | 18 | 8.62 | 563 |
| Y35/DH5053A | 355.3 | 738 | 1.49 | 2442 | 1.21 | 7.6 | 0 | 1.56 | 182 | 120 | 29.5 | 1.0 | 11196 | 50.3 | 7.3 | 179 | 2.2 | 5.02 | 252 | 0.16 | 30.0 | 1724 | 2.51 | 18 | 6.07 | 771 |
| Y38/DH5053A | 38.27 | 64 | 1.80 | 957 | 0.86 | 2.3 | 8 | 0.48 | 336 | 226 | 29.1 | 2.0 | 6.6 | 3.1 | 5.1 | 75 | 3.0 | 2.92 | 201 | 0.11 | 6.1 | 2998 | 8.32 | 93 | 28.37 | 824 |
| Y3/DH5053A | 195.80 | 183 | 2.70 | 310 | 0.70 | 5.6 | 19 | 0.42 | 741 | 157 | 13.6 | 2.4 | 23.5 | 1.7 | 4.7 | 30 | 3.7 | 0.91 | 158 | 0.07 | 0.4 | 1049 | 0.57 | 19 | 1.94 | 452 |
| Y9/DH5053A | 113.30 | 94 | 1.56 | 46449 | 2.02 | 2.0 | 0 | 0.53 | 77 | 80 | 1.0 | 0.8 | 104.4 | 56.4 | 2.1 | 46 | 0.6 | 9.34 | 1239 | 0.07 | 5.3 | 1274 | 2.35 | 97 | 45.24 | 20 |
| Y11/DH5053A | 24.46 | 24 | 8.55 | 5486 | 2.80 | 4.2 | 8 | 1.82 | 226 | 703 | 5.9 | 5.7 | 6.5 | 6.2 | 4.1 | 142 | 4.9 | 2.01 | 262 | 0.29 | 20.1 | 1649 | 1.99 | 31 | 6.05 | 165 |
| 2-5/杨-860 | 8.97 | 1965 | 2.09 | 132 | 1.14 | 44.9 | 101 | 20.60 | 85 | 701 | 5.1 | 15.9 | 1.0 | 5.9 | 52.8 | 162 | 41.3 | 1.08 | 169 | 0.38 | 3.1 | 7870 | 0.43 | 358 | 37.23 | 108 |
| 2-6/杨-860 | 8234 | 22719 | 0.63 | 108 | 0.14 | 20.1 | 5 | 0.24 | 332 | 136 | 0.6 | 1.4 | 2.0 | 0.5 | 35.5 | 8 | 6.4 | 1.38 | 171 | 0.04 | 1.8 | 75 | 0.24 | 5 | 1.29 | 14 |

注：Au、Ag 单位为 $10^{-9}$，其他为 $10^{-6}$。

表 4.30 轻稀土强烈富集型样本分析数据及特征值表（据冯建之等,2009;单位:$10^{-6}$）

| 样品编号 | La | Ce | Pr | Nd | Sm | Eu | Gd | Tb | Dy | Ho | Er | Tm | Yb | Lu | ΣREE | LREE/HREE | δEu |
|---|---|---|---|---|---|---|---|---|---|---|---|---|---|---|---|---|---|
| Y21/DH5053A | 10.14 | 20.48 | 1.47 | 4.59 | 0.64 | 0.22 | 0.34 | 0.04 | 0.13 | 0.02 | 0.04 | 0.00 | 0.03 | 0.00 | 38.15 | 62.05 | 1.47 |
| Y27/DH5053A | 1256.02 | 1901.30 | 188.13 | 485.13 | 35.38 | 2.94 | 12.92 | 1.49 | 5.94 | 0.91 | 2.86 | 0.30 | 1.67 | 0.24 | 3895.21 | 146.96 | 0.42 |
| Y35/DH5053A | 1301.69 | 2421.21 | 256.64 | 688.92 | 60.26 | 10.78 | 22.52 | 2.06 | 6.71 | 0.72 | 2.15 | 0.12 | 0.65 | 0.09 | 4774.51 | 135.34 | 0.89 |

表 4.31 轻稀土弱富集型样本分析数据及特征值表（据冯建之等,2009;单位:$10^{-6}$）

| 样品编号 | La | Ce | Pr | Nd | Sm | Eu | Gd | Tb | Dy | Ho | Er | Tm | Yb | Lu | ΣREE | LREE/HREE | δEu |
|---|---|---|---|---|---|---|---|---|---|---|---|---|---|---|---|---|---|
| Y9/WY1329 | 18.86 | 33.55 | 3.77 | 12.68 | 2.06 | 0.54 | 1.69 | 0.28 | 1.45 | 0.28 | 0.69 | 0.12 | 0.67 | 0.10 | 76.74 | 13.54 | 0.88 |
| Y3/DH5053A | 20.39 | 40.08 | 5.35 | 20.18 | 3.76 | 0.88 | 2.30 | 0.39 | 1.59 | 0.27 | 0.71 | 0.11 | 0.71 | 0.08 | 96.78 | 14.73 | 0.91 |
| Y4/DH5053A | 74.69 | 130.44 | 12.92 | 38.36 | 4.41 | 1.19 | 2.40 | 0.29 | 0.94 | 0.11 | 0.26 | 0.02 | 0.11 | 0.01 | 266.16 | 63.14 | 1.12 |
| Y6/DH5053A | 65.44 | 115.99 | 9.99 | 27.61 | 2.73 | 0.73 | 1.24 | 0.14 | 0.50 | 0.07 | 0.19 | 0.02 | 0.10 | 0.01 | 224.76 | 97.98 | 1.22 |
| Y8/DH5053A | 213.24 | 391.44 | 42.28 | 119.46 | 13.48 | 3.79 | 7.53 | 0.84 | 3.08 | 0.42 | 1.00 | 0.11 | 0.47 | 0.06 | 797.20 | 58.02 | 1.15 |
| Y9/DH5053A | 54.26 | 129.92 | 16.83 | 59.99 | 9.27 | 2.92 | 5.73 | 0.71 | 2.97 | 0.45 | 1.13 | 0.15 | 0.87 | 0.12 | 285.29 | 22.55 | 1.22 |
| Y11/DH5053A | 41.07 | 83.02 | 9.10 | 28.89 | 3.99 | 0.92 | 2.20 | 0.24 | 0.89 | 0.13 | 0.30 | 0.04 | 0.19 | 0.03 | 171.00 | 41.71 | 0.95 |
| Y24/DH5053A | 141.12 | 323.88 | 36.54 | 109.28 | 13.97 | 3.28 | 7.33 | 0.79 | 2.60 | 0.33 | 0.73 | 0.07 | 0.33 | 0.04 | 640.29 | 51.42 | 0.99 |
| Y38/DH5053A | 31.13 | 54.15 | 5.69 | 17.44 | 2.21 | 0.73 | 1.37 | 0.19 | 0.92 | 0.17 | 0.47 | 0.07 | 0.44 | 0.06 | 115.03 | 30.27 | 1.28 |
| Y5/DH435-OR | 21.30 | 39.06 | 4.22 | 12.79 | 1.75 | 0.79 | 1.07 | 0.14 | 0.66 | 0.12 | 0.31 | 0.05 | 0.29 | 0.04 | 82.59 | 29.87 | 1.76 |
| Y6/DH435-OR | 79.80 | 157.75 | 16.52 | 48.47 | 5.92 | 1.63 | 3.00 | 0.36 | 1.48 | 0.22 | 0.59 | 0.07 | 0.46 | 0.07 | 316.33 | 49.62 | 1.18 |
| Y7/DH435-OR | 36.90 | 85.14 | 9.30 | 30.20 | 4.28 | 1.30 | 2.92 | 0.41 | 1.77 | 0.30 | 0.75 | 0.12 | 0.69 | 0.12 | 174.19 | 23.63 | 1.12 |
| Y10/DH435-OR | 21.21 | 48.65 | 5.79 | 20.57 | 4.42 | 1.11 | 4.14 | 0.74 | 3.40 | 0.52 | 1.14 | 0.15 | 0.79 | 0.11 | 112.77 | 9.25 | 0.80 |
| Y11/DH435-OR | 17.71 | 32.23 | 3.91 | 13.81 | 2.62 | 0.61 | 2.11 | 0.37 | 1.88 | 0.35 | 0.97 | 0.17 | 1.05 | 0.16 | 77.95 | 10.04 | 0.79 |
| 2-5/杨-860 | 13.00 | 27.00 | 3.80 | 16.00 | 4.40 | 1.42 | 5.20 | 1.07 | 6.55 | 1.31 | 3.90 | 0.66 | 4.13 | 0.64 | 89.08 | 2.80 | 0.91 |

表 4.32 轻重稀土分异不明显型样本分析数据及特征值表（据冯建之等,2009;单位:$10^{-6}$）

| 样品编号 | La | Ce | Pr | Nd | Sm | Eu | Gd | Tb | Dy | Ho | Er | Tm | Yb | Lu | ΣREE | LREE/HREE | δEu |
|---|---|---|---|---|---|---|---|---|---|---|---|---|---|---|---|---|---|
| Y7/WY1329 | 1.58 | 3.02 | 0.34 | 1.17 | 0.18 | 0.09 | 0.25 | 0.06 | 0.35 | 0.08 | 0.22 | 0.04 | 0.23 | 0.03 | 7.64 | 5.06 | 1.28 |
| 2-5/杨-860 | 13.00 | 27.00 | 3.80 | 16.00 | 4.40 | 1.42 | 5.20 | 1.07 | 6.55 | 1.31 | 3.90 | 0.66 | 4.13 | 0.64 | 89.08 | 2.80 | 0.91 |
| 2-6/杨-860 | 9.43 | 17.62 | 2.31 | 8.59 | 2.22 | 0.90 | 3.11 | 0.73 | 4.62 | 0.96 | 3.00 | 0.53 | 3.58 | 0.58 | 58.20 | 2.40 | 1.05 |
| 2-7/杨-860 | 6.78 | 13.37 | 1.54 | 5.27 | 1.04 | 0.32 | 1.40 | 0.31 | 1.70 | 0.35 | 0.97 | 0.17 | 1.02 | 0.16 | 34.40 | 4.66 | 0.82 |
| Y19/DH5053A | 63.81 | 124.59 | 16.92 | 68.09 | 15.73 | 3.78 | 16.66 | 3.20 | 18.87 | 3.76 | 10.54 | 1.69 | 9.34 | 1.24 | 358.23 | 4.48 | 0.71 |
| Y8/DH435-OR | 9.32 | 19.27 | 2.65 | 9.53 | 1.93 | 0.94 | 1.97 | 0.37 | 2.11 | 0.41 | 1.16 | 0.20 | 1.25 | 0.20 | 51.32 | 5.69 | 1.48 |

土总量中等（表4.31、图4.98）；三是轻重稀土分异不明显，基本没有分异，配分曲线平缓，稀土总量较低（表4.32、图4.99）。

矿石这种稀土配分特征反映矿石稀土来源与基性岩浆有关，而稀土高度富集与酸性岩浆改造作用有关。

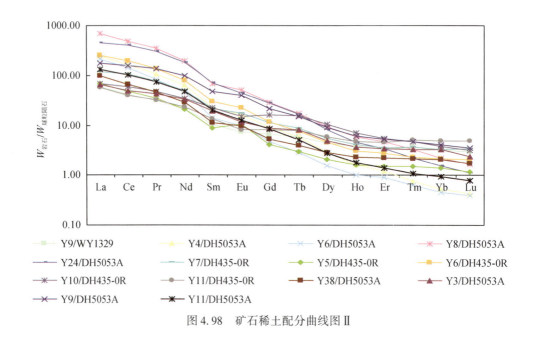

图4.98　矿石稀土配分曲线图 Ⅱ

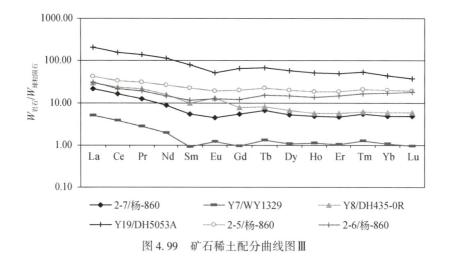

图4.99　矿石稀土配分曲线图 Ⅲ

# 二、金的赋存状态及矿物标型特征

## （一）金的赋存状态

长期积累的资料表明，小秦岭地区的金矿床中，金的赋存状态以自然金为主，金银矿、银金矿、碲金矿、碲金银矿等为微量矿物，个别为少量矿物。这与华熊台隆区内金矿特征基本一致。

根据1000多粒金矿物的赋存状态统计，自然金有三种赋存类型，即包体金、裂隙金、粒间金。在各矿床中三种类型金矿物的存在概率并不一致。

杨寨峪矿区以裂隙金为主，其次为包体金、粒间金。

大湖矿区以包体金为主，其次为裂隙金、粒间金。

金渠沟矿区以包体金为主，其次为裂隙金、粒间金。

东闯矿区总体以粒间金为主，其次为包体金、裂隙金，但东闯矿区各矿脉中尚有差异（表4.33）。

**表4.33　自然金嵌布特征表**（据冯建之等，2009，整理）

| 类型 | 嵌布特征 | | 杨寨峪 | 大湖 | 金渠沟 | 东闯 | | |
|---|---|---|---|---|---|---|---|---|
| | | | | | | S507 | S502 | S501 |
| 包体金 | 包裹于黄铁矿（褐铁矿）中 | | 13.43（69） | 57.90（159） | 19.69（25） | 10.17 | 13.91 | 10.14 |
| | 包裹于石英中 | | 20.62（106） | 3.25（9） | 25.98（33） | 10.63 | 5.96 | 6.23 |
| | 包裹于方铅矿中 | | 2.72（14） | | 4.72（6） | 0.12 | | |
| | 包裹于碲矿物中 | | 0.58（3） | | 0.79（1） | 20.98 | | |
| | 包裹于黄铜矿闪锌矿中 | 38.13 | 0.78（4） | 0.36（1） | 0.79（1） | 0.06 | 19.87 | 16.37 |
| 裂隙金 | 嵌布于黄铁矿裂隙中 | | 21.60（111） | 27.03（75） | 11.02（14） | 14.89 | 5.30 | 29.08 |
| | 嵌布于石英裂隙中 | | 22.18（114） | 0.36（1） | 14.96（19） | 2.20 | 2.65 | 11.85 |
| | 嵌布于方铅矿裂隙中 | 44.17 | 0.39（2） | 0.79（1） | 17.09 | 7.95 | 0.10 | 41.03 |
| 粒间金 | 石英粒间 | | 0.19（1） | 1.08（3） | | | | |
| | 黄铁矿粒间 | | 0.19（1） | | 0.79（1） | 10.64 | 7.28 | |
| | 方铅矿与石英粒间 | | 6.32（32） | | 7.89（10） | | | |
| | 黄铁矿与石英粒间 | | 2.14（11） | 9.75（27） | 1.57（2） | | | |
| | 褐铁矿与石英粒间 | | 1.36（7） | | | 白钨矿及其他矿物5.36 | 赤铁矿与石英1.32 | 碲矿物与石英0.56 |
| | 黄铜矿与石英粒间 | | 0.78（4） | 0.72（2） | 21.30 | | | |
| | 闪锌矿与石英粒间 | | 0.97（5） | | 碲矿物与石英3.15（4） | | | |
| | 黄铜矿与方铅矿石英粒间 | | 2.92（15） | | | | | |
| | 黄铜矿与碲矿物粒间 | | 0.58（3） | | | 61.93 | 72.18 | 42.6 |
| | 硫化物粒间 | | 1.97（10） | 11.55 | 5.53（6） | | | 4.27 |
| | 硫化物与石英粒间 | 17.76 | 0.38（2） | | 2.37（3） | | 63.58 | 14.27 |
| | | 2100.06 | （514） | （277） | （127） | | | |

包体金主要包裹于石英和黄铁矿中;

裂隙金主要嵌布于黄铁矿和石英裂隙中;

粒间金主要存在于金属硫化物与石英粒间。

## (二) 金矿物的标型特征

### 1. 金的成色

据研究,金的成色与成矿物质来源、矿床类型、成矿物理化学条件密切相关。因此,研究金的成色具有重要的地质意义。成色是金矿物重要标型特征之一。现将区内主要金矿电子探针分析结果及其成色列于表4.34。

表 4.34　金银矿物电子探针分析表 (据冯建之等,2009,整理)

| 矿区 | 矿脉 | 矿物 | Au/‰ | Ag/‰ | Te/‰ | 成色/‰ |
|---|---|---|---|---|---|---|
| 大湖 | F5 | 自然金 | 980.8 | 19.2 | | 981 |
| | | | 964.9 | 20.1 | | 980~978 |
| | | | 991.2 | 4.5 | | 995 |
| | | | 992.3 | 4.5 | | 995 |
| | | | 980.9 | 5.8 | | 994 |
| | | | 986.5 | 4.6 | | 995 |
| 杨寨峪 | S60 | | 955.3 | 31.0 | | 969 |
| | | | 928.7 | 55.0 | | 944 |
| | | | 956.1 | 26.8 | | 973 |
| 金渠沟 | S845 | | 811.4 | 188.4 | | 812 |
| | | | 881.2 | 117.7 | | 882 |
| | | | 931.4 | 68.3 | | 932 |
| | | | 905.1 | 94.7 | | 905 |
| | | | 909.6 | 83.6 | | 916 |
| | | | 912.9 | 87.1 | | 913 |
| | | 银金矿 | 743.1 | 266.2 | | 736 |
| | | 银金矿 | 715.1 | 283.7 | | 716 |
| | | 碲金矿 | 433.9 | 4.3 | 554.2 | |
| | | 碲金银矿 | 182.0 | 508.7 | 331.0 | |
| 东闯 | S507 | 自然金 | 720.6~872.5 | 127.7~278.8 | | 797 |
| | S502 | | 735.8~892.6 | 107.4~259.1 | | 816 |
| | S501 | | 869.9~942.4 | 62.8~120.1 | | 908 |
| | S504、S503 | | 909.0 | 91.0 | | 909 |
| | | 金银矿 | >55.3 | 244.7 | | |
| | | 金银矿 | 424.7 | 575.4 | | |

从表 4.34 可知，本区金矿自然金的成色在 797~995，绝大多数在 908 以上，个别在 812~882，偶然为 797，后者已成为银金矿，因此不具代表意义。因此本区以自然金成色高为重要特征。

此种特征与华熊台隆内重要金矿床一致，如上宫金矿自然金成色为 917.15；祁雨沟金矿为 897.71。

本区金矿自然金成色，随着成矿期由早到晚的演变，逐渐降低，如：

Ⅰ阶段（黄铁矿–石英阶段）成色 936~991（968）；

Ⅱ阶段（石英–黄铁矿阶段）成色 902~938（940）；

Ⅲ阶段（石英–多金属硫化物阶段）成色 850~910（870）。

说明随着成矿由早到晚的发展，不但形成了不同的蚀变和矿物组合，而且自然金成色也由高到低。

同时，不同矿脉中，随着标高的不同，自然金的成色也发生了规律变化。如 S505 和 S60。

1）文峪 S505 号矿脉

为了解矿脉中自然金的赋存状态和标型特征，在该矿脉不同标高开采中段采集了主要矿石类型光片样 34 件，其中磨制致密块状黄铁矿矿石光片 8 件，见到自然金、银金矿的有 7 件，出现率 87.5%；多金属硫化物型矿石光片样 24 件，见到自然金、银金矿者仅 6 件，出现率 25%；黄铁矿–碳酸盐型及蚀变围岩型各 1 件，未见到金矿物。由此可知，自然金和银金矿主要赋存在黄铁矿和致密状黄铁矿矿石中，其次是在多金属硫化物矿石内。不同矿石类型、不同矿化阶段的自然金其嵌布形式及成色变化见表 4.35。

表 4.35　S505 矿脉自然金电子探针分析结果及成色变化表

| 样品编号 | 样品所处标高/m | 矿石类型 | 金的矿化阶段 | 分析结果/% | | | | 成色/‰ | 矿物名称 | 自然金嵌布形式 |
|---|---|---|---|---|---|---|---|---|---|---|
| | | | | Au | Ag | Fe | Ni | | | |
| W-DT-1 | 1787 | 黄铁矿型 | Ⅱ | 81.82 | 17.33 | 0.72 | 0.12 | 825 | 含银自然金 | 嵌布于黄铁矿（Ⅱ）晶粒或粒间缝隙中 |
| 2 | 1755 | 多金属硫化物型 | Ⅲ | 64.38 | 34.19 | 1.19 | 0.23 | 653 | 银金矿 | 与方铅矿构成连晶，分布于黄铁矿缝隙中 |
| 3 | 1687 | 多金属硫化物型 | Ⅱ | 89.18 | 10.82 | 0.0 | 0.00 | 892 | 含银自然金 | 嵌布于黄铁矿晶粒或粒间缝隙中 |
| 4 | 1650 | 多金属硫化物型 | Ⅲ | 68.52 | 31.37 | 0.11 | 0.00 | 686 | 银金矿 | 与方铅矿组成细脉分布于黄铁矿中 |
| 5 | 1650 | 致密块状黄铁矿型 | Ⅲ | 75.13 | 24.87 | 0.00 | 0.00 | 751 | 银金矿 | 与方铅矿、黄铜矿组成细脉分布于黄铁矿中 |
| 6 | 1590 | 致密块状黄铁矿型 | Ⅱ | 76.05 | 23.95 | 0.00 | 0.00 | 761 | 银金矿 | 分布于黄铁矿晶粒缝隙中 |
| 7 | 1524 | 多金属硫化物型 | Ⅱ | 90.07 | 9.93 | 0.00 | 0.00 | 901 | 含银自然金 | 分布于黄铁矿晶粒缝隙中 |
| 8 | 1524 | 致密块状黄铁矿型 | Ⅱ | 73.48 | 26.37 | 0.15 | 0.00 | 736 | 银金矿 | 与黄铜矿组成细脉，充填于黄铁矿中 |

注：样品由中科院地研所电子探针室韩秀伶测试。

从表 4.35 中可知，该矿脉中自然金的银含量较高，在 9.93% ~ 34.19%。自然金为含银自然金和银金矿。金的成色变化于 653‰至 901‰，明显低于本区黄铜矿-黄铁矿型（S60 号脉）自然金成色（869‰~969‰，据徐泽仙）。自然金成色与成矿阶段和产出形式关系密切。第 Ⅱ 矿化阶段沉出的金，主要以含银自然金为主，其次为银金矿，金的含量为 73.48% ~ 90.07%，平均为 82.12%，自然金嵌布在黄铁矿晶粒间或晶粒裂隙中；第 Ⅲ 阶段，由于成矿温度低于第 Ⅱ 阶段，所以形成含银较高的银金矿，金的含量为 64.38% ~ 75.13%，自然金往往多与黄铜矿、方铅矿组成细脉分布于黄铁矿裂隙中。自然金的成色沿矿脉垂向在较短的范围（200 ~ 300mm）内变化规律不明显。

2）杨寨峪 S60 矿脉

该矿脉属黄铜矿-黄铁矿型，金主要在第 Ⅱ 矿化阶段。金矿物主要为自然金和含银自然金。自然金的成色高，为 869‰ ~ 966‰（表 4.36）。自然金主要为包裹体金和裂隙金，分布于黄铁矿中或沿其裂隙分布，且其成色高于包在黄铜矿中或与黄铜矿、碲化物等一起包在黄铁矿中的金矿物。黄铁矿裂隙金及包裹体金，具有随矿脉标高降低金的成色增高的趋势。在 898m 标高处出现的自然金和含银自然金中含量较高的杂质元素（Te、In、Co、Ba、Ga 等），可能指示深部有较好矿化。

**表 4.36　杨寨峪 S60 脉自然金的电子探针分析结果及成色变化表**

| 地点 | 标高/m | 矿化阶段 | 测点 | 含量/% | | | | | | | | | | 成色/‰ | 矿物名称 | 自然金嵌布形式 |
|---|---|---|---|---|---|---|---|---|---|---|---|---|---|---|---|---|
| | | | | Au | Ag | Co | Ni | Hg | Ga | In | Ba | As | Te | | | |
| 东段 | 2056 | Ⅱ | 1 | 92.63 | 7.02 | 0.000 | 0.000 | 0.000 | 0.000 | 0.000 | 0.000 | 0.000 | 0.000 | 930 | 自然金 | 黄铁矿裂隙中的金及包裹体金 |
| | 1996 | Ⅱ | 3 | 95.06 | 4.62 | 0.000 | 0.000 | 0.002 | 0.000 | 0.000 | 0.000 | 0.002 | 0.000 | 954 | 自然金 | |
| | 1872 | Ⅱ | 4 | 94.11 | 5.74 | 0.000 | 0.000 | 0.000 | 0.001 | 0.003 | 0.006 | 0.000 | 0.000 | 965 | 自然金 | |
| | 1833 | Ⅱ | 1 | 96.47 | 3.51 | 0.000 | 0.005 | 0.005 | 0.003 | 0.003 | 0.010 | 0.000 | 0.000 | 956 | 自然金 | |
| | 1790 | Ⅱ | 2 | 93.47 | 6.32 | 0.000 | 0.000 | 0.000 | 0.000 | 0.000 | 0.000 | 0.000 | 0.000 | 933 | 自然金 | |
| 西段 | 1967 | Ⅱ | 1 | 95.83 | 3.92 | 0.000 | 0.000 | 0.000 | 0.000 | 0.003 | 0.000 | 0.000 | 0.000 | 961 | 自然金 | |
| | 1936 | Ⅱ | 1 | 86.97 | 13.06 | 0.000 | 0.000 | 0.000 | 0.000 | 0.001 | 0.000 | 0.005 | 0.000 | 869 | 含银自然金 | 黄铜矿中包裹体金 |
| | 898 | Ⅱ | 1 | 96.14 | 3.42 | 0.004 | 0.000 | 0.000 | 0.007 | 0.000 | 0.015 | 0.000 | 0.000 | 966 | 自然金 | 黄铁矿中包裹体金 |
| | 898 | Ⅱ | 1 | 89.91 | 10.07 | 0.000 | 0.000 | 0.000 | 0.000 | 0.015 | 0.000 | 0.000 | 0.006 | 899 | 含银自然金 | 与碲铋矿、黄铜矿一起包于黄铁矿中 |

由表 4.36 可知，文峪 S505 矿脉自然金中银的含量普遍比杨寨峪 S60 脉高 10% ~ 30%，金的成色低 68‰ ~ 216‰，反映出 S60 矿脉总体形成深度比 S505 矿脉的略大。目前它们所处标高相近，故推测 S505 号矿脉剥蚀程度要浅些。

在内生金矿床中，金的成色变化与矿床形成深度有关（表 4.37）。从上述矿脉中自然金成色变化特征及对比可判别，该矿脉属中深部中温热液型。

表 4.37　金的成色与矿化深度和温度关系表（据刘英俊，1991）

| 矿化条件 | 金成色/‰ |
|---|---|
| 浅部低温热液 | 500 ~ 700 |
| 中深部中温带 | 750 ~ 900 |
| 深部高温带 | >800 |

### 2. 自然金的形成

金易呈原子状态存在的原因，主要是它具有较高的电离势。具有最大的化学惰性。其化学惰性远超过其他金属元素，故自然界自然金比其他金属自然元素普遍。其原因是与金的原子结构有关（表 4.38）。

表 4.38　铜族元素电子壳结构

| 原子序数 | 元素 | 1s | 2s 2p | 3s 3p 3d | 4s 4p 4d 4f | 5s 5p 5d 5f 5g | 6s 6p 6d |
|---|---|---|---|---|---|---|---|
| 29 | Cu | 2 | 2 6 | 2 6 10 | 1 | | |
| 47 | Ag | 2 | 2 6 | 2 6 10 | 2 6 10 | 1 | |
| 79 | Au | 2 | 2 6 | 2 6 10 | 2 6 10 14 | 2 6 10 | 1 |

从表 4.38 可见，铜族元素的次外层均为 18 个电子，属铜型离子、亲硫，故在自然界常与硫化物相伴。

但 Cu、Ag、Au 三者电子层结构又不完全相同，故其地球化学行为也不完全相同。

原子中电子的屏蔽效应指电子相斥，减小核电荷对电子吸引力的效应。在 Au 原子结构中，5f、5g 轨道没有电子充填，无对 6s 电子的排斥作用。5d 轨道虽已充满，但距 6s 较远，故屏蔽效应较小。在 Cu、Ag、Au 三者中，在最外层与次外层间，无电子充填的轨道数：Au>Ag>Cu。为此，三者中 Au 的原子核吸引最外层电子的能力最强，因此电离势高，丧失最外层电子能力最弱。所以在自然界中 Au 常呈原子状态存在。要使 Au 成为离子转入溶液而运移富集，便需要强烈的氧化环境。在陨石、地幔、地壳深部，均为强烈还原环境，故 Au 呈高度分散状态的自然金，难以富集。但在三者之中，Ag 与 Au 的差异最小，因此，Ag 不但可以形成自然银，而且往往与 Au 形成连续的系列矿物。如银金矿，金银矿等。

综上，铜族元素的惰性按 Cu—Ag—Au 的顺序递增。它们的离子易被还原。故在自然界均可呈自然元素出现，这是它们自远古以来就已被人类所发现、熟知，并被利用的原因。

碲金矿具普遍性，在许多金矿床中都出现，除小秦岭金矿外，在熊耳山的北岭、上宫等金矿也比较发育。上宫金矿碲作为伴生矿产计算了资源储量。

金在化合物中呈 $Au^+$ 或 $Au^{3+}$，其中以 $Au^{3+}$ 的化合物最稳定。碲金矿包括性质相似的一类碲化金矿物，如碲金矿、碲金银矿、针碲金矿、叶碲金矿等。此外还有碲铅矿、碲铋矿等。

金呈离子状态时，易与碲化合而不与硫化合，所以金常与硫化物共生，但并不与硫化合成硫化金。其原因与它们的共价半径和离子半径相适应有关，如：

| 离子 | 共价半径（A） | 离子 | 离子半径（A） |
|---|---|---|---|
| $S^{2-}$ | 1.03 | $Cu^+$ | 0.96 |
| $Se^{2-}$ | 1.17 | $Ag^+$ | 1.26 |
| $Te^{2-}$ | 1.37 | $Au^+$ | 1.37 |

因此，由于离子半径相近，金与碲化合易形成较稳定的晶格，而银倾向于与硒化合，铜则倾向于与硫化合。

碲化金主要是低温热液的产物，因为 $As^{3-}$、$S^{2-}$、$Se^{2-}$、$Te^{2-}$ 系列中，$Te^{2-}$ 的能量系数和共生序数最小，如：

| 离子 | 能量系数 | 共生系数 |
|---|---|---|
| $As^{3-}$ | 2.30 | 1.5 |
| $S^{2-}$ | 1.15 | 1.3 |
| $Se^{2-}$ | 1.10 | 1.0 |
| $Te^{2-}$ | 0.95 | 0.9 |

在矿物形成过程中，能量系数越小，矿物析出得越晚，结晶温度也越低。所以碲化金的析出，一般都在砷化物、硫化物、硒化物之后。在硒化物中 Ag/Au 值高，而碲化物中 Au/Ag 值高。由此造成成矿阶段越晚，碲化物越发育，Au/Ag 值降低。与金的成色变化一致。

### 3. 矿石 Au/Ag 值

矿床中的 Au/Ag 值是一个很吸引人的问题，很多人作过研究。Au/Ag 值与自然金的成色不同，它是分析由矿石而测出的矿床中的总金量和总银量求得的。Au/Ag 值的地球化学意义，在某些方面又与自然金的成色相一致。因此，它也是矿床矿石的一个重要参数。

（1）本区金矿产于太古宇变质岩岩系中，矿床类型主要为含金石英脉型。根据博伊尔等国外学者的研究，古老变质岩系中的金矿和石英脉型金矿其 Au/Ag 值高，一般大于 1 或 2。

（2）按照 Au 和 Ag 的地球化学性质，Au 多富集于深部较高温度环境，而 Ag 则多富集于浅中部较低温环境。本区金矿主要形成于中深部较高温度的环境中，因此，Au/Ag 值较高。如隐伏的 S8202 Au/Ag 值达到 4 以上（表 4.39）。

（3）本区金矿自然金主要富集于黄铁矿中，而 Ag 主要富集于方铅矿中，根据矿物生成顺序，方铅矿的形成略晚于黄铁矿。因而在成矿顺序中存在着 Au/Ag 值由成矿早期到晚期降低的趋势。从而造成凡是第Ⅲ成矿阶段发育即方铅矿大量出现的矿区 Au/Ag 值降低。如东闯及红土岭的 S875 和 S8201 等矿脉。其他多数矿床第Ⅲ成矿阶段不发育或很不发育，即方铅矿含量很低。因此，多数矿床 Au/Ag 值较高。

（4）已有资料说明，碲化物矿石中以 Au 为主，硒化物矿石中以 Ag 为主，Ag 还与锑共生。本区金矿中大多矿床均出现碲化物，没有硒化物和极少锑矿物。因此，区内金矿中多是 Au 大于 Ag。

（5）博伊尔指出，围岩对 Au/Ag 值是有影响的，就一般规律来说，凡围岩是基性岩的矿床，其 Au/Ag 值高于围岩是酸性岩的矿床。区内金矿矿体围岩多为基性岩，在很少区段出现酸性岩。因此 Au/Ag 值偏高。其可能的原因是金和银的络合物在搬运它们的溶液或扩散流中的稳定性，Au 的络合物在基性围岩的条件下不稳定，而使其比酸性岩条件更多地沉淀下来。

上述指标尽管多为定性而非定量，但对研究矿床成因和预测深部矿体还是有一定意义的。

表 4.39　主要矿区（脉）Au/Ag 值表

| 矿区 | 矿脉 | Au/Ag | 备注 |
|---|---|---|---|
| 东闯 | S507 | 0.14 | |
| 杨寨峪 | S60 西 | 2.83 | |
| | S60 东 | 2.10 | |
| 四范沟 | S201 | 1.61 | |
| | S202 | 0.96 | |
| | S203 | 1.20 | |
| 和尚洼 | S212 | 0.73 | |
| 大湖 | F5 | 2.02 | |
| 红土岭 | S875 | 0.88 | |
| | S8201 | 0.98 | |
| | S8202 | 4.75 | |

## 4. 金矿物化学成分

根据电子探针分析结果，本区自然金中除 Au 外多含有一定量 Ag，有些构成银金矿；自然金中其他微量（或常量）元素含量见表 4.40。

表 4.40　金银矿物元素含量表（转引自冯建之等，2009，整理；单位:%）

| 元素 | 东闯 | | | 四范沟 | | | 杨寨峪 | | | | |
|---|---|---|---|---|---|---|---|---|---|---|---|
| | 自然金 | 银 | 金矿（Ⅱ） | 自然金 | | | 自然金（Ⅱ） | | | | |
| S | | 0.00 | | 0.06 | 0.52 | 0.01 | | | | | |
| Fe | 0.05 | 0.00 | 0.03 | 0.16 | 0.10 | 0.48 | 0.20 | 0.20 | 0.20 | | 1.30 |
| Cu | 0.00 | 0.10 | 0.09 | 0.01 | 0.09 | 0.11 | 0.20 | 0.30 | 0.20 | 0.10 | 0.80 |
| Pb | | 0.00 | | 0.00 | 0.00 | 0.00 | | | | | |
| Zn | 0.00 | 0.00 | 0.15 | | | | | 1.00 | 0.30 | | 0.50 |
| Co | 0.00 | 0.11 | 0.00 | | | | | | | | |
| Ni | 0.05 | 0.19 | 0.20 | | | | | | | | |
| Sb | 0.00 | 0.20 | 0.15 | | | | | | | | |
| Te | 0.12 | 0.65 | 0.13 | | | | | | | | |
| Se | 0.00 | 0.08 | 0.02 | | | | 1.20 | | | 1.40 | |
| Bi | | | | 0.00 | 0.00 | 0.08 | | | | | |

| 元素 | 东闯 | | | 四范沟 | | | 杨寨峪 | | | | |
|---|---|---|---|---|---|---|---|---|---|---|---|
| | 自然金 | 银 | 金矿（Ⅱ） | 自然金 | | | 自然金（Ⅱ） | | | | |
| Cr | | | | 0.40 | 0.30 | 0.00 | | | | | |
| Au | 89.01 | 76.07 | 78.44 | 95.53 | 92.87 | 95.61 | 86.90 | 89.80 | 93.30 | 86.00 | 91.20 |
| Ag | 10.12 | 26.46 | 20.39 | 3.10 | 5.50 | 2.68 | 9.40 | 7.10 | 6.60 | 6.80 | 7.20 |

注：电子探针分析。

表中表明，自然金中除含不等量的 Ag 外，尚有铁族元素 Fe、Co、Ni、Cr 等，亲硫元素 S、Cu、Pb、Zu 等，半金属元素 Sb、Bi 及与 Au 密切相关的 Te、Se。这些杂质说明"金无足赤"的正确性。

在杂质元素中，Fe、Pb、Cu 等来自于金矿物连生的黄铁矿、方铅矿、黄铜矿；而 Sb、Co、Ni、Cr 等则与黄铁矿有密切关系。其中 Te 的含量一般高于 Se 的含量，则可能与形成温度有关，温度较高则 Te 高，温度较低则 Se 高。同时，矿田内碲矿物在多数矿床中出现，而 Se 矿物至今尚未发现，也反映矿田中的金矿床的 Te>Se。

**5. 金矿物物理性质**

（1）颜色：自然金呈金黄色，银金矿为亮黄色。

（2）密度：自然金为 18.05g/cm$^3$。

（3）硬度：自然金的显微硬度为 47.85 ~ 89.99kg/mm$^2$；银金矿为 74.84 ~ 95.70kg/mm$^2$。自然金的摩氏硬度为 2.3 ~ 3.0。

（4）反射率：自然金的黄光反射率为 81.13%，绿光反射率为 50.23%。银金矿反射率为黄光 81.13%，绿光 50.23%。

（5）金矿物的形态及粒度

据统计，金矿物的主要形态为不规则状和浑圆状（含麦粒状等），次为角粒状和脉状（含树枝状）（表4.41）。

**表4.41　自然金形态统计表**（单位:%）

| 形状 | 金渠沟 | 杨寨峪 | 东闯 | | |
|---|---|---|---|---|---|
| | | | S501 | S502 | S507 |
| 角粒状 | 20.35 | | | | |
| 浑圆状、麦粒状 | 26.64 | 2.87 | 14.01 | 17.88 | 19.22 |
| 蠕虫状、纺锤状 | 11.95 | 8.51 | | | |
| 片状、片叶状 | 11.29 | 0.77 | | | |
| 脉状、树枝状 | 2.9 | 36.18 | 4.49 | 8.61 | 13.12 |
| 不规则状 | 26.87 | 23.26 | 81.50 | 73.51 | 67.66 |

自然金的粒度表明，区内各金矿自然金粒度并不一致：杨寨峪矿区以中粒金为主；东闯矿区主要矿脉以粗粒金为主，次要矿脉以粗粒和细粒金为主；大湖矿区以微粒金为主；金渠沟矿区以中粒金为主（表4.42）。

表 4.42 自然金粒度分布表

| 粒度分级/mm | | 巨粒 | 粗粒 | 中粒 | 细粒 | 微粒 |
|---|---|---|---|---|---|---|
| | | >0.2 | ~ 0.074 | ~ 0.037 | ~ 0.010 | <0.010 |
| 四范沟 | | 7.1 | | 80.30 | | 12.60 |
| 杨寨峪 | | 2.0 | 6.1 | 38.3 | 28.6 | 24.90 |
| 东闯 | S507 | 17.58 | 37.42 | 18.82 | 24.90 | 1.27 |
| | S502 | 30.92 | 53.04 | 11.15 | 3.75 | 1.13 |
| | S501 | 12.13 | 26.32 | 21.33 | 36.51 | 3.71 |
| 大湖 | | | 2.17 | 9.75 | 16.61 | 71.48 |
| 金渠沟 | | | 11.25 | 51.85 | 34.61 | 2.29 |

曾有研究认为,金矿床中自然金粒度大小与矿床中硫的含量有一定关系。其总体规律是随着硫含量的增高,自然金粒度变小。结合本区结果来分析。这种规律似乎不存在。如:

东闯 S507,S 含量 16.99%,以粗粒金为主;东闯 S501,S 含量 7.80%,以细粒金为主;东闯 S502,S 含量 4.15%,以粗粒金为主。

四范沟矿区 S 含量 1.85% ~4.29%,以中细粒金为主。

杨寨峪矿区 S 含量 1.33%,以中粒金为主。

大湖矿区 S 含量 0.2% ~3.73%,以微粒金为主。

金渠沟矿区 S 含量 2.4% ~5.01%,以中粒金为主。

以上说明,金的粒度与矿石中硫含量没有明显的关系。同时,金粒度大小还与成矿温度有关,一般认为高温时金的粒度大,低温时粒度小。

(6) 共生矿物:自然金主要与黄铁矿,石英共生;银金矿主要与黄铁矿、石英、方铅矿、黄铜矿共生。

# 三、载金矿物标型特征

## (一) 黄 铁 矿

黄铁矿是矿石中最主要的金属硫化物,也是最主要的载金矿物,因此是金矿化的显著标志之一,成为金矿的标志矿物。

含金黄铁矿的颜色为浅黄、灰黄、暗黄及浅绿黄色。基本特征见表 4.43。

### 1. 形态与粒度

小秦岭金矿中的黄铁矿以单形为主,聚形较少。单形中以立方体为主,其次为五角十二面体,偶见八面体;聚形为 {100} + {210}、{100} + {111} 和 {100} + {210} + {111},三种聚晶出现率大体相等。一般来说,I、IV 阶段的黄铁矿多为立方体晶形,聚形很少;II、III 阶段黄铁矿组合复杂,其中除立方体外,常见半自形–自形五角十二面体、八面体及它们的聚形。总体规律是:矿化富集时黄铁矿晶形种类多,聚形发育;在贫矿化阶段黄铁矿以立方体为主。

**表4.43　小秦岭金矿各世代黄铁矿特征**

| 世代 | I | II | III | IV |
|---|---|---|---|---|
| 晶形 | 全自形立方体 | 半自形立方体、五角十二面体、粒状集合体 | 五角十二面体、粒状集合体 | 五角十二面体、立方体 |
| 粒度/mm | 1~10 | 0.2~5,少数<0.2 | 0.01~10 | <1~3 |
| 密度/(g/cm³) | 4.91 | 5.09 | 5.01 | 4.91 |
| 热导系数/(μV/℃) | -270~+102.5 | -201.25~+205 | +103.5~+198.5 | -131.75~-288.5 |
| 晶胞棱长/(10⁻¹⁰m) | $a_0=5.4237$ | $a_0=5.4223$ | $a_0=5.4190$ | $a_0=5.4150$ |
| 比磁化率/(10⁻⁶cm³/g) | 0.98 | 4.48 | 2.36 | 7.14 |
| 红外谱线峰值/cm⁻¹ | 419 | 417 | 396 | 418 |

据徐泽仙等研究,杨寨峪S60矿脉不同标高黄铁矿晶形分布见表4.44。

**表4.44　S60矿脉不同标高黄铁矿晶形统计表**

| 标高/m | 矿化阶段 | {100} | {210} | {210}+{100} | {100}+{111} |
|---|---|---|---|---|---|
| 1996 | II | 86.00 | 0 | 0 | 14.00 |
| 1872 | II | 70.62 | 2.26 | 8.9 | 18.53 |
| 1790 | II | 100 | 0 | 0 | 0 |
| 898 | II | 32.71 | 0 | 4.70 | 62.59 |

表4.44说明,上部矿化最好的1872m中段立方体黄铁矿含量百分比小于矿化较差的1996m和1790m中段,而{210}单形及{210}+{100}和{100}+{111}聚形百分比又明显高于1996m和1790m中段。这种特征在文峪S505矿脉也存在(图4.100)。

根据金渠沟金矿的统计,矿区黄铁矿粒度分布如下:

粒级(mm)　　>2　2~1　1~0.5　0.5~0.074　0.074~0.037　<0.037
分布率(%)　30.21　26.24　20.86　15.55　7.11　0.03

上述说明,黄铁矿粒级的总体分布规律是随着粒度变小其分布律降低。>2mm粒级的黄铁矿占总量的30%以上,<0.074mm粒级的黄铁矿占总量的约7.14%。说明区内的中细粒黄铁矿比率最高。

黄铁矿的粒度大小与其含金性之间也存在一定关系。一般来说,颗粒越细,含金越高,颗粒越粗,含金越低。美国卡林金矿微粒黄铁矿含金达$4200\times10^{-6}$。我国陕西二台子浸染型金矿中细粒五角十二面体黄铁矿含金$70.2\times10^{-6}$~$143.9\times10^{-6}$。小秦岭杨寨峪矿区黄铁矿含金情况见表4.45。表明随着黄铁矿粒度变小,金含量增高。

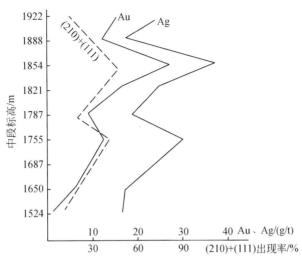

图 4.100　文峪 S505 矿脉黄铁矿晶形与金矿化关系图

表 4.45　杨寨峪矿区黄铁矿的标型特征与含金量的关系（据方耀奎，1985）

| 矿物 | 粒度/mm | 破碎程度 | 矿物晶形 | 矿物世代 | 含金量/10⁻⁶ |
|---|---|---|---|---|---|
| 粗粒黄铁矿 | >5 | 破碎微弱 | 立方体 | Ⅰ | 1.18 |
| | | | | | 2.16 |
| | | | | | 7.14 |
| | | | 以八面体为主 | Ⅲ | 20.00 |
| 中粗粒黄铁矿 | 3~5 | 破碎中等 | 为自形-半自形的立方体、八面体及五角十二面体 | Ⅱ | 25.00 |
| | | | | | 52.45 |
| | | | | | 64.31 |
| 中细粒黄铁矿 | 1~3 | 破碎强烈 | 半自形的立方体、八面体及五角十二面体 | | 154.16 |
| | | | | | 337.50 |
| 细粒黄铁矿 | <1 | 破碎级强烈 | 半自形（同上晶形）至他形 | | 500.00 |
| | | | | | 931.70 |

　　但是，在四范沟矿区略有不同，在中细粒黄铁矿中含金高，而细粒大体与粗-巨粒黄铁矿相当（表 4.46）。

　　小秦岭金矿与全国许多金矿一样，粗粒的黄铁矿含金少，细粒的黄铁矿含金多。我们认为其原因是，由于粗粒黄铁矿在形成过程中，其晶体已经过了多期次重结晶作用，使得黄铁矿内部结构不断调整，从而将结构中的杂质元素（包括 Au）挤出而达到自身净化，因此粗粒的黄铁矿含金性较差。而细粒黄铁矿则没有经过这一过程，故其含金性较好。

　　黄铁矿的单体形态多种多样，其中以五角十二面体黄铁矿含金性最好，而立方体自形晶含金性差，究其可能的原因是：主成矿阶段形成的黄铁矿一般多为五角十二面体，此时溶液中的 Au 含量高，在黄铁矿结晶时金的质点容易进入黄铁矿，因此五角十二面体黄铁矿就比较富金。

表 4.46　不同粒级黄铁矿含金性统计表

| 样品编号 | 粒级 | 品位 Au/10⁻⁶ | 样品编号 | 粒级 | 品位 Au/10⁻⁶ |
|---|---|---|---|---|---|
| M19/LD422 | 粗-巨粒 | 16.86 | M28/LD1008 | 中细粒 | 680.16 |
| M21/LD308 | 粗粒 | 49.14 | M37/YD25 | 中细粒 | 349.37 |
| M30/LD238 | 粗粒 | 35.58 | M39/YD30 | 中细粒 | 495.53 |
| M26/LD233 | 中粗粒 | 199.00 | M20/LD422 | 细粒 | 24.62 |
| M35/LD460 | 中粗粒 | 142.26 | M48/LD464 | 细粒 | 11.10 |
| M36/YD22—13 | 中粗粒 | 197.60 | | | |

**2. 化学成分**

1) 主要化学成分

黄铁矿的化学成分也具标型意义。黄铁矿主要化学成分多偏离理想成分，其离子比（S/Fe）>2 或<2。如原苏联乌兹别克斯坦金矿黄铁矿 S/Fe 值为 1.83 ~ 2.30，以硫亏损为主（новгоролона，1980）。胶东金矿黄铁矿 S/Fe 值由 1.87 ~ 2.18，硫亏损占 53%（陈光远等，1989）。小秦岭金矿黄铁矿主成分变化较大，在东闯矿区十分接近理想成分，其 S/Fe 值由 1.994 ~ 2.014（表 4.47）。

表 4.47　东闯 S507 矿脉黄铁矿主要成分表

| 元素 ＼ 矿化阶段 | I | II | III | IV |
|---|---|---|---|---|
| S | 53.58 | 53.44 | 53.26 | 52.99 |
| Fe | 46.53 | 46.28 | 46.57 | 46.25 |
| S/Fe | 2.008 | 2.014 | 1.994 | 1.998 |

从黄铁矿中微量元素的分析看，其中进入黄铁矿的正负离子均有，这些进入黄铁矿的正负离子势必造成其成分的变化。有待进一步研究。

文峪和杨寨峪矿区不同高程黄铁矿主要成分见表 4.48。

表 4.48　文峪、杨寨峪矿区黄铁矿主要成分表

| 矿化阶段 | 文峪 S505 | | | | 杨寨峪 S60 | | | |
|---|---|---|---|---|---|---|---|---|
| | 高程/m | S | Fe | S/Fe | 高程/m | S | Fe | S/Fe |
| II | 1785 | 50.24 | 47.38 | 1.849 | 2056 | 52.68 | 45.78 | 2.004 |
| | 1687 | 49.90 | 47.63 | 1.824 | 1996 | 52.83 | 46.53 | 1.977 |
| | 1590 | 51.07 | 47.31 | 1.880 | 1996 | 52.01 | 44.99 | 2.013 |
| | 1524 | 51.20 | 48.04 | 1.857 | 1936 | 51.76 | 45.49 | 1.981 |

续表

| 矿化阶段 | 文峪 S505 | | | | 杨寨峪 S60 | | | |
|---|---|---|---|---|---|---|---|---|
| | 高程/m | S | Fe | S/Fe | 高程/m | S | Fe | S/Fe |
| Ⅲ | 1755 | 50. 32 | 47. 07 | 1. 862 | 1904 | 52. 90 | 46. 07 | 1. 818 |
| | 1650 | 49. 70 | 47. 06 | 1. 842 | 1872 | 51. 85 | 45. 53 | 1. 983 |
| | 1524 | 49. 39 | 46. 20 | 1. 862 | 1833 | 50. 43 | 45. 12 | 1. 946 |
| Ⅳ | 1687 | 49. 18 | 46. 74 | 1. 833 | 1790 | 52. 08 | 45. 70 | 1. 985 |
| | | | | | 898 | 52. 57 | 46. 18 | 1. 982 |

从表 4.48 可见，文峪 S505 矿脉黄铁矿 S/Fe 值集中在 1.824~1.880，属于 S 亏损。杨寨峪 S60 矿脉黄铁矿 S/Fe 值在 1.818~2.013，多集中在 1.983~2.013。说明多数黄铁矿中 S、Fe 含量接近理论值，少数为 S 亏损。

2）微量元素

金矿床中黄铁矿的微量元素在不同成因类型矿床中变化较大，目前尚无统一认识。所以，内生金矿床中黄铁矿，以其微量元素统计分布参数变化大为特征。但就多数同类矿床而言，其微量元素总体分配特征仍显示一定的规律性。

文峪 S505 矿脉和杨寨峪 S60 矿脉黄铁矿中微量元素含量见表 4.49、表 4.50。为了研究其规律又编制了表 4.51、表 4.52。

由表 4.49、表 4.50 可以发现，微量元素的分布规律不明显。其统计特征仅在 S505 中存在一定规律。总体来看在矿化富集部位微量元素种类多，含量高。S505 矿脉中 Ⅱ、Ⅲ成矿阶段有基本一致的变化。由高到低 Se/Fe、Co/Ni、Au/Ag 值降低，微量元素总量 Cu+Pb+Zn、As+Sb+Bi 逐渐降低。

**表 4.49　文峪 S505 黄铁矿微量元素表**（数据据黎世美等，1996；单位：$10^{-6}$）

| 矿化阶段 | 高程/m | Cu | Pb | Zn | Ni | Co | As | Sb | Bi | Mo | Au | Ag |
|---|---|---|---|---|---|---|---|---|---|---|---|---|
| Ⅱ | 1785 | 200 | 3308 | 55 | 56 | 239 | 17. 6 | 0. 51 | 0. 7 | 15. 5 | 132 | 36. 7 |
| | 1687 | 2696 | 1694 | 20 | 170 | 494 | 12. 5 | 1. 67 | 12. 9 | 0. 26 | 9. 25 | 10. 8 |
| | 1590 | 3274 | 1499 | 92 | 163 | 168 | 6. 26 | 7. 48 | 39. 9 | 0. 2 | 10. 6 | 31. 1 |
| | 1524 | 499 | 2619 | 180 | 137 | 249 | 23. 1 | 11. 4 | 0. 09 | 0. 24 | 9. 45 | 7. 08 |
| | 平均 | 1667 | 2280 | 86. 8 | 131. 5 | 288 | 14. 9 | 5. 27 | 15. 1 | 4. 05 | 40. 3 | 21. 4 |
| Ⅲ | 1755 | 776 | 15800 | 158 | 31 | 102 | 15. 9 | 5. 12 | 0. 8 | 0. 36 | 24 | 19. 3 |
| | 1650 | 5903 | 15300 | 371 | 53 | 222 | 2. 76 | 1. 86 | 1. 74 | 0. 2 | 2. 62 | 10. 5 |
| | 1524 | 2582 | 22300 | 61 | 175 | 167 | 7. 1 | 2. 78 | 58. 4 | 0. 24 | 8. 65 | 37. 1 |
| | 平均 | 3087 | 17800 | 197 | 86. 3 | 164 | 8. 59 | 3. 25 | 20. 3 | 0. 27 | 11. 8 | 22. 3 |
| Ⅳ | 1687 | 395 | 514 | 31 | 133 | 233 | 5. 36 | 0. 6 | 0. 11 | 0. 64 | 2. 5 | 2. 28 |

表 4.50　杨寨峪 S60（Ⅱ）黄铁矿微量元素表（数据据黎世美等，1996；单位：$10^{-6}$）

| 高程/m | Cu | Pb | Zn | Ni | Co | As | Sb | Bi | Mo | Au | Ag |
|---|---|---|---|---|---|---|---|---|---|---|---|
| 2056（1） | 48 | 104 | 158 | 288 | 138 | 2.25 | 1.15 | 156 | 1.5 | 168.5 | 164 |
| 1996（4） | 72 | 228 | 22.5 | 14.3 | 37 | 2.33 | 0.13 | 557 | 14.9 | 40.4 | 58 |
| 1966（2） | 7598 | 635 | 231 | 78 | 67.5 | 1.2 | 0.73 | 218 | 6.3 | 199.8 | 90 |
| 1936（2） | 26.4 | 757 | 222 | 30 | 113 | 13.8 | 0.55 | 702 | 1.4 | 274 | 79 |
| 1904（3） | 570 | 688 | 123 | 149 | 329 | 12.5 | 0.53 | 104 | 6.9 | 45.5 | 145 |
| 1872（4） | 3295 | 324 | 169 | 94 | 79 | 3 | 1.15 | 488 | 4.3 | 27.2 | 25 |
| 1833（1） | 1842 | 288 | 56 | 66 | 62 | 1 | 0.55 | 390 | 3.5 | 214.5 | 56 |
| 1790（2） | 97 | 332 | 15 | 68 | 326 | 6.5 | 0.3 | 885 | 42.4 | 75 | 11 |
| 898（1） | 628 | 1470 | 336 | 26 | 72 | 1.3 | 0.3 | 380 | 36 | 204.5 | 339 |

表 4.51　文峪 S505 黄铁矿微量元素特征表（单位：$10^{-6}$）

| 矿化阶段 | 高程/m | 总量 | Cu+Pb+Zn | As+Sb+Bi | Co+Ni | Au+Ag | S/Se | Se/Te | Co/Ni | Au/Ag |
|---|---|---|---|---|---|---|---|---|---|---|
| Ⅱ | 1785 | 4061.58 | 3563 | 18.81 | 295 | 168.7 | 1570000 | 1.28 | 4.268 | 3.597 |
| | 1687 | 5124.57 | 4410 | 27.07 | 664 | 20.05 | 875438 | 0.218 | 2.906 | 0.856 |
| | 1590 | 5297.48 | 4865 | 53.64 | 331 | 41.7 | 1134889 | 0.082 | 1.031 | 0.341 |
| | 1524 | 3739.05 | 3298 | 34.59 | 386 | 16.53 | 7314286 | 0.019 | 1.818 | 1.335 |
| | 平均 | 4557.66 | 4033.8 | 35.27 | 419.5 | 61.7 | 1445714 | 0.117 | 2.19 | 1.883 |
| Ⅲ | 1755 | 16934.68 | 16734 | 21.82 | 133 | 43.3 | 3145000 | 0.078 | 3.29 | 1.244 |
| | 1650 | 21870.84 | 21574 | 6.36 | 275 | 13.12 | 1842963 | 0.143 | 4.189 | 0.25 |
| | 1524 | 25420.75 | 24943 | 68.28 | 342 | 45.75 | 1299737 | 0.018 | 0.954 | 0.233 |
| | 平均 | 21409.42 | 21084 | 32.14 | 250.3 | 34.1 | 1844444 | 0.032 | 1.9 | 0.529 |
| Ⅳ | 1687 | 1319.67 | 940 | 6.07 | 366 | 4.78 | 435221 | 1.076 | 1.752 | 1.096 |

表 4.52　杨寨峪 S60（Ⅱ）黄铁矿微量元素特征表（单位：$10^{-6}$）

| 高程/m | 总量 | Cu+Pb+Zn | As+Sb+Bi | Co+Ni | Au+Ag | S/Se | Se/Te | Co/Ni | Au/Ag |
|---|---|---|---|---|---|---|---|---|---|
| 2056（1） | 1276.27 | 310 | 159.4 | 426 | 332.5 | 297627 | 0.039 | 0.479 | 1.027 |
| 1996（4） | 1268.45 | 322.5 | 559.46 | 51.3 | 98.4 | 593596 | 0.004 | 2.587 | 0.697 |
| 1966（2） | 9240.56 | 8464 | 219.93 | 145.5 | 289.8 | 171650 | 0.027 | 0.865 | 2.22 |
| 1936（2） | 2418.06 | 1005.4 | 716.35 | 143 | 353 | 177869 | 0.015 | 3.767 | 3.468 |
| 1904（3） | 2315.23 | 1381 | 117.03 | 478 | 190.5 | 22227 | 0.202 | 2.208 | 0.314 |
| 1872（4） | 4807.42 | 3788 | 492.15 | 173 | 52.2 | 137533 | 0.013 | 0.84 | 1.088 |
| 1833（1） | 3128.17 | 2186 | 391.55 | 128 | 270.5 | 192481 | 0.018 | 0.939 | 3.83 |
| 1790（2） | 1867 | 444 | 891.8 | 394 | 86 | 173600 | 0.517 | 4.794 | 6.818 |
| 898（1） | 3834.17 | 2434 | 381.6 | 98 | 543.5 | 253961 | 0.006 | 2.769 | 0.603 |

### 3. 热电系数

黄铁矿属半导体，具有电子导电和空穴导电的物理性质，据研究，这种物理性质与成矿作用物理-化学条件密切相关。不同矿床、不同矿化阶段的黄铁矿可以出现不同的热电系数。据此，可将我国中-深成金矿床分为三类：空穴型（P 型）如团结沟斑岩型金矿黄铁矿。混合型（P 型+N 型）如山东玲珑西山 108 号含金石英脉中黄铁矿。电子型（N 型）如小秦岭 S505、S60 矿脉黄铁矿。一般认为 N 型黄铁矿形成温度高，P 型黄铁矿型成温度相对较低。

S505 和 S60 黄铁矿热电系数见表 4.53、表 4.54。

**表 4.53　S505 矿脉黄铁矿热电系数表**

| 矿化阶段 | 样品数/个 | Ng 型/(μV/℃) | | | | 样品所处标高/m | 样品数/个 | Ng 型/(μV/℃) | | | |
| --- | --- | --- | --- | --- | --- | --- | --- | --- | --- | --- | --- |
| | | 最大 | 最小 | 平均 | 出现率/% | | | 最大 | 最小 | 平均 | 出现率/% |
| Ⅰ | | | | | | 1787 | 2 | −116.9 | −313.4 | −169.9 | 100 |
| Ⅱ | 5 | −66.6 | −270.2 | −160.7 | 100 | 1687 | 1 | −43.3 | −226.4 | −150.4 | 100 |
| Ⅲ | 3 | −54.0 | −341.8 | −179.0 | 100 | 1590 | 1 | −80.1 | −279.2 | −181.9 | 100 |
| Ⅳ | 1 | −50.0 | −257.5 | −159.0 | 100 | 1524 | 1 | −33.0 | −218.6 | −131.6 | 100 |

注：样品由湖北省地质实验研究所测定；不同标高处样品为Ⅱ期黄铁矿。

**表 4.54　S60 矿脉Ⅱ阶段黄铁矿热电系数表**

| 标高/m | 产状 | Ng 型/(μV/℃) | | | |
| --- | --- | --- | --- | --- | --- |
| | | 最小 | 最大 | 平均 | 出现率/% |
| 2056（1） | 矿体 | −236 | −193 | −213.2 | 100 |
| 1996（2） | 矿体 | −211 | −128.5 | −169.75 | 100 |
| 1904（3） | 矿体 | −175.7 | −128.7 | −152.2 | 100 |
| 1872（1） | 矿体 | −245 | −203 | −217.9 | 100 |
| 1794（2） | 矿体 | −284 | −204 | −244 | 100 |
| 898（1） | 矿体 | −208 | −122 | −161.3 | 100 |
| 1996（1） | 含金构造岩 | −231 | −188 | −211.7 | 100 |
| 1872（1） | 围岩 | −190 | −129 | −151.5 | 100 |
| 1794（1） | 围岩 | −258 | −161 | −208.2 | 100 |

注：由中国地质大学（北京）成因矿物室罗飞测试。

从表 4.53、表 4.54 可以看出，S505 和 S60 矿脉的黄铁矿热电系数，不同阶段和不同高程均属电子型，具负热电效应。可能反映本区金矿是在相同的比较稳定的物理化学条件下形成的，其成矿温度较高。

### 4. 黄铁矿标型特征的意义

Au 位于第六周期，第ⅠB 族，其外层电子结构为 $5d^{10}6s^1$。Au 在元素周期表中的位置显示了它不仅具有明显的亲铁性，又具有亲硫性质，金的这种外层电子结构决定了它的三个主要特征，即高电势（9.22eV）、高负电性（2.3eV）和高氧化还原电位（1.68eV）。

这使得 Au 在自然界一般呈单质 Au 形式存在，只有在高温酸性和低温碱性条件下，才可呈离子态 Au（$Au^+$ 或 $Au^{3+}$）形式存在，在遇到含大量［HS］‾ 的溶液时，形成亲硫的络阴离子，这种络阴离子在遇到含大量 $Fe^{2+}$ 的溶液时，就被破坏，在形成黄铁矿时析出 Au（包体 Au）。在这一过程中 Au 离子也可以通过类质同象的方式进入黄铁矿的晶格成为晶格 Au。这就是 Au 与黄铁矿可以密切共生且黄铁矿极易作为 Au 的载体矿物（或称寄主矿物）的原因。

黄铁矿化学成分及微量元素含量与其含金性探讨：

黄铁矿中的微量元素含量及其化学成分是一个备受关注的问题，人们试图从中发现某些规律，从而对矿床成因或成矿规律作出解释。实际上这个问题仍然需要探索，因为规律性的总结至今尚不清晰。

金矿床中黄铁矿的化学成分据说也有一定的成因标型意义。陈光远认为，金矿黄铁矿主要化学成分多偏离黄铁矿的理想成分。离子比（S/Fe）>2 或<2。胶东金矿黄铁矿离子比（S/Fe）变化范围为 1.87～2.18，硫亏损者占 53%。据徐国风研究，沉积成因黄铁矿 S、Fe 含量与 $FeS_2$ 理论值接近或 S 略多。陈光远认为，胶东金矿黄铁矿（S/Fe）比值与温度关系密切，在同一矿区中该比值有较大变化，低温或沉积成因的（S/Fe）比值较大，高温常是硫亏损。并认为这种规律具有统计意义。他还总结出（S/Fe）比值随成矿阶段的演化逐渐升高。但是在小秦岭地区不存在这种规律，说明（S/Fe）比值判断成矿阶段有局限性。

小秦岭三个主要金矿床中（S/Fe）比值分别在 2.008～1.998（S507）、1.849～1.833（文峪）、2.004～1.982（杨寨峪）。其中文峪金矿略显硫亏损，其他则基本接近理论值。尽管由 I 成矿阶段～IV 成矿阶段显示略微变化似乎尚不能明确其统一的规律。

金矿黄铁矿中微量元素十分复杂，多数研究成果表明，讨论比较多的是 Au、Ag、As（Sb、Bi）、Co、Ni、Se、Te 以及 Cu、Pb、Zn 等。

黄铁矿中 As 的研究说明，绝大多数金矿床中黄铁矿均含 As；一般含 As 黄铁矿中金的含量要比不含 As 黄铁矿的含量高 1～2 数量级，即 Au 与 As 是正相关。此种结果在小秦岭地区并不完全适用。本区金矿中黄铁矿含 As，但其量仅为 $n～n \cdot 10 \cdot 10^{-6}$，即使 As+Sb+Bi 也只是 $n～n \cdot 10 \cdot 10^{-6}$。而胶东的金矿中 As 含量达 $n \cdot 100～n \cdot 1000 \cdot 10^{-6}$，显然小秦岭与胶东金矿相比是贫 As 的。问题关键在于含 As 高低与 Au 含量不存在明显的正相关。而且在垂高>250m 和>1100m 的范围内 As 含量变化没有显示出规律性。这个问题尚需研究。

黄铁矿 Co/Ni 值是研究最多的课题之一。Co/Ni 值的意义主要表现在它的成因意义上。

陈光远等总结胶东金矿规律是：黄铁矿中富 As，贫 Co+Ni 是大矿标志，反之为中小型矿床。小秦岭金矿 Co 和 Ni 含量为 $n \cdot 10～n \cdot 100 \cdot 10^{-6}$，与胶东金矿相当。但小秦岭相对贫 As，胶东相对富 As。

前人总结的规律是：中低温热液金矿中黄铁矿 Co/Ni 值较低，平均为 2.04。石英脉型金矿中 Co/Ni 值可达 3.91。小秦岭地区黄铁矿 Co/Ni 值在 0.954～4.268，平均 2.43（文峪）；0.479～4.794，平均 2.13（杨寨峪）。与石英脉型相比较低，但其变化较大，总体与中低温热液型金矿相近。

Se、Te 与金矿关系密切，其在黄铁矿中含量也备受关注。陈光远认为，Se+Te 高 Au+Ag 高，即 Au、Ag 与 Se、Te 正相关。小秦岭地区金矿黄铁矿中 Se+Te 在文峪矿区为 $n \cdot 10^{-6}$，在杨寨峪矿区多数为 $n \cdot 100 \cdot 10^{-6}$，个别 $n \cdot 10^{-6}$，胶东金矿则为 $n \cdot 10^{-6}$，与文峪矿区一致。

Юшкоэахалова（1964）总结的规律是：S/Se 值在 20 万以上为沉积成因，6 万～10 万为岩浆成因，0.2 万左右为热液成因。但胶东金矿黄铁矿中 S/Se 值多为 $n \cdot 10$ 万，个别为 $n$ 万。小秦岭地区在杨寨峪矿区为 >10 万～$n \cdot 10$ 万；文峪矿区则多为 >100 万，少数为 $n \cdot 1000$ 万，个别为 $n \cdot 10$ 万。产生这种结果的原因是文峪矿区 Se 含量低，一般比杨寨峪低一个数量级。因此陈光远认为用 S/Se 值判断成因可能有一定局限性。

金矿黄铁矿中 Cu、Pb、Zn 含量也具指示意义，在多金属硫化物型金矿中黄铁矿，其 Cu、Pb、Zn 含量高时，可作为富矿标志。小秦岭地区以多金属硫化物为主的文峪金矿黄铁矿 Cu+Pb+Zn 值在 $n \cdot 1000 \sim n \cdot 10000 \cdot 10^{-6}$，仅一个高程段为 $n \cdot 100 \cdot 10^{-6}$。而以石英脉型为主的杨寨峪金矿黄铁矿 Cu+Pb+Zn 值在 $n \cdot 100 \sim n \cdot 1000 \cdot 10^{-6}$，显示了多金属硫化物型金矿黄铁矿中富 Cu、Pb、Zn 的特征。

总之，金矿中黄铁矿的化学成分及微量元素含量，对于金矿研究中的矿床成因类型、成矿阶段、矿床剥蚀程度及矿化强度是有意义的。前人曾做了大量工作，但多数规律尚需继续研究，这些规律很可能在一个矿床（田）中是存在的，因而是有意义的。陈光远总结的矿化强度判别指标，对中深部找矿是具有指导意义的。即：

（1）金矿黄铁矿中都具有 Au+Ag 异常，且随着矿化强度增大而升高；

（2）金矿围岩和无矿段黄铁矿具微量元素异常，且随着矿化强度增大而升高，在富矿地段达到最大值，它比无矿段高 1～2 个数量级；

（3）金矿黄铁矿中微量元素最高的是 Cu+Pb+Zn，其次是 As+Sb+Bi，再次是 Co+Ni；

（4）Te、Au 常一同运移富集，在胶东 Te>$1.1 \times 10^{-6}$ 是指示金矿化标志。在小秦岭地区也适用；

（5）黄铁矿中 As 与 Co、Ni 含量，可作为评价金矿规模的标志，富 As 贫 Co+Ni 是大矿标志，反之为中小矿床；

（6）多金属硫化物型金矿床，其 Cu+Pb+Zn 含量高时，为富矿标志。

## （二）方　铅　矿

方铅矿在区内金矿床矿石中都出现，多呈少量矿物，少数呈次要矿物，但在文峪、东闯、金硐岔等矿床中构成金铅共生矿床，铅的储量可达小-中型。

方铅矿是载金矿物，主要是载银矿物。在一些矿区出现碲铅矿。

方铅矿密度 $7.37 \sim 7.80 \text{g/cm}^3$，硬度 $61.30 \sim 98.70 \text{kg/mm}^2$，其他物理参数见表 4.55。

表 4.55　方铅矿部分物理参数

| 反射率/（μm/%） | 单位晶胞棱长/（$10^{-10}$m） | 比磁化率/（$10^{-6}$cm³/g） | 热电系数/（μm/℃） | 红外光谱 |
|---|---|---|---|---|
| $\dfrac{629 \sim 580 \sim 540}{39.70 \sim 40.32 \sim 40.93}$ | $a_0 = 5.939$ | −0.65 | +250 ～ +285 | 结构 NaCl 型，从 4000～300cm⁻¹ 范围是连续的，不出现明显的吸收峰 |

方铅矿多呈自形–半自形立方体。根据东闯和金渠沟矿区统计，其粒度以细粒和微粒为主（粒径在 1~0.074mm），>1mm 和<0.074mm 者较少（表 4.56）。

方铅矿主要赋存于黄铁矿、黄铜矿及石英粒间。晶形较完整；也有方铅矿呈他形晶交代其他矿物或呈细脉、网脉状充填于裂隙中，当方铅矿密集时，可形成不规则团块状、网脉状及浸染状分布。

根据东闯矿区分析，方铅矿化学成分 Pb：87.00%~84.61%，S：14.39%~11.59%，大体与其理论成分相当（表 4.57）。

表 4.56　方铅矿粒度统计表

| 粒级/mm | 含量/% | | | | |
|---|---|---|---|---|---|
| | S507 | S502 | S501 | S540 | 金渠沟 |
| >1 | 9.93 | 16.22 | 7.96 | 21.36 | 15.68 |
| 1~0.8 | 1.81 | 6.80 | 5.44 | 16.90 | 17.04 |
| 0.8~0.4 | 10.37 | 13.94 | 26.55 | 12.77 | |
| 0.4~0.15 | 28.11 | 21.27 | 31.46 | 42.17 | 57.71 |
| 0.15~0.074 | 20.63 | 9.70 | 13.55 | 3.23 | |
| 0.074~0.04 | 8.60 | 7.09 | 7.80 | 1.10 | 7.41 |
| 0.04~0.02 | 12.91 | 9.20 | 3.99 | 1.17 | 2.16 |
| <0.02 | 7.64 | 15.78 | 3.25 | 1.30 | |

表 4.57　方铅矿化学成分表

| 元素 | 含量/% | | | |
|---|---|---|---|---|
| | S507 | S504 | S502 | S501 |
| Pb | 86.49 | 87.00 | 87.57 | 84.16 |
| S | 12.78 | 13.00 | 11.59 | 14.39 |

注：电子探针分析。

上表说明 S504、S502 矿脉 Pb 比理论含量略高，S507 和 S501 略低；S507、S504、S502 矿脉 S 含量比理论含量均略低，只有 S501 矿脉 S 含量略高。而主要矿脉 S507 中 Pb 和 S 均比理论含量低。说明同一矿区中不同矿脉方铅矿化学成分存在差别。

方铅矿中 Au、Ag 含量差异大，多数含 Ag 高，含 Au 低（表 4.58）。

表 4.58　方铅矿中 Au、Ag 含量表

| 元素 | 东闯/10^{-6} | | | 金渠沟/10^{-6} | 杨寨峪/10^{-6} |
|---|---|---|---|---|---|
| | S507 | S504 | S540 | | |
| Au | 6.40 | 0.1 | 0.48 | 10.94 | 4.66 |
| Ag | 440 | 321 | 481 | 654.5 | |

根据罗铭玖等（1991）分析，本区金矿方铅矿中部分微量元素含量见表 4.59。Au、

Ag 单位为 $10^{-6}$，其他元素为 $10^{-2}$。

同时，Au 与 Ag、Co 与 Ni、Ag 与 Cu、Ni、S 为正相关关系。

**表 4.59 方铅矿部分微量元素表**

| Cu | Sb | Co | Ni | Au | Ag |
|---|---|---|---|---|---|
| 0.018 | 0.021 | 0.00019 | 0.00076 | 1.03 | 598.69 |

## （三）黄 铜 矿

黄铜矿在区内金矿中为次要或少量矿物，但在一些矿床的部分矿体或主要矿体的部分区段可以达到工业品位。因此，黄铜矿在区内含量普遍，但含量差异大。

黄铜矿呈铜黄色，密度 $4.222g/cm^3$，压入硬度 $161.49 \sim 245.76kg/mm^2$，反射率 $547\mu m$ 时为 43.5%。单位晶胞棱长 $a_0 = 5.2904 \times 10^{-10} m$，比磁化率 $16.87 \times 10^{-6} cm^3/g$。远红外吸收强，特征峰 $360cm^{-1}$，其他峰值为 $373cm^{-1}$，$322cm^{-1}$（罗铭玖等，1991）。

根据金渠沟金矿资料，黄铜矿粒度分级如下：

粒级（mm）>2    2~1    1~0.5    0.5~0.074    0.074~0.037    <0.037
含量（%）8.35    11.15    14.42    50.80    14.12    1.16

由上述可知细微粒黄铜矿最多，占到90%以上，呈他形粒状集合体，脉状或浸染状分布，多在石英或黄铁矿裂隙或粒间，常与自然金、方铅矿、闪锌矿等共生。

黄铜矿的部分元素分析结果是：S 为 35.05%；Cu 为 30.00%。与理论成分相比 S 略高，Cu 低。Co：0.0043%；Ni：0.0030%；As：$9.33 \times 10^{-6}$。Co/Ni = 1.43。

黄铜矿中 Au、Ag 含量变化大（表 4.60）。

表 4.60 说明，黄铜矿中金含量为 $0.23 \times 10^{-6} \sim 151.5 \times 10^{-6}$，北中矿带最高，中矿带各矿脉中含金量存在较大差异。

**表 4.60 黄铜矿中 Au、Ag 含量表**（单位：$10^{-6}$）

| 矿区 | | Au | Ag |
|---|---|---|---|
| 金渠沟 | | 151.5 | |
| 和尚洼 | | 9.40 | 196.00 |
| 杨寨峪 | | 1.85 | |
| 东闯 | S507 | 3.75 | 237.2 |
| | S504 | 24.00 | 257.00 |
| | S540 | 0.23 | |

## （四）闪 锌 矿

闪锌矿在区内金矿中含量很少。在石英多金属硫化物型的东闯矿区，不同矿脉中含量为 0.13%~0.30%，其他石英黄铁矿型矿区就更少了。

闪锌矿颜色为浅黄-黑褐色，部分物理参数列于表 4.61。

表 4.61　闪锌矿部分物理参数

| 反射率/(μm/%) | 单位晶胞棱长/$10^{-10}$m | 比磁化率/($10^{-6}$cm³/g) | 红外光谱 |
|---|---|---|---|
| 黄　色$\underline{17.94 \sim 17.95 \sim 17.82}$　　黄褐色$\underline{19.57 \sim 19.89 \sim 19.46}$　　620~580~540 | 5.403 ~ 5.417 | 6.16 | 远红外吸收热，有 330cm$^{-1}$、320cm$^{-1}$、274cm$^{-1}$三个吸收峰 |

　　闪锌矿多为半自形粒状，粒径 0.12 ~ 1mm，分布于黄铁矿粒间，或与黄铜矿、方铅矿共生（呈细脉状）。也有星点状散布于石英粒间。

　　闪锌矿部分元素含量见表 4.62。

　　闪锌矿中 Au 高于 Ag，但总体均偏低。在和尚洼矿区其 Au 为 32.00×10$^{-6}$，Ag 为 34.00×10$^{-6}$。

表 4.62　闪锌矿部分元素分析结果

| 元素 | S | Zn | Pb | Fe | Cd | Co | Ni | Au/$10^{-6}$ | Ag/$10^{-6}$ |
|---|---|---|---|---|---|---|---|---|---|
| 含量/% | 32.30 | 62.56 | 0.41 | 1.71 | 0.705 | 0.00125 | 0.01 | 7.40 | 0.38 |

## （五）石　　英

　　石英是本区金矿最主要的脉石矿物，形成于四个阶段：Ⅰ阶段石英为乳白色块状集合体，含大量气液包裹体，压碎拉长和波状消光明显，构成石英脉主体；Ⅱ阶段石英烟灰色或灰白色，细脉或网脉状，透明度稍好，波状消光弱；Ⅲ阶段石英无色透明、半透明，自形–半自形晶及晶簇，包裹体少；Ⅳ阶段石英呈白色，与方解石组成细脉或致密块状。其物理特征见表 4.63。

表 4.63　小秦岭金矿田不同世代石英部分物理特征

| 石英世代 | Ⅰ | Ⅱ | Ⅲ | Ⅳ |
|---|---|---|---|---|
| 形态 | 致密块状 | 细粒状 | 晶簇状 | 玉髓状 |
| 晶形 | 他形粒状 | 粒状、纤状 | 半自形、自形柱状 | 隐晶质 |
| 矿物含量/% | 60 ~ 70 | 10 ~ 20 | 1 ~ 5 | 1 ~ 5 |
| 粒度/mm | 1 ~ $n \cdot$ 10 | 0.02 ~ 0.1 | 5 ~ 100 | <0.1 |
| 颜色 | 乳白色 | 灰色、深灰色 | 无色 | 灰白、灰褐色 |
| 透明度 | 不透明至半透明 | 不透明至半透明 | 不透明至半透明 | 不透明 |
| 产出特征 | 构成石英脉基本轮廓 | 呈细脉状、粒状分布于石英Ⅰ中 | 呈晶簇状分布于石英Ⅰ和Ⅱ中 | 呈细脉状团块状分布于石英Ⅰ中 |

　　Ⅱ、Ⅲ阶段为成矿阶段石英，具找矿指导意义。

**1. 化学成分**

　　据黎世美等研究，Ⅰ阶段石英 SiO$_2$平均含量为 99.58%，微量元素含量占 0.42%；Ⅱ阶段石英 SiO$_2$平均含量为 99.33%，微量元素含量占 0.67%，明显高于第Ⅰ阶段石英。

多数人认为石英中微量元素含量特征对金矿化有标型意义。S60 矿脉石英中微量元素含量见表 4.64。

**表 4.64　杨寨峪 S60 矿脉不同标高和不同矿化阶段石英微量元素平均含量表**（据黎世美等，1996）

| 矿化阶段 | 标高/m | | 样品数 | Al | K | Na | Ca | Sr | Ba | Cu | Pb | Zn |
|---|---|---|---|---|---|---|---|---|---|---|---|---|
| I | 高 | 2056~1936 | 7 | 0.031 | 56 | 33 | 58 | 0.47 | 7.7 | 66 | 6 | 2.5 |
| I | 中 | 1904~1874 | 4 | 0.027 | 99 | 20 | 114 | 1.45 | 15.2 | 69 | 5 | 2.7 |
| I | 低 | 1794 | 2 | 0.008 | 217 | 26 | 65 | 4.8 | 105 | 69 | 1.4 | 8.9 |
| II | 高 | 1967 | 1 | 0.007 | 42 | 33 | 35 | 0.90 | 5.7 | 201 | 13 | 7.7 |
| II | 低 | 1872 | 1 | 0.005 | 200 | 77 | 1315 | 11 | 69 | 131 | 13 | 24 |
| I | 低 | 898 | 2 | 0.003 | 60 | 28 | 83 | 2.0 | 74 | 106 | 7 | 13 |

| 矿化阶段 | 标高/m | | 样品数 | Rb | Au | Ag | As | Sb | Bi | Li | Ti | 矿化富集段 |
|---|---|---|---|---|---|---|---|---|---|---|---|---|
| I | 高 | 2056~1936 | 7 | 1.0 | 0.032 | 0.13 | 0.11 | 0.43 | 0.64 | 0.29 | 14 | 上部 |
| I | 中 | 1904~1874 | 4 | 1.1 | 0.009 | 0.09 | 0.10 | 0.60 | 0.33 | 0.18 | 10 | |
| I | 低 | 1794 | 2 | 0.5 | 0.019 | 0.15 | 0.12 | 0.86 | 0.41 | 0.29 | 15 | |
| II | 高 | 1967 | 1 | 0.9 | 0.85 | 0.60 | 0.22 | 2.34 | 2.40 | 0.09 | 14 | |
| II | 低 | 1872 | 1 | 0.3 | 2.93 | 0.84 | 0.18 | 0.82 | 3.92 | 0.21 | 19 | |
| I | 低 | 898 | 2 | 0.7 | 0.097 | 0.43 | 0.07 | 1.19 | 0.86 | 0.17 | 11 | 下部 |

注：Al 单位为%，其他元素为 $10^{-6}$。

表 4.64 说明，①上部 I 阶段石英的 Al、Pb 含量随标高降低而减少，K、Sr、Ba、Cu、Zn、Sb 随标高降低而增高，其他元素无规律。II 阶段石英以含较高的 Au、Ag、Cu、Pb、Zn、As、Bi 为特征，反映主成矿阶段元素富集，I 阶段石英以相对富集 Al、Li 指示含矿性差。②898m 标高处 I 阶段石英比上部 I 阶段石英 Al、Li、As 含量低，而 Au、Ag、Zn、Cu、Pb、Sb、Bi 高。

**2. 热发光特征**

杨寨峪 S60 矿脉石英的热发光测定结果见图 4.101，图中显示含矿石英热发光总强度比较弱，曲线较平缓，300℃左右发光峰有的比较明显，有的则不太明显，低温发光峰不明显。而矿脉和围岩中无矿石英则低温发光峰十分较明显，在 180~210℃ 发光峰强度最大。反映了含矿与不含矿两种石英热发光具明显差异，说明热发光特征可作为找矿的标志。

**3. 石英红外光谱学特征**

S60 矿脉含矿与不含矿石英的红外光谱特征见图 4.102。图中 2229~2246cm$^{-1}$ 吸收带为石英固有的吸收振动范围；2344~2347cm$^{-1}$ 吸收带为石英包裹体中 $CO_2$ 所引起；3386~3422cm$^{-1}$ 吸收带为石英包裹体中 $H_2O$ 的波动引起。其中含矿石英 $CO_2$ 引起的吸收强度大于无矿石英，前者呈"谷"，后者呈"峰"。

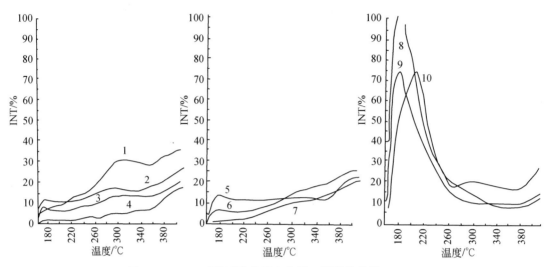

图 4.101　S60 矿脉石英热发光曲线（据黎世美等，1996）

1~7 示含矿石英脉；8~10 示无矿石英脉；INT. 发光强度

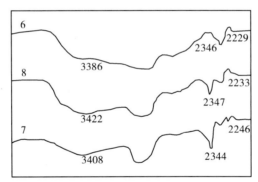

图 4.102　S60 矿脉石英红外线光谱图

6. 无矿石英；7、8. 含矿石英

　　根据石英固有吸收带及 $H_2O$ 和 $CO_2$ 吸收带的强度，计算了吸收的相对光密度 $D_0$（石英）、$D_1$（$H_2O$）和 $D_2$（$CO_2$）及其比值（表 4.65）。在含金较高的石英中，$CO_2$ 吸收光密度 $D_2$ 较大，$D_2/D_0$ 值大于 1，其 $D_2/D_1$ 值也高于含金较低的石英的相对比值，说明含金较高的石英包裹体中 $CO_2$ 含量也高。

表 4.65　S60 矿脉石英红外光谱参数表（据徐泽仙等）

| 样号 | 产出标高/m | 相对光密度 | | | | | | 含金量/$10^{-6}$ |
|---|---|---|---|---|---|---|---|---|
| | | $D_0$ | $D_1$ | $D_2$ | $D_2/D_0$ | $D_1/D_0$ | $D_2/D_1$ | |
| 1996-1 | 1996 | 0.179 | 0.720 | 0.392 | 1.99 | 3.65 | 0.54 | 0.08 |
| 1996-5/b | 1996 | 0.247 | 1.305 | 0.143 | 0.58 | 5.28 | 0.11 | 0.06 |
| 1936-4 | 1936 | 0.126 | 0.683 | 0.284 | 2.25 | 5.42 | 0.42 | 0.10 |

续表

| 样号 | 产出标高/m | 相对光密度 | | | | | | 含金量/10⁻⁶ |
|---|---|---|---|---|---|---|---|---|
| | | $D_0$ | $D_1$ | $D_2$ | $D_2/D_0$ | $D_1/D_0$ | $D_2/D_1$ | |
| 1872-10/b | 1872 | 0.129 | 0.364 | 0.493 | 3.82 | 2.82 | 1.35 | 0.10 |
| 1872-ZKW | 1872 | 0.264 | 0.558 | 0.027 | 0.10 | 2.11 | 0.05 | 0.05 |
| 1833-WT₂ | 1833 | 0.184 | 0.897 | 0.284 | 1.54 | 4.88 | 0.32 | 0.08 |
| 1833-WT₄ | 1833 | 0.132 | 0.698 | 0.129 | 0.98 | 5.29 | 0.18 | 0.06 |

**4. 爆裂温度**

据前人对区内 11 个金矿床研究，含金石英脉的爆裂温度分为两组。其中一组大于310℃，另一组小于265℃。反映为两期热液活动产物（表4.66）。

表4.66　小秦岭主要金矿床含金石英脉包体爆裂温度表

| 矿床名称 | 潼关 | 东桐峪 | 文峪 | 东闯 | 老鸦岔 | 金硐岔 | 红土岭 | 杨寨峪 | 大湖 | 灵湖 | 周家山 |
|---|---|---|---|---|---|---|---|---|---|---|---|
| 爆裂温度/℃ Ⅰ组 | 125~175 | 85~110 | 98~125 | 85~126 | 110~115 | 100~156 | 120~165 | 100~156 | 90~200 | 140~254 | 162~265 |
| Ⅱ组 | 315~350 | 310~375 | 340~375 | 330~368 | 312~450 | 330~368 | 320~355 | 320~368 | 320~355 | 320~375 | 330~368 |

高温组热液活动具区域性，温差不大，为早期石英脉主体形成的热液活动；中低温组热液活动与金矿化有关，各矿床间温差变化较大，是中晚期热液活动产物。从热爆曲线特征可以看出：早期无矿脉石英为高温单峰或平直线型；晚期（成矿期）脉石英为中低温单峰型（图4.103）。如果晚期金矿成矿热液叠加在早期石英脉上，则早期石英脉的平直线型变成中低温单峰型，而高温单峰型变成多峰型（图4.104）。所以有金矿化的石英脉必有晚期金矿成矿流体包裹体，热爆曲线上有中低温峰，而且峰越高越宽矿化越好（图4.105）。据此可判别该区石英脉的含金性及金的矿化强度，是找矿及矿床评价的重要标志。

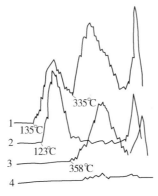

图4.103　含金石英脉热爆曲线类型
1. 双峰型；2. 中低温单峰型；3. 高温单峰型；4. 无峰型

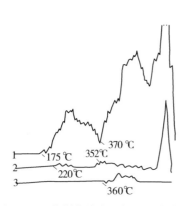

图 4.104　热爆曲线类型与金矿化关系

1. 富金矿石; 2. 贫金矿石;
3. 无金矿化石英脉

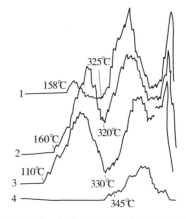

图 4.105　各类岩矿热爆曲线对比图

1. 燕山期花岗岩 (文峪) 热爆曲线; 2. 花岗岩后期石英脉热爆曲线;
3. 含金石英脉热爆曲线; 4. 未蚀变围岩 (片麻岩) 热爆曲线

## (六) 金的金属量平衡概算

根据前述主要载金矿物中的金含量, 概算了它们在矿床中所贡献的金量。结果表明, 黄铁矿不但是金的主要载体矿物, 而且也是金的主要富集矿物。在金的贡献中仅次于黄铁矿的是自然金 (和银金矿); 第三位则多数为石英 (脉石) (表 4.67)。其他矿物贡献率很低。

表 4.67　金的金属量平衡计算表

| 矿物名称 | 四范沟 (东段) 矿区 | | | | 和尚洼矿区 | | | |
|---|---|---|---|---|---|---|---|---|
| | 矿物含量/% | 金品位/$10^{-6}$ | 分配量 | 分配率/% | 矿物含量/% | 金品位/$10^{-6}$ | 分配量 | 分配率/% |
| 自然金 | | | 1.654 | 24.69 | | | 4.005 | 32.56 |
| 黄铁矿 | 7.80 | 60.00 | 4.68 | 69.85 | 7.15 | 100.00 | 7.510 | 61.06 |
| 方铅矿 | 0.04 | 2.80 | 0.001 | 0.015 | | | | |
| 黄铜矿 | 0.003 | 151.5 | 0.005 | 0.075 | 1.00 | 9.40 | 0.094 | 0.76 |
| 脉石 | 90.00 | 0.40 | 0.35 | 5.37 | 90.92 | 0.76 | 0.691 | 5.26 |
| 合计 | 97.84 | | 6.70 | 100.00 | 99.43 | | 12.30 | 100.00 |

| 矿物名称 | 金渠沟矿区 | | | | 大湖矿区 | | | |
|---|---|---|---|---|---|---|---|---|
| | 矿物含量/% | 金品位/$10^{-6}$ | 分配量 | 分配率/% | 矿物含量/% | 金品位/$10^{-6}$ | 分配量 | 分配率/% |
| 自然金 | | 851230 | 1.228 | 20.47 | | | 2.859 | 47.65 |
| 黄铁矿 | 10.00 | 44.00 | 4.40 | 73.33 | 6.65 | 46.00 | 3.059 | 47.65 |
| 方铅矿 | 0.83 | 2.62 | 0.022 | 0.37 | 石英 63.50 | 0.041 | 0.026 | 0.43 |
| 黄铜矿 | 0.0015 | 151.5 | 0.002 | 0.03 | 其他脉石 28.04 | 0.20 | 0.056 | 0.93 |
| 脉石 | 87 | 0.40 | 0.348 | 5.80 | | | | |
| 合计 | 98.83 | | 6.00 | 100.00 | 98.19 | | 6 | 99.99 |

值得注意的是黄铜矿, 在金渠沟矿区, 黄铜矿虽然含量很少, 但含金高达 $151.5 \times 10^{-6}$, 因此在北中矿带, 黄铜矿也是一个重要的载体矿物。

# 第八节 成矿期次与成矿阶段

由于区内构造运动具有多期次和继承性特点，造成了成矿作用的多期次、多阶段性，根据矿物生成顺序、共生组合、成矿物理化学条件，将区内的金矿划分为两个成矿期、四个成矿阶段。

## 一、含矿构造的演化

### 1. 成矿期前

成矿前，本区长期处于稳定抬升状态，大约自加里东期至华力西期，区内随同秦岭褶皱带的南北向挤压，出现基性岩脉。印支期，由于扬子板块和华北板块的最终拼合，南北向挤压加强，以辉绿岩为主的基性脉岩大量发育。这些自加里东期开始出现的基性脉岩，具有冷侵位特征，对围岩没有产生影响，这些基性脉岩也不具金矿化。

### 2. 成矿期

成矿期发生于燕山期，随着华北地幔亚热柱的形成及活动，在本区逐渐形成华熊幔枝构造，由于大量岩浆向上侵位使地壳抬升，减薄，同时受原南北向挤压作用的影响，产生大量与区域构造走向一致的近东西向剪切带，鄂霍茨克板块和伊佐岐板块向西俯冲、挤压，造成剪切带的逆时针扭动，使剪切带内产生张性裂开，从而成为含矿热液中金等成矿沉淀的场所，形成了以黄铁矿-石英为主的含金脉体。

### 3. 成矿期后

燕山晚期由于逆时针扭动的继续，以及后来四川期的构造作用，使本区拉张、断陷、走滑、逆冲等构造作用进一步发展，其结果是部分矿体被错断，这种断开以逆时针为主，但也存在顺时针断开。在区域上则表现出盆岭构造的形成。

## 二、成矿期次与成矿阶段

根据控矿构造、热液活动期次，将本区金矿主要成矿期次划分为成矿前期（早期），成矿期和成矿期后。

### 1. 成矿早期

黄铁矿-石英阶段（Ⅰ阶段）：石英脉沿断裂贯入，石英占95%以上。呈乳白色，他形粒状，含较多个体较大的气液包裹体。金属矿物只有含量很少的自形-半自形立方体黄铁矿，粒径粗大，多为3~10mm以上，呈浸染状分布。金矿化极弱，但为以后多阶段矿化叠加提供了依附体。

### 2. 成矿期

①石英-黄铁矿阶段（Ⅱ阶段）：为主要成矿阶段。硅质沿早期石英脉及构造岩裂隙充填，形成复合石英脉体，由于以渗透交代为主，不易看到穿插关系。但以烟灰色石英（二期石英）为特征加以区别。该期石英含气液包裹体少且小，常交代一期石英。黄铁矿

粒度小呈自形–半自形–他形粒状，以立方体为主，少部分为五角十二面体，与金矿化关系密切。与之共生的还有白钨矿、辉钼矿等，它们经常叠加在一期石英脉之上。②石英–多金属硫化物阶段（Ⅲ阶段）：多金属含矿热液仍以裂隙充填及交代方式叠加于Ⅰ、Ⅱ两期石英脉复合体或构造蚀变岩中，但发育不普遍。仅在含金石英脉中部的局部地段出现。主要金属矿物为黄铁矿、黄铜矿、方铅矿、闪锌矿、自然金、金银矿以及微量的碲金矿、碲金银矿、斑铜矿、碲铅矿、辉碲铋矿等。黄铁矿多呈半自形–他形粒状，颗粒细小，多裂纹与其他多金属硫化物共生。金矿物除自然金以外，还出现银金矿、碲金矿、碲金银矿等。

**3. 成矿期后**

碳酸盐–石英阶段（Ⅳ阶段）：进入矿化末期，成矿元素在前几个阶段已大量淀出，该阶段主要形成脉状或细脉状石英及碳酸盐矿物–方解石、白云石、铁白云石及微量黄铁矿、自然金等。该期金矿化微弱。

**4. 表生期**

区内矿体剥蚀程度低，氧化矿石分布局限，主要沿构造裂隙发育，表现在硅铝矿物次生变化为黏土矿物；黄铁矿、黄铜矿、方铅矿等次生变化为褐铁矿、斑铜矿、蓝辉铜矿、铜蓝、孔雀石、白铅矿、铅矾、黄钾铁矾等。

# 第九节　矿化、蚀变类型分带及其强度分带

## 一、不同矿化类型和强度的水平分带

### （一）矿化类型划分

小秦岭金矿田中，石英脉型金矿是最主要的矿化类型，分布广泛。构造蚀变岩型金矿数量很少，只分布在小河–周家山脆韧性剪切带内及其以南的驾鹿一带。含金石英脉的矿化类型，依据矿脉中金属硫化物的种类和含量多少划分出多金属硫化物型、黄铜矿–黄铁矿型和少黄铁矿（少硫化物）型等三个矿化类型（表4.68）。在北矿带内有少数黄铁矿型矿脉，黄铁矿含量10%~20%，呈粗晶或巨晶集合体状分布，常伴有辉铋矿出现。这类矿脉仍划入黄铜矿–黄铁矿类型。不同矿化类型的含金石英脉具不同的矿物组合，其特征见表4.69。

**表4.68　含金石英脉矿化类型**

| 矿化类型／项目 | 多金属硫化物型（A） | 黄铜矿–黄铁矿型（B） | 少黄铁矿（少硫化物）型（C） |
|---|---|---|---|
| 主要金属硫化物 | 黄铁矿、方铅矿（闪锌矿） | 黄铁矿 | 黄铁矿 |
| 次要金属硫化物 | 黄铜矿、闪锌矿 | 黄铜矿（磁黄铁矿） | |
| 金属硫化物总量 | 20%~30% | 5%~20% | 1%~5% |

表 4.69　不同矿化类型含金石英脉的矿物组成表

| 矿物类型 | 多金属矿化物型（A） | | 黄铜矿-黄铁矿型（B） | | 少黄铁矿（少硫化物）型（C） |
|---|---|---|---|---|---|
| | S505 | S9 | S60 | S410 | S319、S421（大南沟） |
| 主要矿物（>5%~10%） | 石英、黄铁矿、方铅矿 | 石英、黄铁矿、闪锌矿、方铅矿 | 石英、黄铁矿（黄铜矿）① | 石英、黄铁矿（黄铜矿）① | 石英、黄铁矿 |
| 次要矿物（1%~5%） | 黄铜矿、闪锌矿、方解石、白云石、铁白云石 | 黄铜矿、方解石、白云石、铁白云石 | 黄铜矿、方铅矿、闪锌矿、方解石、白云石 | 黄铜矿、闪锌矿、方铅矿、方解石、铁白云石 | 磁铁矿、绢云母、微斜长石 |
| 微量矿物（<1%） | 磁铁矿、钛铁矿、黑钨矿、重晶石、菱铁矿、辉钼矿、磁黄铁矿、斑铜矿、金红石、榍石、锆石、自然金 | 磁铁矿、黑钨矿、金红石、榍石、菱铁矿、镜铁矿、重晶石、自然金、自然银、斑铜矿 | 磁铁矿、白钨矿、黑钨矿、钛铁矿、金红石、锆石、磁黄铁矿、碲铋矿、碲铅矿、自然金、自然银、银金矿、斑铜矿 | 磁铁矿、钛铁矿、金红石、榍石、锆石、白钨矿、菱铁矿、磁黄铁矿、黝铜矿、斑铜矿、自然金 | 黄铜矿、斑铜矿、闪锌矿、方铅矿、自然金 |
| 表生矿物 | 铜蓝、孔雀石、铅矾、白铅矿、褐铁矿、辉铜矿 | 蓝铜矿、铜蓝、孔雀石、铅矾、白铅矿、褐铁矿、针铁矿、辉铜矿 | 辉铜矿、蓝铜矿、孔雀石、铅矾、白铅矿、褐铁矿 | 蓝铜矿、蓝辉铜矿、铜蓝、孔雀石、铅矾、白铅矿、褐铁矿 | 褐铁矿、铜蓝、孔雀石、赤铁矿、针铁矿 |

## （二）矿化类型和矿化强度的水平分带

研究表明，不同矿化类型在空间上具有水平方向的分带性。围绕燕山期黑云母花岗岩（文峪岩体），矿脉自北向南，依次出现多金属硫化物型、黄铜矿-黄铁矿型、少黄铁矿（少硫化物）型分带，呈半圆形（图 4.106）。各类型分布范围具东宽西窄的带状特征，且由东向西有逐渐收敛的变化趋势。

在小秦岭石英脉型金矿中，矿化类型往往标志着矿脉的金矿化强度，多金属硫化物型矿脉金矿化最好，其次为黄铜矿-黄铁矿型矿脉，一般少黄铁矿型矿化较差。矿化类型的水平分带性也反映了矿化强度的水平分带特征，即从岩体向外出现由强矿化→次强矿化→弱矿化的变化规律。

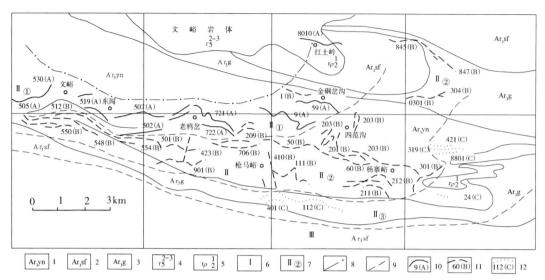

图 4.106　小秦岭金矿田矿化类型水平分带示意图

1. 杨寨峪片麻岩；2. 四范沟花岗岩；3. 观音堂组；4. 燕山期花岗岩；5. 五台期花岗伟晶岩；6. 矿化分带编号
[Ⅰ. 无（或弱）矿化带；Ⅱ. 强矿化带；Ⅲ. 弱矿化带]；7. 亚带编号（Ⅱ①多金属型；Ⅱ②黄铜、黄铁矿型；
Ⅱ③少黄铁矿型）；8. 矿化带界线；9. 亚带界线；10. 多金属型矿脉及编号；11. 黄铜、黄铁矿型矿脉及编号；
12. 少黄铁矿型矿脉及编号

# 二、不同矿化类型和强度的垂向分带

## （一）矿化类型的垂向分带

截至目前，小秦岭地区还未见到一条在矿化类型上具有明显的垂向分带的矿脉，这表明矿脉中金属硫化物共生组合特征在较大范围内（沿走向、倾向）具有稳定性。如文峪矿区多金属矿化物型矿脉 S505，由地表（2000m 标高）到 1524m 中段，在高差 500m 范围内，矿化类型未见改变；杨寨峪矿区 S60 号矿脉上部矿化富集段（高差 560m）为黄铜矿-黄铁矿型，再向下延至 900m 标高矿化类型仍未改变。由于矿脉目前的开采深度浅和勘探深度一般不超过 500m，所以矿化类型在垂向上的变化在单脉中不易被发现。通过研究本区内矿脉深部金矿地质及野外追索调查，结合矿脉类型在宏观上的空间分布特征，认为矿脉的垂向分带性仍可能存在。依据如下：

（1）在强矿化带内，矿脉的矿化类型水平分带较明显，具较强的规律性，预示着垂向分带的可能性。

（2）大型矿脉在走向上矿化类型有转变迹象。如 S60 号矿脉西段上部，多金属矿化在局部较发育，而东段则普遍不发育；又如 S505 号矿脉在黑石窑-西路将多金属硫化矿物十分发育，而东段（西路将-南闯）则明显减弱，变为以黄铜矿-黄铁矿化为主。由此可推知，沿垂向有可能发生矿化类型转变。

（3）在垂向上，根据深部钻孔资料，矿脉的矿化类型向下有转变趋势。如 S505 号矿脉，在 1500m 标高以上矿脉属多金属硫化物型，而在 1500m 标高以下多金属硫化物方铅矿、闪锌矿、黄铜矿等含量很少（微量），呈细网脉状，而黄铁矿矿化发育。

（4）位于北矿带的 F5 号矿脉，从地表（825m）至 600m 标高之间以黄铁矿、少硫化物型为主，其下部从 600m 至 0m 标高范围内，矿化类型则由少硫化物型逐渐转向矿化蚀变岩，即由石英脉金矿转向构造蚀变岩型金矿。

综上所述，据不同矿化类型矿脉在小秦岭金矿中所出现的标高范围特征和矿脉沿倾向矿化类型的转变趋势，可将本区金矿化类型垂向分带（自上而下）归纳为四段式：多金属硫化物型→黄铜矿–黄铁矿型→少黄铁矿型→构造蚀变岩型。

## （二）矿化强度的垂向分带

研究表明，在垂向上（沿倾向）金矿化的强度是不均一的，但也不是无序的，富矿段和贫矿段往往出现在一定的标高范围内，显示出垂向上的分带性。通过对全区和文峪 S505 和杨寨峪 S60 号矿脉不同标高段金矿化强度进行研究，得出它们在垂向上矿化强度的变化规律。

### 1. 主要成矿元素含量的垂向变化

（1）对区内主要矿区矿脉不同高程主要成矿元素含量的研究，说明主要成矿和共（伴）生元素在垂向上具有规律性变化。在 1996m（地表）至 400m 标高的约 1600m 范围内，元素变化为：

① Au 在 1996～1480m 标高为高值区；1480～1000m 标高为低值区；860m 标高以下为又一个高值区，显示波状变化的形态。Ag 与 Au 大体同步变化，但一般 Ag 含量高于 Au，仅在个别高程低于 Au（表 4.70、图 4.107）。这种变化规律与区内金矿体的赋存高程基本一致，但各矿区略有差异。

**表 4.70　小秦岭金矿田主要成矿和伴生元素含量及元素对比值垂向变化表**

| 标高/m | Au | Ag | Mo | Co | Ni | Cu | Pb | $\dfrac{Au}{Ag}$ | $\dfrac{Au+Ag}{Mo}$ | $\dfrac{Au}{Cu}$ | $\dfrac{Au+Ag}{Co \cdot Ni}$ | $\dfrac{Au}{Co \cdot Ni}$ | $\dfrac{Pb+Ag}{Co \cdot Ni}$ | $\dfrac{Pb}{Mo}$ |
|---|---|---|---|---|---|---|---|---|---|---|---|---|---|---|
| 1996 (9) | 9136.61 | 2696.00 | 0.89 | 6.85 | 6.12 | 23.42 | 31 | 3.39 | 13295.07 | 390.12 | 912.31 | 217.94 | 65.05 | 34.83 |
| 1936 (11) | 3272.54 | 3420.00 | 2.69 | 21.66 | 8.48 | 167.78 | 78.82 | 0.96 | 2487.93 | 19.50 | 222.05 | 17.82 | 19.05 | 29.30 |
| 1872 (13) | 5050.03 | 4180.00 | 1.89 | 11.05 | 7.34 | 78.90 | 93.26 | 1.21 | 4883.61 | 64.01 | 501.90 | 62.26 | 52.69 | 49.34 |
| 1833 (7) | 19091.06 | 4251.00 | 4.68 | 22.35 | 6.33 | 280.12 | 107.18 | 4.49 | 4987.62 | 68.15 | 813.88 | 134.94 | 30.81 | 22.90 |
| 1790 (13) | 4512.35 | 13520.31 | 3.12 | 22.30 | 6.95 | 1176.49 | 20526.27 | 0.33 | 5786.83 | 3.84 | 616.47 | 29.12 | 219.69 | 6587.05 |

续表

| 标高 /m | Au | Ag | Mo | Co | Ni | Cu | Pb | $\frac{Au}{Ag}$ | $\frac{Au+Ag}{Mo}$ | $\frac{Au}{Cu}$ | $\frac{Au+Ag}{Co \cdot Ni}$ | $\frac{Au}{Co \cdot Ni}$ | $\frac{Pb+Ag}{Co \cdot Ni}$ | $\frac{Pb}{Mo}$ |
|---|---|---|---|---|---|---|---|---|---|---|---|---|---|---|
| 1755 (6) | 8970.00 | 29820.00 | 1.66 | 26.77 | 10.75 | 2156.90 | 49787 | 0.30 | 23367.47 | 4.16 | 1033.85 | 31.17 | 276.63 | 29992.17 |
| 1687 (12) | 6900.00 | 64700.00 | 0.45 | 27.70 | 16.20 | 7846.00 | 53385 | 0.11 | 159111.11 | 0.88 | 1630.98 | 15.38 | 263.15 | 118633.33 |
| 1650 (4) | 5400.00 | 117500.0 | 0.95 | 41.20 | 18.30 | 1709.00 | 97535 | 0.05 | 129368.42 | 3.16 | 2065.55 | 7.16 | 285.21 | 102668.4 |
| 1590 (6) | 6300.00 | 43400.00 | 1.07 | 45.60 | 37.00 | 5369.00 | 33593 | 0.15 | 46448.60 | 1.17 | 601.69 | 3.73 | 45.63 | 31395.33 |
| 1524 (4) | 2740.00 | 150600.0 | 0.43 | 75.00 | 62.00 | 2361.00 | 28479 | 0.02 | 356604.65 | 1.16 | 1119.27 | 0.59 | 38.51 | 66230.23 |
| 1480 (3) | 54534.04 | 57120.09 | 4.27 | 14.59 | 36.63 | 135.27 | | 0.95 | 26168.94 | 403.16 | 2179.88 | 102.05 | | |
| 1400 (2) | 496.32 | 3977.92 | 17.15 | 36.27 | 14.20 | 24.75 | | 0.12 | 260.89 | 20.05 | 88.65 | 0.96 | | |
| 1340 (1) | 82.08 | 665.42 | 5.40 | 19.65 | 21.40 | 143.30 | | 0.12 | 138.43 | 0.57 | 18.21 | 0.20 | | |
| 1220 (2) | 219.36 | 1072.92 | 3.55 | 10.64 | 15.85 | 383.85 | | 0.20 | 364.02 | 0.57 | 48.78 | 1.30 | | |
| 1000 (1) | 77.11 | 4108.42 | 1.60 | 131.17 | 16.10 | 1885.90 | | 0.02 | 2615.95 | 0.04 | 28.42 | 0.04 | | |
| 860 (2) | 7930.43 | 27703.57 | 1.89 | 49.54 | 38.16 | 231.06 | | 0.29 | 18851.77 | 34.32 | 406.32 | 4.20 | | |
| 600 (10) | 919.14 | 1245.82 | 874.88 | 7.77 | 9.89 | 126.40 | | 0.74 | 2.47 | 7.27 | 122.56 | 11.95 | | |
| 500 (4) | 167.26 | 212.28 | 2800.4 | 10.04 | 7.01 | 79.83 | | 0.79 | 0.14 | 2.10 | 22.26 | 2.38 | | |
| 435 (4) | 330.44 | 402.25 | 408.34 | 6.79 | 10.39 | 35.32 | | 0.82 | 1.79 | 9.35 | 42.65 | 4.68 | | |
| 400 (5) | 1820.00 | 665.33 | 875.05 | 12.17 | 12.08 | 195.33 | 534.33 | 2.74 | 2.84 | 9.32 | 102.49 | 12.38 | 4.53 | 0.61 |

注：①高程一栏括号内数字为样品数；②Au、Ag 含量单位为 $10^{-9}$，其他元素为 $10^{-6}$。

②Mo 在 1996～860m 标高均为低含量区，其中含量略有变化。860m 标高以下显著升高。

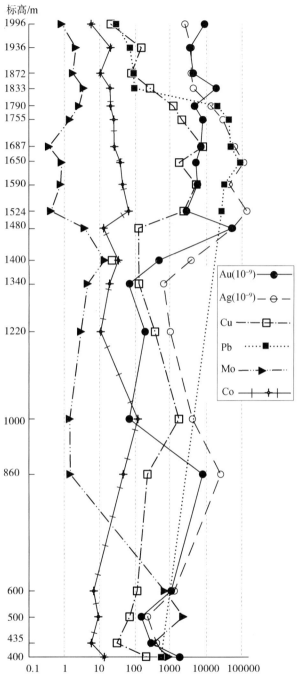

图 4.107　矿田主要成矿及伴生元素不同中段变化曲线

Au、Ag 单位为 $10^{-9}$，其他元素单位为 $10^{-6}$

③Pb 的最高含量在 1800～1524m 标高，向下、向上均降低。

Mo、Pb 含量变化与其矿化规律是一致的。

根据元素含量垂向变化，研究了元素对比值特征，主要元素对比值变化是：

　　Au/Ag 值总体平缓，多数<1，约半数<0.5，最高为 4.49（1833 中段）。在 1790～1524m 和 1400～860m 标高为低值区，比值<0.5。1800m 以上和 860m 以下为高值区，其比值较接近。上述 Au/Ag 比值高的区段为强矿化段，比值低的区段为弱矿化段或无矿段。说明 1800m 标高以上、860m 标高以下，Au、Ag 矿化强度是相似的，在高差达 1600m 的范围内 Au、Ag 矿化连续，但不是十分稳定。从而为深部预测提供了条件（图 4.108）。

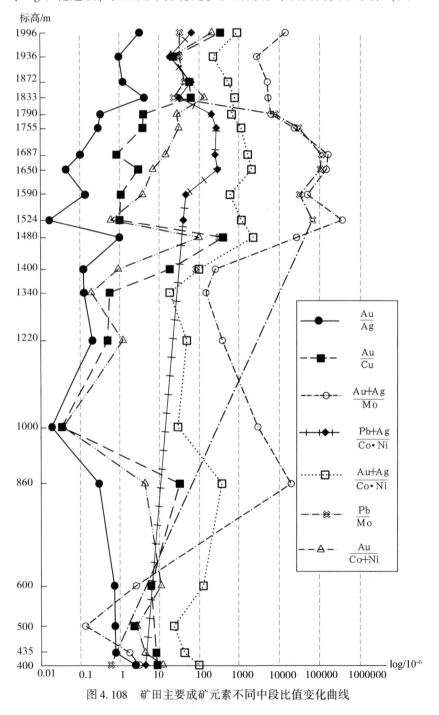

图 4.108　矿田主要成矿元素不同中段比值变化曲线

Au/Ag 值是金矿床中重要参数，据博伊尔等研究，Au/Ag 值一方面与矿物组合、成矿深度等有关，另一方面受成矿温度制约。而成矿热液的脉动造成不同矿化阶段（温度）的叠加，因此影响其值的变化。在小秦岭地区，不同矿化阶段叠加的现象是比较多见的，从而造成 Au/Ag 值变化范围大（由 0.02~4.49），变化规律不明显，如果与 Au、Ag 含量变化相结合，会更利于对深部成矿的肯定。

（2）Pb/Mo 和（Au+Ag）/Mo 值变化规律较明显且相似，它们往往同步升降，但在 1480m 标高迅速降低，反映 Pb 在上部富集和 Mo 在下部富集的特征。与 Au/Ag 值相比，区别是在 Au/Ag 的低值区升高了。

（3）Au/Cu、（Pb+Ag）/（Co+Ni）、Au/（Co+Ni）等的比值在多数区段与 Au/Ag 值比较一致，仅在 1800~1500m 标高的 Au/Ag 值低值区显示略有升高。这种特征很可能指示 Au 的弱矿化段。

总之，主要成矿元素含量在垂向上的波状变化比较明显，即标高由高到低矿化比较连续，但不十分稳定，而是起伏变化的。Ag 与 Au 大体同步变化，且 Ag 含量高于 Au；Pb 主要富集于上部；Mo 主要富集于下部。这些规律反映其在不同高程的元素含量和元素对比值变化中。

**2. 文峪矿区 S505 脉**

（1）矿脉上部矿化富集段矿化强度变化特征。在充分收集前人资料的基础上，对矿脉上部（标高 2000~1500m）9 个中段进行了详细地质观察和系统取样，研究了矿体特征、矿化强度、矿化类型等垂向变化特征。不同中段矿脉的矿化强度参数变化特征见图 4.109 和表 4.71。

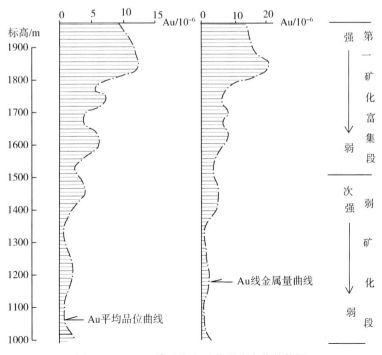

图 4.109　S505 脉垂向金矿化强度变化趋势图

**表 4. 71　　S505 矿脉不同中段矿化强度参数表**

| 矿脉所处标高/m | 矿体平均品位/$10^{-6}$ | 矿体平均厚度/m | 金线金属量/$10^{-6}$ | 金品位变化系数/% | 含矿率/% | 含脉率/% | 样品数/个 |
|---|---|---|---|---|---|---|---|
| 1900 ~ 2000（地表） | 9. 71 | 1. 39 | 13. 5 | 56. 02 | 71. 8 |  | 13※ |
| 1854 | 11. 84 | 1. 33 | 15. 75 | 98. 39 | 73. 2 | 76. 1 | 86 |
| 1821 | 12. 45 | 1. 71 | 21. 29 | 85. 72 | 64. 8 | 80. 7 | 200 |
| 1787 | 7. 00 | 1. 73 | 12. 11 | 113. 19 | 72. 5 | 83. 0 | 106 |
| 1755 | 5. 42 | 1. 16 | 6. 29 | 73. 32 | 48. 0 | 60. 9 | 121 |
| 1721 | 7. 40 | 0. 74 | 5. 48 | 149. 47 | 36. 0 |  | 244 |
| 1687 | 4. 51 | 1. 76 | 7. 94 | 129. 19 | 68. 7 | 78. 4 | 184 |
| 1650 | 3. 55 | 1. 50 | 5. 32 | 72. 53 | 60. 3 | 73. 3 | 123 |
| 1590 | 6. 58 |  |  | 124. 50 | 63. 5 |  | 24※ |
| 1524 | 3. 43 |  |  | 104. 9 |  | 61. 3 | 15※ |

注：※数据黎世美等（1996）；含脉率一栏来源于野外实测资料，其他栏内数据来源于《文峪金矿 S505、530 脉深部预测专题研究报告》。

从图 4. 109 和表 4. 71 中不难看出，各种参数变化自上而下大都呈衰减趋势，趋势图显示不是简单的直线式，而是形态较复杂的曲线式。其中金品位垂向变化表现得更明显；从标高 1854m 到 1524m，由高（11. 8 ~ 12. 4）→低（5. 42）→次高（7. 40）→再低（3. 55）→微高（6. 58）→更低（3. 43）。

（2）矿脉中–深部（1500 ~ 1200m 标高）矿化强度变化特征。该脉在 1500m 标高之下，无开采坑道和勘探坑道揭露。依据深部见矿钻孔资料（表 4. 72），可看出中–深部金矿化强度变化特征有二：一是矿脉（体）厚度随标高降低而逐渐变薄，二是金品位随标高降低出现由高→低→次高的变化趋势。这一变化趋势与矿脉上部具有相似性。从矿化强度看，与矿脉上部相比明显变弱，可能反映此标高段（1500 ~ 1200m）处在弱的矿化地段中。

**表 4. 72　　S505 脉金矿化垂向变化表**（据黎世美等，1996）

| 矿脉所处标高区间/m | 钻孔数/个 | 矿脉厚度/m | | 金矿化特征值 | | | | 备注 |
|---|---|---|---|---|---|---|---|---|
|  |  | 变化范围 | 平均厚度 | 金品位变化范围/$10^{-6}$ | 平均值/$10^{-6}$ | 均方差 | 变化系数/% |  |
| 1500 ~ 1400 | 6 | 0. 13 ~ 4. 35 | 1. 19 | 0. 1 ~ 14. 03 | 4. 08 | 5. 09 | 124. 7 | 金品位为零值的钻孔，不参加矿体平均厚度计算 |
| 1400 ~ 1300 | 5 | 0. 44 ~ 0. 72 | 0. 54 | 0. 0 ~ 2. 79 | 0. 64 | 1. 20 | 187. 5 | |
| 1300 ~ 1200 | 3 | 0. 21 ~ 0. 49 | 0. 34 | 0. 0 ~ 3. 25 | 1. 82 | 1. 65 | 90. 7 | |

**3. 杨寨峪 S60 号矿脉**

该矿脉控制长度约 4200m，地表出露标高变化在 2100 ~ 1730m，垂向剥蚀深度近 400m。以地表控矿工程和深部钻孔资料为依据，研究了该脉在垂向上金矿化强度的变化特征（表 4. 73）。

**表4.73 S60号矿脉金矿化垂向变化表**（据黎世美等，1996）

| 特征值<br>标高范围/m | 工程数/个 | 平均品位 Au/$10^{-6}$ | 均方差 $\sigma$ | 变化系数 $C_V$/% | 备注 |
|---|---|---|---|---|---|
| 2100~2050 | 13 | 14.75 | 20.8 | 141.3 | |
| 2050~2000 | 19 | 26.85 | 76.9 | 286.6 | |
| 2000~1950 | 15 | 12.9 | 21.11 | 163.3 | |
| 1950~1900 | 6 | 5.07 | 4.18 | 82.4 | 地表工程探 |
| 1900~1850 | 5 | 2.49 | 4.19 | 168.3 | 槽露头统计 |
| 1850~1800 | 6 | 3.88 | 7.6 | 195.8 | |
| 1800~1750 | 5 | 3.68 | 6.1 | 164.6 | |
| 1750~1700 | 3 | 2.69 | 3.5 | 130.1 | |
| 1700~1650 | 5 | 0.83 | 0.64 | 77.5 | |
| 1650~1600 | 7 | 0.99 | 1.7 | 172.5 | |
| 1600~1550 | 2 | 13.4 | | | 钻孔资料 |
| 1450~1400 | 2 | 0.33 | | | |
| 1250~1200 | 1 | 0.16 | | | |
| 900~850 | 1 | 22.1 | | | |

从表中可以看出，在标高2100~850m范围内，金矿化强度分布是不均匀的，强矿化出现在2100~1600m和1000m以下两个标高段内，其间相距约500~600m。据此可将该矿脉在垂向上划出三个矿化段，自上而下为强矿化段、弱矿化段和次强矿化段。强矿化段标高区间为2100~1600m，称为矿脉上部矿化富集段。其中金矿化最好部位处在该段的上部（1850m），中下部金矿化强度衰减比较大。弱矿化段称为第二矿化段，所处标高在1600~1000m，金的矿化强度、矿化厚度及含脉率等与上部矿化富集段相比明显变弱。次强矿化段，称为第三矿化段或第二矿化富集段，所处标高在1000~500m。金矿化较好部位位于此段的1000~800m标高区间（钻探工程已证明），探明具有工业价值的金矿体。与处于同一个控矿断裂带上的文峪S505矿脉相比，它们的垂向变化规律十分相似，故推测S505矿脉在标高900~700m可能存在第二矿化富集段。

# 三、控制分带因素

小秦岭地区石英脉型金矿在矿化类型和矿化强度上，具有围绕着燕山期花岗岩（文峪岩体）呈半环型带状分布的特征。从岩体接触带向外侧由近及远矿脉中主要金属硫化物种类和含量规律性递减，矿床规模相应从大型→大中型→中小型，这些特征表明本区燕山期花岗岩岩浆活动对金矿化的分带起着重要控制作用。

本区燕山期花岗岩浆上侵冷凝后，岩浆期后热液的多期次活动是形成金矿化水平分带的原因。不同期次成矿热液的温度，$fo_2$、$fs_2$、矿液组分和浓度不同，且随离岩体远近的不同发生规律性变化，导致成矿元素 Au、Pb、Zn、Cu、F、S、W、Mo 等在不同地段沉淀，形成矿化强度、矿物组合的水平分带。

栾世伟（1990）认为，本区燕山期花岗岩浆从结晶分异、岩浆热液溢出到含金石英脉的形成，有一个演化的时间序列，即从 177~166Ma→130~100Ma→76~66Ma。从岩浆热液溢出到矿脉形成至少有 30Ma，此间热液活动表现出多期性。由于各期次（阶段）成矿热液活动本身具有的压力、温度、矿液组分不同，故各阶段热液由岩体向外沿断裂构造扩散的范围也不一致，从而不同地段含金石英脉矿化发育程度也明显有别，造成金矿化在空间上的分带性。岩浆期后热液活动主要有四个阶段：第一阶段聚集的成矿溶液温度高、压力大，成分以水和二氧化硅为主，含少量硫化物和较多二氧化碳，本身具极大能量，向岩体以外大范围扩散，最远距离达 8km 以上，形成分布普遍、含硫化物甚少的无矿或少硫化物型石英脉；第二阶段聚集的成矿热液以含大量水、硫、铁组分为主，含少量铜，成矿温度较高，内压较大，热液向外运移扩散范围仅次于前者，分布于距岩体 2~8km 区间范围内，常叠加在第一矿化阶段形成的白色石英脉之上或充填于其两侧、脉壁裂隙中，构成黄铁矿型或黄铜矿–黄铁矿型矿脉；第三阶段热液含大量水、硫、铁、铅、锌、铜等成矿元素，温度和压力明显低于前两阶段，向外运移、扩散的范围也比第一、二阶段小，一般发育在岩体外 2~4km 范围内，形成多金属硫化物型矿脉；第四阶段是成矿热液活动的最后阶段，热液成分以水、钙、镁和碳酸气为主，温度、压力更低，矿化范围更小（在多金属硫化物型脉边部或其附近发育），不能构成独立的矿化带。在黄铜矿–黄铁矿型及少黄铁矿型脉中不发育。

综上所述，小秦岭含金石英脉矿化类型及矿化强度的分带性，不是岩浆期后热液活动一次侵入控矿断裂沉出分异的结果，而是由于岩浆期后热液多期性（多阶段）活动在不同地段的控矿断裂中叠加作用所致。

# 四、近矿围岩蚀变分带

在近矿围岩中，常见的蚀变类型有黄铁绢英岩化、绢云母化、黄铁矿化、硅化、碳酸盐化，其次有绿泥石化、绿帘石化、黑云母化等。钾长石化和钠长石化在矿脉中一般不发育，特别是在中矿带矿脉中下部，但在北矿带矿脉的中部及其深部此种蚀变才较常见。由于成矿热液成矿形式以充填形式为主，交代为次，所以蚀变带一般不发育。蚀变带沿倾向距脉壁 1~2m，少数 5~8m，沿矿脉走向蚀变带延伸 10~20m。

按照蚀变强度及所处位置可划分出三个带：强蚀变带（内带），距脉壁 0~0.5m，全由蚀变矿物组成；中等蚀变带（中带），距脉壁 0.5~1m，主要由蚀变矿物组成，其次为残留的围岩成分；弱蚀变带（外带），距脉壁 1~2m 或大于 5m，交代矿物占 10%~50%。近矿围岩蚀变的水平分带及其蚀变矿物组合特征见表 4.74。由于成矿热液活动的多期性，各种蚀变叠加十分普遍，所以各蚀变带之间常为过渡关系。

表 4.74　小秦岭主要矿脉围岩蚀变水平分带及蚀变矿物组合表

| 围岩岩性　蚀变类型及矿物组合　水平分带 | 酸性围岩（混合岩类、伟晶岩） | | 基性围岩（斜长角闪岩） | |
|---|---|---|---|---|
| | 蚀变类型及强度 | 蚀变矿物共生组合 | 蚀变类型及强度 | 蚀变矿物共生组合 |
| 强蚀变带（内） | 主：强黄铁绢英岩化、黄铁矿化。次：绢云母化、碳酸盐化 | 黄铁矿-绢云母-石英组合黄铁矿-碳酸盐-石英组合 | 主：绢云母化、碳酸盐化。次：黄铁矿化、硅化 | 黄铁矿-绢云母-碳酸盐组合；黄铁矿-绢云母-石英-碳酸盐组合 |
| 中等蚀变带（中） | 主：黄铁绢英岩化。次：硅化、绢云母化、碳酸盐化 | 黄铁矿、石英、绢云母、绢云母化斜长石、蚀变钾长石、斜长石、黑云母 | 主：黄铁矿化、绢云母化、碳酸盐化、黑云母化。次：绿帘石化、绿泥石化 | 黄铁矿-碳酸盐-绢云母组合；黄铁矿-碳酸盐-绢云母-黑云母组合；黄铁矿-黑云母-绢云母-碳酸盐组合 |
| 弱蚀变带（外） | 主：弱黄铁绢英岩化、绢云母化。次：黑云母化、弱硅化 | 绢云母、黄铁矿、石英、新生黑云母、碳酸盐 | 主：绿帘石化、黝帘石化、绿泥石化。次：弱硅化 | 绿帘石-绿泥石-石英组合 绿帘石（黝帘石）-绿泥石（角闪石）-石英组合 |

　　对本区重点矿床 S505、S60、F5 号矿脉围岩蚀变分带性的研究表明，不同矿化类型矿脉的围岩蚀变类型、蚀变矿物组合在各带中的发育程度有明显差异，不同标高段近矿围岩蚀变亦不同。在垂直方向上，矿脉的上部主要发育黄铁绢英岩化、绢云母化、黄铁矿化；中部黄铁绢英岩化明显减弱，硅化、钾长石化发育；下部硅化、钾长石化减弱，黑云母化、绿泥石化、绿帘石化较发育。钾长石化在中矿带 S505 脉中主要发育在 1500m 标高以下到 1200m 之间，S60 号矿脉出现在 1800m 标高以下且沿倾向向深部延伸有逐渐增强的趋势，处在北矿带的 F5 脉钾长石化在标高 800～100m 间发育。根据钾长石在矿脉中出现部位及发育程度可判别矿脉的剥蚀程度。主要围岩蚀变强度及生成顺序见表 4.75。

表 4.75　围岩蚀变强度及生成顺序表

| 蚀变种类 | 热　　液　　期 | | |
|---|---|---|---|
| | 早　期 | 中　期 | 晚　期 |
| 黑云母化 | ———————————— | | |
| 钾长石化 | ———————————————————— | | ———————— |

续表

| 蚀变种类 | 热 液 期 | | |
|---|---|---|---|
| | 早　期 | 中　期 | 晚　期 |
| 硅化 | | | |
| 绢云母化 | | | |
| 黄铁矿化 | | | |
| 碳酸盐化 | | | |
| 绿泥石化 | | | |
| 绿帘石化 | | | |
| 钠黝帘石化 | | | |
| 纤闪石化 | | | |

# 五、蚀变带主要元素和微量元素的变化规律

## (一) 主 要 元 素

成矿热液沿断裂构造进入到不同岩性围岩中，产生了双交换作用，元素的带入、带出对 Au 的沉出和矿床形成具有重要意义。本区主要矿区主要岩石类型（蚀变强度）常量元素含量见表 4.76。

**表 4.76　主要矿床不同岩类常量元素平均值表**（冯建之等，2009）

| | 岩类（样数） | $SiO_2$ | $Al_2O_3$ | $Fe_2O_3$ | FeO | MgO | CaO | $Na_2O$ | $K_2O$ | MnO | $P_2O_5$ | $TiO_2$ | LOI | 总计 | S |
|---|---|---|---|---|---|---|---|---|---|---|---|---|---|---|---|
| 杨寨峪矿区 | 围岩（4） | 65.44 | 13.19 | 1.13 | 2.57 | 1.34 | 2.41 | 2.67 | 2.64 | 0.08 | 0.06 | 0.43 | 1.81 | 99.94 | 308.35 |
| | 弱蚀变岩（1） | 71.11 | 15.5 | 0.85 | 0.95 | 0.49 | 1.36 | 5.9 | 1.18 | 0.06 | 0.06 | 0.15 | 1.92 | 99.54 | 1313.6 |
| | 强蚀变岩（2） | 53.64 | 13.69 | 3.11 | 2.71 | 2.25 | 3.48 | 0.33 | 3.84 | 0.14 | 0.08 | 0.72 | 3.93 | 99.55 | 170.56 |
| 灵湖矿区 | 围岩（1） | 46.54 | 16.47 | 4.15 | 6.57 | 9.99 | 4.81 | 2.31 | 2.39 | 0.25 | 0.15 | 1.01 | 4.9 | 99.54 | 175 |
| | 弱蚀变岩（2） | 63.86 | 13.71 | 2.14 | 2.75 | 2.25 | 2.19 | 1.06 | 2.48 | 0.08 | 0.16 | 0.47 | 3.4 | 99.42 | 258.17 |
| | 强蚀变岩（4） | 74.75 | 7.86 | 1.16 | 0.83 | 0.53 | 1.2 | 0 | 2.27 | 0.05 | 0.03 | 0.13 | 1.37 | 99.64 | 542.27 |
| 文峪矿区 | 围岩（3） | 47.68 | 13.37 | 3.92 | 9.84 | 5.42 | 8.64 | 1.1 | 2.08 | 0.23 | 0.21 | 1.54 | 1.66 | 99.64 | 263.95 |
| | 弱蚀变岩（2） | 60.43 | 13.04 | 2.56 | 3.38 | 2.14 | 2.86 | 1.99 | 2.21 | 0.09 | 0.09 | 0.67 | 2.23 | 99.53 | 459.36 |
| | 强蚀变岩（1） | 87.23 | 5.12 | 1.52 | 0.75 | 0.4 | 0.92 | 0 | 1.76 | 0.05 | 0.06 | 0.36 | 1.54 | 99.71 | 4209.9 |
| 大湖大矿区 | 围岩（3） | 58.47 | 15.22 | 3 | 1.19 | 2.84 | 2.67 | 2.67 | 5.08 | 0.08 | 0.17 | 0.54 | 3.34 | 99.65 | 131.54 |
| | 弱蚀变岩（6） | 62.48 | 13.97 | 2 | 2.27 | 1.88 | 2.45 | 1.83 | 4.72 | 0.08 | 0.1 | 0.53 | 2.67 | 99.75 | 268.59 |
| | 强蚀变岩（7） | 70.32 | 12.67 | 1.26 | 0.8 | 0.63 | 2.18 | 1.44 | 4.27 | 0.05 | 0.08 | 0.36 | 2.47 | 99.87 | 504.56 |
| | 矿脉（5） | 65.52 | 7.46 | 1.96 | 0.92 | 0.43 | 4.87 | 0.39 | 4.66 | 0.12 | 0.1 | 0.28 | 4.76 | 99.58 | 4681.6 |

注：S 单位为 $10^{-6}$，其余均为 $10^{-2}$。

表中显示多数常量元素出现了较大的变化，其中 $SiO_2$ 变化较大，多数矿床在蚀变岩中升高，少数矿床有所降低。$Al_2O_3$ 则由围岩→蚀变岩→矿体逐渐降低，$Na_2O$ 也有与 $Al_2O_3$ 基本一致的变化特征，$K_2O$ 变化小，且规律性不明显，灼减则既有升高也有降低，S 含量除个别矿区外，均显示大幅度升高。将表 4.76 进行综合得到表 4.77。

**表 4.77　主要矿床不同岩类常量元素平均值表**（冯建之等，2009）

| 岩类（样数） | $SiO_2$ | $Al_2O_3$ | $Na_2O$ | $K_2O$ | LOI | S | H6 |
|---|---|---|---|---|---|---|---|
| 近矿围岩（11） | 56.98 | 14.09 | 2.21 | 3.13 | 2.47 | 235.90 | 16.22 |
| 弱蚀变（11） | 63.14 | 13.89 | 2.09 | 3.54 | 2.66 | 396.38 | 9.30 |
| 强蚀变（14） | 70.41 | 10.90 | 1.34 | 3.46 | 2.30 | 732.29 | 5.81 |
| 矿体（5） | 65.52 | 7.46 | 0.39 | 4.66 | 4.76 | 4681.62 | 8.58 |

注：H6 为 $Fe_2O_3$、FeO、CaO、MgO、MnO 及 $TiO_2$ 的和。

根据表 4.77 作图 4.110，图中显示，$SiO_2$ 及 $Al_2O_3$、$Fe_2O_3+FeO+CaO+MgO+MnO+TiO_2$

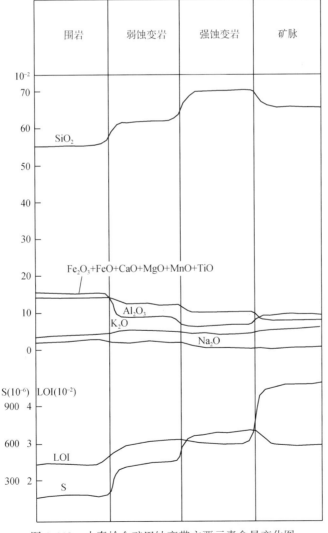

图 4.110　小秦岭金矿田蚀变带主要元素含量变化图

变化明显。前者在蚀变带中升高，后者在蚀变带中降低。$K_2O$、$Na_2O$、S 及灼减变化微弱，除 $Na_2O$ 外，其他均在蚀变带中升高。

<h1 style="text-align:center">（二）微 量 元 素</h1>

### 1. 一般规律

蚀变使微量元素发生了明显的变化，说明有元素的带入和带出。矿田内矿床中不同蚀变岩类微量元素的含量和分布见图 4.111、表 4.78。

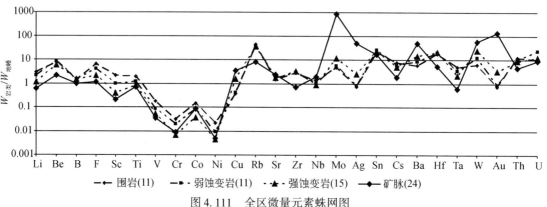

图 4.111　全区微量元素蛛网图

图 4.111 说明，幔源元素 Ti、V、Cr、Co、Ni 与地幔相比显著降低，Sc、Cu、Zr、Nb 等与地幔相当或有波动，其他元素多数岩类高于地幔丰度。而且随着原子序数由小到大，总体表现为丰度提高。矿脉中的 Au、Ag、Ba、W、Mo、Cu、Sr 显著提高。说明在蚀变矿化过程中，这些元素由围岩进入矿脉。

表 4.78 清楚地反映了元素在不同岩类中丰度的变化，总体来看可分以下几类：

由围岩→矿脉随着蚀变的加强丰度提高的有 Au、Ag、W、Mo、Ba、Cu、Sr。

随着蚀变的加强丰度降低的元素有 Li、Be、B、F、Sc、Ti、V、Cr、Co、Ni、Rb、Sn、Cs、Ta、Th、U。

随着蚀变的增强丰度变化无规律的元素有 Zr、Nb、Hf 等。

表 4.78　矿床不同岩类微量元素平均值（冯建之等，2009）

| 岩类（样数） | Li | Be | B | F | Sc | Ti | V | Cr | Co | Ni | Cu | Rb | Sr |
|---|---|---|---|---|---|---|---|---|---|---|---|---|---|
| 围岩（11） | 12.25 | 1.57 | 2.77 | 1113 | 21.53 | 4900 | 140.99 | 49.34 | 23.62 | 33.03 | 15.02 | 114.84 | 180.41 |
| 弱蚀变岩（11） | 8.83 | 1.74 | 3.02 | 706 | 9.66 | 3078 | 69.36 | 30.50 | 13.52 | 13.68 | 16.69 | 101.31 | 206.45 |
| 强蚀变岩（15） | 4.71 | 1.15 | 2.93 | 369 | 3.97 | 2038 | 42.23 | 10.63 | 5.96 | 6.44 | 64.37 | 93.75 | 205.38 |
| 矿脉（24） | 2.46 | 0.42 | 1.94 | 195 | 2.07 | 1796 | 27.90 | 14.28 | 13.34 | 7.49 | 141.36 | 21.06 | 291.35 |

| 岩类（样数） | Zr | Nb | Mo | Ag | Sn | Cs | Ba | Hf | Ta | W | Au | Th | U |
|---|---|---|---|---|---|---|---|---|---|---|---|---|---|
| 围岩（11） | 138.07 | 7.92 | 2.86 | 45.78 | 1.67 | 2.25 | 446.50 | 5.39 | 0.52 | 1.89 | 3.83 | 9.14 | 1.34 |
| 弱蚀变岩（11） | 149.80 | 6.27 | 3.32 | 48.55 | 2.11 | 1.90 | 661.93 | 6.12 | 0.34 | 3.72 | 4.46 | 7.88 | 3.09 |
| 强蚀变岩（15） | 167.18 | 5.25 | 6.99 | 154.63 | 1.83 | 1.51 | 1116 | 6.38 | 0.21 | 7.54 | 16.24 | 6.84 | 1.59 |
| 矿脉（24） | 36.39 | 11.37 | 514.83 | 2909 | 1.33 | 0.55 | 3661 | 1.58 | 0.06 | 16.81 | 651.94 | 3.35 | 1.19 |

注：表中 Au，Ag 单位为 $10^{-9}$，其余均为 $10^{-6}$。

## 2. 文峪 S505 矿脉

文峪铅金矿微量元素在不同岩类中的特征见表 4.79、图 4.112。

表 4.79　文峪矿区不同岩类微量元素平均值表（冯建之等，2009）

| 岩类（样数） | Li | Be | B | F | Sc | Ti | V | Cr | Co | Ni | Cu | Rb | Sr |
|---|---|---|---|---|---|---|---|---|---|---|---|---|---|
| 围岩（3） | 9.69 | 1.08 | 3.98 | 1320.27 | 48.24 | 9226.25 | 309.86 | 96.47 | 50.51 | 69.27 | 27.56 | 63.57 | 160.73 |
| 弱蚀变岩（2） | 7.09 | 2.04 | 5.44 | 989.32 | 12.49 | 4037.81 | 84.23 | 30.68 | 14.65 | 13.33 | 8.63 | 70.38 | 159.09 |
| 强蚀变岩（1） | 4.33 | 1.02 | 4.46 | 503.00 | 7.71 | 2144.66 | 63.14 | 19.77 | 14.61 | 7.09 | 3.16 | 62.86 | 32.19 |
| 矿脉（6） | 2.00 | 0.30 | 2.92 | 226.82 | 1.53 | 687.93 | 16.98 | 14.49 | 10.01 | 6.11 | 30.92 | 19.35 | 46.63 |

| 岩类（样数） | Zr | Nb | Mo | Ag | Sn | Cs | Ba | Hf | Ta | W | Au | Th | U |
|---|---|---|---|---|---|---|---|---|---|---|---|---|---|
| 围岩（3） | 106.96 | 6.65 | 1.80 | 67.69 | 1.52 | 1.21 | 299.45 | 5.40 | 0.42 | 1.45 | 7.98 | 1.56 | 0.59 |
| 弱蚀变岩（2） | 161.27 | 13.43 | 1.93 | 39.54 | 3.19 | 1.43 | 363.80 | 6.25 | 0.88 | 4.50 | 2.20 | 11.20 | 10.94 |
| 强蚀变岩（1） | 75.81 | 4.35 | 0.62 | 41.38 | 1.65 | 1.37 | 545.64 | 2.80 | 0.25 | 10.60 | 5.67 | 4.81 | 0.79 |
| 矿脉（6） | 39.68 | 6.67 | 17.44 | 97.33 | 1.00 | 0.87 | 1028.61 | 1.49 | 0.07 | 8.67 | 15.08 | 2.57 | 0.45 |

注：表中 Au、Ag 单位为 $10^{-9}$，其余均为 $10^{-6}$。

图 4.112 中显示的元素分布规律总体与一般规律近似，但矿脉中 Au、（Ag）、（Mo）、Cu 等元素丰度提高不明显。结合表 6.76 可见，Au、Ag 等元素随着蚀变增强其丰度提高不大。同时，放射性元素 Th、U 在蚀变岩中显著升高，矿脉中又显著降低。其他元素的变化规律总体与前述相同。

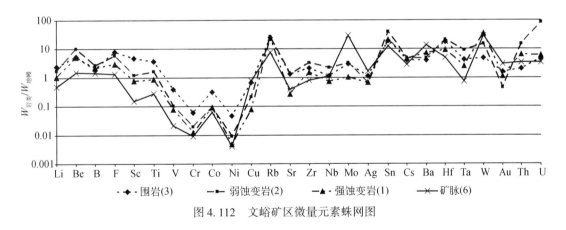

图 4.112　文峪矿区微量元素蛛网图

## 3. 杨寨峪 S60 矿脉

杨寨峪矿区微量元素在不同岩类中的特征见表 4.80、图 4.113。

图中反映的规律与总体规律一致，但表中反映的元素丰度特征有所变化。主要是 Li、F、Sc、Ti、V、Cr、Co、Ni、Rb、Nb、Ta 等元素随着蚀变作用的增强，其丰度均显示波状起伏的变化。这是杨寨峪矿区的特征之一。其他元素丰度变化与总体规律相似。放射性元素 Th、U 变化规律与文峪矿区相似。

表 4.80　杨寨峪矿区不同岩类微量元素平均值表（冯建之等，2009）

| 岩类（样数） | Li | Be | B | F | Sc | Ti | V | Cr | Co | Ni | Cu | Rb | Sr |
|---|---|---|---|---|---|---|---|---|---|---|---|---|---|
| 围岩（4） | 9.82 | 1.48 | 2.32 | 783.04 | 7.18 | 2599.70 | 52.74 | 20.75 | 7.90 | 8.24 | 7.20 | 124.98 | 151.04 |
| 弱蚀变岩（1） | 7.49 | 1.56 | 6.02 | 491.26 | 2.06 | 921.73 | 15.71 | 7.35 | 5.50 | 2.36 | 4.53 | 50.95 | 163.71 |
| 强蚀变岩（2） | 15.41 | 1.23 | 2.52 | 732.59 | 12.63 | 4307.76 | 104.29 | 18.20 | 11.79 | 14.78 | 48.15 | 179.86 | 190.66 |
| 矿脉（3） | 1.94 | 0.20 | 0.91 | 128.12 | 1.28 | 269.15 | 5.29 | 7.58 | 56.72 | 7.94 | 771.86 | 14.24 | 59.49 |
| 岩类（样数） | Zr | Nb | Mo | Ag | Sn | Cs | Ba | Hf | Ta | W | Au | Th | U |
| 围岩（4） | 176.24 | 10.22 | 2.56 | 48.59 | 1.75 | 2.73 | 398.28 | 5.75 | 0.76 | 1.69 | 2.33 | 21.29 | 176.24 |
| 弱蚀变岩（1） | 180.19 | 3.24 | 8.71 | 109.94 | 1.06 | 0.67 | 306.18 | 6.32 | 0.23 | 5.09 | 14.70 | 46.14 | 180.19 |
| 强蚀变岩（2） | 155.45 | 9.05 | 0.66 | 820.60 | 1.68 | 6.01 | 312.70 | 5.71 | 0.60 | 19.81 | 11.31 | 9.95 | 155.45 |
| 矿脉（3） | 21.30 | 3.53 | 8.91 | 21905 | 0.94 | 0.32 | 707.32 | 0.78 | 0.02 | 66.86 | 4168.56 | 2.06 | 21.30 |

注：表中 Au、Ag 单位为 $10^{-9}$，其余均为 $10^{-6}$。

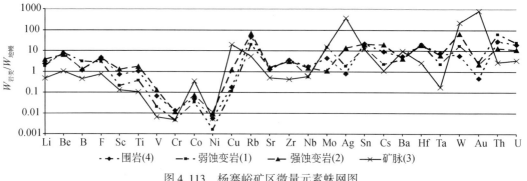

图 4.113　杨寨峪矿区微量元素蛛网图

## 4. 大湖 F5 矿脉

大湖 F5 矿脉中微量元素丰度特征见表 4.81、图 4.114。

表 4.81　大湖矿区不同岩类微量元素平均值表（冯建之等，2009）

| 岩类（样数） | Li | Be | B | F | Sc | Ti | V | Cr | Co | Ni | Cu | Rb | Sr |
|---|---|---|---|---|---|---|---|---|---|---|---|---|---|
| 围岩（4） | 12.61 | 2.43 | 2.12 | 1384.88 | 8.00 | 3262 | 74.49 | 20.49 | 9.36 | 15.10 | 14.96 | 155.16 | 227.06 |
| 弱蚀变岩（1） | 8.70 | 1.70 | 1.90 | 653.61 | 10.66 | 3209 | 72.58 | 28.94 | 15.04 | 15.68 | 22.78 | 121.94 | 236.85 |
| 强蚀变岩（2） | 3.17 | 1.33 | 3.19 | 329.69 | 2.47 | 2095 | 34.36 | 5.95 | 3.35 | 4.21 | 104.24 | 80.99 | 283.16 |
| 矿脉（3） | 1.14 | 0.43 | 1.82 | 125.32 | 0.65 | 1979 | 22.47 | 4.65 | 3.57 | 4.50 | 67.24 | 25.14 | 362.11 |
| 岩类（样数） | Zr | Nb | Mo | Ag | Sn | Cs | Ba | Hf | Ta | W | Au | Th | U |
| 围岩（4） | 136.55 | 6.82 | 5.07 | 26.27 | 1.92 | 3.07 | 623.07 | 5.16 | 0.34 | 3.05 | 2.36 | 2.89 | 0.86 |
| 弱蚀变岩（1） | 155.13 | 5.05 | 3.69 | 40.43 | 2.27 | 2.50 | 779.22 | 6.62 | 0.21 | 3.99 | 3.37 | 2.04 | 1.13 |
| 强蚀变岩（2） | 218.36 | 5.68 | 12.39 | 54.94 | 2.30 | 0.75 | 1716.96 | 8.31 | 0.15 | 6.83 | 22.60 | 6.42 | 2.25 |
| 矿脉（3） | 40.14 | 17.31 | 1012.31 | 280.36 | 1.65 | 0.45 | 5922.48 | 1.75 | 0.04 | 11.09 | 250.32 | 4.61 | 1.75 |

注：表中 Au、Ag 单位为 $10^{-9}$，其余均为 $10^{-6}$。

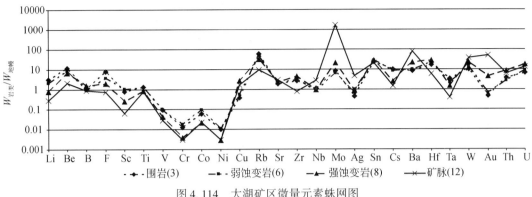

图 4.114　大湖矿区微量元素蛛网图

以上图表所反映的微量元素特征与总体规律基本一致，其主要差别为 Mo 的变化，由围岩→矿脉 Mo 丰度急剧升高，反映大湖矿区 Mo 的强烈矿化。

**5. 灵湖 F5 矿脉**

灵湖 F5 矿脉不同岩类微量元素特征见表 4.82、图 4.115。

表 4.82　灵湖矿区不同岩类微量元素平均值表（冯建之等，2009）

| 岩类（样数） | Li | Be | B | F | Sc | Ti | V | Cr | Co | Ni | Cu | Rb | Sr |
|---|---|---|---|---|---|---|---|---|---|---|---|---|---|
| 围岩（1） | 28.57 | 0.76 | 2.94 | 999.63 | 39.34 | 6040 | 186.86 | 108.84 | 48.63 | 77.28 | 8.84 | 107.14 | 216.95 |
| 弱蚀变岩（2） | 11.65 | 1.62 | 2.49 | 685.38 | 7.65 | 2805 | 71.67 | 46.61 | 11.82 | 13.69 | 12.59 | 95.50 | 183.99 |
| 强蚀变岩（4） | 2.53 | 0.79 | 2.24 | 230.95 | 1.69 | 764 | 21.70 | 13.92 | 6.10 | 6.57 | 8.04 | 83.94 | 100.47 |
| 矿脉（3） | 9.17 | 0.82 | 1.50 | 475.83 | 9.59 | 4806 | 94.06 | 59.06 | 15.67 | 21.75 | 28.23 | 14.94 | 729.60 |

| 岩类（样数） | Zr | Nb | Mo | Ag | Sn | Cs | Ba | Hf | Ta | W | Au | Th | U |
|---|---|---|---|---|---|---|---|---|---|---|---|---|---|
| 围岩（1） | 83.24 | 5.77 | 0.63 | 27.38 | 1.02 | 1.02 | 550.82 | 4.65 | 0.34 | 0.56 | 1.80 | 2.09 | 0.30 |
| 弱蚀变岩（2） | 107.13 | 4.28 | 0.87 | 51.26 | 1.08 | 1.18 | 786.06 | 4.39 | 0.26 | 1.46 | 4.89 | 2.98 | 1.10 |
| 强蚀变岩（4） | 93.54 | 2.72 | 0.93 | 49.35 | 1.02 | 0.81 | 458.02 | 3.75 | 0.14 | 2.06 | 8.63 | 6.63 | 0.53 |
| 矿脉（3） | 29.88 | 4.85 | 25.66 | 54.38 | 1.11 | 0.55 | 2830.47 | 1.90 | 0.15 | 5.91 | 15.53 | 1.18 | 1.23 |

注：表中 Au、Ag 单位为 $10^{-9}$，其余均为 $10^{-6}$。

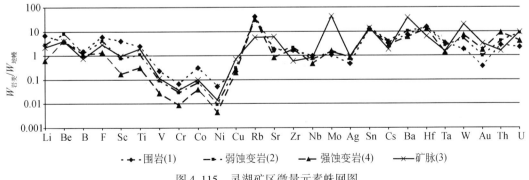

图 4.115　灵湖矿区微量元素蛛网图

灵湖矿区和大湖矿区都在北矿带,成矿构造同为 F5,大湖为钼金矿,灵湖为金矿。除 Mo 的明显差异外,其他微量元素也存在一定差别。主要表现是:随着蚀变作用增强,Li、F、Sc、Ti、V、Cr、Co、Ni、Sr、Nb 丰度降低,但进入矿脉又出现了不同程度升高。这种特征尚需进一步研究。另外放射性元素 Th 在强蚀变岩中升高,也是其特征之一。

## (三) 稀 土 元 素

### 1. 总体特征

稀土元素在蚀变过程中也发生了明显变化,矿田主要矿区不同岩类稀土元素的丰度特征见表4.83。

表4.83　矿床不同岩类稀土元素平均值表(冯建之等,2009;单位:$10^{-6}$)

| 岩类 | La | Ce | Pr | Nd | Sm | Eu | Gd | Tb | Dy | Ho | Er |
|---|---|---|---|---|---|---|---|---|---|---|---|
| 近矿围岩 (3) | 24.97 | 47.43 | 5.90 | 21.46 | 4.22 | 1.09 | 3.87 | 0.67 | 3.69 | 0.73 | 2.07 |
| 弱蚀变岩 (6) | 70.73 | 128.67 | 15.30 | 47.95 | 7.66 | 1.33 | 5.31 | 0.75 | 3.45 | 0.58 | 1.54 |
| 强蚀变岩 (8) | 31.60 | 59.81 | 6.91 | 23.03 | 3.74 | 0.87 | 2.73 | 0.43 | 2.12 | 0.38 | 1.04 |
| 矿体 | 23.42 | 45.86 | 5.09 | 16.87 | 2.70 | 0.83 | 2.30 | 0.40 | 2.02 | 0.38 | 1.00 |

| 岩类 | Tm | Yb | Lu | Y | ΣREE | LREE/HREE | (La/Yb)$_N$ | δEu | LREE | MREE | HREE |
|---|---|---|---|---|---|---|---|---|---|---|---|
| 近矿围岩 (3) | 0.33 | 1.96 | 0.30 | 19.97 | 138.63 | 3.13 | 14.87 | 0.85 | 99.76 | 14.26 | 24.62 |
| 弱蚀变岩 (6) | 0.23 | 1.33 | 0.20 | 16.00 | 301.02 | 9.24 | 59.81 | 0.79 | 262.64 | 19.09 | 19.29 |
| 强蚀变岩 (8) | 0.16 | 0.93 | 0.14 | 10.37 | 144.24 | 6.89 | 35.51 | 0.84 | 121.35 | 10.26 | 12.63 |
| 矿体 | 0.16 | 0.91 | 0.14 | 10.67 | 112.76 | 5.27 | 35.04 | 1.03 | 91.24 | 8.64 | 12.88 |

由表4.83可得出如下认识:

(1) 稀土总量和轻重稀土比值由围岩到弱蚀变岩有显著升高,由弱蚀变岩→强蚀变岩→矿脉逐渐降低,说明在弱蚀变岩中轻重稀土分馏作用强。

(2) La/Yb 值由围岩到弱蚀变岩明显升高,由弱蚀变岩→强蚀变岩→矿脉降低。

(3) δEu 值显示 Eu 在矿脉中微弱正异常,而在其他岩类中负异常,可能反映存在 $Eu^{2+}$,它与重稀土共生;矿脉中则可能为 $Eu^{3+}$ 特征。

(4) 各岩类轻、中、重稀土的丰度特征如下:

| 岩　类 | LREE | MREE | HREE |
|---|---|---|---|
| 围　岩 | 4.05 | 0.58 | 1.00 |
| 弱蚀变岩 | 13.62 | 0.99 | 1.00 |
| 强蚀变岩 | 9.61 | 0.81 | 1.00 |
| 矿　脉 | 7.08 | 0.67 | 1.00 |

上述说明,以重稀土为标准,轻稀土总量显著增加;而中稀土总量有所降低。以围岩为标准,轻稀土在弱蚀变岩中显著升高,在矿脉中略有降低。中稀土在弱蚀变岩中升高,强蚀变和矿脉中降低。重稀土在蚀变岩和矿脉中均降低。

各矿区稀土元素在蚀变岩中的变化也各不相同。

## 2. 文峪 S505 矿脉

文峪矿床稀土元素丰度特征及其分布形式见表4.84、图4.116。

**表4.84　文峪矿区不同岩类稀土元素平均值表** (冯建之等，2009；单位：μg/g)

| 岩类（样数） | La | Ce | Pr | Nd | Sm | Eu | Gd | Tb | Dy | Ho | Er |
|---|---|---|---|---|---|---|---|---|---|---|---|
| 近矿围岩（3） | 16 | 35 | 4.9 | 20 | 5.0 | 1.56 | 5.5 | 1.06 | 6.17 | 1.29 | 3.77 |
| 弱蚀变岩（2） | 28 | 56 | 6.9 | 25 | 4.8 | 1.12 | 4.4 | 0.77 | 4.25 | 0.84 | 2.34 |
| 强蚀变岩（1） | 13.80 | 25.78 | 3.08 | 10.74 | 1.94 | 0.47 | 1.65 | 0.27 | 1.44 | 0.28 | 0.79 |
| 矿脉（6） | 8.05 | 15.70 | 1.80 | 6.09 | 0.98 | 0.31 | 0.85 | 0.15 | 0.76 | 0.15 | 0.39 |
| 岩类（样数） | Tm | Yb | Lu | Y | ∑REE | LREE/HREE | (La/Yb)$_N$ | δEu | LREE | MREE | HREE |
| 近矿围岩（3） | 0.63 | 3.80 | 0.58 | 34.5 | 140.11 | 1.45 | 2.88 | 0.9 | 76.33 | 20.54 | 43.24 |
| 弱蚀变岩（2） | 0.38 | 2.25 | 0.34 | 23.3 | 160.93 | 3.14 | 8.39 | 0.7 | 116.11 | 16.17 | 28.65 |
| 强蚀变岩（1） | 0.14 | 0.78 | 0.12 | 7.08 | 68.34 | 4.45 | 11.87 | 0.81 | 53.39 | 6.05 | 8.90 |
| 矿脉（6） | 0.07 | 0.39 | 0.06 | 4.04 | 39.80 | 4.80 | 13.84 | 1.03 | 31.64 | 3.21 | 4.95 |

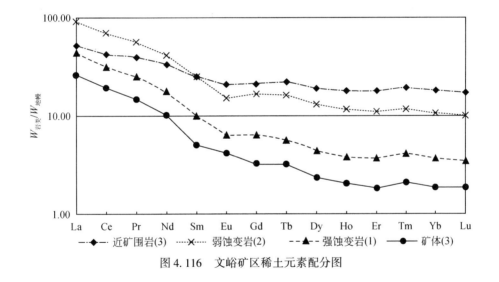

图4.116　文峪矿区稀土元素配分图

稀土元素的主要特征是：

（1）稀土总量变化大，由围岩→蚀变岩显著升高。由弱蚀变→强蚀变→矿脉显著降低。反映蚀变矿化中稀土元素发生了变化。

（2）轻重稀土元素的比值由围岩→弱蚀变岩→强蚀变岩→矿脉逐渐增高。说明稀土元素的分馏逐步增强。

（3）（La/Yb）$_N$值的变化与轻重稀土比值变化一致，由围岩→矿脉逐步升高。反映稀土元素配分曲线斜率逐步增大，明显右倾。

（4）δEu 值仅在矿脉中略显正异常，其他均为负异常，可能反映围岩和蚀变岩中以 Eu$^{2+}$ 为主，而在矿脉中则以 Eu$^{3+}$ 为主。

（5）轻、中、重稀土总量差异较大，轻稀土由围岩→蚀变岩显著升高，蚀变岩→矿脉显著降低。中稀土和重稀土均由围岩→蚀变岩→矿脉急剧降低。

### 3. 杨寨峪 S60 矿脉

杨寨峪矿区不同岩类稀土元素的特征见表4.85、图4.117。

表4.85　杨寨峪矿区不同岩类稀土元素平均值表（冯建之等，2009；单位：$10^{-6}$）

| 岩类（样数） | La | Ce | Pr | Nd | Sm | Eu | Gd | Tb | Dy | Ho | Er |
|---|---|---|---|---|---|---|---|---|---|---|---|
| 近矿围岩（4） | 44.61 | 83.48 | 9.88 | 32.80 | 5.67 | 0.99 | 4.36 | 0.68 | 3.38 | 0.60 | 1.59 |
| 弱蚀变岩（1） | 209.23 | 367.36 | 42.81 | 125.64 | 18.50 | 2.15 | 11.21 | 1.33 | 4.85 | 0.60 | 1.28 |
| 强蚀变岩（2） | 25.45 | 51.28 | 6.43 | 23.45 | 4.88 | 1.03 | 4.35 | 0.77 | 4.11 | 0.75 | 2.12 |
| 矿脉（3） | 4.80 | 10.32 | 1.44 | 5.88 | 1.68 | 0.65 | 2.43 | 0.55 | 3.00 | 0.57 | 1.46 |

| 岩类（样数） | Tm | Yb | Lu | Y | $\Sigma$REE | LREE/HREE | (La/Yb)$_N$ | δEu | LREE | MREE | HREE |
|---|---|---|---|---|---|---|---|---|---|---|---|
| 近矿围岩（4） | 0.23 | 1.28 | 0.19 | 16.96 | 206.71 | 6.06 | 23.42 | 0.61 | 170.78 | 15.68 | 20.25 |
| 弱蚀变岩（1） | 0.13 | 0.69 | 0.10 | 15.73 | 801.62 | 21.31 | 204.73 | 0.46 | 745.04 | 38.65 | 17.93 |
| 强蚀变岩（2） | 0.32 | 1.94 | 0.28 | 20.72 | 147.89 | 3.18 | 8.83 | 0.69 | 106.62 | 15.89 | 25.38 |
| 矿脉（3） | 0.23 | 1.22 | 0.18 | 16.00 | 50.40 | 0.97 | 2.66 | 0.98 | 22.44 | 8.88 | 19.08 |

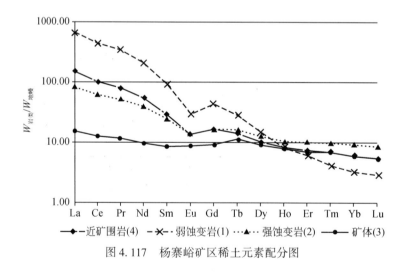

图4.117　杨寨峪矿区稀土元素配分图

稀土元素的基本特征是：

（1）稀土总量变化大，由围岩→蚀变岩显著升高，蚀变岩→矿脉则急剧降低。

（2）轻重稀土比值和（La/Yb）$_N$值变化具相似性，由围岩→蚀变岩显著升高，由蚀变岩→矿脉急剧降低。反映在弱蚀变岩中稀土分馏作用最强。

（3）δEu在矿脉中为0.98，显示微弱负异常，在其他岩类中为明显负异常。

（4）轻稀土和中稀土元素总量变化规律相似，由围岩→蚀变岩显著升高，弱蚀变→强蚀变→矿脉显著降低。重稀土由围岩→弱蚀变和强蚀变→矿脉都为由高到低。

#### 4. 大湖 F5 矿脉

大湖 F5 矿脉稀土元素基本特征见表 4.86、图 4.118。

表 4.86　大湖矿区不同岩类稀土元素平均值表（冯建之等，2009；单位：$10^{-6}$）

| 岩类（样数） | La | Ce | Pr | Nd | Sm | Eu | Gd | Tb | Dy | Ho | Er |
|---|---|---|---|---|---|---|---|---|---|---|---|
| 近矿围岩（3） | 23.11 | 42.89 | 5.12 | 18.14 | 3.05 | 0.78 | 2.23 | 0.32 | 1.55 | 0.27 | 0.73 |
| 弱蚀变岩（6） | 24.32 | 47.67 | 6.02 | 21.90 | 4.02 | 1.13 | 3.20 | 0.51 | 2.53 | 0.47 | 1.28 |
| 强蚀变岩（8） | 37.52 | 76.00 | 8.95 | 29.81 | 4.52 | 1.18 | 2.86 | 0.39 | 1.71 | 0.28 | 0.70 |
| 矿脉（12） | 67.17 | 123.97 | 12.90 | 38.85 | 4.95 | 1.34 | 2.93 | 0.39 | 1.55 | 0.23 | 0.60 |

| 岩类（样数） | Tm | Yb | Lu | Y | ∑REE | LREE/HREE | (La/Yb)$_N$ | δEu | LREE | MREE | HREE |
|---|---|---|---|---|---|---|---|---|---|---|---|
| 近矿围岩（3） | 0.10 | 0.55 | 0.08 | 7.76 | 106.69 | 6.85 | 28.32 | 0.92 | 89.27 | 8.19 | 9.23 |
| 弱蚀变岩（6） | 0.20 | 1.14 | 0.16 | 13.18 | 127.73 | 4.64 | 14.40 | 0.97 | 99.91 | 11.86 | 15.96 |
| 强蚀变岩（8） | 0.10 | 0.55 | 0.07 | 8.13 | 172.77 | 10.67 | 45.79 | 1.00 | 152.28 | 10.94 | 9.55 |
| 矿脉（12） | 0.07 | 0.38 | 0.05 | 7.42 | 262.81 | 18.29 | 118.05 | 1.07 | 242.90 | 11.38 | 8.53 |

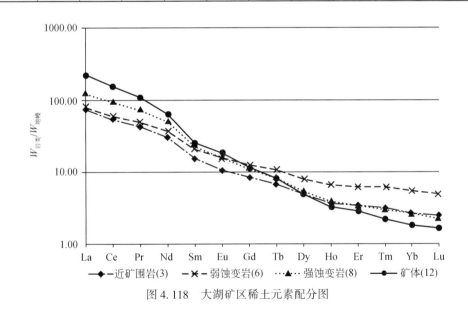

图 4.118　大湖矿区稀土元素配分图

根据表 4.86 和图 4.118，有如下结论：

（1）稀土总量高且变化大，和轻重稀土比值均由围岩→蚀变岩→矿脉，逐步升高，仅轻重稀土比值在弱蚀变岩中较低，反映轻重稀土分馏作用逐步增强，轻稀土富集造成稀土总量增高。

（2）(La/Yb)$_N$ 值由围岩→弱蚀变岩降低，弱蚀变→强蚀变→矿脉显著升高。反映稀土配分曲线斜率逐渐增大。

（3）强蚀变和矿脉 δEu 为 1 和 1.07，显示正常或微弱正异常，其他为正常或微弱负异常。

（4）若将稀土元素三分，则轻稀土由围岩→矿脉总量增大；中稀土呈波状起伏略有增大。重稀土由围岩→弱蚀变岩增高；由弱蚀变→矿脉逐步降低。强蚀变和矿脉中的中稀土略高于重稀土，反映它们略有富集。

**5. 灵湖 F5 矿脉**

灵湖矿区稀土元素基本特征见表 4.87、图 4.119。

**表 4.87　灵湖矿区不同岩类稀土元素平均值表**（冯建之等，2009；单位：$10^{-6}$）

| 岩类（样数） | La | Ce | Pr | Nd | Sm | Eu | Gd | Tb | Dy | Ho | Er |
|---|---|---|---|---|---|---|---|---|---|---|---|
| 近矿围岩（1） | 15.94 | 28.41 | 3.70 | 14.60 | 3.20 | 1.02 | 3.37 | 0.62 | 3.66 | 0.75 | 2.17 |
| 弱蚀变岩（2） | 21.36 | 43.23 | 5.42 | 19.50 | 3.28 | 0.91 | 2.47 | 0.40 | 2.17 | 0.42 | 1.24 |
| 强蚀变岩（4） | 49.62 | 86.18 | 9.19 | 28.12 | 3.61 | 0.78 | 2.07 | 0.28 | 1.21 | 0.20 | 0.55 |
| 矿脉（3） | 13.67 | 33.44 | 4.22 | 16.65 | 3.20 | 1.04 | 2.99 | 0.53 | 2.75 | 0.56 | 1.56 |

| 岩类（样数） | Tm | Yb | Lu | Y | ΣREE | LREE/HREE | (La/Yb)$_N$ | δEu | LREE | MREE | HREE |
|---|---|---|---|---|---|---|---|---|---|---|---|
| 近矿围岩（1） | 0.37 | 2.20 | 0.34 | 20.68 | 101.03 | 1.96 | 4.87 | 0.95 | 62.64 | 12.62 | 25.76 |
| 弱蚀变岩（2） | 0.20 | 1.23 | 0.19 | 11.77 | 113.78 | 4.66 | 11.72 | 0.98 | 89.50 | 9.66 | 14.62 |
| 强蚀变岩（4） | 0.07 | 0.44 | 0.07 | 5.55 | 187.94 | 17.02 | 75.54 | 0.87 | 173.12 | 8.14 | 6.68 |
| 矿脉（3） | 0.28 | 1.65 | 0.27 | 15.22 | 98.03 | 2.80 | 5.59 | 1.03 | 67.98 | 11.08 | 18.98 |

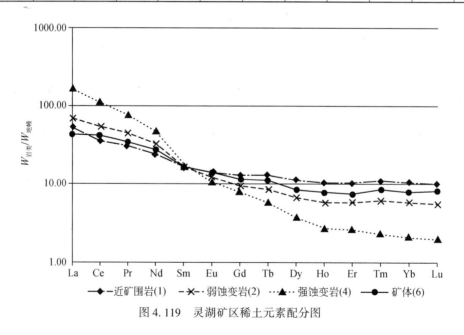

图 4.119　灵湖矿区稀土元素配分图

根据以上表和图有如下结论：

（1）稀土总量较高变化较大，轻重稀土比值、（La/Yb）$_N$ 比值变化规律基本一致，由围岩→弱蚀变岩→强蚀变岩逐步升高，在矿脉中显著降低，反映强蚀变岩分馏作用强，稀土总量多，配分曲线斜率大，矿脉与围岩大体相当。

（2）矿脉的 $\delta Eu$ 为1.03，显示基本正常；其他为微弱负异常或正常。反映 Eu 的价态存在微弱变化。

（3）矿区轻、中、重稀土总量显示，各岩类有很高的轻稀土；而中、重稀土总量很低。总体来说，中稀土小于重稀土，仅在强蚀变岩中中稀土略高于重稀土，说明在强蚀变岩中中稀土略富集。

### （四）矿床不同岩类金元素的分布特征

根据各矿床不同岩类 Au 的分析结果，编制了直方图（图4.120）。

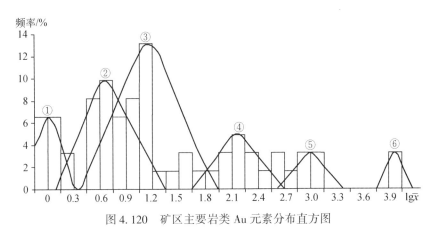

图4.120　矿区主要岩类 Au 元素分布直方图

图4.120说明，Au 的分布至少有6个母体，第①母体的众值为 $1\times10^{-9}$，是区域背景的反映；第②母体的众值约 $4\times10^{-9}$，是矿体围岩与弱蚀变岩的反映。说明矿体直接围岩也存在弱矿化。第③母体的众值约为 $15\times10^{-9}$，是强矿化的反映，它与第②母体大部分重合不易区分。第④⑤⑥母体为矿化反映，其众值分别为 $126\times10^{-9}$，$1000\times10^{-9}$，$9400\times10^{-9}$，说明至少存在3次以上的矿化作用，分别形成了不同母体。这种结果与各矿区金的矿化作用和矿化阶段是一致的。

### （五）围岩蚀变与金矿化

近矿围岩蚀变研究表明，不同蚀变类型与金矿化强弱不同。以文峪矿区 S505 号矿脉主要蚀变类型与含金量统计（表4.88）为例，可以看出与金矿化关系最密切的是黄铁矿化、黄铁绢英岩化，其次是绢云母化、硅化和碳酸盐化，而钾长石化、绿泥石化含金性最差。在钾长石化最发育地段，矿脉金矿化弱，常为贫矿段。黄铁矿化、黄铁绢英岩化蚀变强的矿脉和地段，多为富矿脉或富金地段。由此可知，蚀变类型在不同部位的发育程度，可作为预测富矿体和预测盲矿的标志。

**表 4.88　S505 矿脉主要蚀变类型与金矿化强度的关系**

| 蚀变类型 | 黄铁矿化 | 黄铁绢英岩化 | 绢云母化 | 硅化 | 钾长石化[1] | 碳酸盐化[1] | 绿泥石化[1] |
|---|---|---|---|---|---|---|---|
| 金含量变化范围/$10^{-6}$ | 0.34~3.9 | 0.36~3.0 | 0.06~0.98 | 0.14~0.45 | | | |
| 样品数/个 | 7 | 6 | 5 | 3 | 1 | 3 | 1 |
| 平均值（$\bar{x}$）/$10^{-6}$ | 1.56 | 1.41 | 0.43 | 0.395 | 0.10 | 0.393 | 0.006 |
| 均方差（$S$） | 1.17 | 1.25 | 0.46 | 0.21 | 0.00 | 0.529 | 0.00 |
| 变化系数 $C_V$/% | 74.5 | 89.1 | 105.0 | 56.7 | 0.00 | 134.61 | 0.00 |

①栾世伟等，1991。

　　矿脉的围岩蚀变从内带→中带→外带，蚀变强度由强→中→弱，同时蚀变类型组合由复杂趋向单一，金矿化则具有明显的由强到弱的变化规律。

# 六、矿化、蚀变分带模型

　　由上述可知，本区矿脉的矿化类型、矿化强度和蚀变类型，不仅在平面上显示出比较明显的水平分带性，而且在垂向上也具分带特征，黎世美等所作分带模型如图 4.121 所示。

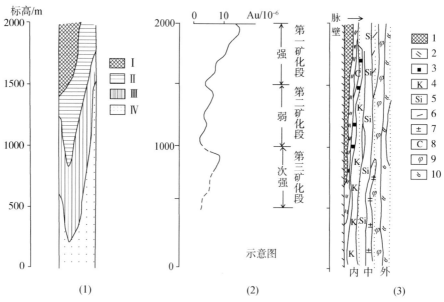

**图 4.121　小秦岭金矿化类型（1）、矿化强度（2）、围岩蚀变（3）垂直分带模型**
1. 黄铁绢英岩化；2. 绢云母化；3. 黄铁矿化；4. 钾长石化；5. 硅化；
6. 黑云母化；7. 高岭石化；8. 碳酸盐化；9. 绿帘石化；10. 绿泥石化

# 第五章　区域成矿地球化学

成矿地质建造研究是矿床深部预测的基础性研究的重要内容之一。在小秦岭地区，成矿地质建造包括变质建造和岩浆岩建造，本章重点探讨变质岩和岩浆岩的地球化学特征，同时对它们与成矿的关系进行分析。

## 第一节　太华群变质岩

新太古宇太华群为基底岩系，分为下部岩石单位和上部岩石单位。下部岩石单位自下而上分别是基性喷发表壳岩、杨寨峪灰色片麻岩、四范沟片麻状花岗岩；上部岩石单位自下而上划为观音堂组及焕池峪组。

区内金矿的成矿对地（岩）层没有选择性，在各岩石单位和地层均可成矿。但相比而言，小秦岭金矿田的主要金矿床和大部分含金石英脉主要分布在四范沟片麻状花岗岩中。

### 一、岩石学及岩石化学

太华群各（岩）组出现的各种变质岩石，可归纳为角闪质岩类、片麻岩类、石英岩类及长英质变粒岩类和大理岩类五类。各类岩石的主要岩石学特征见表5.1。

表5.1　各类岩石的主要岩石学特征表

| 矿石类型 | 岩石特征 | 矿物成分组成 | | | 结构构造 | 产出层位 |
|---|---|---|---|---|---|---|
| | | 主要矿物 | 次要矿物 | 微量矿物 | | |
| 片麻岩类 | 硅线石榴子石片麻岩 | 斜长石+钾长石20%～60%、黑云母5%～20%、石英30%～40% | 硅线石、石榴子石、白云母 | 锆石、磷灰石、榍石、磁铁矿 | 钎状、粒状变晶片麻状 | 观音堂组 |
| | （含）石墨斜长石片麻岩 | 斜长石+钾长石40%～50%、石英20%、石墨5%～20% | 黑云母、白云母、绢云母 | 石榴子石、硅线石、磷灰石、锆石、绿帘石 | 鳞片、花岗变晶片麻状 | 焕池峪组、观音堂组 |
| | 黑云斜长片麻岩 | 斜长石+钾长石50%～60%、石英20%～25%、黑云母10%～30% | 白云母、角闪石、绢云母、绿帘石、黝帘石、绿泥石 | 磷灰石、磁铁矿、锆石、榍石、石榴子石、褐帘石、黄铁矿 | 鳞片、花岗变晶片麻状、条带状 | 除杨寨峪岩组之外其余岩组均有 |
| | 角闪斜长片麻岩 | 斜长石+钾长石50%～60%、普通角闪石10%～30% | 黑云母5%～10%、石英、透辉石、绿泥石、绢云母、钠长石 | 磁铁矿、磷灰石、黝帘石、锆石 | 柱状粒状变晶片麻状、条带状 | |

续表

| 矿石类型 \ 岩石特征 | | 矿物成分组成 | | | 结构构造 | 产出层位 |
|---|---|---|---|---|---|---|
| | | 主要矿物 | 次要矿物 | 微量矿物 | | |
| 角闪质岩类 | 斜长角闪岩 | 普通角闪石40%~60%、斜长石35%~50% | 黑云母、石英、绿泥石、绿帘石、绢云母 | 磁铁矿、磷灰石、铁铝榴石、锆石、榍石 | 细–中粒状、柱状变晶片麻状、块状、杏仁状 | 各岩组中均有 |
| 大理岩类 | 蚀变大理岩 | 白云石、方解石 | 透闪石、透辉石、金云母、蛭石 | | 纤状、粒状变晶块状 | 焕池峪组 |
| | 钙镁硅酸盐（夕卡岩） | 透闪石、透辉石、金云母、阳起石 | 方解石、白云石、蛇纹石 | 榍石、金红石、绿帘石、硅镁石 | 半自形柱状晶块状 | 焕池峪组 |
| 石英–长英质变粒岩类 | 石英岩 | 石英65%~98%不等、微斜长石 | 黑云母、微斜长石、绢云母 | 锆石、磷灰石、磁铁矿、白云母 | 细–粗状变晶块状 | 观音堂组 |
| | 浅粒岩 | 斜长石+钾长石40%~70%、石英25%~65% | 绢云母、黑云母、钠长石、绿帘石 | 磷灰石、锆石、榍石、石榴子石、褐帘石 | 粒状变晶块状、片麻状 | 观音堂组 |
| | 黑云变粒岩 | 斜长石+钾长石40%~60%、石英、黑云母 | 绿泥石、绿帘石、白云母、角闪石 | 磁铁矿、磷灰石、锆石、榍石、褐帘石 | 细–中状变晶块状、片麻状 | 观音堂组 |
| | 麻粒岩 | 钠长石40%、微斜长石25%、石英20% | 黑云母7%、紫苏辉石7% | 锆石、磷灰石 | 粒状变晶片麻状 | |

## （一）大理岩类

见于焕池峪组，呈巨厚层状产出，可分为钙镁质碳酸盐岩和钙质碳酸盐岩，变晶粒状结构，偶见变余鲕状结构，块状构造、变余层状构造。普遍含石墨，多呈细微层状产出。

大理岩类包括大理岩、白云石大理岩、含橄榄白云石大理岩，主要矿物组成有方解石、白云石，由于变质作用一些大理岩中含有变质矿物金云母、透辉石、透闪石、橄榄石。

根据各种蚀变大理岩岩石化学图解 ［（al-alk）-c］（图 5.1）和 K-A（图 5.2）分析，均投落在黏土–白云岩混合物、黏土–石灰岩混合物区内靠近石灰岩一侧或碳酸盐亚区内，反映原岩为不纯碳酸盐岩。钙镁碳酸盐类投落在火成岩区或沉积岩区，反映原岩为泥灰质岩并受到后期热液作用。

## （二）角闪质岩类

### 1. 岩石化学成分

此类岩石矿物成分和结构均一，偶见变余杏仁构造。副矿物总量低，组合较简单。

包括斜长角闪岩、石英斜长角闪岩、角闪岩，主要矿物组成有中更长石、普通角闪石、黑云母、石英，其次为磷灰石、锆石、磁铁矿、黄铁矿，具有变余杏仁状构造，结晶

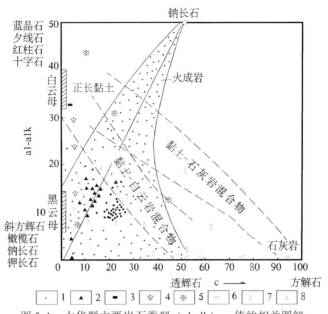

图 5.1 太华群主要岩石类型（al-alk）-c 值的相关图解

1. 斜长角闪岩；2. 黑云斜长石片麻岩；3. 石墨长石片麻岩；4. 硅线黑云（二云）片麻岩；5. 石英岩；
6. 白色大理岩；7. 透辉石大理岩；8.（黑云）角闪斜长片麻岩

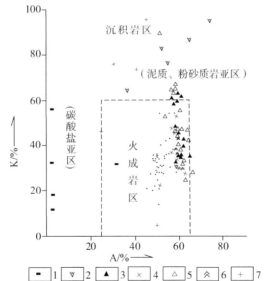

图 5.2 主要变质岩石的 K-A 相关图解（据周世泰，1979）

1. 石墨长石片麻岩；2. 硅线黑云（二长）片麻岩；3. 黑云斜长片麻岩；
4.（黑云）角闪斜长片麻岩；5. 浅粒岩；6. 黑云变粒岩；7. 麻粒岩

基底各岩石单位中都有出现。

据收集的 44 个太华群各组斜长角闪岩（镁铁质火山岩）化学成分，经计算得出其主要成分平均含量（表 5.2），与中国玄武岩的平均化学成分（黎彤，1962）对比十分接近。其差异是本区斜长角闪岩的 $Fe_2O_3$、$FeO$ 平均值偏高。$MgO$、$Na_2O$、$K_2O$ 含量偏低，$Na_2O$

含量普遍大于 $K_2O$。与国外和国内其他地区太古代绿岩带的镁铁质火山岩相比，本区斜长角闪岩主要成分平均含量同国内夹皮沟和国外 K . C. Condie 的 $TH_2$ 型相比很接近。不同者，$Al_2O_3$ 和 MgO、CaO 平均含量低于 $TH_2$ 型的，而 $Fe_2O_3$ 和 $K_2O$ 含量又显得较高；MgO、CaO 含量低于夹皮沟型，$K_2O$、$Fe_2O_3$ 含量又高于夹皮沟型。本区镁铁质火山岩的这些特征，反映了区域地球化学的差异，表明岩石受到了区域变质和混合岩化的影响。

**表 5.2　小秦岭太华群变镁铁质火山岩主要化学成分表**

| 绿岩带类型 | | 样品数/个 | 主成分平均含量/% | | | | | | | | | |
|---|---|---|---|---|---|---|---|---|---|---|---|---|
| | | | $SiO_2$ | $TiO_2$ | $Al_2O_3$ | $Fe_2O_3$ | FeO | MnO | MgO | CaO | $Na_2O$ | $K_2O$ |
| 清原型 | | 98 | 49.78 | 1.02 | 15.01 | 3.87 | 7.80 | 0.19 | 7.09 | 8.16 | 2.76 | 0.91 |
| 夹皮沟型 | | 75 | 49.38 | 1.05 | 13.82 | 4.07 | 9.04 | 0.20 | 7.15 | 9.57 | 2.21 | 0.81 |
| K. C. Condie（国外） | $TH_1$ | | 50.2 | 0.94 | 15.5 | 1.63 | 9.26 | 0.22 | 7.53 | 11.60 | 2.15 | 0.22 |
| | $TH_2$ | | 49.5 | 1.49 | 15.2 | 2.80 | 9.17 | 0.18 | 6.82 | 8.79 | 2.70 | 0.66 |
| 本区 | | 44 | 48.46 | 1.61 | 13.97 | 5.22 | 9.61 | 0.13 | 5.97 | 8.59 | 2.60 | 1.47 |
| 中国玄武岩（黎彤，1962） | | 166 | 48.28 | 2.21 | 14.99 | 4.18 | 6.95 | 0.20 | 7.00 | 8.07 | 3.40 | 2.51 |

**2. 原岩**

依据来自本区太华群中 44 个斜长角闪岩样品的分析数据，分别计算了每个样品的尼格里、周世泰及莫依纳等有关参数，并作（al-alk）-c、K-A、C-Mg 和（Al+Fe+Ti）-（Ca+Mg）图解（图 5.1、图 5.2、图 5.3、图 5.4）进行原岩恢复。

从各种图解中可以看出，斜长角闪岩在（al-alk）-c 相关图解中，全部投落在火成岩区；在周氏 K-A 相关图解中，除一个投在泥质、粉砂质亚区外，43 个均投落在火成岩区范围；在（Al+Fe+Ti）-（Ca+Mg）和（al-alk）-c 图（长春地质学院）中绝大多数样点集中在玄武岩区，极少数分布在邻区；在 C-Mg 图解中，样品绝大多数投落在靠近卡鲁粗玄武岩趋势两侧，沿着卡鲁粗玄武岩趋势线分布的特征较明显。斜长角闪岩在上述图解中的投落特征表明，绝大多数斜长角闪岩的原岩为正变质岩，属玄武岩类。

为进一步区分本区玄武岩类型及产生的地质环境，分别作了 $FeO^*/MgO$ 对 $SiO_2$、$FeO^*$、$TiO_2$ 变异图解（图 5.5）和 $FeO^*$-（$Na_2O+K_2O$）-MgO 变异图（图 5.6）。

在图 5.5A 中斜长角闪岩样点全部投落在拉斑玄武岩一侧，在图 5.6 中绝大多数样品投落在拉斑玄武岩一侧，只有个别样投落在钙碱性火山岩系一侧。这一特征表明斜长角闪岩原岩为拉斑玄武岩无疑。在图 5.5B、C 中斜长角闪岩分别集中投落在深海拉斑玄武岩演化线延长方向线上和深海拉斑玄武岩与岛弧拉斑玄武岩岩区之间。

## （三）石英岩、长英质粒岩

见于上部岩石单位观音堂组，岩石具变余砂状结构，发育变质成分–结构层，显示清晰层状特征。副矿物较复杂。锆石多呈浑圆状、卵形、圆形。普遍含铁铝榴石、硅线石、石墨。

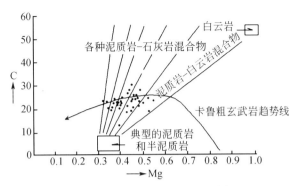

图 5.3 斜长角闪岩 C-Mg 图解 (据利克, 1964)

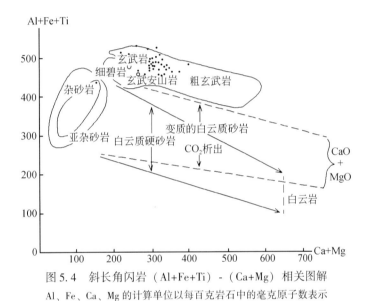

图 5.4 斜长角闪岩 (Al+Fe+Ti) - (Ca+Mg) 相关图解
Al、Fe、Ca、Mg 的计算单位以每百克岩石中的毫克原子数表示

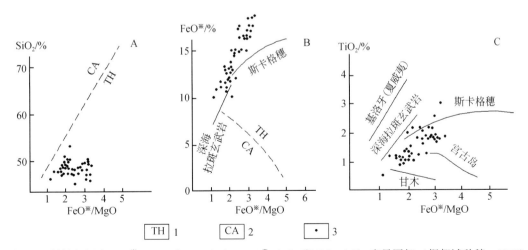

图 5.5 斜长角闪岩 FeO*/MgO 对 SiO₂ (A)、FeO* (B) 和 TiO₂ (C) 变异图解 (据都城秋穗, 1975)

1. 拉斑玄武岩系; 2. 钙碱质火山岩系; 3. 样品投影点

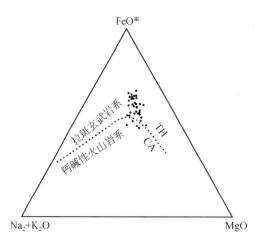

图 5.6　斜长角闪岩 $FeO^{*}$ - ($Na_2O+K_2O$) -MgO 变异图 （底图据欧文和巴拉加尔，1971）

长英质粒岩类包括变粒岩、黑云变粒岩、浅粒岩，主要矿物成分有斜长石、石英、钾长石，其次有黑云母、石榴子石、石墨、硅线石、锆石、磷灰石，大多呈浑圆形、圆形、卵形，长短轴比值小，具有变余纹层构造，分布观音堂组。

石英岩类包括石英岩、长石石英岩、磁铁石英岩，主要矿物成分为石英，其次有钾长石、斜长石、黑云母、磁铁矿，具有变余砂状结构、变余交错层构造，分布观音堂组。

本区出露的石英岩、浅粒岩、麻粒岩、黑云浅粒岩及黑云变粒岩等，主要分布在杨寨峪片麻岩之上的各地层组中。石英岩主要分布在观音堂组，磁铁石英岩、浅粒岩、麻粒岩分布在四范沟岩组。对（黑云）浅粒岩、黑云变粒岩的化学成分特征及原岩判别分述于下。

**1. 岩石化学成分特征**

依据本区 23 个样品岩石化学结果计算得出：黑云浅粒岩和黑云变粒岩中 $SiO_2$ 含量变化在 58% ~ 78%，平均 68.7%；$Al_2O_3$：8.66% ~ 17.38%，平均 14.46%；$Fe_2O_3$：0.25% ~ 4.94%，变化范围较大；MgO：0.24% ~ 1.66%；$K_2O$：1.64% ~ 8.0%；$Na_2O$：0.92% ~ 5.0%，多数 $Na_2O$ 的含量大于 $K_2O$ 的含量。该类岩石的主要化学成分与中国中酸性火山岩平均成分相当，与国内外太古代绿岩带长英岩火山岩对比具有一致性（表 5.3），不同之处主要是 MgO 含量偏低和 $K_2O$ 显得较高。这反映出小秦岭地区成岩环境及成岩后区域变质作用与国内外太古代绿岩带有所不同。

表 5.3　黑云浅粒岩、黑云变粒岩的主要化学成分 （小秦岭来自苏振邦，其他来自沈保丰等，1993）

| 地区 | 岩石类型 | | 主成分含量/% | | | | | | | | |
|---|---|---|---|---|---|---|---|---|---|---|---|
| | | | $SiO_2$ | $TiO_2$ | $Al_2O_3$ | $Fe_2O_3$ | FeO | MnO | MgO | CaO | $Na_2O$ | $K_2O$ |
| 小秦岭 | 黑云浅粒岩、黑云变粒岩 (23) | | 67.72 | 0.31 | 14.46 | 2.17 | 1.42 | 0.09 | 0.87 | 2.20 | 3.69 | 3.48 |
| 清源 | 长英质火山岩 (28) | | 70.39 | 0.34 | 14.34 | 1.40 | 2.27 | 0.07 | 1.09 | 2.24 | 3.38 | 1.79 |
| 夹皮沟 | 长英质火山岩 (5) | | 67.78 | 0.38 | 15.41 | 2.89 | 1.90 | 0.06 | 1.59 | 2.76 | 3.55 | 2.45 |
| 国外太古宙绿岩带 | 英安-流纹岩 （据 K. C. Condie） | FⅠ | 69.0 | 0.26 | 16.15 | 0.79 | 1.26 | 0.03 | 1.25 | 2.50 | 5.54 | 1.72 |
| | | FⅡ | 74.0 | 0.18 | 13.50 | 0.89 | 1.72 | 0.06 | 1.61 | 4.13 | 3.92 | 0.74 |

**2. 原岩**

该类岩石在（al+mf）-（c+alk）对 Si（图 5.7）、Mg-K（图 5.8）和 K-A（图 5.2）等图解中，大多数样品（74% ~80%）落入火成岩区和英安质凝灰岩区，少数样品投落在泥砂质及黏土岩区内。从上述图解可判别该类变质岩的原岩主要为流纹英安岩和英安质火山碎屑岩，少数为泥砂质沉积岩。

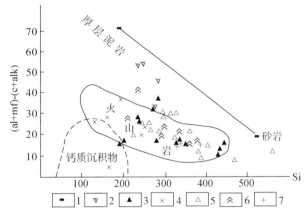

图 5.7　片麻岩类岩石（al+mf）-（c+alk）对 Si 相关图解

1. 石墨长石片麻岩；2. 硅线黑云（二长）片麻岩；3. 黑云斜长片麻岩；

4. （黑云）角闪斜长片麻岩；5. 浅粒岩；6. 黑云变粒岩；7. 麻粒岩

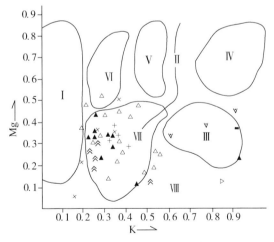

图 5.8　片麻岩的 Mg-K 图解

据长春地质学院，1975；图例同图 5.6；

Ⅰ. 钙质泥质岩区；Ⅱ. 白云质灰岩区；Ⅲ. 黏土岩区；Ⅳ. 中酸性凝灰岩区；

Ⅴ. 角斑岩区；Ⅵ. 细碧岩–玄武岩区；Ⅶ. 二长安山质凝灰岩区

## （四）下部岩石单位灰色片麻岩及片麻状花岗岩

包括片麻岩、黑云斜长片麻岩、黑云二长片麻岩、黑云钾长片麻岩，主要矿物有更中长石、钾长石、石英、黑云母，其次硅线石、石榴子石、石墨、蓝晶石，具有变余纹层结构。

片麻状花岗岩，包括片麻状二长花岗岩、片麻状花岗闪长岩、片麻状石英二长岩，主要矿物成分有钾长石、斜长石、石英、黑云母，其次有角闪石、锆石、磷灰石、褐帘石，均较自形，晶形完整，呈柱状及双锥状，长短轴比值大。具有变余花岗结构、似斑状结构。

灰色片麻岩，包括条带状黑云更长片麻岩、条带状角闪更长片麻岩，主要矿物成分有更长石、石英、角闪石、黑云母，更长石呈柱状及双锥状，长短轴比值大，见于杨寨峪灰色片麻岩。

本区片麻岩类岩石可分两大类：一是富铝硅酸盐矿物及含碳质的片麻岩，它们在（al-alk）-c（图5.1）、（al+mf）-（c+alk）对 Si（图5.7）及 K-A（图5.2）图解中，绝大多数投影于火成岩区之外的泥质、砂质沉积岩区，表明原岩属副变质岩；二是分布最广泛的条带状黑云斜长片麻岩–黑云角闪斜长片麻岩类。着重对后者的岩石化学特征及原岩恢复进行讨论。

**1. 岩石化学成分特征**

黑云角闪斜长片麻岩、角闪斜长片麻岩的主要化学成分是：

$SiO_2$ 含量变化在 51.24%～65.18%，$Al_2O_3$ 为 14.26%～18.31%，MgO 和 CaO 的含量变化较大，分别为 0.30%～4.2% 和 2.41%～10.62%，$Na_2O$ 含量均大于 $K_2O$，且变化范围较小。该类岩石主要化学成分平均值与中国中性火山岩（黎彤等，1963）平均值对比很相近（表5.4），相当于 K.C. Condie 太古宙绿岩中的安山岩Ⅱ型。与后者相比具有 $Al_2O_3$、$Fe_2O_3$、$K_2O$ 含量偏高，而 MgO、FeO、CaO 偏低的特点。

表5.4　太华群黑云、角闪斜长片麻岩主要化学成分表

| 岩石类型 | 氧化物含量/% | | | | | | | | | | | |
|---|---|---|---|---|---|---|---|---|---|---|---|---|
| | $SiO_2$ | $TiO_2$ | $A_2O_3$ | $F_2O_3$ | FeO | MnO | MgO | CaO | $Na_2O$ | $K_2O$ | $P_2O_5$ | $H_2O^+$ |
| 黑云角闪–角闪斜长片麻岩（16） | 58.91 | 0.60 | 16.7 | 3.25 | 4.13 | 0.15 | 2.23 | 5.99 | 3.97 | 2.29 | 0.26 | 0.25 |
| 中国中性火山岩（黎彤） | 58.05 | 0.79 | 17.41 | 3.23 | 3.57 | 0.15 | 3.24 | 5.77 | 3.57 | 2.36 | 0.44 | 0.85 |
| 安山岩Ⅱ型（K.C. Condie） | 58.9 | 0.65 | 15.5 | 1.5 | 4.5 | | 4.5 | 5.1 | 4.0 | 1.90 | | |
| 黑云斜长片麻岩（16） | 66.78 | 0.47 | 14.94 | 2.14 | 2.51 | 0.10 | 1.24 | 2.85 | 3.72 | 3.39 | 0.17 | 1.16 |
| 流纹英安岩（S.R. Nockolds） | 66.27 | 0.66 | 15.39 | 2.14 | 2.23 | 0.07 | 1.57 | 3.68 | 4.13 | 3.01 | 0.17 | 0.68 |
| 流纹英安岩（177）加拿大苏必利尔 | 67.3 | 0.51 | 14.8 | 1.17 | 3.44 | 0.08 | 1.55 | 3.13 | 3.07 | 1.40 | 0.07 | 1.56 |

注：括号内数字为样品数。

黑云斜长片麻岩岩石化学成分中 $SiO_2$ 含量变化在 60.28%～74.4%，$Al_2O_3$ 为 12.99%～17.68%，MgO 为 0.14%～2.09%，CaO 含量变化范围较大，为 0.70%～7.17%，$Na_2O$ 含量大多数大于 $K_2O$ 含量。据 16 个测试分析资料的平均值，黑云斜长片麻岩与

S. R. Nockolds 的流纹英安岩和加拿大苏必利尔太古宙流纹英安岩的平均值十分接近，属中偏酸性火山岩。本区黑云斜长片麻岩与加拿大苏尔流纹英安岩的主要区别是前者 $Fe_2O_3$、$K_2O$ 含量较高，而后者的 FeO、MgO 含量高于前者。

**2. 原岩**

依据黑云角闪斜长片麻岩、角闪斜长片麻岩和黑云斜长片麻岩的化学成分分析资料，计算有关参数，分别作（al-alk）-c、（al+mf）-（c+alk）对 Si、Mg-K 和 K-A 值等相关图解（图 5.1、图 5.7、图 5.8、图 5.2）。从这些图解中可以看出，三种片麻岩的样点全部落入相关图解的火成岩区，具有明显沿长石线分布的特点，在图 5.7 和图 5.2 中大多数样投落在火成岩区，在图 5.8 中主要投落在英安质凝灰岩区内及其周围。上述图解表明，黑云角闪斜长片麻岩、角闪斜长片麻岩及黑云斜长片麻岩属正变质岩，原岩为英安质火山岩和火山凝灰岩（长英质火山岩）。

# 二、微量元素地球化学

本区花岗–绿岩带中各种主要岩石的微量元素平均含量见表 5.5。

从表 5.5 中可以看出：从斜长角闪岩→黑云斜长片麻岩→变粒岩，即从镁铁质火山岩→长英质火山岩，Ti、V、Cr、Co、Ni、Zr、Nb、Th 等元素均为由高到低的演化趋势，而 Mo、W、Rb、Sr、F、Be 等元素相反由低到高。其 Co/Ni 值大于 1 和小于 1 都有（且以小于 1 为主）。反映其具有火成岩特征，又有沉积岩特征。

表 5.5　变质岩不同岩性微量元素含量表（中国地质科学院地球物理地球化学研究所，2008）

| 岩性 | Li | Be | B | F | Sc | Ti | V | Cr | Co | Ni | Cu | Rb | Sr |
|---|---|---|---|---|---|---|---|---|---|---|---|---|---|
| 大理岩（5） | 2.86 | 1.20 | 6.05 | 329 | 3.99 | 1004 | 32.09 | 14.74 | 2.57 | 7.72 | 3.82 | 11.44 | 199 |
| 石英岩（4） | 3.44 | 0.33 | 10.52 | 123 | 1.41 | 1199 | 16.39 | 16.73 | 2.34 | 6.01 | 5.50 | 27.43 | 36 |
| 变粒岩（4） | 9.77 | 0.87 | 2.60 | 329 | 6.10 | 4369 | 42.89 | 28.98 | 7.23 | 16.32 | 14.68 | 62.34 | 104 |
| 黑云斜长片麻岩（13） | 11.76 | 1.60 | 4.10 | 720 | 11.89 | 9755 | 71.10 | 20.32 | 14.19 | 13.50 | 24.09 | 83.06 | 179 |
| 片麻状花岗岩（5） | 10.87 | 2.43 | 4.01 | 491 | 3.68 | 5965 | 31.99 | 12.60 | 5.30 | 5.65 | 6.74 | 112.30 | 273 |
| 斜长角闪岩（6） | 8.38 | 1.18 | 5.89 | 1125 | 49.03 | 21945 | 295.84 | 105.68 | 44.94 | 57.39 | 23.91 | 20.37 | 169 |
| 几何均值（37） | 7.81 | 1.22 | 4.81 | 502 | 8.14 | 5596 | 58.36 | 24.25 | 9.10 | 13.16 | 12.76 | 45.32 | 151 |

| 岩性 | Y | Zr | Nb | Mo | Ag | Sn | Cs | Ba | Hf | Ta | W | Au | Th | U |
|---|---|---|---|---|---|---|---|---|---|---|---|---|---|---|
| 大理岩（5） | 15.08 | 51 | 2.42 | 0.91 | 44.23 | 0.77 | 0.29 | 128 | 3.06 | 0.25 | 0.50 | 0.48 | 2.69 | 1.31 |
| 石英岩（4） | 2.49 | 143 | 1.51 | 0.37 | 20.80 | 0.72 | 0.27 | 192 | 5.07 | 0.11 | 0.38 | 0.56 | 1.71 | 0.29 |
| 变粒岩（4） | 9.44 | 133 | 6.27 | 1.06 | 32.54 | 1.27 | 0.78 | 505 | 5.45 | 0.48 | 0.37 | 1.47 | 9.20 | 0.65 |
| 黑云斜长片麻岩（13） | 22.10 | 183 | 11.12 | 0.89 | 38.66 | 1.43 | 1.08 | 572 | 7.69 | 0.63 | 0.63 | 1.69 | 5.03 | 0.50 |
| 片麻状花岗岩（5） | 11.62 | 248 | 12.92 | 1.05 | 34.16 | 1.14 | 1.34 | 794 | 8.64 | 0.88 | 0.63 | 1.04 | 11.06 | 0.56 |
| 斜长角闪岩（6） | 35.36 | 117 | 7.73 | 1.27 | 36.58 | 1.19 | 0.33 | 276 | 5.98 | 0.49 | 0.46 | 0.57 | 1.80 | 0.46 |
| 几何均值（37） | 14.96 | 140 | 6.60 | 0.90 | 35.22 | 1.13 | 0.64 | 380 | 6.10 | 0.45 | 0.52 | 0.98 | 4.13 | 0.55 |

注：Au、Ag 单位为 $10^{-9}$，其他为 $10^{-6}$。

据黎世美等研究，斜长角闪岩中 Cr、Ni、V、Cu 的含量与 K. C. Condie 的太古宙 $TH_2$ 相比显著降低，反映本区镁铁质火山岩的基性程度比国外太古宙拉斑玄武岩偏低。黑云斜长片麻岩、变粒岩与国外太古宙长英质火山岩相比，前者 Cr、Ni、Co、含量低于后者，V、Cu 含量则相反。显示本区的长英质火山岩偏酸性的特点。微量元素与地幔标化比值的蛛网图显示（图 5.9），V、Cr、Co、Ni、Cu 显著低于地幔含量；Au 仅在片麻状花岗岩中含量高于地幔，其他岩类均低，Ag 低于地幔，其他元素多高于地幔或与地幔相当，Mo 则显著高于地幔。

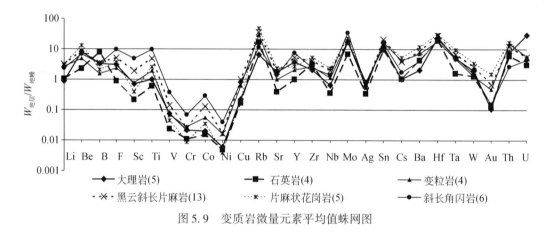

图 5.9　变质岩微量元素平均值蛛网图

# 三、稀土元素地球化学

### 1. 斜长角闪岩

斜长角闪岩稀土元素总量平均值为 $146.84 \times 10^{-6}$；轻重稀土值为 3.84；$(La/Yb)_N$ 值为 3.07；$\delta Eu$ 为 0.94。其总的特征为稀土总量略高，轻稀土元素富集及 Eu 亏损不明显（表 5.6）。稀土配分模式为右倾平坦型（图 5.10），与拉斑玄武岩稀土元素分布模式类似，且与 K. C. Condie 太古代拉斑岩 $TH_2$ 型稀土元素含量比较接近。

### 2. 黑云斜长片麻岩、片麻状花岗岩、变粒岩

黑云斜长片麻岩等稀土元素含量及配分比较相似，稀土总量平均值为 $33.53 \times 10^{-6} \sim 201.45 \times 10^{-6}$，多数比斜长角闪岩高。LREE/HREE 值为 $10.42 \sim 20.61$，全部比斜长角闪岩显著增高。$(La/Yb)_N$ 值在 $13.22 \sim 32.00$，也显著增高，$\delta Eu$ 值与斜长角闪岩比较接近，为 $0.82 \sim 0.97$（表 5.6），其配分模式具右倾特征（图 5.10）。这些相近似性的特征，可能反映它们的物质来源和生成地质构造环境比较一致。

另外，大理岩和石英岩稀土总量低（$80.86 \times 10^{-6} \sim 33.53 \times 10^{-6}$）（表 5.6），$\delta Eu$ 值则显示在大理岩中 Eu 为明显负异常，而在石英岩中 Eu 为正异常。

**表 5.6 变质岩稀土元素含量、特征值表**（中国地质科学院地球物理地球化学研究所；单位：$10^{-6}$）

| 岩性 | La | Ce | Pr | Nd | Sm | Eu | Gd | Tb | Dy | Ho | Er |
|---|---|---|---|---|---|---|---|---|---|---|---|
| 大理岩类（5） | 12.74 | 25.58 | 3.28 | 12.76 | 2.56 | 0.51 | 2.40 | 0.41 | 2.25 | 0.46 | 1.31 |
| 石英岩类（4） | 7.65 | 13.72 | 1.59 | 5.21 | 0.79 | 0.29 | 0.60 | 0.09 | 0.48 | 0.09 | 0.25 |
| 变粒岩类（4） | 26.67 | 51.96 | 6.13 | 21.32 | 3.66 | 0.90 | 2.76 | 0.41 | 1.97 | 0.34 | 0.90 |
| 片麻岩类（13） | 38.11 | 74.65 | 9.12 | 32.33 | 5.89 | 1.45 | 4.93 | 0.81 | 4.20 | 0.79 | 2.20 |
| 斜长角闪岩（6） | 18.09 | 37.12 | 5.22 | 21.38 | 5.04 | 1.61 | 5.51 | 1.05 | 6.19 | 1.27 | 3.78 |
| 片麻状花岗岩（5） | 47.46 | 89.04 | 9.26 | 29.61 | 4.49 | 1.18 | 3.10 | 0.47 | 2.32 | 0.42 | 1.15 |
| 几何均值（37） | 24.27 | 47.29 | 5.77 | 20.68 | 3.78 | 0.99 | 3.20 | 0.53 | 2.77 | 0.52 | 1.47 |

| 岩性 | Tm | Yb | Lu | Y | ΣREE | LREE/HREE | $(La/Yb)_N$ | δEu | LREE | MREE | HREE |
|---|---|---|---|---|---|---|---|---|---|---|---|
| 大理岩类（5） | 0.20 | 1.14 | 0.17 | 9.44 | 80.86 | 6.89 | 7.56 | 0.63 | 54.37 | 8.58 | 17.91 |
| 石英岩类（4） | 0.04 | 0.23 | 0.03 | 15.08 | 33.53 | 16.22 | 22.69 | 1.28 | 28.16 | 2.33 | 3.03 |
| 变粒岩类（4） | 0.13 | 0.76 | 0.11 | 2.49 | 127.47 | 14.98 | 23.51 | 0.86 | 106.09 | 10.04 | 11.34 |
| 片麻岩类（13） | 0.34 | 1.94 | 0.28 | 22.10 | 199.15 | 10.42 | 13.22 | 0.82 | 154.21 | 18.08 | 26.86 |
| 斜长角闪岩（6） | 0.64 | 3.97 | 0.61 | 35.36 | 146.84 | 3.84 | 3.07 | 0.94 | 81.80 | 20.67 | 44.37 |
| 片麻状花岗岩（5） | 0.17 | 1.00 | 0.14 | 11.62 | 201.45 | 20.61 | 32.00 | 0.97 | 175.38 | 11.99 | 14.09 |
| 几何均值（37） | 0.23 | 1.33 | 0.19 | 12.15 | 112.58 | 10.55 | 8.49 | 1.11 | 84.32 | 9.83 | 14.76 |

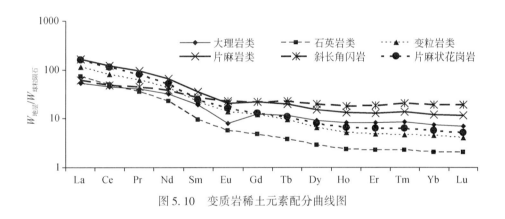

图 5.10 变质岩稀土元素配分曲线图

### 3. 原岩恢复

根据稀土元素分析资料，对主要变质岩类作 lg（La/Yb）-Eu/Sm 图解和 lg（La+Yb）-lg（La/Yb）图解（图 5.11、图 5.12），从图中可以看出，斜长角闪岩主要落在大洋拉斑玄武岩区（Ⅱ）和大陆、岛弧玄武岩区（Ⅲ、Ⅴ），集中于两区重叠部位，个别落入太古宙沉积岩区。黑云斜长片麻岩主要落在酸性火山岩区（Ⅳ）和太古宙沉积岩区或Ⅳ与Ⅲ区重叠部分，反映它们的原岩为玄武岩和英安岩及火山碎屑岩。变粒岩落在中酸性火山岩区和太古宙沉积岩区，其原岩为流纹英安岩或凝灰岩和沉积岩。

上述判别与岩石化学成分判别所得的结论相一致。

综合上述，小秦岭太华群斜长角闪岩原岩为拉斑玄武岩（镁铁质火山岩）；四范沟片麻状花岗岩中的斜长角闪岩生成于大洋–岛弧环境；观音堂组及其以上地层中的斜长角闪岩具大陆玄武岩特征；少数观音堂组和杨寨峪片麻岩中的斜长角闪岩可能为副变质岩。原岩为镁铁质泥灰岩；黑云角闪斜长片麻岩和黑云斜长片麻岩，变粒岩的原岩主要为玄武–安山岩和流纹岩–英安岩及火山碎屑岩，少数为杂砂岩。石英岩、含石墨及高铝矿物片麻岩，各类蚀变大理岩等，原岩为滨海相–浅海相和碎屑、泥砂质、碳酸盐岩类。

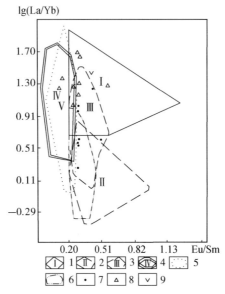

图 5.11　小秦岭主要变质岩的 lg（La/Yb）-Eu/Sm 图解

1. 太古宙沉积岩区；2. 大洋拉斑玄武岩区 ；3. 大陆、岛弧玄武岩及碱性玄武岩区；4. 中酸性火山岩区；
5. 太古宙基性岩区；6. 后太古宙沉积岩区；7. 斜长角闪岩；8. 黑云斜长片麻岩；9. 黑云浅粒–变粒岩

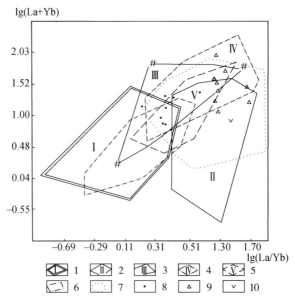

图 5.12　小秦岭主要变质岩的 lg（La+Yb）-lg（La/Yb）图解

1. 大洋拉斑玄武岩区；2. 太古宙沉积岩区；3. 岛弧玄武岩区；4. 中酸性火山岩区；5. 大陆玄武岩流及大洋岛屿玄武岩区；6. 太古宙基性岩区；7. 后太古宙沉积岩区；8. 斜长角闪岩；9. 黑云斜长片麻岩；10. 黑云浅粒–变粒岩

# 第二节　基底变质岩含矿性

## 一、金的区域丰度

小秦岭太华群作为小秦岭金矿带最重要的赋矿围岩，历年来曾有众多学者对其中 Au 的丰度进行过研究（表 5.7），对各种岩性含矿性进行测试（表 5.5）。

**表 5.7　太华群地层中金的丰度对比**

| 作者 | 时间 | 样品数 | Au 的丰度/$10^{-9}$ |
| --- | --- | --- | --- |
| 董礼周 | 1979 | 102 | 24 |
| 林宝钦 | 1980 | 75 | 2.62 |
| 王定国 | 1981 | | 2.84 |
| 张荫树 | 1983 | 142 | 1.11 |
| 王享治[1] | 1984 | 138 | 0.71 |
| 沈福农 | 1985 | | 0.5 ~ 5.4 |
| 蒋敬业[2] | 1985 | 337 | 4.19 |
| 河南区调队 | 1985 | | 2.0 ~ 2.94 |
| 晁援[1] | 1985 | 258 | 1.86 |
| 郭福琪[1] | 1988 | | 1.54 |
| 胡正国[1][3] | 1989 | 145 | 2.46 |
| 姚宗仁[1] | 1986 | | 0.6 ~ 1.05 |
| 胡志宏[1] | 1989 | 27 | 0.95 |
| 黎世美等[1] | 1994 | 327 | 1.03 |
| 本书[4] | 2008 | 37 | 0.98 |

①学光谱法；②斑点；③据胡正国资料计算；④中国地质科学院地球物理地球化学研究所测试，2008 年。

表中数据表明，不同作者获得的 Au 的丰度差异较大。造成这种现象的原因主要有：采用资料来源不统一；所采样品存在明显空间位置差异或不同类型样品代表性差异（如不同地区或近矿化地段样品等）；各测试单位所提供分析的时间、批次、测试方法的不同以及不同实验室存在的不同的分析误差；数据统计计算的方法差异等。从表中可看出：分析时间较早或用化学斑点法分析的数据，Au 的丰度由于受测试方法及灵敏度影响而通常偏高。自 20 世纪 70 年代后期河南省地矿厅岩矿测试中心开展化学光谱法测定痕量及超痕量 Au 以来，Au 的分析精度得到了很大提高，不同地层及岩石中 Au 的丰度研究取得了突破性进展。通过对比化学光谱法获得的 Au 的含量数据可知：小秦岭太华群 Au 的丰度为 $0.6 \times 10^{-9}$ ~ $2.46 \times 10^{-9}$。陕西太华群 Au 的丰度相对河南偏高。

本次工作中在变质岩区不同地层岩组中共采有代表性的变质岩样品 37 件，在含量分布直方图上显示太华群中 Au 的含量具有多重母体分布特征（图 5.13）。

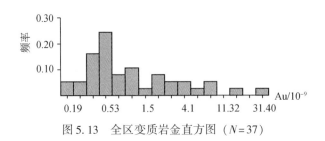

图 5.13　全区变质岩金直方图（$N=37$）

太华群 Au 含量的基本特征为背景平均值 $0.98\times10^{-9}$，最小值 $0.16\times10^{-9}$，最大值 $37.22\times10^{-9}$，变异系数为 54.89。说明 Au 具有极强分异型分布特征。

在直方图上显示为 3 个母体，它们的众值分别为 $0.44\times10^{-9}$、$2.0\times10^{-9}$、$8.38\times10^{-9}$，充分显示了其分布的不均匀性。

# 二、变质岩中钼的丰度

本区位于小秦岭–大别山钼矿带西端，属于华北陆块南缘 Au、Mo、W、S、Ag、Fe、多金属、稀有、稀土成矿亚带的一部分。

小秦岭地区以 Au 的成矿为主，但部分矿床伴生钼，在大湖矿区钼成为金的共生矿产。因此，有必要对钼的区域背景进行简要分析。

在变质岩中，Mo 含量最大值为 $7.20\times10^{-6}$，最小值为 $0.18\times10^{-6}$，平均值为 $0.90\times10^{-6}$，其背景平均值接近地壳克拉克值 $1.1\times10^{-6}$（维氏），但变异系数大，可达 6.20。其分布频率直方图显示多重母体分布特征（图 5.14）。

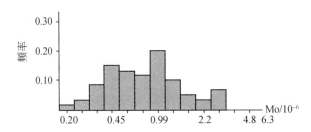

图 5.14　小秦岭地区钼元素分布直方图（$N=60$）

图 5.14 显示，Mo 的分布有三个母体，第一个母体较小，其众值为 $0.45\times10^{-6}$；第二母体较大，其众值为 $0.99\times10^{-6}$；第三母体更小，众值为 $3.07\times10^{-6}$。第一母体为石英岩为主的母体，第二母体则为片麻岩和斜长角闪岩为主的母体，两个母体重叠较多，第三母体为蚀变之后的母体。因为第三母体和第二母体分离程度不高，说明没有明显的矿化作用发生。

在岩石中，Mo 平均含量由石英岩（$0.37\times10^{-6}$）→片麻岩（$0.89\times10^{-6}$）→大理岩（$0.91\times10^{-6}$）→片麻状花岗岩（$1.05\times10^{-6}$）→变粒岩（$1.06\times10^{-6}$）→斜长角闪岩（$1.27\times10^{-6}$）有逐渐增高趋势（表 5.5），但不存在富 Mo 的岩石，其成矿需要特定的构造环境和地质条件。

Mao 等（1999）根据中国钼矿床中辉钼矿的 Re 含量研究认为，从地幔→壳幔混源→

地壳，矿石中的 Re 含量呈数量级下降，即由 $n\cdot100\times10^{-6}\rightarrow n\cdot10\times10^{-6}\rightarrow n\times10^{-6}$。因此，辉钼矿的 Re 含量可以指示成矿物质来源。根据李厚民等（2007）研究，本区大湖钼金矿床中辉钼矿的 Re 含量为 $1.531\times10^{-6}\sim2.305\times10^{-6}$，其西部泉家峪钼矿为 $5.382\times10^{-6}\sim17.282\times10^{-6}$。可能反映了来自地壳的信息。因为泉家峪钼矿产于燕山期文峪花岗岩体的断裂中，而大湖脉状钼矿产于以杨寨峪灰色片麻岩为围岩的 F35 中，说明本区钼矿化可能与地壳重熔的 S 型花岗岩浆活动和地壳流体有关。

李厚民等（2007）用辉钼矿中 Re-Os 法测定其模式年龄：大湖钼矿为 223.0±2.8Ma 和 232.9±2.7Ma，泉家峪为 129.1±1.6Ma 和 130.8±1.5Ma。认定大湖钼矿的成矿时代为印支期，泉家峪钼矿时代为燕山期。但区内没有印支期 S 型花岗岩浆活动，说明大湖的钼可能来自地壳流体。

但是矿田内诸多金矿床中伴生的钼，许多学者认为系燕山期金的成矿过程中早阶段形成的，但成矿作用不强，没有形成独立矿体。

## 三、Au 在变质岩中的分配及其与微量元素的关系

大量研究表明，Au 在岩石中的分配是不均匀的。为了探寻小秦岭金矿田中 Au 在岩石和地层（岩组）中的分配，许多人进行了研究。根据我们采样分析结果，对 Au 的分配进行如下讨论。

### （一）Au 在岩石中的分配

Au 的平均含量说明，在不同岩石中，由大理岩（$0.48\times10^{-9}$）→石英岩（$0.56\times10^{-9}$）→斜长角闪岩（$0.57\times10^{-9}$）→片麻状花岗岩（$1.04\times10^{-9}$）→变粒岩（$1.47\times10^{-9}$）→黑云斜长片麻岩（$1.69\times10^{-9}$），Au 含量由低到高（表 5.5），反映中酸性岩中 Au 含量高，以沉积为主的岩类 Au 含量低，即早期以地幔物质为主的岩石比后期改造形成的岩石含金高。

### （二）Au 在不同地层（岩组）中的分配

由第二章可知，本区上、下部岩石单位岩系在原岩性质、岩石类型和形成条件等方面存在着较大差异，其 Au 的含量和分布也显著不同（图 5.15、图 5.16）。

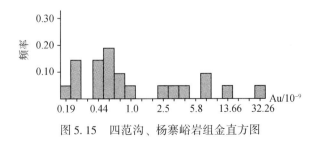

图 5.15　四范沟、杨寨峪岩组金直方图

下部岩石单位（杨寨峪片麻岩、四范沟片麻状花岗岩）Au 的最高含量为 $37.22\times10^{-6}$，

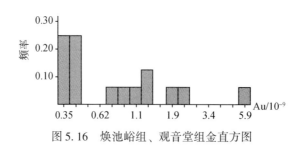

图 5.16　焕池峪组、观音堂组金直方图

最小值为 0.18×10⁻⁶，平均值为 1.15×10⁻⁶，变异系数为 3.81。

上部岩石单位（观音堂组、焕池峪组）Au 的最高含量为 6.49×10⁻⁶，最小值为 0.32×10⁻⁶，平均值为 0.79×10⁻⁶，变异系数为 2.99。

上述说明，下部岩石单位不但 Au 含量高于上部岩石单位，而且其变异系数也显著较大。在 Au 的分布直方图上，下部岩石单位和上部岩石单位均显示多个母体，但下部岩石单位存在 Au 的强分异，而上部岩石单位仅显示 Au 微弱分异。这可能是四范沟片麻状花岗岩分布区控制矿田多数金矿脉和金矿床的重要原因。

## （三）Au 与微量元素的关系

岩石和地层（岩组）中 Au 与微量元素的相关性，从一个侧面反映 Au 的地球化学行为，现按照上下部岩石单位分别进行讨论。

下部岩石单位和上部岩石单位微量元素聚类分析谱系图见图 5.17、图 5.18。

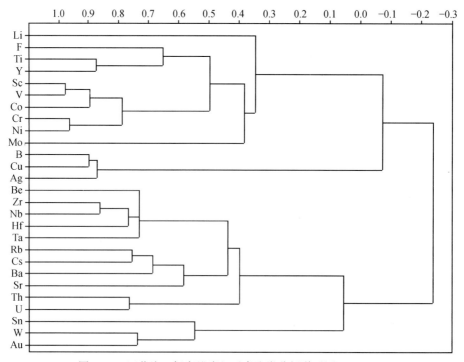

图 5.17　四范沟、杨寨峪岩组元素聚类分析谱系图（N=21）

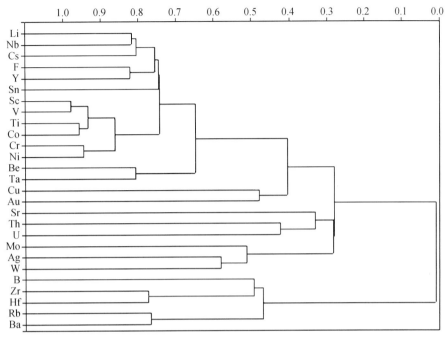

图 5.18 焕池峪组、观音堂组聚类分析谱系图 ($N=16$)

图 5.17 中显示，下部岩石单位岩系微量元素分为三个群组：①Li、F、Ti、Y、Sc、V、Co、Cr、Ni、Mo；②B、Cu、Ag；③Be、Zr、Nb、Hf、Ta、Rb、Cs、Ba、Sr、Th、V、Sn、W、Au。主要成矿元素 Au、Mo 分别在第三群组和第一群组，其中 Au、W、Sn 高度相关，Mo 则与铁族元素相关性好。说明 Au 和 Mo 原始赋存状态存在差异。

图 5.18 显示，上部岩石单位岩系微量元素总体为一个群组，进一步可分为两个群组，且这两个群组相关极其微弱，除第二个群组的 B、Zr、Hf、Rb、Ba 外，主要成矿元素 Au、Mo 均在第一个群组中。可能反映热液改造后元素在地层中的分布状态。同时也反映下部岩石单位与上部岩石单位的差异。

经研究，基底表壳岩原岩含金较高，变 TTG 岩系含金较高主要与它侵入、交代含金较高的基性表壳岩有关（原始基性表壳岩–玄武岩出露的面积远比现在大，后经 TTG 岩系的交代及后期混合岩化，而使变表壳岩呈似层状、残留包体状等形态产出）。

# 第三节 岩浆岩及含矿性

小秦岭地区岩浆岩活动频繁，具有多期次、多岩类、多成因特点，但以花岗岩类为主，其中又以燕山期花岗岩浆活动最为强烈。基性脉岩发育。燕山期花岗岩浆活动与本区金矿成矿关系密切。

根据岩浆岩的岩性、变质变形特点、侵入穿插关系、同位素年龄等，将本区岩浆活动分为阜平、五台–中岳、熊耳、加里东、华力西–印支和燕山旋回。

# 一、岩浆岩类型及岩石学

## (一) 阜平旋回花岗质岩

该旋回花岗质岩主要包括 TTG 岩系(杨寨峪灰色片麻岩中)和钾质花岗岩(四范沟片麻状花岗岩)。TTG 岩系可分为早晚两期,早期单颗粒锆石铀－铅法年龄和铷－锶年龄为 2100~2261.9Ma;晚期单颗粒锆石铀－铅法年龄为 2031Ma,它们分别侵入在小秦岭复背斜核部及南翼,杨寨峪灰色片麻岩和观音堂组。该岩系已变质为各种花岗质片麻岩(混合岩),与侵入地层多呈互层状产出。

这些变质的花岗质片麻岩,依据其 $K_2O$ 和 $Na_2O$ 含量可分为钠质花岗质片麻岩和钾质花岗质片麻岩。晚期以钾质花岗质片麻岩为主,早期以钠质花岗质片麻岩为主。在剖面中两者多呈过渡关系,空间分布无规律。

花岗质片麻岩多具片麻状、条纹状、条痕状等构造。岩石中具细－中粒鳞片粒状变晶结构,钾质花岗质片麻岩有时有微斜长石变晶,并且发育微斜长石交代斜长石等形成的交代净边、交代反条纹、交代条纹、交代残余等结构及石英交代长石形成的穿孔结构。而钠质花岗质片麻岩的这些交代结构不发育。表明钾质花岗质片麻岩有较强的钾长石交代,这是熔融混合岩化的结果。

花岗质片麻岩的主要矿物成分为微斜长石(10%~40%)、斜长石(5%~60%,An=6~8)、石英(20%~40%)和黑云母(3%~15%),有时含角闪石等。钾长石随钾交代的增强而增加,斜长石和黑云母含量随钾交代的增强而减少,因此三者含量变化大。

## (二) 中岳－五台旋回花岗岩

该旋回主要形成桂家峪黑云母化角闪二长花岗岩体和区内广泛分布的花岗伟晶岩。

桂家峪岩体分布于灵宝朱阳桂家峪一带,呈蝌蚪状岩株产出,面积约 12km²。主岩体北东侧有一个独立侵入体,面积约 0.5km²。主岩体南部被小河断裂破坏。小河断裂南侧尚可见到桂家峪岩体零星出露。该岩体侵入于新太古代变质岩系中,接触面清晰,一般外倾,倾角 60°。

岩体划分为两个岩石构造单元。

第一单元 ($Pt_1g^1\eta\gamma$),为中细粒黑云母化角闪二长花岗岩。该单元呈环状分布于岩体边部,环带宽约 100~500m,南部被小河断裂破坏,环带不完整。岩石具中细粒花岗结构,块状及片麻状构造。主要矿物成分为钾长石(25%~30%)、斜长石(20%~30%,An17~20)、石英(20%~30%),普通角闪石+黑云母(10%~15%),副矿物主要为磁铁矿、磷灰石、锆石、钛铁矿。该单元内部见有混合岩、片麻岩及伟晶岩捕房体和同源包体。

另外分布于主岩体东北侧的侵入体,按岩性及结构特征亦划归本单元。

第二单元 ($Pt_1g^2\eta\gamma$),为粗中粒黑云母化角闪二长花岗岩,是桂家峪深成岩体的主体部分,呈蝌蚪状岩株产于岩体中心部分。另外,分布于石姆峪一带的黑云母化角闪二长花岗岩,也应归并本单元。

岩石具粗粒花岗结构,中心具似斑状结构,块状及片麻状构造。主要矿物成分为钾长石（30%～40%）、斜长石（15%～20%，An17～20）、石英（20%～25%）、黑云母（10%～15%）。副矿物与第一单元相似。该单元含有较多暗色角闪石英正长斑岩等包体。

时代归属：

本序列侵位于太华群，被小河断裂早期糜棱岩带改造，表明侵位时间早于该断裂韧性活动时期（早元古代末）。此外，该序列受到早元古代变质作用的影响，岩石中角闪石退变为绿色黑云母。

锆石 U-Pb 法年龄值为 1748±25Ma，Rb-Sr 等时线年龄为 1552Ma。后者可能代表一期变质年龄。据以上，将桂家峪序列侵位时代定为早元古代（中条期）。

花岗伟晶岩，在小秦岭全区广泛分布，呈不规则脉状和大小不等的团块状产出，构成第二期混合岩化岩石和混合岩的脉体。岩石呈伟晶和粗晶块状，主要矿物成分为微斜长石、斜长石和石英，含少量黑云母。可见到较多磁铁矿和褐帘石，并以此与其他期次伟晶岩相区别。

## （三）熊耳旋回花岗岩

该旋回形成的花岗岩主要为小河黑云母二长花岗岩，分布于小河边界韧性剪切带南侧，呈东西向带状岩株产出，出露长度大于 25km，宽 3～6km。东端侵入于太华群变质花岗岩系，向西被官道口群高山河组沉积覆盖。岩体划分为两个结构单元。

第一单元（$Pt_2x^1\eta\gamma$）：黑云母二长花岗岩，分布于西部，出露面积约 15km²。岩石具中细粒花岗结构，块状构造，主要矿物成分为钾长石（30%～40%）、斜长石（25%～35%）、石英（25%～30%）、黑云母（5%～8%），副矿物为磁铁矿、磷灰石、锆石、钛铁矿等。本单元中片麻岩捕房体较多。

第二单元（$Pt_2x^2\eta\gamma$），肉红色黑云二长花岗岩，为小河岩体的主体。岩石具中细粒花岗结构，块状构造，主要矿物成分为钾长石（35%～40%）、斜长石（25%～30%）、石英（25%）、黑云母（5%～10%），副矿物为磁铁矿、磷灰石、锆石、褐帘石、钛铁矿。

时代归属：

本序列侵位于太华群及五台期花岗伟晶岩，并被高山河组沉积不整合覆盖。锆石 U-Pb 法年龄值为 1770～1800Ma。据此，将小河序列归属中元古代中期，相当于熊耳期。

## （四）燕山旋回花岗岩

该旋回主要形成文峪、娘娘山以及陕西境内的华山、老牛山花岗岩体，其次还形成广泛分布的花岗伟晶岩和少量煌斑岩类等。

**1. 文峪花岗岩体**

文峪花岗岩体分布于太要断裂南侧，出露于文峪—泉家峪—枣香峪一带。平面上呈椭圆形，长轴近东西向，面积约 65km²，侵位于太华群中，呈岩株状产出，部分地段发育冷凝边。根据岩性和接触关系，可分为早期、主期和补充期三个岩浆活动期和四个单元。

第一单元（$Jw_1\gamma o$）：黑云斜长花岗岩。

是该序列早期岩浆活动的产物。分布于岩体西南边部，面积小于 0.5km²。该单元以明显的结构差异与二、三单元呈脉动型接触。

第二单元（$Jw_2\eta\gamma$）：粗中粒含斑黑云二长花岗岩。

是该序列的主期，由三个侵入体组成，面积 26km²，主体呈环状分布于本序列外缘。

第三单元（$Jw_3\eta\gamma$）：中粒似斑状黑云二长花岗岩。

由 3 个侵入体组成，面积约 30km²，主体构成本序列内环。

第四单元（$Jw_4\eta\gamma$）：细中粒含斑状黑云二长花岗岩。

由 3 个侵入体组成，面积约 7km²，主体构成本序列核部。

上述二～四三个单元为主期单元。单元间岩石成分差异小，主要以矿物粒度作为划分依据，属结构单元。单元间界面比较隐蔽，属涌动–脉动接触类型。第二、三单元之间可见较清楚的界面，属脉动接触型。第四单元与第二单元接触时，由于结构差异大，也具有清晰界面，属脉动型接触。该期矿物成分为斜长石（25%～40%）、钾长石（25%～35%）、石英（25%～30%）、黑云母（3%～5%）等。

本序列各单元基本特征见表 5.8。

文峪岩体的就位机制：该序列平面形态呈椭圆形，长轴与区域构造线一致。与围岩接触界面呈规则、清晰的圆滑曲线，围岩片麻理在接触带比较紊乱，显示强力就位特点。主期三个单元，空间上呈套环状展布，结构分带明显，单元间呈脉动、涌动型接触，各单元边部，暗色包体相对集中。这些特点，反映本序列具有底辟和气球膨胀侵位机制特点。

文峪岩体的时代归属：本序列侵位于太华群及太要断裂韧性期糜棱岩中，并受到该断裂脆性活动影响。岩体内见有燕山晚期含金石英脉侵入。

陕西区测队严阵对文峪花岗岩采样获得 $^{39}Ar$-$^{40}Ar$ 法黑云母等时线年龄值为 172±1.35Ma，钾长石等时年龄值为 165±1.34Ma。王景文等（2005）用锆石 U-Pb 法测得 138.4±2.5Ma。

根据上述地质资料及同位素年龄值，将文峪岩体划归燕山早期（侏罗纪）。

**2. 娘娘山花岗岩**

该序列分布于小秦岭东端娘娘山一带，属复杂深成岩株。平面上呈梨形，南北略长，面积约 33km²。侵位于太华群及小河断裂韧性期糜棱岩带中，接触面多内倾，部分外倾，倾角 30°～50°为主。北部被太要断裂破坏。

根据岩性特征及接触关系，该序列可划分为两个岩浆活动期：主期和补充期。主期由两个单元组成，是本序列的主体部分；补充期由一个单元组成，属晚期单元。

第一单元（$Jn_1\eta\gamma$）：似斑状中粒黑云二长花岗岩，由 2 个侵入体组成，面积约 20km²。分布于分水岭南北两侧，呈薄壳状或岩被状（形似风化岩壳）产出。

第二单元（$Jn_2\eta\gamma$）：细中粒含斑黑云二长花岗岩，由大小不等的 10 个侵入体组成，出露面积约 11km²，分布于序列中部分水岭一线。

第三单元（$Jn_3\eta\gamma$）：细粒二长花岗岩，属补充期单元，由 2 个侵入体组成，面积约 2km²，分布于本序列东南边缘，呈月牙状半环形展布。

第一、二单元间界面清晰，明显属脉动接触类型。局部区段沿接触界面发育石英晶腺，其生长方向指向第二单元。另外第二单元中见有第一单元岩石捕房体，均表明第二单元侵位晚于第一单元。

第三单元截切第一、二单元接触界线，并与第一、二单元多呈脉动型接触。部分区段较隐蔽，应属涌动接触类型（表 5.9）。

## 表5.8 文峪花岗岩序列各单元基本特征表

| 单元 | 岩浆期 | 岩石名称 | 矿物组合 主要矿物 | 斑晶 | 副矿物 | 结构 | 构造 | 包体特征 | 边界性质 | 侵入体个数 | 面积/km² | 野外宏观特征 |
|---|---|---|---|---|---|---|---|---|---|---|---|---|
| 5 | 补充期 | 白-灰白色细中粒二长花岗岩 | 钾长石30%~35% 斜长石40%~45% 石英25%~30% 黑云母2%~3% | | 磁铁矿 榍石 磷灰石 | 细中粒花岗结构 1~4mm | 块状构造 | | | 2 | 2.3 | 暗色矿物少、粒度细、不含斑晶 |
| 4 | | 灰白-浅灰色细中粒含斑黑云二长花岗岩 | 钾长石25%~35% 斜长石30%~40% 石英25%~30% 黑云母3%~5% | 钾长石 2%~3% 1cm×2cm~2cm×4cm | 磁铁矿 榍石 磷灰石 | 细中粒花岗结构 0.3mm×0.5mm~1.5mm×3mm | | 含少量小型暗色岩包体，长宽呈浑圆状，分布无规律 | 脉动 超动 | 3 | 7 | 节理发育，具棱角状陡壁及大牙状峰峦地貌 |
| 3 | 主期 | 灰白色中粒似斑状黑云二长花岗岩 | 钾长石25%~35% 斜长石35%~40% 石英25%~30% 黑云母3%~5% | 钾长石 5%~8% 2cm×4cm | 磁铁矿 榍石 磷灰石(褐帘石) | 中粒花岗结构 0.6mm×1mm~2mm×4mm似斑状结构 | | 含较多暗色石英闪长岩包体呈椭圆-浑圆形，分布地单元边部 | 涌动 | 3 | 30 | 具较均匀的中粒结构，含较多斑晶 |
| 2 | | 灰白色粗中粒黑云二长花岗岩 | 钾长石30%~35% 斜长石25%~40% 石英30% 黑云母3%~5% | 钾长石 2%~3% 1cm×2cm~3cm×6cm | 磁铁矿 榍石 磷灰石(褐帘石) | 粗中粒花岗结构 0.8mm×1.2mm~3.5mm×6mm少斑结构 | | 偶见小型暗色石英闪长岩包体，呈棱角状，无浑圆现象 | 脉动 部分涌动 | 3 | 26 | 矿物颗粒粗，发育不规则网格状节理 |
| 1 | 早期 | 灰白色黑云斜长花岗岩 | 斜长石70% 石英20%~25% 黑云母3%~5% | | | 中细粒花岗结构 0.3mm~1.5mm | | 暗色包体少见 | 脉动 | 1 | 0.5 | 暗色包体不多见，发育网格状节理 |

表 5.9 娘娘山花岗岩序列各单元基本特征表

| 单元 | 岩浆期 | 岩石名称 | 主要矿物 | 斑晶 | 副矿物 | 结构 | 构造 | 包体特征 | 边界性质 | 侵入体个数 | 面积/km² | 野外宏观特征 |
|---|---|---|---|---|---|---|---|---|---|---|---|---|
| 3 | 补充期 | 灰白—灰色细粒二长花岗岩 | 钾长石30%~35% 斜长石35%~40% 石英25%~30% | | 磁铁矿 | 中细粒花岗结构 0.3~2.5mm | | | | 2 | 2 | 以粒度度细、不含暗色矿物为特征 |
| 2 | 主期 | 灰白—灰色中细粒含斑黑云二长花岗岩 | 钾长石25%~40% 斜长石30%~40% 石英25%~30% | 自形、他形短板柱状钾长石2%~3% 1.8cm×1.5cm~0.8cm×0.6cm | 磁铁矿 榍石 磷灰石 (褐帘石) | 中细粒花岗结构 0.5~5mm | 块状构造 | 含少量石英闪长岩暗色包体（析离体）含第一单元捕房体 | 脉动为主 局部涌动 | 10 | 11 | 普遍发育平行位接触面的密集节理，岩石具显著板理 |
| 1 | 主期 | 浅肉红色中粗粒似斑状黑云二长花岗岩 | 钾长石30%~35% 斜长石25%~35% 石英25%~30% 黑云母5% | 自形长板柱状钾长石3%~5% 1cm×0.6cm~2.2cm×1.6cm | 磁铁矿 榍石 磷灰石 (褐帘石) | 中粒花岗结构 1~5mm似斑状结构 | 块状构造 | 含较多石英闪长岩暗色包体（析离体） | 脉动 | 2 | 20 | 形成醒目网状节理系，普遍似风化，形似风化壳，平缓覆于第二单元之上 |

表 5.10 小秦岭太古代花岗质岩的化学成分（据黎世美等，1996）

| 变质 | 岩石类型 | 原岩 | 样品数 | SiO₂ | TiO₂ | Al₂O₃ | Fe₂O₃ | FeO | CaO | MgO | K₂O | Na₂O | MnO | P₂O₅ |
|---|---|---|---|---|---|---|---|---|---|---|---|---|---|---|
| 钠质花岗质片麻岩 | | 奥长花岗岩 | 12 | 72.23 | 0.28 | 13.90 | 0.64 | 1.89 | 1.16 | 1.43 | 1.65 | 5.50 | | |
| | | 花岗闪长岩 | 8 | 68.41 | 0.33 | 14.88 | 1.24 | 2.47 | 1.79 | 1.13 | 2.50 | 4.95 | | |
| | | | 4 | 69.66 | 0.54 | 14.59 | 1.50 | 3.27 | 2.53 | 1.07 | 2.52 | 3.50 | | |
| | | 英云闪长岩 | 7 | 64.59 | 0.54 | 15.29 | 2.51 | 3.74 | 3.51 | 1.90 | 2.93 | 3.80 | | |
| | | | 1 | 66.92 | 0.83 | 13.50 | 2.84 | 4.38 | 4.25 | 1.37 | 1.42 | 3.24 | | |
| | | | 2 | 68.21 | 0.33 | 14.70 | 1.44 | 2.35 | 3.26 | 1.29 | 1.64 | 4.48 | | |
| 钾质花岗质片麻岩 | | 花岗岩 | 3 | 71.71 | 0.32 | 14.38 | 0.74 | 1.90 | 1.43 | 0.81 | 3.91 | 4.47 | | |
| | | TTG岩系 | 27 | 70.53 | 0.35 | 14.23 | 1.34 | 2.10 | 1.45 | 0.86 | 5.26 | 3.24 | | |
| | | | 8 | 67.83 | 0.47 | 14.60 | 1.41 | 3.08 | 1.56 | 1.71 | 4.44 | 3.05 | | |
| | | 黑云母型二长花岗岩 | 5 | 67.75 | 0.50 | 13.79 | 1.89 | 2.62 | 2.04 | 0.76 | 5.74 | 2.70 | 0.041 | 0.15 |
| K. C. Condie (1981) | | 太古苗高铝型片麻岩平均值 | | 69.4 | 0.35 | 15.8 | 1.18 | 1.79 | 3.37 | 1.14 | 1.58 | 4.68 | 0.04 | 0.11 |
| | | 太古苗低铝型片麻岩平均值 | | 74.5 | 0.39 | 14.2 | 0.36 | 1.92 | 2.43 | 0.45 | 1.95 | 4.08 | 0.05 | 0.03 |
| | | 巴伯顿达东迈花岗闪长岩 | | 69.1 | 0.29 | 15.9 | 0.72 | 1.34 | 3.32 | 1.14 | 1.35 | 5.28 | 0.04 | 0.09 |
| | | 南非姆姆帕格尼型花岗岩 | | 7.00 | 0.30 | 14.5 | 0.88 | 1.23 | 2.03 | 0.47 | 3.35 | 4.83 | 0.04 | 0.02 |
| | | | | 70.03 | 0.46 | 14.0 | 1.03 | 1.83 | 2.04 | 0.63 | 5.18 | 3.57 | 0.05 | 0.12 |

本序列平面形态近梨形,与围岩接触界面清晰。接触面多处内倾,显示上大下小特征。

较早侵位的第一单元呈球壳状岩覆于第二单元之上,明显具有膨胀式推挤特征。在岩体外接触带,围岩中发育一组轴面平行边界的揉皱,显示强力就位特征。

本序列侵位于太华群及小河断裂韧性期糜棱岩中,并受太要断裂脆性活动影响,产生碎裂花岗岩,岩体明显裁切加里东期基性岩脉,并有燕山晚期含金石英脉侵入。

该序列第二单元全岩 Rb-Sr 等时年龄值为 135.32±8Ma,102.3Ma(K-Ar)及 141Ma。前人据上述资料将本序列归属燕山早期(侏罗纪),但晚于同时期的文峪序列。

这次工作中我们在岩体中发现了辉绿岩脉,岩体表面风化比较强。地表 5~6m 以下,岩石仍很疏松,与文峪岩体岩石相比显然存在明显差异。考虑到文峪岩体控制本区地球化学场,控制含金石英脉和金矿床的分布,而娘娘山岩体似不存在与本区地球化学场的关系。因此,我们对该岩体的时代归属表示怀疑。

1:5 万航磁资料研究表明,文峪、娘娘山岩体磁异常强度大致相同,变化于 500~850nT。其中文峪岩体异常更为复杂,至少由 9 个小异常组成。异常梯度北缓南陡,南北均出现负值,表明岩体延深有限。岩体北侧负异常从大湖峪向南收缩,而南侧负异常在白花峪和白家村一带向北收缩,因此文峪、娘娘山岩体在深部相连的可能性不大。两个岩体均向北倾,倾角 50° 左右。用切线法、特征点法和积分法求得文峪岩体平均中心埋深为 4.7km,推断下延深度约 9km;娘娘山岩体平均中心埋深为 6.2km,推断下延深约 12km。

# 二、岩浆岩岩石化学

### 1. 阜平旋回岩石化学

据前人资料(表 5.10),早期钠质花岗质片麻岩的 $SiO_2$ 含量变化范围为 66.92%~75.78%,平均为 71.29%;$Al_2O_3$ 含量变化范围为 11.74%~15.65%,多数小于 14.5%,平均为 14.09%。

晚期钠质花岗质片麻岩中 $SiO_2$ 含量变化范围为 59.80%~72.58%,平均 66.81%;$Al_2O_3$ 含量变化范围为 13.70%~17.02%,多数小于 14.70%,平均 15.03%。早期与晚期钠质花岗质岩相比,前者总体成分较酸性,多属 K. C. Condie(1981)划分的低铝型片麻岩,少数为高铝型片麻岩;后者则相反。

早期钾质花岗质片麻岩的 $SiO_2$ 含量变化范围为 64.36%~74.54%,平均为 70.53%;$Al_2O_3$ 平均含量为 14.23%,$K_2O/Na_2O$ 比值变化范围为 1.31~2.62,多为 1.5~2.11,平均 1.63;而晚期钾质花岗质片麻岩的 $SiO_2$ 含量变化范围为 63.82%~75.16%,平均为 67.83%;$Al_2O_3$ 平均含量为 14.60%,$K_2O/Na_2O$ 比值变化范围为 1.01~4.34,多为 1.39~1.80,平均 1.46。这表明早期钾质花岗质片麻岩总体更酸性,且经受了更强的钾长石交代作用。

这一结论与前者分布于混合岩化强度大的小秦岭复北斜核部和后者分布于混合岩化弱的复背斜两翼的实际情况相一致。

由于钾质花岗质片麻岩由 TTG 岩系改造而来，因此根据其化学成分恢复的 TTG 岩系的岩石类型是不准确的。而钠质花岗质片麻岩基本未经受或仅经受弱的钾质交代作用，其总体化学成分基本能反映原 TTG 岩系成分特征。将早、晚两期钠质花岗质片麻岩化学成分换算成标准矿物投影于 Or-Ab-An 图（图5.19）上可知，本区 TTG 岩系的主要岩石类型为奥长花岗岩，其次为花岗闪长岩和英云闪长岩。早期钠质花岗质片麻岩少数投影点落入花岗岩区，表明该样品经历了稍强的钾长石交代作用。

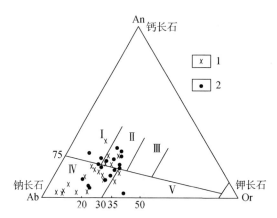

图 5.19　小秦岭钠质花岗质片麻岩的 An-Ab-Or 图解（据黎世美等）

1. 早期钠质花岗质片麻岩；2. 晚期钠质花岗质片麻岩。Ⅰ. 云英闪长岩；
Ⅱ. 花岗闪长岩；Ⅲ. 石英二长岩；Ⅳ. 奥长花岗岩；Ⅴ. 花岗岩

**2. 中岳–五台旋回花岗岩岩石化学**

该旋回主要形成桂家峪和石母峪等黑云母化角闪二长花岗岩体以及分布广泛的伟晶状花岗岩。其岩石化学成分见表 5.11。

由表 5.11 可知，桂家峪岩体的主要化学成分与同属元古宙的花岗伟晶岩相比，其 $SiO_2$ 含量偏低，$K_2O$ 和 $Fe_2O_3$ 含量明显偏高。

**3. 熊耳旋回花岗岩岩石化学**

该旋回主要形成小河黑云母二长花岗岩体，由表 5.11 可知，该岩体化学成分以富硅、富碱（高钾低钠）贫钙、贫镁为特征。从第一单元→第二单元，$Fe_2O_3 + FeO$ 及 MgO 呈递减趋势。$K_2O + Na_2O$ 呈递增趋势。表明岩浆由早→晚向偏酸方向演化。

岩石化学分类属二长花岗岩，岩石平均原子量值 $\overline{M} = 20.659$，比区内产于台穹区的各时代花岗岩体均小些，显然与其所处构造岩区（台凹区）不同有关。

**4. 燕山旋回花岗岩岩石化学**

该期主要形成文峪、娘娘山两个花岗岩体。

（1）文峪岩体，该序列主期三个单元岩石化学成分极为相似（表 5.11），并与中国花岗岩大致相同。第五单元 $SiO_2$ 明显增高，$Fe_2O_3 + FeO$、MgO、CaO 降低，反映由早→晚岩浆向偏酸方向演化。岩石化学分类属二长花岗岩。

表 5.11　小秦岭元古宙和中生代花岗岩的平均化学成分（黎世美等，1996）

| 时代 | 岩体 | 岩相、单元及期次 | 岩性 | 样品数 | 氧化物含量/% | | | | | | | | | | | | |
| --- | --- | --- | --- | --- | --- | --- | --- | --- | --- | --- | --- | --- | --- | --- | --- | --- | --- |
| | | | | | $SiO_2$ | $TiO_2$ | $Al_2O_3$ | $Fe_2O_3$ | $FeO$ | $MnO$ | $MgO$ | $CaO$ | $Na_2O$ | $K_2O$ | $P_2O_5$ | $H_2O^+$ | 灼减 |
| 中生代燕山期 | 娘娘山 | 补充期 三单元 | 细粒二长花岗岩 | 2 | 75.72 | 0.08 | 13.19 | 0.46 | 1.00 | 0.02 | 0.18 | 0.75 | 3.74 | 4.10 | 0.05 | 0.22 | 0.52 |
| | | 主期 二单元 | 中细粒含斑黑云母二长花岗岩 | 3 | 71.31 | 0.20 | 14.47 | 1.40 | 1.03 | 0.04 | 0.73 | 1.72 | 4.18 | 4.01 | 0.11 | 0.42 | 0.70 |
| | | 主期 一单元 | 中粒似斑状黑云母二长花岗岩 | 3 | 71.53 | 0.20 | 14.53 | 1.39 | 1.21 | 0.11 | 0.47 | 1.46 | 4.22 | 3.88 | 0.15 | 0.38 | 0.72 |
| | | | 岩体平均 | 8 | 72.49 | 0.17 | 14.17 | 1.01 | 1.09 | 0.06 | 0.49 | 1.38 | 4.09 | 3.98 | 0.11 | 0.36 | 0.66 |
| | 文峪 | 补充期 四单元 | 细中粒二长花岗岩 | 2 | 72.55 | 0.14 | 14.00 | 1.08 | 0.99 | 0.04 | 0.39 | 1.46 | 4.33 | 3.95 | 0.08 | 0.28 | 0.84 |
| | | 补充期 三单元 | 中细粒含斑黑云母二长花岗岩 | 3 | 70.19 | 0.19 | 14.99 | 1.32 | 1.30 | 0.11 | 0.43 | 1.83 | 4.66 | 3.98 | 0.07 | 0.23 | 0.38 |
| | | 主期 二单元 | 中粒似斑状黑云母二长花岗岩 | 5 | 70.89 | 0.16 | 14.60 | 1.22 | 1.21 | 0.06 | 0.64 | 1.78 | 4.31 | 4.14 | 0.05 | 0.28 | 0.27 |
| | | 主期 一单元 | 粗粒含斑黑云母二长花岗岩 | 4 | 70.04 | 0.23 | 14.69 | 1.38 | 1.56 | 0.13 | 0.59 | 2.20 | 4.18 | 4.09 | 0.09 | 0.35 | 0.43 |
| | | | 一至四单元平均 | 14 | 70.77 | 0.18 | 14.62 | 1.26 | 1.30 | 0.09 | 0.54 | 1.87 | 4.35 | 4.06 | 0.07 | 0.29 | 0.39 |
| | 小河 | 早期 | 细粒斜长花岗岩 | 1 | 68.86 | 0.25 | 15.72 | 1.55 | 1.75 | 0.02 | 0.98 | 2.42 | 5.4 | 2.12 | 0.05 | 0.38 | 0.38 |
| | | 二单元 | 肉红色细中粒黑云母二长花岗岩 | 5 | 72.93 | 0.16 | 13.56 | 0.99 | 1.00 | 0.02 | 0.47 | 1.16 | 3.40 | 5.16 | 0.05 | 0.42 | 0.72 |
| | | 一单元 | 灰白色细中粒黑云母二长花岗岩 | 3 | 71.71 | 0.17 | 13.76 | 1.13 | 1.49 | 0.11 | 0.47 | 1.49 | 3.42 | 4.57 | 0.07 | 0.31 | 0.71 |
| | | | 平均 | 8 | 72.48 | 0.16 | 13.63 | 1.04 | 1.18 | 0.05 | 0.47 | 1.28 | 3.41 | 4.94 | 0.06 | 0.38 | 0.72 |
| 元古宙五台—熊耳期 | 石母岭 | | 黑云母化角闪二长花岗岩 | 2 | 64.35 | 0.82 | 14.94 | 1.85 | 4.65 | 0.07 | 0.95 | 3.48 | 2.75 | 4.41 | 0.33 | 0.73 | 0.56 |
| | 桂家峪 | 二单元 | | 2 | 65.60 | 0.67 | 13.77 | 2.44 | 5.38 | 0.19 | 0.72 | 2.22 | 2.96 | 5.23 | 0.18 | 0.48 | 0.48 |
| | | 一单元 | | 1 | 65.54 | 0.75 | 13.78 | 2.80 | 5.13 | 0.10 | 0.98 | 2.70 | 2.78 | 4.54 | 0.30 | 0.73 | 0.74 |
| | | 平均 | | 3 | 65.58 | 0.69 | 13.77 | 2.56 | 5.30 | 0.16 | 0.80 | 2.38 | 2.90 | 5.00 | 0.22 | 0.56 | 0.56 |
| | | | 伟晶状花岗岩 | 13 | 71.32 | 0.24 | 13.86 | 1.34 | 1.97 | 4.78 | 0.05 | 0.65 | 1.57 | 3.03 | 0.08 | | |
| | | | 花岗岩（黎彤，1962） | | 71.27 | 0.25 | 14.25 | 1.24 | 1.62 | 0.08 | 0.80 | 1.62 | 3.79 | 4.03 | 0.16 | 0.56 | |

该序列各单元具有大体一致的平均原子量（$\overline{M}=20.819\sim20.857$），由早期单元→晚期单元显示微弱变小趋势。另外，与娘娘山序列各单元平均原子量（$\overline{M}=20.713$）非常接近，可能证明二者具有一定亲缘关系和成因联系。

（2）娘娘山岩体，该序列主期单元主要氧化物含量基本一致（表5.11），变化范围小，与中国花岗岩平均值接近，说明岩浆具同源性。由主期单元→补充期单元，$SiO_2$递增，$Fe_2O_3+FeO$及递减，表明岩浆性质明显向偏酸方向演化。

本序列岩石平均原子量$\overline{M}=20.713$。比文峪序列（$\overline{M}=20.838$）、桂家峪序列（$\overline{M}=21.294$）均要小些，显示出时代越新$\overline{M}$值越小的趋势。与出露于台凹区的中元古代小河序列（$\overline{M}=20.659$）相比，$\overline{M}$又大些，可能反映其所处构造位置不同。

# 三、岩浆岩构造环境分析

为了判别岩浆岩形成的构造环境，利用微量元素和稀土元素，进行了分析（图5.20）。

图5.20（a）说明，岩浆岩多数均在同碰撞花岗岩和火山弧花岗岩中。文峪花岗岩则主要在同碰撞花岗岩中；娘娘山花岗岩均落入火山弧花岗岩中。在图5.20（b）中，文峪和娘娘山花岗岩则全部落入同碰撞花岗岩中。上述不但反映了岩浆岩的生成环境，而且说明，文峪花岗岩和娘娘山花岗岩两个岩体产生环境存在明显的差异。这可能是造成其地球化学特征差异的重要原因之一。

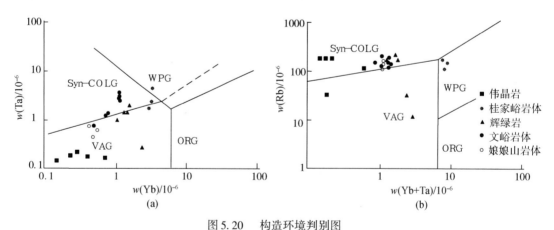

图5.20　构造环境判别图

（a）Ta-Yb构造环境判别图；（b）Rb-Yb+Ta构造环境判别图

Syn-OOLG. 同碰撞花岗岩；VAG. 火山弧花岗岩；WPG. 板内花岗岩；ORG. 洋脊花岗岩

# 四、稀土元素地球化学

岩浆岩中稀土元素的基本特征见表5.12、图5.21。

根据稀土地球化学特征，本区岩浆岩体可以分为三类：

第一类花岗岩体，包括桂家峪岩体、文峪岩体、娘娘山岩体，其稀土含量与配分模式也有一定差异，稀土总量依次降低。桂家峪岩体稀土含量最高，但是桂家峪岩体轻重稀土分异不明显，文峪岩体相对分异较大。

第二类中基性岩体，辉长辉绿岩和闪长岩，稀土总量相对较高，但是轻重稀土分异不明显。

第三类为伟晶岩脉，稀土总量最高，轻重稀土分异最为明显。

本区各类岩浆岩稀土地球化学的共同特征是，没有明显的铕异常。

**表5.12　岩浆岩稀土元素平均值表**（物化探所分析，2008；单位：$10^{-6}$）

| 单元（样数） | La | Ce | Pr | Nd | Sm | Eu | Gd | Tb | Dy | Er | Tm |
|---|---|---|---|---|---|---|---|---|---|---|---|
| 伟晶岩脉（5） | 80.32 | 134.90 | 14.18 | 42.17 | 4.71 | 1.37 | 2.51 | 0.31 | 1.31 | 0.58 | 0.07 |
| 桂家峪岩体（3） | 71.32 | 155.79 | 19.72 | 73.30 | 12.64 | 3.54 | 10.11 | 1.68 | 9.09 | 5.25 | 0.88 |
| 闪长岩脉（1） | 34.76 | 83.38 | 10.60 | 37.96 | 6.59 | 1.76 | 5.02 | 0.80 | 4.12 | 2.31 | 0.38 |
| 辉长辉绿岩脉（4） | 33.18 | 63.38 | 8.90 | 34.97 | 7.22 | 2.24 | 6.62 | 1.10 | 5.83 | 3.02 | 0.47 |
| 文峪岩体（7） | 31.09 | 56.99 | 6.59 | 21.87 | 3.40 | 0.89 | 2.39 | 0.36 | 1.75 | 0.96 | 0.17 |
| 娘娘山岩体（3） | 13.96 | 26.15 | 2.93 | 9.80 | 1.59 | 0.45 | 1.17 | 0.18 | 0.94 | 0.56 | 0.10 |

| 单元（样数） | Yb | Lu | Y | ΣREE | LREE/HREE | $(La/Yb)_N$ | δEu | LREE | MREE | HREE |
|---|---|---|---|---|---|---|---|---|---|---|
| 伟晶岩脉（5） | 0.39 | 0.06 | 5.96 | 294.66 | 24.33 | 137.14 | 1.22 | 273.08 | 10.88 | 7.08 |
| 桂家峪岩体（3） | 5.31 | 0.81 | 51.88 | 423.46 | 3.88 | 9.06 | 0.96 | 320.35 | 38.86 | 64.12 |
| 闪长岩脉（1） | 2.22 | 0.33 | 22.65 | 213.67 | 4.53 | 10.56 | 0.94 | 166.70 | 19.08 | 27.89 |
| 辉长辉绿岩脉（4） | 2.74 | 0.39 | 30.35 | 207.34 | 2.90 | 8.17 | 0.99 | 140.54 | 24.33 | 37.00 |
| 文峪岩体（7） | 1.07 | 0.17 | 10.23 | 138.35 | 6.93 | 19.55 | 0.96 | 116.58 | 9.12 | 12.61 |
| 娘娘山岩体（3） | 0.66 | 0.11 | 5.72 | 64.57 | 5.71 | 14.35 | 1.01 | 52.89 | 4.51 | 7.15 |

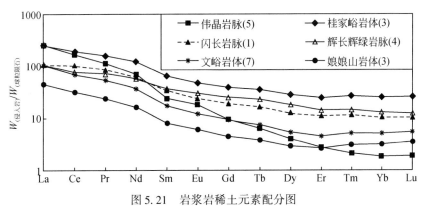

**图5.21　岩浆岩稀土元素配分图**

球粒陨石引自 Sun and Mcdonough，1989

# 五、微量元素及岩浆岩含金性

岩浆岩微量元素丰度及其与地幔丰度比值见表 5.13、图 5.22。

表 5.13　岩浆岩微量元素平均值表（物化探所分析，2008；单位：$10^{-6}$）

| 单元（样数） | Li | Be | B | F | Sc | Ti | V | Cr | Co | Ni | Cu | Rb | Sr |
|---|---|---|---|---|---|---|---|---|---|---|---|---|---|
| 伟晶岩脉（5） | 10.29 | 1.03 | 3.40 | 426.20 | 2.27 | 4872 | 19.25 | 3.18 | 4.54 | 3.48 | 4.40 | 138.45 | 227.96 |
| 桂家峪岩体（3） | 12.52 | 2.30 | 1.37 | 456.22 | 15.09 | 11167 | 12.59 | 5.76 | 3.62 | 1.67 | 6.57 | 118.93 | 207.85 |
| 闪长岩脉（1） | 6.29 | 2.42 | 2.30 | 393.46 | 5.69 | 8769 | 28.76 | 13.42 | 6.31 | 7.50 | 7.02 | 164.10 | 405.05 |
| 辉长辉绿岩脉（4） | 15.92 | 1.40 | 2.03 | 1290.36 | 21.91 | 30729 | 218.47 | 31.71 | 27.25 | 28.49 | 47.46 | 72.41 | 414.55 |
| 娘娘山岩体（3） | 15.27 | 2.08 | 1.30 | 423.68 | 2.17 | 2248 | 11.86 | 6.58 | 2.02 | 2.98 | 3.81 | 129.30 | 276.66 |
| 文峪岩体（7） | 21.64 | 3.89 | 2.05 | 869.43 | 1.77 | 3448 | 16.32 | 7.95 | 2.10 | 1.73 | 2.34 | 159.73 | 482.03 |
| 单元（样数） | Zr | Nb | Mo | Ag | Sn | Cs | Ba | Hf | Ta | W | Au | Th | U |
| 伟晶岩脉（5） | 204.62 | 6.82 | 0.38 | 27.25 | 0.69 | 0.69 | 1127.06 | 7.72 | 0.23 | 0.42 | 0.66 | 9.32 | 0.29 |
| 桂家峪岩体（3） | 417.52 | 22.69 | 1.22 | 32.55 | 2.05 | 2.46 | 2421.93 | 26.25 | 1.40 | 0.75 | 0.24 | 13.74 | 1.81 |
| 闪长岩脉（1） | 316.19 | 16.49 | 1.29 | 31.71 | 2.14 | 1.02 | 1417.00 | 13.33 | 1.00 | 0.47 | 0.37 | 8.90 | 0.64 |
| 辉长辉绿岩脉（4） | 179.44 | 15.29 | 1.09 | 50.46 | 1.30 | 2.46 | 691.34 | 5.76 | 0.92 | 1.19 | 1.64 | 4.45 | 0.65 |
| 娘娘山岩体（3） | 86.58 | 13.21 | 0.49 | 31.14 | 0.81 | 1.92 | 551.06 | 4.07 | 0.76 | 0.37 | 0.52 | 7.24 | 1.12 |
| 文峪岩体（7） | 151.28 | 22.38 | 0.74 | 27.44 | 1.17 | 2.06 | 858.85 | 8.41 | 1.26 | 0.34 | 0.67 | 11.82 | 3.02 |

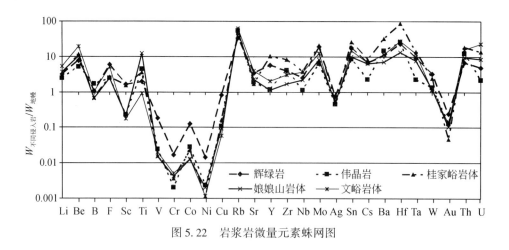

图 5.22　岩浆岩微量元素蛛网图

由图表中元素的丰度及其与地幔的比值可知，微量元素中 Se、Ti、Co、Ni 及 Cu、Au、Ag 丰度低于地幔；而 Be、F、Rb、Sr、Nb、Sn、Cs、Ba、Hf、Ta、W、Mo、Th、V 丰度高于地幔；B、Y 大体与地幔相当；Cu 在辉长辉绿岩中略高于地幔。总体特征是幔源元素丰度低，其他元素大多高于地幔，少数元素略低，而 Au 则很低。而图中主成矿元素 Mo 显著高于地幔，说明主成矿元素 Au 在各类时代岩浆岩中均为贫乏。仅在辉长辉绿岩脉中略高。为了解 Au 在岩浆岩中的分布特征，制作了 Au 的直方图（图5.23）。

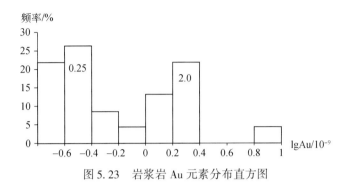

图 5.23　岩浆岩 Au 元素分布直方图

　　直方图中 Au 出现两个母体（最后一个母体仅一个样，未考虑），第一母体的众值为 $0.25 \times 10^{-9}$，第二母体的众值约为 $2 \times 10^{-9}$，但第二母体缺少右支，且其样品数远小于第一母体。这两个母体的众值一个低于区域背景，一个略高于区域背景，但它们总体在区域背景范围内。因此，从丰度考虑，各类岩浆岩不太可能提供成矿物质 Au。

# 第六章 区域成矿作用与成矿规律

## 第一节 区域成矿研究概况

小秦岭地区深部找矿是在矿产勘查工作进行了数十年，并已经控制数百吨金资源量的区域之内进行的。这与一般意义上的找矿有共同点，但也具有特殊性。浅部的矿产勘查中就存在很大风险，中深部找矿的风险就更大，这是可以理解的。为了尽可能减少风险，提高成功率，就必须从经验找矿转为理论找矿。因此认真研究前人的理论，结合小秦岭深部找矿的实际，有所提高，有所前进，就成为一项重要内容。

根据陈毓川院士等在《中国成矿体系与区域成矿评价》（2007）中总结的地质构造控（成）矿学说，可以概括为以下几种：

（1）经典的（槽台）控矿学说；

（2）板块构造控矿学说；

（3）地幔柱构造成矿作用；

（4）超大陆旋回与成矿；

（5）底侵作用、拆沉作用及壳-幔相互作用与成矿作用；

（6）线性构造和巨型断裂控矿；

（7）地壳和上地幔成分不均匀性控矿。

上述总结概括是比较全面的，基本涵盖了矿床研究中的主要观点和流派。值得提出的还有谢学锦院士等的地球化学块体理论，他们从勘查地球化学角度，对成矿地球化学作了全新的阐述，对成矿和矿产勘查提出了全新的思路和方法，很值得重视。

成矿理论是找矿预测的理论基础，在当前找矿难度逐渐增大的背景下，成矿理论就显得更为重要。近年来我国矿床研究出现热潮（栾世伟等，1981；胡受奚，1988；涂光炽，1990；程裕淇，1994；沈保丰，1994；裴荣富，1998，2002；牛树银等，2001，2002，2007；陈毓川，2001，2007；翟裕生，2004；赵鹏大，2004；毛景文，2006；於崇文，2007）。硕果累累，这些成果大多提出了预测找矿问题，毫无疑问促进了当前的地质找矿。但这些成果中有相当多的研究偏重于战略性问题，与具体的预测找矿有很大距离。

相比而言，谢学锦（1999，2000）、翟裕生、朱裕生（2007）、王世称（2001）、叶天竺（2007）等则对预测找矿研究较深入。属于侧重战术性研究的范畴。

在战术问题的研究中，最重要的代表是叶天竺，他在2007、2011年两次讲话中，均对深部找矿作了战术上的系统论述。他认为：深部找矿有三个特点，①是探索性很强的实践问题，不是理论问题；②是战术性问题，不是战略，属于微观问题，带有很强的实践性、个案性，因此很难在理论上总结出放之四海而皆准的规律性东西；③具有高度综合性，理论上多学科高度综合，在方法技术上包括地质、物探、化探、探矿工程有机结合。

他提出："所谓深部找矿指的是地表以下 1000～2000m 空间范围内的找矿。从成矿学的角度分析，深部与浅部本质上属于同一成矿作用系统内，其成矿条件、控矿因素、成矿作用没有本质的区别。因此，深部找矿突出强调三维空间信息的综合研究及地质成矿作用的垂向变化。"

叶天竺的意见是正确的，他提出的具体操作程序与指标是实用的。他把地质理论与具体预测找矿紧密结合起来，特别对深部找矿是有益的。因此得到人们的肯定。

针对寻找巨型矿床的问题，谢学锦院士指出："寻找巨型矿床有着巨大的风险与不确定性，有效地减少这种风险与不确定性，有赖于新概念和新战略的提出与新技术的发展。"为此，提出了套和的地球化学模式谱系，地球化学块体，……从这些概念出发提出了控制矿床形成规模的一种新的理论。在上述概念和理论的基础上，建立了发现地球化学块体和追踪巨型矿床的方法。通过应用上述方法已发现了一批新的寻找大矿，巨矿的战略靶区。其方法属于勘查地球化学的方法，属于直接找矿的方法。因而很值得重视。

20 世纪末，在小秦岭地区提出了存在"第二矿化富集带"问题（黎世美等，1996）；进入 21 世纪，滕吉文在 2007 年又提出"第二找矿空间"；常印佛和翟裕生也提出了在长江中下游矿集区找金属矿床深部"第二富集带"，并提出中国东部环太平洋中新生代金属成矿带的深部可能存在金属矿化第二富集带的远景。

赵鹏大认为："第二找矿空间"是在已知矿床的深部或外围，寻找类似的或不同的有利成矿环境和发现同类或不同类型的矿床。已知矿床是第一空间，深部和外围的隐伏矿床就是第二成矿空间，是矿下找矿或矿外找矿，其深度可深可浅。

我们基本同意赵鹏大院士的意见，所谓"第二找矿空间"或"第二矿化富集带"有将成矿作用人为分割的嫌疑。同一成矿作用在不同高程上的富集成矿似不宜用"第二（或第三，第四）成矿空间"来表述。

对于深部找矿，常印佛等认为"深部找矿是一项系统工程，是一项需要科学理论创新，高端探测技术支撑，高素质人才执行的大工程"。他们认为"大规模成矿作用是深部物质和能量交换的产物"。

赵鹏大将深部找矿基础地质理论概括为：

——深部地壳演化，壳幔相互作用；

——地壳结构与成分类型；

——岩浆与成矿作用响应；

——地壳深部地质动力学特征等。

纵观近十余年来，我国矿床学研究中强调地幔热液成矿是多数人的一种观点。不少研究者还根据成矿热液特征证明其来自地幔（如在豫西及小秦岭地区就有陈衍景等，1994；卢欣祥等，2004）。问题在于地幔热液是如何到达地壳成矿的。仅用"拆沉作用"、"底侵作用"来笼统地解释似乎不尽如人意。

地幔热液柱及其演化似乎较好地解释了地幔热液成矿的问题，尽管其中有些问题还需要研究探索。

我国著名科学家钱学森在建立地理科学体系时指出分为三个层次：一是基础理论；二

是直接应用的技术；三是介于两者之间的技术理论。认为这种划分适用于现代科学技术，特别是自然科学。深部探矿也应遵循以上划分。

赵鹏大（2007）指出："发现深部矿床难度很大，证实深部矿床的真实价值难度更大。"

综合上述可以发现，中深部找矿不同于一般地表找矿，它比一般隐（盲）矿找矿有更大的难度。因此，更需要地质成矿理论的指导，其中新理论、新方法、特别是综合方法的应用显得更重要。

# 第二节　幔枝构造的成矿作用

## 一、地幔热柱与成矿

据牛树银等（2001）研究，地幔热柱的形成及多级演化，对金、银多金属矿的成矿起着明显的控制作用。现将其要点介绍如下：

### （一）上升幔流——成矿物质的深部来源

Fe、O、Si、S、Ni、Ca、Al、Na、Cr、Mn、K 等，它们占地球总量的 98% 以上，其他元素不足地球总量的 2%（Mason，1966；黎彤，1990）。Au、Ag 等属于微量元素，Au 的地球丰度值仅为 $800×10^{-9}$，Ag 也只有 $3200×10^{-9}$（刘英俊等，1987）。一般认为，地球形成初期其成分是相当均一的星际物质，在其聚集、分异过程中，在热力膨胀和引力收缩的统一作用支配下，地内物质开始对流，密度大、熔点低的铁、镍呈熔融状态渗透过硅酸盐物质沉向地心形成地核，钙镁硅酸盐物质上浮形成地幔。地幔的表层由于散热及挥发分物质的逃逸很快冷却，并逐渐演化为刚性地壳。这种密度分异作用目前仍在进行着。

金、银等元素属于密度较大的元素，有向地核聚集的趋势，并主要集中于地核之中，以紫色气体状态存在于铁镍之间。当核幔边界涌动或受干扰形成上升地幔热柱时，金、银等成矿物质便可随地幔热柱向上迁移，并通过气态→气-液混合相→含矿流体的形式随地幔柱→地幔亚热柱→幔枝构造向地壳浅部迁移。

### （二）地幔亚热柱——成矿物质的运移通道

中生代以来，地壳运动进入一个新的活跃时期，地幔热柱活动增强，甚至连续稳定了十几亿年的华北地台区也开始了强烈活动，并且形成了中生代主要成矿集中区（阶段）。

上升幔流沟通了金、银等元素的深部来源，但成矿物质的多少取决于核幔边界的涌动强度，核幔的涌动又受着核幔平衡状态、外来激发因素的影响。所以，上涌地幔热流柱中的成矿元素含量也会随着核幔涌动强度变化而时多时少，时断时续，成矿作用也必然具有明显的阶段性。

金、银等成矿元素随地幔热柱的多级演化向上迁移，越接近地壳上部受构造运动影响越明显，这与岩石的物化状态密切相关。在地球深部，地幔物质在横向上、纵向上变化不大，地幔热流柱基本受核幔边界的初始动力和热驱动上升，干扰因素较少。当地幔热柱穿过上、下地幔界线，以亚热柱形式继续上升时则会受到岩石圈底界形态、岩石圈拆沉减薄去根作用及岩石圈深切韧性剪切带的影响。

　　以华北地幔亚热柱为例，亚热柱向上运移到岩石圈底部受阻改变方向，呈半球状顶冠向外围扩展，亚热柱上部地壳热减薄并发育成大型断陷盆地。亚热柱外围，由于地幔倾斜下插，岩石圈加厚，重力不足导致形成以隆升为主的外围造山带。在地幔亚热柱的驱动下，岩石圈深部应变软化物质可沿上地幔顶部壳幔过渡带、中下地壳低速带等（韧性流变拆离带）向造山带根部流变，并可由于造山带轴部韧性剪切带切割及减压释荷而转变为深熔岩浆上侵，形成受构造活动-岩浆上侵（喷发）控制的、以垂向隆升为表现形式的幔枝构造（图6.1）。

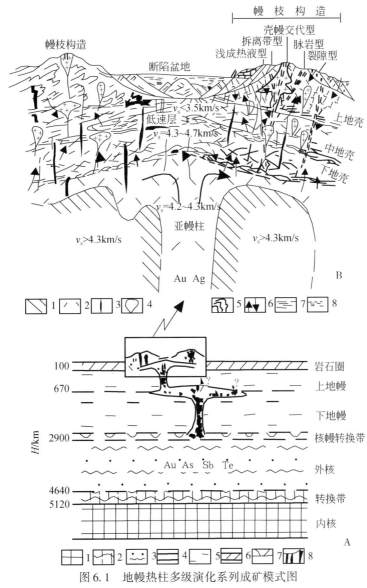

图6.1　地幔热柱多级演化系列成矿模式图

A. 地幔热柱成矿模式图：1. 地球内核；2. 内外核间转换带；3. 地球外核；4. 核幔间转换带；5. 地幔；6. 岩石圈；
7. 地幔柱构造；8. 深源岩浆作用

B. 地幔亚热柱-幔枝成矿模式图：1. 岩石圈硬块；2. 地幔亚热柱；3. 基性岩脉；4. 花岗质侵入体；5. 变质褶皱岩系；
6. 深部含矿还原系统流体，浅部氧化系统大气降水；7. 低速高导层；8. 韧性剪切带

## （三）幔枝构造——成矿、控矿的有利空间

幔枝构造活动明显地控制着幔壳结构特征、地质演化历史及山脉的隆升（变质核杂岩形成），特别是控制着海西—燕山期岩浆活动及金银多金属矿床的分布。据统计，90%以上的贵金属、多金属矿床展布在中生代以来强烈活动的构造岩浆（幔枝构造）活动带上。华北地幔亚热柱外围的燕山、秦岭、太行、胶辽等成矿集中区便是幔枝成矿典型实例。

幔枝构造之所以成为控矿的主要空间，是因为成矿元素随地幔亚热柱向上运移到岩石圈底部受阻而插向造山带的根部，当被造山带轴部持续活动的深切韧性剪切带切割时，成矿元素便沿韧性剪切带或随岩浆上侵向地壳浅部迁移，在幔枝构造的有利构造扩容带聚集成矿。

受幔枝构造控制的岩浆活动特征、岩性特征、含矿性及成矿作用取决于深切韧性剪切带的切割深度和活动强度。而韧性剪切带的活动强度又受地壳运动、区域构造应力场的制约。当韧性剪切带活动强烈、切割深度大时，岩浆活动就表现为幔源物质，随地幔亚热柱迁移的含矿流体得以向上迁移，并在有利的构造扩容带中成矿；当韧性剪切带切割浅时，就可能以中下地壳低速层重熔形成的花岗质岩浆为主，含矿流体相对较少，则成矿作用较弱。

至于成矿部位，主要受幔枝（变质核杂岩）构造特征的控制。在轴部韧性剪切带中可形成幔壳碱交代型金矿，在外围拆离带中可形成蚀变岩型或石英脉型金矿。此外，还可以发育韧性剪切带型、脉型，甚至斑岩型金矿。而幔枝构造的外围韧性剪切带或环状、放射状断裂系统中还会形成成矿温度偏低的中低温银多金属矿床。

## （四）幔枝构造成矿

成矿物质时、空巨变主要取决于地壳运动、构造变形、地内流体、岩浆活动、变质作用、地球物化场等控矿条件。而这些条件的变化又取决于地球的深部运动过程，尤其是成矿物质的深部来源。因此，地幔热柱多级演化控制的成矿物质反重力运移可能是认识巨量矿质堆积的钥匙。牛树银等进行了深入研究，现根据其研究成果简述如下：

金等重元素是如何向地壳迁移并且聚集成矿的呢？这是一个成矿物质反重力运动的问题，而且必须具备特殊的地质条件。

一般情况下，地幔具有一定的可塑性，而金等成矿物质具有往下沉的趋势。只有当核幔界面热扰动特别大、温压条件高到足以突破核幔界面的限制形成规模较大的地幔热柱时，这一过程才得以实现。这种过程多发生在核幔界面能量积累的高峰期，在热扰动作用下，核幔界面起伏加大。外因条件则是地球之外的中长期天文因素影响较大，潮汐形变使地壳的偏率、地幔的扁率和地核的扁率发生周期性的变化，从而使地壳的容积、地幔的容积和地核的形状也发生周期性的变化，导致地核中的流体、核幔边界积累的能量快速冲破核幔界面阻力，形成沿不同深度的贯通裂隙或构造薄弱带向上喷射的地幔热柱。与此同时，下地幔热柱、上地幔热室，甚至软流圈岩浆源都可能形成不同层次的上升地幔热柱，成为地幔热柱强烈活动的高发期，也正是在这种高温高压控制下地幔热柱喷发时，由于深部温压条件高，加之天文因素构成较大潮汐力激发的共同作用下，才能实现地球深部重物质，甚至重金属元素克服重力分异作用，实现反重力作用发生，并形成较大面积的溢流玄武岩和大规模的构造-岩浆活动，同时必然夹裹一些成矿元素进入浅层地表，在有利的构造扩容带中聚集成矿。

另外，成矿元素本身的特性对其的赋存状态和迁移形式具有非常重要意义。例如铁、镍等元素，不仅其比重较大，而且熔点和沸点亦高，所以成为主要成核元素。铜、铅、锌、金、银等元素，尽管其密度也较大，但其熔点和沸点较低（表6.1），容易进入迁移状态。以金为例，依据金的非专属性、金的特性及新构造出的金的原子结构模型，推测99%的金都集中在地核之中，金以紫色气体状态混合于铁镍之间（杨学祥等，1998），在强烈的外核对流及核幔差异旋转过程中，大量的金蒸气聚集在核幔界面附近。一旦由于天文因素激发或地内因素扰动，地核物质便可穿越核幔界面以地幔热柱的形式向地表喷溢，金蒸气亦必然作为地幔热柱的组成成分呈反重力作用一起向上运移。当金蒸气到达地幔软流圈时，一部分金蒸气变成液态，形成气-液混合相，与地幔中的甲烷类物质（$CH_4$）一起，随地幔热柱多级演化继续向上运移。

表 6.1　地球及各圈层 Au、Ag 元素分布表及特征

| 元素 | 元素特征 | | | | $w$（B）/$10^{-6}$ | | | | |
|---|---|---|---|---|---|---|---|---|---|
| | 符号 | 密度/(g·cm$^{-3}$) | 熔点/℃ | 沸点/℃ | 地壳 | 上地幔 | 下地幔 | 地核 | 地球 |
| 贵金属 | 金（Au） | 19.3 | 1063 | 2807 | 0.003 | 0.001 | 0.001 | 0.9 | 0.8 |
| | 银（Ag） | 10.5 | 960.8 | 2212 | 0.08 | 0.06 | 0.005 | 10 | 3.2 |

这种气-液混合相金在遇到幔源深断裂，与岩浆一起上涌时，占混合相2/3的气态金将进入到塑性软化的围岩之中，1/3的气-液混合相金与岩浆一起进行分异作用。在分异过程中，液态金在地表淡水作用下，可直接变成固态金；而在地表咸水（海水）作用下，往往以络合物的形式迁移，直到当有淡水或细菌（生物）等因素作用时，则才开始聚集成固态金。所以，金的运移状态可概括为：

金的主要来源：地核；

金的存在状态：紫色气体→气-液混合相→含矿（金）流体→固态金；

金的迁移形式：地幔热柱→地幔亚热柱→幔枝构造→构造扩容带；

金的运移途径：地核→D″层→下地幔→上地幔→岩石圈→地壳；

金的成矿过程：构造变形→岩浆活动→蚀变作用→成矿作用。

当然，金的最终成矿作用也明显受活化剂（水、溶于水中的卤盐、硫、硫化物、二氧化碳等）、活化环境（温度、压力、pH、Eh、杂质离子等）（能量场）的控制。

银、铅、锌、铜、钨、锡等元素也有类似的特征。

Ganapathy 等（1974），Kimura 等（1974）、Mason（1966）等研究者用不同方法估算出的丰度值也基本相近。这就更证明了金、银等金属以深部来源为主的推断。而变质岩、岩浆岩等不同类型的赋矿岩系提供的矿质仅仅是成矿物质的一部分。这也与很多大中型矿床地球化学测试表明成矿物质以深部来源为主的结论相吻合。

张荣华等（2006）通过高温高压实验证实了多种元素具有很强大的气态迁移能力，超临界流体水通过黑云母石英片岩并经过化学反应后，主反应釜在430～435℃和压力为32MPa条件下，形成超临界流体。在第一分离釜130℃和10MPa条件下发生减压沸腾分离成气液两相。这时气相内普遍存在 Fe，Zn，Cd，Mo，Cr，Mn，Na，Si，P，As，Bi，Ba，Ca，W 等元素，而且常常发现；气相内的 Na，Si，Mg，AS，Bi，Ba 等元素往往比液相内

含量高。这表明高温高压下金属物质可以以气相迁移。

　　根据实验结果可以推导出一种认识：超临界流体在高温高压下能够溶解很多物质，它在减压减温下相分离之后，它们所溶解的物质在液相与气相会发生重新分配。实验过程中主反应内压力与温度变化不大，在温度、压力降低的过程中，液相和气相内水的化学成分有明显差别。显然有一部分金属元素进入气相。因此，有以下两个推论：①深部流体进入地壳中浅部，气液相分离时，超临界流体内原有金属元素重新分配；②高温高压的气相可以携带一些金属由深部地壳进入浅部地壳，也就是说，气相可以携带金属进入地表。

　　根据黑云母石英岩内的切割片理方向的方铅矿、闪锌矿、石英脉和黑云母石英片岩的褪色、退变质的蚀变现象（如绢云母化、绿泥石化），考虑变质、含矿热水蚀变和退蚀变过程，可以判别三个阶段产物，探讨流体来源。按照厂坝地区主要岩石和矿石类型，根据变质与热液成矿作用的全过程时间顺序，进行岩石的 He 同位素分析，发现：①黑云母石英岩的 $^3He/^4He$ 比值恰好属于较早的地壳 He 同位素组成；②强烈矿化，结晶较粗，$^3He/^4He$ 的数值增大偏向于地幔 He 的来源；③晚期 $^3He/^4He$ 的数值又减少，流体还是地壳的来源。这一同位素研究结果意义很大，证明含矿流体是由地壳的流体与地幔流体混合成因，同时证明研究深部地壳流体和上地幔流体的超临界流体与岩石反应是有依据的。

　　上述研究表明，通过超临界流体和流体化学动力学实验，可以探讨地幔和深部地壳流体的化学动力学过程。超临界流体广泛分布在地幔和深部地壳，进入浅层地壳后，减压减温下分离（气/液相）在形成新凝聚态时金属沉淀下来，并且气相可继续携带地球深部物质进入地表。关于地球气（Geogas）携带金属进入地表的可能性，这是在地球化学勘探工作中，国际和国内科学家都提出的问题。地球气可否携带金属进入地壳？比如，大面积（几千或几万平方千米）的低密度化探找到的巨大异常，常是由土壤（水系沉积物）或气体化学样结果划出的轮廓。这被称为是巨大地球化学块体，它可能是深部地球气体携带金属而造成的。

　　研究超临界流体与岩石反应动力学过程，探讨超临界流体与各类岩石反应速度以及研究近临界水与矿物反应是十分重要的。这些实验说明深部流体在跨越临界态时含矿流体出现分离和成矿元素沉淀，它是流体演化的关键阶段。同时证明地球深部气体携带金属的可能性（张荣华等，2003，2006）。

# 二、小秦岭地区地幔柱构造的成矿作用

## （一）区域构造与区域成矿概况

### 1. 大地构造控制区域地质成矿作用

　　自中元古代开始，华北大陆板块南部边缘与古秦岭洋之间发生俯冲、消减，形成大陆边缘火山弧（熊耳群）等沟弧盆体系。以地壳板块运动方式进入"威尔逊旋回"。后又经崤熊（四堡）、加里东、华力西期多次俯冲、消减、造山、拼贴，到三叠纪，华北华南两大板块碰撞对接，古秦岭洋闭合，标志着 B 型俯冲的结束。进入中生代受大洋板块向欧亚板块俯冲产生的距离效应影响，演化为大陆板块间的 A 型俯冲，表现为大陆壳内硅铝层的大规模滑脱、拆离和推覆。中生代构造岩浆活动及其成矿作用，就是在上述大地构造背景下发生的。

**2. 区域构造控制成矿及矿化分带**

在这个构造背景上，三门峡–宜阳–临汝断裂以北的弧后盆地（渑临台拗），是板块南缘最重要的同生沉积矿产成矿带。

在其以南，潘河–马超营断裂以北包括熊耳群火山弧在内的华熊台隆，是板块南缘最重要的贵金属多金属成矿带（Au、Ag、Mo、Pb、Zn、Cu）。成矿作用与燕山期构造岩浆活动有关，成矿区域与基底太华群有关（金矿带与基底分布带吻合），矿床类型与赋矿围岩有关。

潘河–马超营断裂以南，黑沟–栾川断裂以北的洛栾台缘拗褶带，是板块南缘最重要的钼钨多金属成矿带（Mo、W、Cu、Pb、Zn、Fe、S），成矿作用与燕山期构造岩浆活动密切相关，矿床类型取决于岩体的侵位高度及其直接围岩的岩性特征。

事实上，上述两个成矿带在成矿元素组合及矿床类型上没有严格界限，而是规律性地渐变过渡的。因此，又合称为华北陆块南缘有色金属–贵金属成矿带（Au、Ag、Mo、W、Cu、Pb、Zn、Fe、S 元素组合）。这个带的特点是都具有由基底岩系和盖层建造组成的"二元结构"地壳背景。其差异在于基底埋深自北向南加大，盖层沉积自南向北变薄。

因此，该带矿床的异同及变化应是上述成矿地质背景相应变化的反映。它们是在燕山期构造–岩浆活动统一作用下，不同地质背景上形成的内生金属系列矿产，是所谓成矿系列的一个典型实例（图6.2、图6.3、图6.4、表6.2）。

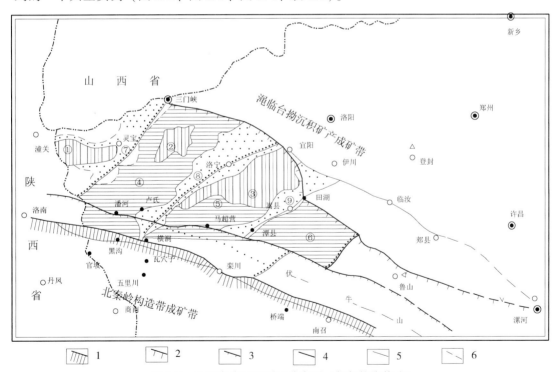

图6.2　金矿床成矿预测区分布图（据郭抗衡修改）

1. 一级区划界限；2. 二级区划界限；3. 三级区划界线；4. 四级区划界线；5. 断层；6. 推断断层

①小秦岭地区石英脉型金矿深部成矿预测区；②崤山地区构造蚀变岩型金矿成矿预测区；③熊耳山地区构造蚀变岩（上宫式）及爆发角砾岩型（祁雨沟式）金矿成矿预测区；④卢–灵地区斑岩型硫铁多金属–金建造伴生金成矿预测区；⑤洛–栾地区斑岩型硫铁多金属伴生金及构造蚀变岩型金矿成矿预测区；⑥外方山地区斑岩–爆发角砾岩型金矿（店房式）成矿预测区；⑦朱阳–灵宝盆地砂金成矿预测区；⑧卢氏–洛宁盆地砂金成矿预测区；⑨潭头–嵩县盆地砂金成矿预测区

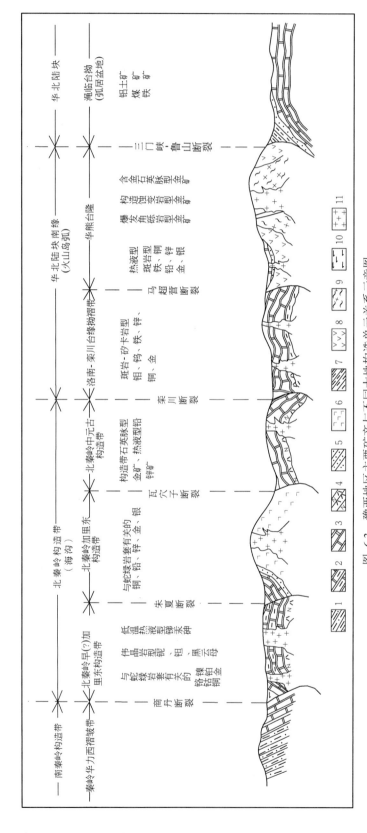

图 6.3 豫西地区主要矿产与不同大地构造单元关系示意图

1.石英片岩；2.黑云母大理岩；3.大理岩；4.斜长角闪岩；5.石英岩；6.细碧角斑岩；7.片岩；8.安山岩；9.片麻岩、混合岩；10.超基性岩；11.花岗岩

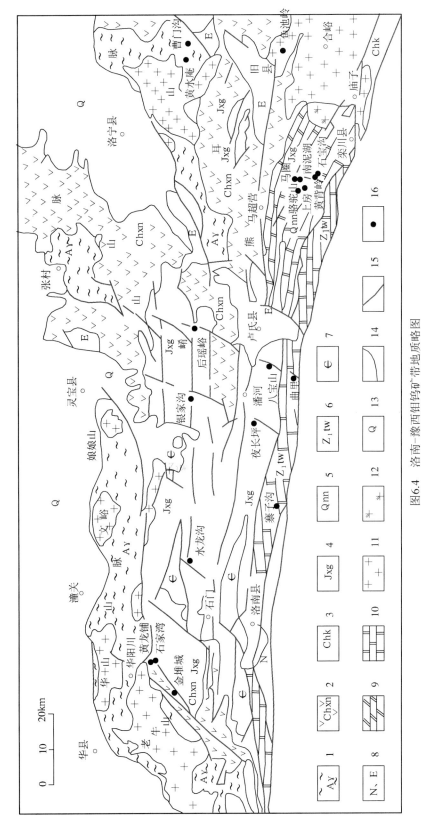

图6.4 洛南-豫西钼钨矿"带地质略图

1.太古宇、变中基性火山-沉积岩系；2.熊耳群火山岩系；3.宽坪群变质岩系；4.官道口群以硅镁铁碳酸盐为主沉积岩系；5.栾川群碎屑-碳酸盐建造；6.陶湾群变质陈岩-片岩-碳酸盐岩系；7.震旦系；8.新近系；9.白云石大理岩（白云岩）；10.大理岩；11.花岗岩；12.碱性花岗岩；13.第四系；14.地质界线；15.断裂；16.钼钨矿脉（点）

**表6.2 华北板块南缘成矿成矿地质背景及矿化特征空间变化相关表**

| 成矿区划 | 渑临台坳沉积矿产矿区 | 华熊地块有色金属贵金属成矿区 | | 洛南-栾川台缘坳带 | 北秦岭构造带 |
|---|---|---|---|---|---|
| | 稳定地块区 | 北部贵金属成矿带 | 中部多金属成矿带 | 南部钼钨成矿带 | |
| | | 华熊台隆 | 沉降区（板缘活动带） | 洛栾台缘坳带 | |
| 大地构造属性（大地构造/地质属性） | 渑临台坳 / 弧盆盆地 | 中元古代火山岛弧 | 弧前盆地（陆棚） | 中晚元古代大陆斜坡 | 中晚元古代深海沟 |
| 地层分布及建造属性 | 中上元古界长城系熊耳群、蓟县系汝阳群、青白口系洛峪群、震旦系罗圈组及古生界群、中新生界稳定型沉积建造 | 基底岩系太古宇-下元古界太华群。盖层较薄仅有长城系熊耳群 | 基底岩系埋藏较浅，盖层较厚，出露长城系熊耳群、蓟县系官道口群 | 基底埋藏深大，盖层很厚，出露蓟县系官道口群、青白口系栾川群及古生界陶湾群 | 中上元古界宽坪群（陶湾群）复理石建造，古生界二郎坪群细碧角斑岩建造及秦岭群变质岩变杂岩地体等 |
| 岩浆活动 | 非常微弱 | 前燕山期混合交代花岗岩类及TTG、燕山期改造型（重熔）花岗岩株及各种脉岩 | 燕山期同熔型超浅成酸性小斑岩体及爆发角砾岩体 | 燕山期同熔型浅成酸性岩体，古陆块前缘花岗岩基，多期次复式成因 | 燕山期大花岗岩体和岩株，多期次复式成因 |
| 构造运动及变质作用 | 造陆运动（整体缓慢升降运动，无变质现象） | 盖层褶皱变形微弱，无明显区域变质现象 | 盖层褶皱变形明显，断裂构造活动较强 | 盖层褶皱变形较强，断裂构造温度大，有明显变质现象 | 造山运动（紧闭线型褶皱和密集断裂，区域变质增强） |
| 矿产种类（成矿元素组合） | 铝、铁、煤及非金属（建材） | 金矿为主，银、铅为次，伴生钼、铜、锌、硫等 | 硫铁多金属矿为（铜、铅、锌、银，伴生金） | 钼、钨矿为主，铜、铅、锌等为次，伴生银、铅等 | 砷、锑、金、银、硫、伴生铜、铅、锌及硫（非金属）矿产 |
| 矿床成因类型 | 沉积型 | 中偏高温热液充填型 | 中温热液构造充填交代型 | 高中温接触交代或细脉浸染型 | 火山热液型或变质型 |
| 矿床工业类型 | 层状矿床 | 石英脉型矿床 | 构造蚀变岩型、爆发角砾岩或斑岩型矿床 | 矽卡岩型、角岩型或斑岩型矿床 | 层状似层状矿床、构造裂隙充填矿床及伟晶岩型矿床 |
| 围岩蚀变 | 硅化、青盘岩化、绿泥石化、绢云母化、泥化 | 钾化、黄铁绢英岩化 | 钾化、黄铁绢英岩化 | 矽卡岩化、角岩化、绢英岩化 | 矽卡岩化、角岩化、绢英岩化 |

注：分带间断裂带——三门峡-宜阳-田湖-鲁山大断裂带；潘河-马超营大断裂；洛南-黑沟-南召方城大断裂带。

需要说明的是在北秦岭构造带中，出现的各类矿床多为矿点，少数为小型矿床。因此，豫西主要矿产主体在华北陆块南缘其分布规律是：

（1）其中的金矿绝大多数出现在呈岛链状分布的太古宇太华群变质岩中，部分在其临近的盖层中。

（2）唯有钼钨矿床，其主体在洛南-栾川台缘拗陷带中，但在太华群和中元古界官道口群中均存在。

（3）在华熊台隆西部的杜关凹中存在多金属矿床带，此带在熊耳山及其以东地区仍存在，但很不明显。其实在金矿和钼钨矿床中，绝大多数伴生有多金属或有色金属，个别为共生。

综合以上可以看出，本区成矿元素大体上是相同的或十分近似的，只是主要成矿元素有区别。这种特征反映了成矿作用的一致性。钼钨矿床的分布反映上述规律（图6.4）。

## （二）幔枝构造控矿规律

对于幔枝构造的成矿作用，控矿特征及规律，牛树银教授等进行了广泛而深入的研究，取得了丰硕的成果。华熊幔枝构造的控矿具有明显的规律和特征（图2.20、表6.3）。

### 1. 核部岩浆-变质杂岩区主要矿床

核部岩浆-变质杂岩控矿主要有：小秦岭岩浆-变质杂岩体；崤山岩浆-变质杂岩；熊耳山岩浆-变质杂岩，见表6.3。

表6.3 岩浆-变质杂岩区及盖层区主要矿床简表

| 岩浆-变质杂岩区主要矿床 | | | | 盖层区主要矿床 | | | |
|---|---|---|---|---|---|---|---|
| 序号 | 矿床名称 | 围岩地层或岩性 | 规模 | 序号 | 矿床名称 | 围岩地层或岩性 | 规模 |
| 小秦岭岩浆-变质杂岩体主要矿床 | | | | 19 | 金堆城钼矿 | 熊耳群 | 特大型 |
| 1 | 文峪-东闯铅金矿 | 太华群 | 特大型 | 20 | 木龙沟钼矿 | 官道口群 | 大型 |
| 2 | 杨寨峪金矿 | 太华群 | 特大型 | 21 | 银家沟硫多金属矿 | 官道口群 | 大型 |
| 3 | 大湖钼金矿 | 太华群 | 大型 | 22 | 夜长坪钼矿 | 官道口群 | 大型 |
| 4 | 灵湖金矿 | 太华群 | 大型 | 23 | 八宝山铜铁矿 | 官道口群 | 中型 |
| 5 | 红土岭金矿 | 太华群 | 中型 | 24 | 曲里铁锌矿 | 陶湾群 | 中型 |
| 6 | 桐沟金矿 | 太华群 | 中型 | 25 | 后瑶峪钼多金属矿 | 官道口群 | 中型 |
| 7 | 金硐岔铅金矿 | 太华群 | 中型 | 26 | 康山金矿 | 官道口群 | 中型 |
| 8 | 金渠沟金矿 | 太华群 | 中型 | 27 | 红庄金矿 | 熊耳群 | 中型 |
| 崤山岩浆-变质杂岩主要矿床 | | | | 28 | 上宫金矿 | 熊耳群 | 大型 |
| 9 | 申家窑金矿 | 太华群 | 小型 | 29 | 北岭金矿 | 熊耳群 | 大型 |
| 10 | 半宽金矿 | 太华群 | 小型 | 30 | 瑶沟金矿 | 熊耳群 | 中型 |
| 熊耳山岩浆-变质杂岩主要矿床 | | | | 31 | 鱼池岭钼矿 | 花岗岩体 | 特大型 |
| 11 | 虎沟金矿 | 太华群 | 大型 | 32 | 前河金矿 | 熊耳群 | 中型 |
| 12 | 吉家洼金矿 | 太华群 | 中型 | 33 | 萑香洼金矿 | 熊耳群 | 大型 |
| 13 | 黄水庵钼矿 | 官道口群 | 中型 | 34 | 店房金矿 | 熊耳群 | 中型 |
| 14 | 雷门沟钼矿 | 太华群 | 大型 | 35 | 庙岭金矿 | 熊耳群 | 大型 |
| 15 | 祁雨沟金矿 | 太华群 | 大型 | 36 | 南泥湖钨钼矿 | 栾川群 | 特大型 |
| 16 | 铁炉坪铅银矿 | 太华群 | 大型 | 37 | 上房铁钼矿 | 栾川群 | 特大型 |
| 17 | 蒿坪沟铅金银矿 | 太华群 | 中型 | 38 | 骆驼山硫多金属矿 | 栾川群 | 大型 |
| 18 | 星星阴金矿 | 熊耳群 | 中型 | 39 | 东沟钼矿 | 熊耳群 | 特大型 |
| | | | | 40 | 付店金铅矿 | 熊耳群 | 中型 |

小秦岭金矿在空间上明显受文峪花岗岩体控制，矿床类型为石英脉型，矿体边部见有构造蚀变岩型矿石。

崤山金矿与区内小岩株和拆离带有关，为构造蚀变岩型。

熊耳山地区金矿显示与花山-蒿坪岩体的密切关系，向外为钼矿、铅银矿、金银矿等，金、银矿类型为构造蚀变岩型，其中的钼矿为斑型和脉型，祁雨沟金矿为爆破角砾岩型。

**2. 盖层区主要矿床**

盖层区金矿主要为构造蚀变岩型，它们均与区域性韧脆剪切带关系密切。钼矿及多金属矿以斑岩型为主。鱼池岭钼矿产于爆发角砾岩中，与中生代中酸性小岩株关系密切，这些小岩株多位于纬向系断裂与新华夏系断裂交汇部位（表6.3）。

**3. 盆地主要矿产**

区内盆地均为构造盆地；呈北东走向的长条形；已发现主要矿产为油页岩（潭头盆地）、褐煤（朱阳-灵宝盆地）。其特征是均多产于古近系和新近系河湖相沉积岩中，灰分高、发热量低、规模小，工作程度为普查，暂时无法利用。

综合上述，在幔枝构造核部太华群分布区以金矿为主，其次为铅银矿，偶有钼矿，如雷门沟钼矿。其中铅银和金银矿出现于金矿的外围，这种规律与张（家口）-宣（化）幔枝构造中的"金三角，银镶边"（李红阳等，1996）比较相似。但张-宣幔枝构造的"银镶边"主要出现于盖层区，而本区则均出现于核部。另外，在鲁山地区变质杂岩中至今未发现任何矿床，从幔枝构造的特征来分析，主要是未出现燕山期花岗岩，这说明尽管鲁山地区也有强烈隆升，但自下而上的通道未打通，来自核幔边界的含矿热液无法向上运移而成矿。这可能是其中没有成矿的原因。

盖层区有所变化，在熊耳群分布区以金矿为主，偶有钼矿，如金堆城钼矿；官道口群分布区以多金属矿为主，偶有钼矿，如夜长坪钼矿。栾川群分布区以钨钼矿为主，在钨钼矿外围有一系列铅锌矿床（点）如冷水北沟，鱼库、百炉沟、太洞沟等。

# 三、燕山期中酸性岩控矿规律

豫西地区的金、钼多金属成矿，均与燕山期中酸性岩浆活动密切相关，其原因则与本区地壳的发展演化有关。

三叠纪扬子与华北两大板块对接，本区由板块构造体制转化为陆内造山体制；在体制转化中，形成了大量燕山期中酸性岩体，这些岩体控制了区内金属矿床。岩体的形成受不同方向断裂构造的控制，王志光等（1997）将其概括为断裂-岩体-矿床的规律；黎世美及河南地调一队则总结为花岗岩体外围2~8km区域内成矿（仅限小秦岭-熊耳山地区），王志光等还提出"矿环"、"矿帽"（隐伏岩体之上）的观点。

上述认识的思路是断裂构造控制岩体，岩体控制（形成）矿床。

**1. 断裂与岩体**

断裂构造控制岩体，是一个普遍规律，中生代，华北与扬子两大板块碰撞之后，又受到西伯利亚板块向南挤压，库拉-太平洋板块向欧亚大陆多次俯冲，从而使中国大陆东部遭受强烈改造（任纪舜，1989），不但使纬向系构造继续发展，在豫西地区，还广泛形成

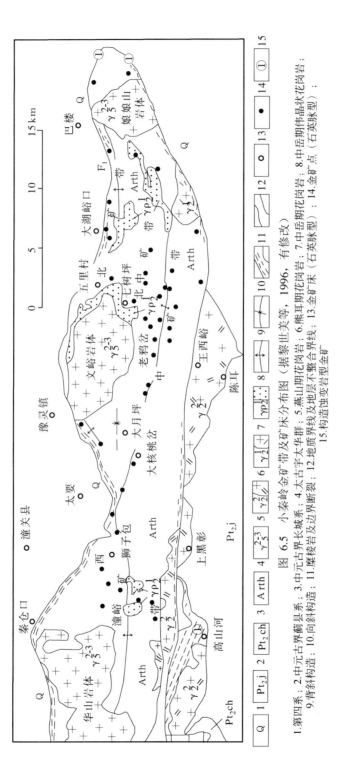

图 6.5　小秦岭金矿带及矿床分布图（据黎世美等，1996，有修改）

1.第四系；2.中元古界蓟县系；3.中元古界长城系；4.太古字太华群；5.燕山期花岗岩；6.熊耳期花岗岩；7.中岳期花岗岩；8.中岳期伟晶状花岗岩；9.背斜构造；10.向斜构造；11.糜棱岩及边界断裂；12.地质界线及地层不整合界线；13.金矿床（石英脉型）；14.金矿点（石英脉型）；15.构造蚀变岩型金矿

了北东向断裂，北西向断裂（印支期），北北东向断裂（燕山期），这些断裂及其交汇部位成为岩浆侵入的通道。

在小秦岭地区，出现了一系列花岗岩侵入体，自西向东依次为老牛山岩体、华山岩体、文峪岩体、娘娘山岩体等。这些岩体的重要特征是它们完全限制在变质核杂岩范围之内，而不进入盖层。说明岩体是沿拆离断裂上侵的（图2.2、图6.5）。

熊耳山地区比较复杂，西端康山—铁炉坪一带为隐伏岩体（根据物探资料），东段北侧为花山（蒿坪）、李铁沟岩体，南侧受马超营断裂和车村断裂作用出现大面积花岗岩，其北部为合峪岩体。

上述隐伏岩体，北北东向展布，与新华夏系构造方向一致；花山（蒿坪）岩体总体北东向展布，李铁沟岩体北西向展布，与区域构造一致（图6.6）。

本区西部卢氏–灵宝地区新华夏系断裂发育，当新华夏系与纬向系断裂交汇时，形成中酸性小岩体，这些岩体分布具等距性，形成网格状（图6.7），其中岩体如银家沟、后瑶峪、八宝山、柳关、曲里为成矿岩体。

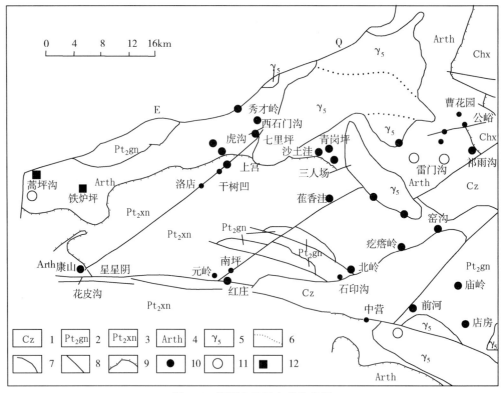

图6.6　熊耳山地区金矿分布图

1. 第四系+古近系+新近系；2. 官道口群；3. 熊耳群；4. 太华群；5. 花岗岩；6. 岩相界线；7. 地质界线；
8. 断层；9. 不整合面；10. 金矿床（大点为大型矿床）；11. 钼矿；12. 银（铅、锌）矿

## 2. 岩体与成矿

小秦岭数十个金矿床均为受剪切带控制的石英脉型金矿，分布规律性明显，我们将其划为三个矿带；黎世美等划分为四个矿带（增加了陕西省内华山东侧的矿带），这些矿带

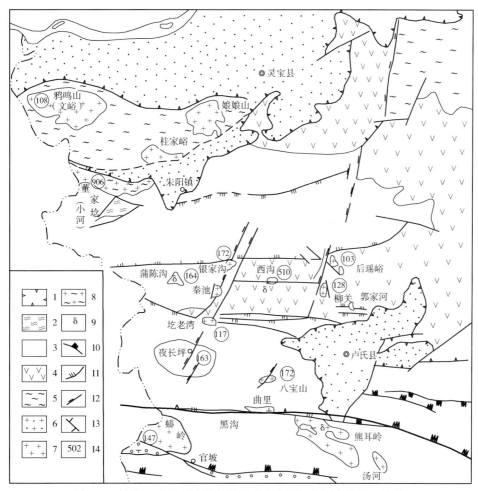

图 6.7 卢氏-灵宝地区中酸性岩浆岩分布图（据河南地质四队编）

1. 古近系和新近系—第四系盆地沉积；2. 古生代海相沉积地区；3. 元古宇海相沉积地区；4. 元古宇火山岩系；
5. 太古宇变质岩系；6. 燕山期花岗斑岩；7. 燕山期花岗岩类；8. 太古宇—元古宇花岗岩类；9. 闪长岩类；10. 东西向
构造带主干断裂；11. 东西向张性-压扭性断裂；12. 新华夏系主干断裂；13. 次要断裂；14. 同位素年龄（Ma）

中的矿床多数围绕文峪岩体分布，形成不完整的半环状，少数分布于华山岩体的东侧呈北东向带状（图 6.5）。而娘娘山岩体周围未见中型以上的矿床，说明本区金的成矿主要与文峪岩体有关。

黎世美、瞿伦全等（1997）已经证实，区内金矿成矿温度，自文峪岩体向外呈半环状逐渐降低（见本书），显示了金的成矿受文峪岩体温度控制。

尽管小秦岭太华群下部为正变质岩，上部为副变质岩，但金的成矿不受地层限制，对地层没有选择性，其中四范沟片麻状花岗岩赋存区内绝大部分金矿床，但也仅出现于受文峪岩体控制的一定量范围内，同是四范沟片麻状花岗岩，在成矿温度范围之外的地区则没有金矿床出现，也证明文峪花岗岩温度控制成矿的观点。

熊耳山地区为金、银、钼成矿区，主要地层为太华群和熊耳群，有零星官道口群，矿床的分布对地层没有选择性，但与燕山期花岗岩密切相关（图 6.6）。

区内矿床主要为蚀变岩型，其次为斑岩型和爆发角砾岩型。它们受控于断裂构造和斑岩体及爆发角砾岩体，对地层无选择性。主要金、铅矿床均出现于花山（嵩坪）和李铁沟岩体的外围，或合峪岩体的北侧。银、钼等低温矿床出现于熊耳山西端，显示受该区隐伏岩体控制的特征。同时沿马超营断裂带出现了一系列金、钼、铅矿床。该区带有两个特征，一是由于断裂主体表现为向南仰冲，使下部地层大幅度抬升，区内零星出露的太华群就可以证明；另外是在红庄-石窑沟钼矿区的深部，探矿钻孔打到了花岗岩体，说明马超营断裂带的成矿仍然是岩浆热液的作用。

卢氏-灵宝地区和栾川南泥湖地区均为中酸性小岩体成矿，主要形成钼、铁、硫、锌、金等矿床，其矿床类型为斑岩型。

本区金矿与燕山期花岗岩的密切关系，被许多专家研究承认。陈毓川主编的《中国金矿床及其成矿规律》中，将小秦岭金矿界定为岩体内、外变形带热液型金矿。

陈衍景认为本区同熔型或深源浅成花岗岩控制（形成）祁雨沟、店房、银家沟等金矿床；而其他金矿则分别与文峪、娘娘山、花山、李铁沟等改造型花岗岩有关。

对于本区金矿及钼、多金属矿床的形成，王平安（1992）、毛景文（2006）、栾世伟（1990）等均提出了与花岗岩密切相关的观点。

但研究上述众多观点，可以发现对中酸性岩浆岩与成矿的关系，各家认识并不一致，争议的实质是花岗岩提供了矿源还是仅提供了热源。另外对花岗岩的成因及其形成的构造背景认识也不尽相同，表述方法上也存在差异；从而出现了不同的成矿模式。

我们认为用地幔热柱理论，可以解释本区中酸性岩浆岩及金属矿床的形成，以及岩浆岩与矿床的关系，尽管其中有些问题尚未深入研究，但并不影响幔枝及其成矿作用的认识。

# 第三节　地球物理、地球化学特征

## 一、区域重力场特征

本区重力异常以东西向为主（图 6.8），总体形态与包括小秦岭在内的秦岭主体范围相对应，显示出秦巴地区东西向延伸的构造特征。大约在定西以西和洛宁以东地区，异常分别向北西和北东向延伸，反映本区构造向东、西两端散开，中间收敛的弧形特征，秦岭山系具轴心作用。小秦岭正是在这种背景下近东西向的构造。

从 1:50 万重力异常平面图上可以看出（图 6.9），在小秦岭北部太要断裂和南部小河断裂之间，有一局部重力异常，异常中心在老鸦岔一带，走向近东西，但东段微向北偏移。向东可延到娘娘山花岗岩体附近，向西进入陕西省，境内长约 30km。异常中心强度约 $-85 \times 10^{-5} \mathrm{m/s^2}$，剩余异常约 $27 \times 10^{-5} \mathrm{m/s^2}$。异常北侧等值浅密集，南侧稀疏，其范围与小秦岭花岗岩带一致，异常轴大体与老鸦岔复背斜轴相吻合。

引起区域局部重力异常的因素，是由于不同区段岩石密度差异所致。前人对各类岩石密度进行了大量测试工作，测出小秦岭地区存在着四个具较明显差异的密度层，分别是：①第四系密度层，平均密度为 $1.91 \times 10^3 \mathrm{kg/m^3}$，分布在太要断裂以北；②古近系和新近系密度层，平均密度为 $2.31 \times 10^3 \mathrm{kg/m^3}$，分布在小河断裂以南；③花岗岩密度层，平均密度

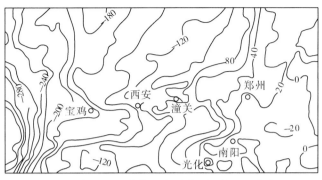

图 6.8　秦巴地区布格重力异常图（据丁凤仪等）

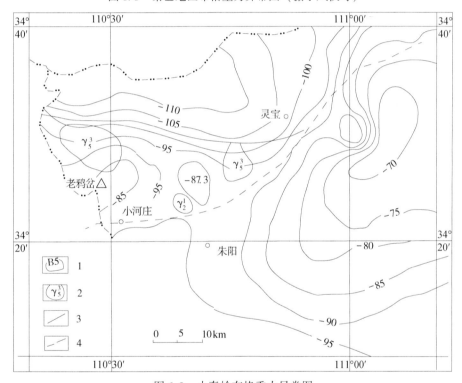

图 6.9　小秦岭布格重力异常图

1. 布格重力异常等值线；2. 花岗岩体；3. 断层；4. 推断断层

为 $2.53×10^3 kg/m^3$；④太华群密度层，平均密度为 $2.70×10^3 kg/m^3$。结果说明，太华群岩石密度最大，重力异常位置与太华群分布范围吻合。因此可以认为，重力异常是由花岗绿岩岩石密度值大引起的。

值得注意的是异常的高值区与太华群中四范沟岩组和杨寨峪岩组的变花岗质岩–斜长角闪岩组合的分布区大体一致。该组合是区内最重要的赋矿层位。所以，重力异常区及高值区为金矿田和金矿区最有利的地段。

根据小秦岭重力异常特征，用切浅法和特征点法推算出太华群向下延深深度可能为 13.5km；在两种不同密度下，对异常体截面积和下延深度计算，太华群向下延深至少有 4.7km（据陈铁华等，1992）。表明小秦岭在 4.7km 以下仍然存在找金的可能性。

# 二、区域磁场特征

在 1：50 万河南省航磁 $\Delta T$ 平面图上（图 6.10），小秦岭地区 $\Delta T$ 异常可分为三个带：太要断裂以北为低缓负异常带，反映新生代沉积物特征；小河断裂以南为正缓正异常带，反映中–新生代及元古代沉积物特征；太要和小河断裂之间为以正磁异常为主，负磁异常次之的复杂磁异常带，反映小秦岭基底隆起特征。

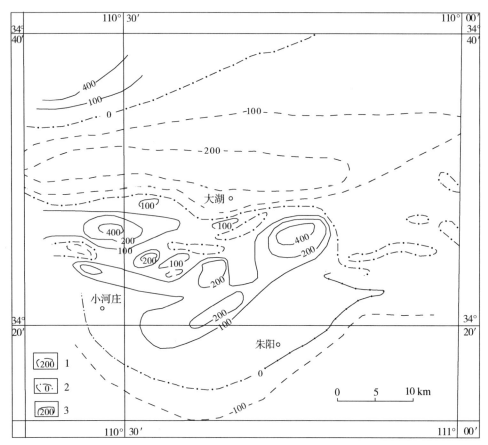

图 6.10　小秦岭磁 $\Delta T$ 等值线平面图
1. $\Delta T$ 负值等值线；2. $\Delta T$ 零值等值线；3. $\Delta T$ 正值等值线

在中部复杂磁异常带中，其东西两端有一个椭圆状高值正异常区，其分布范围与娘娘山和文峪岩体空间位置一致，反映出花岗岩体具有较多的磁性矿物。带内低缓小正异常分布，主要在杨寨峪和四范沟岩组中，这些异常可能是由中、基性火山岩和酸性花岗岩类侵入体引起。由于区内蚀变岩和含金石英脉的磁化率和剩余磁化强度均低于太华群各类岩石和岩浆岩类，所以，它是引起带内负磁异常的主要因素。低缓磁异常特别是负磁异常分布区应该是区域成矿预测的有利地区。

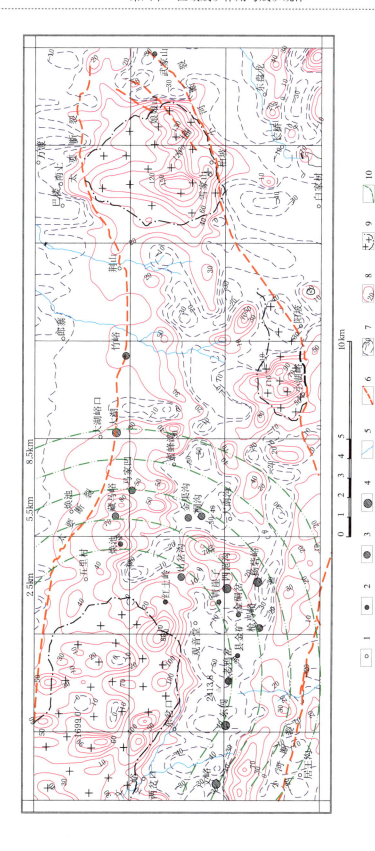

图 6.11　小秦岭地区 ΔZ 上延250m垂向一次导数异常平面图

1.居民点；2.小型金矿；3.中型金矿；4.大型金矿；5.河流；6.断裂带；7.负等值线；8.正等值线；9.花岗岩体及边界；10.文峪岩体边界等距线

目前，多数研究者认为，晚燕山期花岗岩的侵入活动与区域金矿化有关，因此，花岗岩体产出的空间形态特征对金矿预测有一定意义。

根据 1∶5 万航磁 $\Delta Z$ 上延垂向导数异常能定性地分析场源的规模和埋深，利用导数异常的零值线能近似地圈定磁性体的边界范围，从 1∶5 万航磁 $\Delta Z$ 上延 250m 垂向一次导数异常图（图 6.11）可以看出，正异常集中区主要有三大片，分别与文峪、娘娘山、桂家峪三个岩体出露范围相吻合，磁异常特征及其与岩体的关系反映得比较清楚，磁异常清楚显示了晚燕山期花岗岩体的分布，并且可以预测隐伏岩体。

**1. 文峪岩体磁异常**

该岩体磁异常形态比较复杂，由七个次级小异常组成。

主要分布在岩体南侧与太华群接触带的内侧。异常的长轴方向多南北向，次为南东-北西向。岩体磁异常强度的不均匀性和其结构的复杂性，反映岩体成分，结构不同，可能为多次侵入的复式岩体。当异常极化上延 500m 以后，异常简化为椭圆状。走向为北西-南东向，异常强度的梯度变化南北两侧较陡，东侧较缓。可能反映岩体向北北东倾斜，倾角 50° 左右。根据对岩体形态参数计算，推测岩体为扁状椭球体，其中心埋深为 4.7km，岩体下延深度为 9km 左右。这为成矿区内金矿预测，提供了重要依据。

**2. 娘娘山岩体磁异常**

该异常比文峪岩体磁异常显得简单，主要由两个次级异常组成，可能反映为多次侵入的复式岩体。整体来看磁异常呈似梨状，与岩体出露形态相似。异常强度略具南陡北缓的特征，可能岩体向北倾斜，倾角大于 50°。利用切浅法，特征点法和积分法求得岩体中心平均埋深为 6.17km。推测岩体下延深度大约为 12km 左右。

区内除文峪、娘娘山和桂家峪三个岩体引起较大的磁异常外，还出现一些规模较小的磁异常，异常形态一般呈现圆形或椭圆形，直径多在 1~2km，大者 4km 左右。根据次级异常形态、强度，结合区内遥感影像中出现的环形影像，推断有 12 个异常是由小花岗岩体或隐伏小岩体引起。

# 三、遥感影像特征

本区 1∶5 万彩色遥感影像图上，清晰地反映出本区各类岩性的展布情况。大致可分为北、中、南三大岩性带；北部和东南部呈浅的泛白色调影像，为第四系分布区；中部色调较深，反映小秦岭基底变质杂岩带；南部以黄褐色影像为主，反映古近系及白垩系沉积岩层分布区。

在变质杂岩带内线性和环形影像明显。线性影像十分醒目，贯穿全区，主要线性体大致呈近东西向延伸，是区内大断裂和次级剪切带的反映，清晰显示本区构造格架的基本特征。太要和小河两条断裂呈东西向延伸，向东逐渐靠拢，在南滩附近会合。

在区域断裂之间，还有北西西，北东向等线性影像数十条，这些线性体是次级断裂的反映。其空间分布，规模大小及密集程度等特征与区内糜棱岩带分布特征一致。可以作为找矿预测中的参考指标。

环形构造（图 6.12）主要为圆形和椭圆形。多呈近东西向成行排列，这与本区基本构造轮廓一致；其空间位置与区域性断裂和花岗岩侵入体密切相关，不排除有些与隐伏岩体有关。有部分环形构造与沉积岩区的沉降拗陷有关。

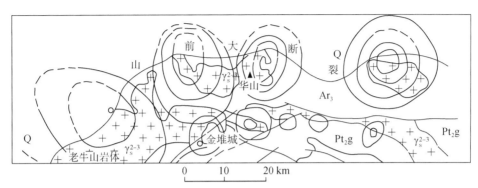

图 6.12 小秦岭地区环形构造图（据遥感资料）

# 四、地球化学特征

自 20 世纪 80 年代以来，化探作为重要的找矿手段在全国广泛开展。小秦岭地区作为重要的金成矿带也在不同时期进行了不同方法的化探。其中最主要的是区域化探和矿床地球化学异常模式的研究，这些都取得了较好的效果。

区域化探是在 1∶20 万图幅的范围内进行的。采样对象为水系沉积物，每平方千米 2~3 个样；每 4 平方千米的样品组合为一个样作分析。在小秦岭金矿田，圈出了强大的以 Au 为主的综合地球化学异常（图 6.13）。该异常有如下特征：

（1）该异常围绕文峪岩体呈半环状分布，向西进入陕西省。在文峪岩体北部，太要断裂带及其以北地区异常被切割。在小河断裂南侧 Au 异常仍然发育。主要元素组合为 Au、Ag、Pb、Zn、Cu、W、Mo、Cd、Bi 等。整个异常与娘娘山岩体似无关系。

（2）Au 异常十分发育，面积为 $332km^2$，异常平均强度 $122.06×10^{-9}$。浓集中心清晰，峰值为 $1867.0×10^{-9}$，变异系数 236.0%，内、中、外浓度带分带清楚，内浓度带主要出现于中矿带和北矿带局部。

（3）Pb、Cu、Ag、W 异常面积较 Au 异常小，与 Au 异常中、内浓度带套合好。异常强度高，均具内、中、外浓度带。主要出现于中矿带，北矿带不发育。

（4）Mo、Bi、Cd 异常面积小，强度高，均有内、中、外浓度带。Bi、Cd 异常主要出现于中矿带，与 Au 的内浓带大体一致，沿省界近东西向带状分布。Mo 异常呈北东–南西向的不规则带状，浓集中心出现于北矿带的大湖附近。

（5）As、Sb 异常面积小，分布于 Au 异常的东、北侧外围；强度低，偶有点状中浓度带。

（6）Mn、Co、Ni 异常沿西南部省界和中矿带分布，强度低，面积小。

上述异常特征说明，异常空间位置反映其形成与文峪岩体关系密切；其总体特征宏观上反映小秦岭地区金矿大多遭到一定程度的剥蚀。主要矿化区在文峪岩体周围。

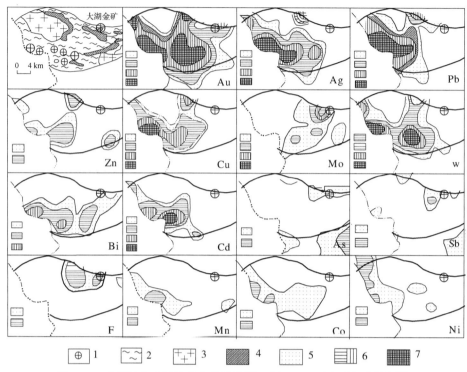

图 6.13　小秦岭金矿田地球化学异常图（据 1∶20 万水系沉积物测量）

1. 金矿床；2. 太古宇太华群；3. 燕山期花岗岩；4. 中条期混合伟晶岩；5. 异常外带；6. 异常中带；7. 异常内带

# 第四节　成矿作用

　　金在地球中的分布稀少，是一种痕量元素。在元素周期表中属于奇数元素，为 4q+1 类型。1991 年刘英俊发表了金在地球各圈层的分布，地壳为 $3.0×10^{-6}$，地幔为 $1.0×10^{-6}$，地核为 $900.0×10^{-6}$。根据各圈层的质量，分别计算其相应的金占有量，则其比例为地壳 0.00423%，地幔 0.23962%，地核为 99.75615%。说明地壳金丰度和占有量均很低，99% 以上的金集中在地核中。

　　按金丰度，在地壳中形成 $1×10^{-6}~2×10^{-6}$ 的边界品位，相对富集程度必须达到 333~666 倍。如果按照华北地台陆壳金丰度 $1.0×10^{-9}$、本区太华群变质岩金丰度 $0.98×10^{-9}$，则富集程度必须达到 1000~2000 倍以上。如果形成 $10.0×10^{-6}$ 的金矿化，则必须达到 10000 倍以上的富集程度。显然，完成如此高的富集度，必须波及巨大的地球物质，如何实现值得考虑。

## 一、元素地球化学异常及其空间分布规律

　　小秦岭金矿带曾分别由河南省区域地质调查队、陕西省地质六队和西北有色地质勘查局 712 队开展过相应 1∶20 万或 1∶5 万区域地球化学研究工作。这些工作圈定了大量地球化学异常，获得了大量与金矿成矿作用有关的地球化学找矿信息。从宏观上看，多数地球化学异常均围绕着燕山期文峪花岗岩体和华山-老牛山岩体东侧分布，异常与岩体空间

位置密切相关；异常所处地层主要为太古宇太华群。

本区 Au 异常面积约 390km², 其中河南境内 332km²。河南省境内异常围绕文峪岩体西、南、东部呈半环状分布，异常元素主要有 Au、Ag、Pb、Cu、W、Zn、Bi、Cd、Mo、Ln 等，以 Au 异常为主（图 6.14）。

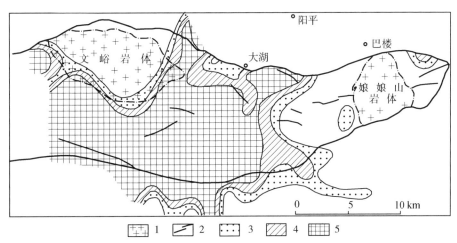

图 6.14　河南小秦岭金元素区域地球化学异常与燕山期花岗岩体空间分布关系略图
1. 花岗岩；2. 断层；3. 金异常外带；4. 金异常中带；5. 金异常内带

综上所述，小秦岭地区与金矿成矿作用有关的地球化学异常有如下特点：

（1）水系沉积物测量中存在的 Au、Ag、Pb、Cu、Mo、W、Bi、Cd 等地球化学异常与区域金矿成矿作用有关，异常集中区通常反映了矿化密集分布地段。

（2）具有与金矿成矿作用关系密切的以 Au 为主的地球化学异常元素组合复杂；异常强度高，有明显的浓集中心和梯度变化。

（3）地球化学异常区指示矿化较发育地段。

（4）从地球化学异常的空间分布上分析，其主体大多围绕文峪花岗岩体呈半环状，反映异常的形成受到了文峪岩体的控制，而娘娘山岩体对地球化学异常则无明显控制作用。

对于文峪和娘娘山两岩体在成矿中表现的差异，其可能的原因之一是两个岩体侵位高度的差异，根据岩体产状特征分析，娘娘山岩体的侵位高于文峪岩体，其根据是娘娘山岩体与围岩接触的产状基本均为向内倾斜，而文峪岩体则全部为向外倾斜，按照岩体规模等条件粗略估计两者侵位高度相差约 5km（图 6.15）。

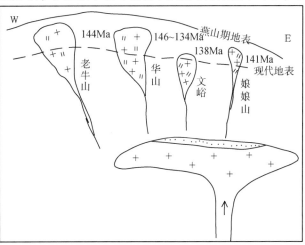

图 6.15　小秦岭地区花岗岩体侵位高度示意图

侵位高度差异造成了它们在控矿作用上的明显区别，因为与岩体相伴存在并运动的含矿溶液，其密度、黏度等物理性质远低于岩浆，在大体相同压力的作用下，含矿热液很快进入岩体前部或上部，在一般条件下它不大可能聚集于岩体中下部，这就造成了文峪和娘娘山两岩体在成矿中的差异。娘娘山岩体在侵入过程中相伴的含矿热液形成的地球化学场及蚀变矿化已被剥蚀殆尽。而文峪岩体由于侵位低、剥蚀浅，与其有关的含矿热液基本上全部保留，但也存在相当程度的剥蚀，因为区内比较多的已知矿床的矿体均出露地表，说明有部分矿体被剥蚀了。

# 二、变质核杂岩中 Au 的赋存状态

小秦岭金矿勘查开发时间长、资料多，对成矿物质来源的研究也比较重视，观点也各不相同。主要观点可以概括为四类：一为成矿物质来自地层；二为成矿物质来自燕山期花岗岩；三为成矿物质来自地层和燕山期花岗岩；四为成矿物质来自深部，甚至核幔。目前，多数人倾向于第三种观点，即成矿物质来自地层和燕山期花岗岩。

**1. 围岩含矿性分析**

变质岩系和燕山期花岗岩体金及主要伴（共）生元素的丰度列于表 6.4，根据表 6.4 和第三章的讨论，可知本区金及主要伴（共）生元素丰度均接近华北陆壳的丰度，其丰度波动范围不大；尽管金和钼的丰度直方图上（图 5.13、图 5.14）均显示了多重母体分布；金在不同岩石中叠加矿化强度较高（表 6.5、图 6.16），这些似乎不足以构成金的矿源层。对此，一些人提出了一种解释，并对此进行了研究。

**表 6.4　围岩主要成矿元素丰度表**（华北地台地壳，据迟清华等，2007）

| 围岩 ＼ 元素 | $Au/10^{-9}$ | | $Ag/10^{-9}$ | | $Mo/10^{-6}$ | | $Cu/10^{-6}$ | | $W/10^{-6}$ | |
|---|---|---|---|---|---|---|---|---|---|---|
| | 平均值／变异系数 | 变化范围 | 平均值／变异系数 | 变化范围 | 平均值／变异系数 | 变化范围 | 平均值／变异系数 | 变化范围 | 平均值／变异系数 | 变化范围 |
| 花岗-绿岩 | $\dfrac{0.98}{54.89}$ | $0.16 \sim 37.22$ | $\dfrac{35.22}{1.45}$ | $17.72 \sim 81.01$ | $\dfrac{0.90}{0.10}$ | $0.18 \sim 7.20$ | $\dfrac{12.76}{0.47}$ | $1.00 \sim 160.63$ | $\dfrac{0.52}{0.90}$ | $0.24 \sim 3.55$ |
| 基性脉岩 | $\dfrac{1.39}{5.42}$ | $0.37 \sim 8.03$ | $\dfrac{46.71}{0.11}$ | $30.59 \sim 77.73$ | $\dfrac{1.13}{4.24}$ | $0.63 \sim 2.79$ | $\dfrac{39.37}{0.30}$ | $7.02 \sim 110.14$ | $\dfrac{1.05}{70.10}$ | $0.47 \sim 5.15$ |
| 文峪岩体 | $\dfrac{0.67}{2.12}$ | $0.18 \sim 1.63$ | $\dfrac{27.44}{0.03}$ | $23.55 \sim 31.10$ | $\dfrac{0.74}{2.08}$ | $0.35 \sim 2.89$ | $\dfrac{2.34}{0.34}$ | $1.38 \sim 3.71$ | $\dfrac{0.34}{0.21}$ | $0.28 \sim 0.59$ |
| 娘娘山岩体 | $\dfrac{0.52}{0.21}$ | $0.23 \sim 1.81$ | $\dfrac{31.14}{30.46}$ | $24.99 \sim 42.29$ | $\dfrac{0.49}{1.96}$ | $0.28 \sim 0.98$ | $\dfrac{3.81}{7.22}$ | $1.46 \sim 10.20$ | $\dfrac{0.37}{0.81}$ | $0.27 \sim 0.62$ |
| 华北地台地壳 | 1.0 | | 57 | | 0.5 | | 30 | | 0.6 | |

栾世伟等依据现在岩石中的 Au 含量及形成本区金资源量的 Au 和引起围岩 Au 异常的 Au，通过计算得出变质岩成矿前 Au 含量为 $2.02 \times 10^{-9}$。即成矿前 Au 含量显著高于成矿后含量。

表6.5　不同岩石单元 Au 特征值表

| 岩石单元 | 算术/10⁻⁹ | | | | | 几何/10⁻⁹ | |
|---|---|---|---|---|---|---|---|
| | 平均值1 | δ1 | 平均值2 | δ2 | D | 平均值 | δ |
| 岩组（37） | 2.89 | 6.29 | 1.65 | 2.14 | 5.16 | 0.98 | 3.42 |
| 脉岩（10） | 1.33 | 2.04 | 0.65 | 0.54 | 6.06 | 0.66 | 2.88 |
| 花岗岩体（13） | 0.87 | 0.62 | 0.87 | 0.62 | 1.0 | 0.62 | 2.40 |
| 蚀变岩及石英脉（35） | 335.01 | 1379.27 | 64.55 | 148.69 | 48.14 | 17.45 | 7.94 |

注：平均值1为全部样品统计值；平均值2为背景平均值；叠加矿化强度 $D =$（平均值1·δ1）/（平均值2·δ2）。

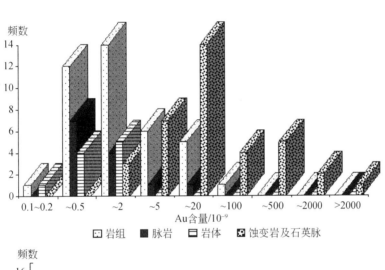

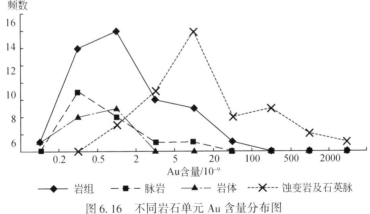

图 6.16　不同岩石单元 Au 含量分布图

　　黎世美等（1996）在小秦岭采集 14 件新鲜辉长辉绿岩和蚀变辉绿岩样品，测得平均 Au 含量为 $5.84×10^{-9}$，新鲜辉长辉绿岩个别样品含金高达 $58×10^{-9} \sim 68×10^{-9}$。表明镁铁质岩石本身含金高，即镁铁质火山岩是富金的。小秦岭太华群变质岩以镁铁质岩石为主，因而是富金的。由于这些岩石在多旋回构造、岩浆活动作用下，Au 发生多次活化、迁移、再分配，在局部富集形成一些矿化或矿胚、矿点，致使目前浅部变质岩含金低。因此，目前测得的金含量并不代表其原始金含量。

上述观点是建立在本区所有地层岩石均百分之百的提供了成矿物质，这样就存在三个问题，一是按照栾世伟的计算结果，本区金的原始丰度并不高，仅为 $2.02×10^{-9}$，这样的丰度要提供矿床中的金是困难的；二是基性岩中金的丰度高，但与区内见到的矿化蚀变有矛盾。人所共知，本区主要金矿床其蚀变范围很小，横向上 2~5m，纵向上（走向）10~20m，这就限制了金的析出范围，如此小的范围自然不能提供矿体中的金；三是本区金矿分布仍存在丛聚性的特征，金矿集中于文峪岩体的外围，而娘娘山岩体及其以东地区基本没有成型的金矿床，这显然与所有岩石地层均匀的供应金的设想有矛盾。

**2. 主要成矿元素 Au 的赋存状态**

在矿源层的研究中有人根据金的赋存状态来解释目前地层岩石中金丰度低的现象认为：

从矿源层的角度看，岩石中的 Au 一般可分为两类，即易溶金（易释放）和难溶金（不易释放）。易溶金赋存于硫化物、有机质和碳质中，以及造岩矿物粒间和吸附在矿物表面。难溶金固定于硅酸盐或氧化物矿物中。

据研究，太华群变质岩中主要为易溶金，因此，在后来的地质作用过程中大多被活化、迁移，并部分富集于金矿体中，从而造成目前变质岩金丰度低。

但是，如果硫化物中的金参与成矿，也需要广泛而强烈的蚀变作用，前曾述及本区蚀变范围很小，未蚀变岩石并未表现出金的高含量；同时，华熊台隆东部鲁山-背孜地区出现的没有成矿的太华群金丰度并不高，这些现象均不支持硫化物中金为成矿主体的观点。

# 第五节　成矿物质来源

## 一、成矿物质来源

### （一）矿　源　岩

综合国内外成矿理论，在成矿物质来源方面大体可以归结为：

（1）地壳和上地幔化学成分的不均一性决定矿床的形成和类型，特别是地幔的地球化学特征很大程度上决定着区域的成矿专属性（Waston，1980；Kutina and Hildebrand，1987），欧阳自远（1995）指出，地球原始组成物质的不均一性应看成是矿化集中区和超大矿床形成的化学基础，后期不同形式的构造和化学作用仅为其提供了一种过程机制。

（2）Skinner（1979）和 Plant（1996）认为，许多金属元素内生成矿需要预富集，特别是那些地壳丰度低于 $10×10^{-6}$ 的元素（如 Sn、Ag、Au、Hg 等），在萃取形成矿床之前需要预富集，即需要金属储集层（矿源层），它们往往构成地球化学省；而地壳丰度高于 $10×10^{-6}$ 的元素，其热液矿床的形成无需预富集。

（3）B. T. сулзаǔ（1976）认为"沉积区在成矿专属性上继承了剥蚀区的特征"，并以此确定沉积区的特征和含矿或潜在含矿的建造。

（4）区域动力学背景研究，李晓波（1993）认为，大型、超大型矿床往往具有独一无二的特征，仅从经典的，在已有矿床地质背景分析基础上建立矿床模式的研究思路已不再适用，而应从行星地球的演化和动力学过程的高度来认识它们出现的全球地质背景。即大型、超大型矿床的形成环境是原始不均一地壳与地幔以及水圈、大气圈和生物圈相互作用而演化形成的，往往处在层圈物质交换作用最强烈的地区。因此，它们有独特的地球化学异常特征。

分析上述观点可以发现，成矿物质来源是一个十分复杂的问题，人们试图用各种理论尽量客观地进行解释，但是用传统地质学的观点要从根本上解决这个难题是困难的。

地幔热柱理论对于许多成矿问题，特别是内生金属矿床形成的问题可以作出较好的解释。

不同地区成矿专属性是存在的，它们相距甚远，但在成矿专属性上都是相同或十分相似的。即成矿物质来自于与幔枝同时上隆的含矿热液。这些热液来自核-幔边界的 D″ 层，由于地核是富金的最重要圈层（占地球金总量的 99% 以上），因此，华北地幔亚热柱中的某些幔枝是以金矿为主的。但是由于幔枝及相伴的热液长距离的上隆，其成分和性质必然受到地幔和地壳物质的影响，特别是在地壳，因为地壳的组成物质变化大，在高温高压的含矿热液沉淀析出形成矿床的过程中，捕获地壳中的某些元素参与成矿是十分自然的。这可能是来自核-幔边界的成矿热液，在不同地区成矿出现了一定程度的有规律的差别但又保持着最主要的成矿特征的原因。

小秦岭地区有长期勘查、开发、研究的历史，小秦岭乃至豫西地区金矿的成矿物质来源形成了多种观点，现简要分析如下。

**1. 变质基底来源**

不论在世界还是在中国，金矿床的分布，无论从时间上或空间分布上都具有明显的不均匀性（丛聚性）和间断性。金矿在前寒武纪和中-新生代出现的频率高，矿化强度大，成为整个地质发展历史中形成金矿的两个高峰。金矿床在空间的分布上，也更多地集中于古老地盾（台）区和中新生代的构造岩浆带中。

通过对小秦岭及河南西部等地区金矿的研究，多数人提出金主要来自绿岩地层太华群。

有人曾经统计过，世界上 75% 的金矿集中在太古宇古老变质岩区。在我国与太古宇地层有关的金矿床占有重要地位。

如华北克拉通主要金矿赋矿围岩为：

小秦岭成矿区文峪、东闯、杨寨峪、大湖等矿床，围岩为新太古代太华群和 TTG 岩系等。

冀东成矿区金厂峪等金矿床，围岩为新太古代迁西群。

夹皮沟成矿区二道沟等金矿床，围岩为新太古代夹皮沟群。

乌拉山成矿区哈达门沟等金矿床，围岩为新太古代乌拉山群。

宣化-赤城成矿区东坪小营盘等金矿床，围岩为新太古代桑干群。

胶东成矿区玲珑、焦家、望儿山等金矿床，围岩为新太古代胶东群。

本区的围岩特征、岩浆岩特点及含金石英脉含矿构造特征、矿石的结构构造、围岩蚀变特征等与冀东成矿区、乌拉山成矿区、胶东成矿区极为相似。华北克拉通主要金矿特征见表 6.6。对于这种规律，根据牛树银教授的研究，主要是这些地区都在燕山期形成了幔枝。

小秦岭地区 600 余条含金石英脉和含金蚀变构造带均分布于绿岩地层太华群及侵入其内的变 TTG 岩系中。

**表 6.6　华北克拉通含金石英脉金矿床成矿地质特征对比**

| 矿区、矿床 | 小秦岭成矿区 | 冀东成矿区 | 夹皮沟成矿区 | 乌拉山成矿区 | 胶东成矿区 |
|---|---|---|---|---|---|
| | | 金厂峪金矿床 | 二道沟金矿床 | 哈达门沟金矿床 | 玲珑金矿床 |
| 赋存围岩 | 太古宇太华群变质的中基性火山岩夹碎屑沉积，岩性为斜长角闪岩，局部夹石英岩 | 太古宇八道河群变质的火山岩系，岩性主要为斜长角闪岩 | 太古宇夹皮沟群变质的镁铁质和超镁铁质火山岩，岩性为斜长角闪岩，少量的黑云斜长变粒岩，透镜状角闪岩，辉石岩夹角闪磁铁石英岩 | 太古宇乌拉山群变质的中基性-中酸性火山岩，岩性为变粒岩，片麻岩斜长角闪岩 | 太古宇胶东群变质岩，主要岩性为：黑云变粒岩、黑云斜长片麻岩、斜长角闪岩 |
| 控矿构造 | 韧-脆性剪切带 | 韧-脆性剪切带 | 韧-脆性剪切带 | 韧-脆性剪切带 | 108 号韧-脆性剪切带 |
| 矿体产状、规模 | 走向 270°~310°，倾向南或北，倾角 20°~55° 为主。矿体规模大中型，厚度 0.2~4.0m，延深 1500m 以上 | 走向北东，倾向南西-北西，倾角 50°~85°。长度 1500m，厚度 1.0~7.2m | 厚度 0.4~5.2m，长度 260m，延深近 1000m。深部 Au 品位 14×10⁻⁶ | 走向 76°~114°，倾向南东-南西，倾角 45°~85°，深部 45°~48°，长 2200m，厚度 0.2~7.0m。垂深已达 510m，深部 Au 品位 6.1×10⁻⁶ | 108 号脉走向北东东-北东，倾向北西，倾角 75°~85°，矿脉长 5000m，延深 700m，有分支现象 |
| 围岩蚀变 | 硅化、黄铁绢英岩化、碳酸盐化、钾化 | 硅化、钠化、黄铁绢英岩化、碳酸盐化 | 硅化、黄铁绢英岩化、碳酸盐化 | 硅化、钾化、碳酸盐化 | 硅化、钾化、黄铁绢英岩化、碳酸盐化 |

20 世纪 80 年代以来，许多研究者采用高精度化学光谱法测得小秦岭太群群中 Au 的平均含量为 $0.71×10^{-9}$~$2.94×10^{-9}$。这一结果是太华群经历了长期地质作用改造后留下的不易释放的金，并不代表原岩的含金量。这一点前节已经述及，稀土元素的研究从一个侧面提供了证证。

根据稀土元素的地球化学性质，特别是它们的分馏能灵敏地反映地质-地球化学作用的性质，具有良好的综合指示作用。因此，可以用于岩石成因、成矿物质、成岩成矿物理化学条件分析等。为了了解成矿与各类岩石的关系，冯建之等（2009）编制了岩石和矿石的 LREE/HREE-ΣREE 关系图（图 6.17）。

总体来看岩石与矿石在图中分布比较分散，特别是大湖钼金矿，与其他金矿差异显著。杨寨峪和文峪两个金矿分布位置接近；灵湖金矿也具有杨寨峪和文峪金矿的轻重稀土比值特征，但稀土总量有较大差异。

文峪、杨寨峪和灵湖金矿总体反映与斜长角闪岩关系密切，它们具有相近的稀土特

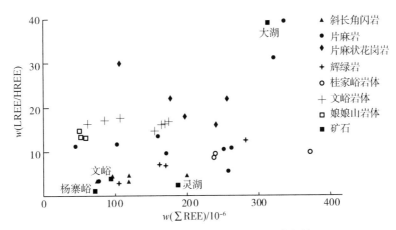

图 6.17　岩石、矿石稀土元素分布图（据冯建之等，2009）

征；而大湖金矿则显示与片麻岩类比较接近。

所有矿床的稀土特征均与燕山期花岗岩差异较大，因此认为，很可能反映金钼的成矿与燕山期花岗岩没有成矿物质联系。

**2. 岩浆岩来源**

前面已述及小秦岭地区的金矿床，与花岗岩特别是文峪花岗岩体，在成因、空间和时间上都有十分密切的关系。

本区花岗岩是由富含金的太华群（及变 TTG 岩系）和其以下地壳物质重熔产生的壳幔质重熔岩浆形成，金主要富集在岩浆期后溶液中，并参与成矿。

据本区不同时代花岗岩体的 Au 含量统计（表 6.7），花岗岩中 Au 含量与地层大体相当或略低，与金矿关系最密切的文峪岩体含 Au 低于同时代的华山、老牛山岩体。

燕山期花岗岩浆活动对金矿形成所起的主要作用是：

认为燕山期花岗岩浆活动提供热源，金主要来源于深源溶液，其次在热液上侵演化的过程中，挥发组分逐渐增多，这些挥发组分温度高、压力大，不但易于流动，而且由于碱质等可以溶解地（岩）层中的 Au 等元素，形成易溶络合物进入流体相，存在于岩浆期后热液中，与重熔富金地层、岩石转入溶液中的金一起参与成矿，在有利的构造部位富集。但其中 Au 的来源是幔枝热液。

表 6.7　不同时代花岗岩 Au 含量表

| 时代 | 岩体 | Au/10⁻⁹ | 时代 | 岩体 | Au/10⁻⁹ |
|---|---|---|---|---|---|
| 太古宙 | 钠质花岗质片麻岩（6） | 1.23 | 中生代 | 文峪（13） | 0.67 |
| | 钾质花岗质片麻岩（4） | 0.78 | | 娘娘山（7） | 0.52 |
| | 花岗岩（1） | 0.78 | | 华山（3） | 3.04 |
| 元古宙 | 伟晶花岗岩（1） | 0.66 | | 老牛山（12） | 4.14 |

资料来源：本课题及黎世美等（1996）。

注：括弧内数字为样品数。

### 3. 脉岩来源

在小秦岭地区与金矿有时空关系的脉岩种类很多,其中最发育的是中-基性脉岩。基性脉岩在所有矿区均大量出现,规模不等、方向不同。其金含量(黎世美等,1996):辉长辉绿岩为 $16.9×10^{-9}$;辉绿(玢)岩为 $5.3×10^{-9}$,高于维诺格拉多夫基性岩的 Au 含量 $(4×10^{-9})$。脉岩(成矿前)在成矿中的作用是:作为直接围岩被蚀变或受成矿期构造热事件的影响,金活化被释放参与成矿,由于其质量少,提供的金是有限的。

## (二)成矿物质来源地球化学分析

金主要以分散状态赋存在黄铁矿等硫化物中,通过寄主矿物元素来源分析,可以间接探讨金的来源。硫化物由阳离子金属元素和阴离子硫元素组成,其来源可能是不同的。

### 1. 硫同位素

小秦岭 14 个金矿区和太华群变质岩及花岗岩中 326 个 $δ^{34}S$ 值的分布特征(表 6.8、图 6.18)表明,硫同位素以较富 $^{34}S$ 为特征,变化范围-12.5‰ ~ 11.5‰,但大部分集中于+1 ~ +5,主要集中于+2 ~ +3,十分明显。图 6.19 显示小秦岭燕山期花岗岩与太华群变质岩 $δ^{34}S$ 组成一致,且与金矿接近,说明三者有成因联系。

表6.8　小秦岭地区主要金矿床、地层和花岗硫同位素组成(据黎世美等,1996,改编)

| 矿区 | 样品数/个 | $δ^{34}S/‰$ | |
|---|---|---|---|
| | | 平均值 | 变化范围 |
| 杨寨峪 | 79 | 2.1 | -7.9 ~ 7.1 |
| 四范沟 | 18 | 1.5 | -5.7 ~ 4.9 |
| 金硐岔 | 25 | -1.8 | -12.5 ~ 8.3 |
| 老鸦岔 | 14 | 1.3 | -7.6 ~ 5.3 |
| 东闯 | 6 | 5.0 | 2.4 ~ 7.1 |
| 文峪 | 81 | 2.9 | -4.7 ~ 6.4 |
| 和尚洼 | 5 | 1.9 | -3.2 ~ 3.9 |
| 枪马 | 35 | 5.7 | -0.7 ~ 8.8 |
| 红土岭 | 9 | 0.5 | -2.8 ~ 2.7 |
| 金渠沟 | 8 | -3.3 | -6.2 ~ 0.2 |
| 黑峪子 | 5 | -0.7 | -3.3 ~ 1.8 |
| 大湖 | 24 | -3.9 | -12.2 ~ 2.9 |
| 灵湖 | 14 | -1.5 | -9.3 ~ 5.9 |
| 武家山 | 3 | 8.6 | 7.4 ~ 11.5 |
| 平均 | | 1.31 | -12.5 ~ 11.5 |
| 太华群 | 17 | 3.0 | -5.4 ~ 10.5 |
| 花岗岩 | 7 | 3.1 | 2.1 ~ 3.4 |

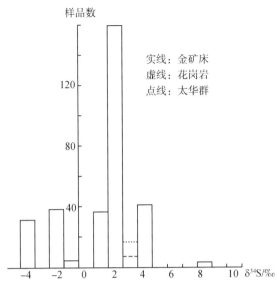

图 6.18　小秦岭金矿硫化物 $\delta^{34}S$ 平均值分布图

根据以上可得出以下结论：

（1）小秦岭金矿 $\delta^{34}S$ 值变化范围一般，其平均值大多正向偏离陨石硫，具一定程度的均匀化，通常认为与重熔岩浆有关，硫主要来自花岗岩，但围岩对它有一定影响。

（2）小秦岭花岗岩 $\delta^{34}S$ 值变化范围较狭窄，其值正向偏离陨石，从另一个角度证明，花岗岩为重熔花岗岩，围岩对它有一定影响。

（3）小秦岭金矿不同矿区 $\delta^{34}S$ 值有一定差别（图 6.19），从地理位置上看，自南（中矿带）向北（北矿带）$\delta^{34}S$ 值有逐渐降低趋势。说明硫同位素的分馏与成矿部位深浅有关。当矿床部位较深时，则分馏较差；矿床部位较浅时，则分馏较强。

关于硫源的探讨：

R. O. Rye 和 H. Ohmoto 根据研究把硫源划分为三个类型，即：

（1）$\delta^{34}S_{\Sigma S} = 0‰$，表明为岩浆来源，岩浆成因的硫必然来自上地幔或来自深埋或消亡地壳岩石的均匀化源；

（2）$\delta^{34}S_{\Sigma S} = 20‰$（海水硫酸盐），其硫很可能来自海水或海相蒸发岩；

（3）$\delta^{34}S_{\Sigma S} = 5‰ \sim 15‰$，表明硫可能来自局部围岩或来自浸染状硫化物或较古老的矿床。

根据上述观点，对比表 6.8 可以发现，小秦岭金矿多数属于①类，只有东闯、枪马和武家山达到或略高于③类的下限，似乎可划分到③类。没有②类的矿床，在属于③类的矿床中，武家山为矿点或小型，且为破碎蚀变岩型金矿（唯一的），武家山金矿略超过 $\delta^{34}S_{\Sigma S} = 5‰$（8.6‰）。东闯和枪马均为 5‰。应属于①类的矿床中，多数为正值，个别为负值。结合文峪花岗岩体为壳幔质重熔花岗岩考虑，上述结果就显得合理。即本区成矿的硫来自地幔。这显然符合幔枝成矿的理论。

**2. 铅同位素**

小秦岭地区金矿及太华群变质岩、文峪花岗岩，辉绿岩铅同位素组成表明（表6.9），

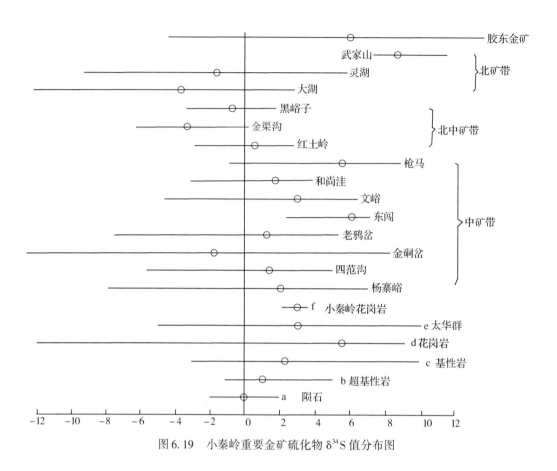

图 6.19　小秦岭重要金矿硫化物 $\delta^{34}S$ 值分布图

金矿床 $^{206}Pb/^{204}Pb$ 为 17.054～17.999，平均为 17.138；$^{207}Pb/^{204}Pb$ 为 15.333～15.582，平均为 15.394；$^{208}Pb/^{204}Pb$ 为 37.342～38.475，平均为 37.706。该组相对稳定，反映小秦岭金矿在矿源方面的一致性。另外，金矿床与太华群和文峪花岗岩的铅同位素组成基本一致，说明金矿床在成因上与太华群地层和文峪花岗岩有密切关系。

**表 6.9　小秦岭金矿区及太华群、花岗岩等铅同位素组成** （据河南地调一队，转引自黎世美等，2009，整理）

| 矿区 | 样品数 | $^{206}Pb/^{204}Pb$（α） | $^{207}Pb/^{204}Pb$（β） | $^{208}Pb/^{204}Pb$（γ） |
|---|---|---|---|---|
| 杨寨峪 | 2 | 17.078 | 15.477 | 37.789 |
| 四范沟 | 10 | 17.054 | 15.361 | 37.509 |
| 金硐岔 | 5 | 17.107 | 15.354 | 37.823 |
| 东闯 | 3 | 17.075 | 15.439 | 37.606 |
| 文峪 | 9 | 17.097 | 15.389 | 37.644 |
| 和尚洼 | 2 | 17.001 | 15.402 | 37.469 |
| 枪马 | 1 | 17.047 | 15.333 | 37.342 |
| 大湖 | 4 | 17.176 | 15.457 | 37.699 |
| 灵湖 | 4 | 17.611 | 15.338 | 38.475 |

续表

| 矿区 | 样品数 | $^{206}Pb/^{204}Pb$（α） | $^{207}Pb/^{204}Pb$（β） | $^{208}Pb/^{204}Pb$（γ） |
|------|--------|--------|--------|--------|
| 平均 | 40 | 17.138 | 15.394 | 37.706 |
| 文峪花岗岩 | 2 | 17.172 | 15.439 | 37.654 |
| 辉绿岩 | 1 | 17.999 | 15.582 | 38.199 |
| 太华群 | 7 | 17.698 | 15.527 | 38.635 |

近年来铅同位素已广泛地应用于成矿物质来源方面的研究，特别是对中 – 新生代成矿作用的研究，发现其铅同位素组成由于源区 U 与 Th 的含量差别，导致具有不同的演化模式。多伊和札特曼（Doe and Zartman，1979）对显生宙以来不同地质环境中正常铅同位素统计结果表明，据铅同位素资料可将成矿物质分为地幔源、下地壳源、上地壳源，并发现造山带的铅同位素组成是上述物源的铅均化的结果。他们还对上述铅同位素模式进行了理论探讨，并提出了相应的演化模式图（图 6.20）。铅同位素演化集中在地幔和下地壳之间，主要在地幔。

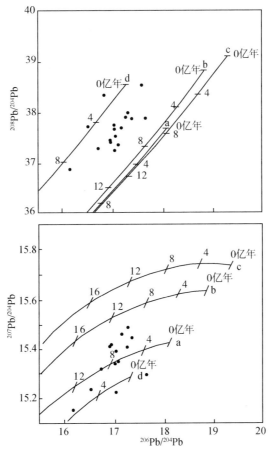

图 6.20　不同地质环境铅同位素演化模式

a. 地幔铅；b. 造山带铅；c. 上地壳铅；d. 下地壳铅

朱炳泉（1998）认为：矿石铅与岩石铅同位素研究表明，钍铅的变化以及钍铅与铀铅同位素组成的相关关系对于地质过程与物质来源能提供更丰富的信息。为了突出这种关系，将三种同位素表示成与同时代地幔的相对偏差是必要的。这样就可以比较不同时代铅的成因意义。他给出了 $\Delta\alpha$、$\Delta\beta$、$\Delta\gamma$ 的计算公式：

$$\Delta\beta = \{\beta/[\beta_M(t)] - 1\} \cdot 1000$$
$$\Delta\gamma = \{\gamma/[\gamma_M(t)] - 1\} \cdot 1000$$

式中，$\beta$、$\gamma$ 为测定值；$\beta_M(t)$、$\gamma_M(t)$ 为 $t$ 时的地幔值（也可以采用矿石铅的模式年龄）。

结合表6.9，制作了铅同位素 $\Delta\gamma$-$\Delta\beta$ 成因分类图（图6.21），图中显示本区 9 个主要金矿床中 8 个矿床的铅来源于地幔铅，并与文峪岩体在同一区内，说明成矿与文峪岩体关系密切。文峪岩体、辉绿岩和太华群铅同位素也接近或落入幔源铅范围，但由于岩浆演化中的干扰因素，出现了一定程度的偏移。

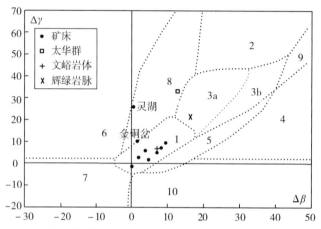

图 6.21　小秦岭铅同位素 $\Delta\gamma$-$\Delta\beta$ 成因分类图（图式据朱炳泉，1998）

1. 地幔源铅；2. 上地壳源铅；3. 上地壳与地幔混合的俯冲带铅（3a 为岩浆作用、3b 为沉积作用）；4. 化学沉积型铅；5. 海底热液作用铅；6. 中深变质作用铅；7. 深变质下地壳铅；8. 造山带铅；9. 古老页岩上地壳铅；10. 退变质铅

图中还可以看出，太华群中的铅乃造山带所致，并可能伴有岩浆作用；文峪岩体的铅来源于地幔；辉绿岩脉乃上地壳与地幔混合的俯冲带铅，与岩浆作用有关。

小秦岭地区金矿床及太华群铅同位素组成在图中接近地幔源和下地壳源铅演化曲线，反映小秦岭金矿在来源上可能与幔源的太华群有关，说明金矿的深源性，同时也反映金矿形成与花岗岩浆活动具密切关系，实际则是与幔枝热液有关。从图6.20中还可看出，本区铅同位素模式年龄也集中在 7 亿～8 亿年左右。与 H-H 单阶段演化模式年龄基本一致。

通过上述讨论可以得出以下结论：

①本区铅同位素组成稳定，各金矿区之间没有明显变化，并且与太华群铅同位素组成相似，均属正常铅。反映小秦岭地区没有发生 U、Th 的富集，因此不形成放射性矿床，而仅以金矿为主。

②本区铅同位素组成的一致性反映了金矿质来源及成矿作用的同一性，其铅同位素演化模式表明与地幔来源铅的演化模式相近，说明本区金矿的深源性，反映成因与深源流体有关。

# 二、成矿流体来源与成矿物理化学

## （一）　热源流体条件

幔枝构造活动为金矿的形成提供有效的热动力条件。前述已确认本区金矿的形成与深源热液有直接关系。

与本区金矿成矿有关的燕山期花岗岩系由壳幔质重熔花岗岩浆形成。在岩浆熔化过程中以围岩为介质产生热传递，从而形成以岩浆房为中心的热力场。距离体接触带越近，温度越高，温度梯度越大，热传递越快。远离接触带温度低，热衰减幅度值减小，直至逐渐趋于正常地温梯度。

前人研究表明，影响 Au 从含矿热液流体中沉淀的诸多因素中，温度是最重要的。因此，在花岗岩体的形成，尤其是冷凝过程中，所形成的热场及温度梯度对于岩浆期后残余富金含矿热液的运移和金的沉淀具有重要控制意义。

小秦岭地区燕山期花岗岩浆活动频繁，金的地球化学异常及已知金矿床（脉）均围绕花岗岩体分布。如文峪花岗岩体周围广泛发育金矿化（图6.22）。

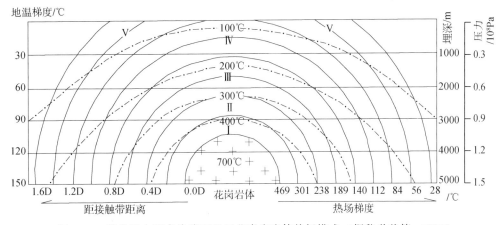

图6.22　华北地台西南缘豫西地区花岗岩岩体热场模式（据黎世美等，1996）

Ⅰ. 斑岩型及爆发角砾岩型金成矿区；Ⅱ. 高温热液金成矿区；Ⅲ. 中温热液金矿成矿区；
Ⅳ. 中低温热液金成矿区；Ⅴ. 低温热液金矿成矿区；D. 侵入岩直径

R. W. 博伊尔（1991）认为金的初始沉淀准确定位于水的临界点（约400℃），大量金的沉淀则发生于300~200℃或更低温度。

华北地台南缘金矿最佳成矿温度由于矿床成因类型不同而有差异，其中爆破角砾岩型及斑岩型金矿为280~370℃，构造蚀变岩型金矿为215~365℃，石英脉型金矿为170~350℃。主成矿阶段多集中于200~300℃范围内。

在热场作用下，残余岩浆流体及岩浆期后热液主要有以下特征：

（1）岩浆上升就位冷凝结晶晚期，残余 $SiO_2$ 与大量气水热液形成低黏度的液体沿早期或成岩期构造裂隙运移，并在一定热场空间内发生沉淀，形成小秦岭地区大量石英脉。脉体规模大、延伸远，形成温度多集中于 170～370℃ 范围内。由岩体接触带向外，石英脉发育程度有由低—高—低的特点。

在岩体冷凝至 450～500℃ 时产生低浓度含矿流体，在近岩体的高温热场范围内形成低硫化物石英脉（多为含磁铁矿、白钨矿、辉钼矿、黄铁矿、石英组合）；较远则形成黄铁矿石英脉（主要为黄铁矿、石英组合）。

（2）岩体进一步冷凝，在 350～450℃ 左右，气化热液被大量释放，从而聚集形成富含挥发组分的成矿热液。Au 主要以 $AuCl_2^-$，其次以 $Au^+$、$Au^{3+}$、$AuCl_4^-$、$Au(HS)_2^-$ 和 $Au_2S(HS)_2^{2-}$ 等离子或络离子形式存在热液中（栾世伟等，1990）。当温度低于 350℃ 时，金氯络离子和金硫络离子先后解体，形成本区最重要的与金矿成矿有关的石英、（黄铜矿）、黄铁矿组合，金同时从热液中离解淀出。在温度低于 250℃ 时，Pb、Zn、Cu 等组分从热液中沉淀，形成石英–多金属硫化物组合。当热液温度低于 200℃ 时，大量的硫已析出。硫化物及金的矿化强度减弱，形成石英、碳酸盐、黄铁矿组合，该组合在空间上往往与其他组合叠加。

（3）在温度较高的含矿热液运移过程中，由于沸腾式汽化产生的巨大蒸气压与上覆岩层中浅表水之间可形成具有一定自由空间的平衡中介面，因而可将热场作用区分为三部分，即浅表水主要作用区，浅表水与岩浆期后热液混合作用区和岩浆期后热液主要作用区。它们的矿化机制存在一定差异。其中混合作用区易导致物理、化学环境改变而形成地球化学障，有利于矿质的沉淀富集。该区分布范围较广，控制了主要成矿空间，其矿石矿物包裹体中氢、氧同位素组成多表现了混合水特征。因此，平衡中介面的变化范围是控矿的重要因素之一。

前述表明，从岩浆结晶冷凝向热液阶段演化产生的热场变化对小秦岭地区金矿的形成具有重要的控制意义。即在靠近岩体和远离岩体的围岩中，矿液浓度相对较低，矿化组合相对较为简单，而在距岩体接触带中等距离范围内，则具有多矿化阶段叠加和矿化强度高的特点，此范围在倾向上在一定标高范围内，在走向上大体在岩体外 2～7km 左右。根据岩体的大小此范围有所变化。

## （二）岩、矿石中矿物包裹体特征、流体成分

区内岩、矿石中矿物包裹体和成矿流体的研究资料较多，其中以黎世美等的研究较系统；本项目仅对主要矿区矿石矿物包体的液相流体做了研究。现结合黎世美等（1996）的资料作简要讨论。

**1. 各类岩、矿石中矿物包裹体特征**

本区与金矿成矿作用有关的片麻岩、花岗岩和各种矿石的石英中，流体包裹体普遍发育。其类型主要有 $CO_2$ 包裹体、$CO_2$–$H_2O$ 包裹体、水溶液包裹体和含石盐子晶的多相包裹体四种。

（1）变质岩（片麻岩、混合岩）石英流体包裹体：斜长角闪岩含少量石英，石英颗粒较细。所含流体包裹体小，一般 1～3μm，个别达 4～6μm，以液体包裹体为主，沿愈合裂隙分布，均一温度 205～275℃，盐度 15wt% NaCl 左右。偶含石盐子晶多相包裹体。

混合岩含石英颗粒较粗，含丰富的流体包裹体，个体较大（5～20μm），呈负晶形、

椭圆形或不规则状，随机分布或定向分布。均一温度 280~410℃，石盐子矿物消失温度 160~250℃，相应盐度为 33.4~41.5wt% NaCl。

从斜长角闪岩到混合岩和花岗伟晶岩，随着变质程度、混合岩化强度增大，其石英包裹体有由小变大、均一温度和盐度由低变高的变化趋势。

（2）文峪花岗岩流体包裹体：据谢奕汉（1993）等对本区燕山期花岗岩体及其内伟晶岩和石英脉中石英包裹体研究，从岩体边缘相经过渡相至内部相，花岗岩中伟晶岩到石英脉，石英中普遍发育水溶液、$CO_2$、$CO_2-H_2O$ 等三种类型包裹体，未见石盐子晶矿物多相包裹体，这与上述变质岩、混合岩包裹体有明显差别。文峪花岗岩及其内伟晶岩、石英脉的石英包裹体，呈负晶形、椭圆形或不规则状，5~10μm 大小，沿愈合裂隙分布，均一温度由岩体边缘相（360℃）→过渡相（350℃）→内部相（350℃）→伟晶岩（328℃）→石英脉（320℃）依次降低。在花岗岩体及其内伟晶岩、石英脉石英中包裹体气相成分 $H_2O$ 和 $CO_2$ 含量，分别为 94.96 和 4.32、94.10 和 5.9、64.03 和 34.84（摩尔百分数）。包裹体流体成分中的盐度，在岩体内为 10.1，边缘相为 9.1，岩体内石英脉为 6.6（wt% NaCl）。

从上述变化特征看，本区燕山期花岗岩岩浆演化，从早期到晚期随着温度的逐渐降低，成矿流体中的盐度和气相成分 $H_2O$ 的含量也随之变小，而 $CO_2$ 含量则明显增大。

（3）金矿石中石英包裹体：本区金矿石中石英包裹体按不同的相和成分可划分为三种类型，即气体包裹体、$CO_2-H_2O$ 包裹体（气-液相）和液体包裹体。气体包裹体大小一般为 3~10μm，最大为 25μm。呈负晶形，椭圆形，具随机分布特征。$CO_2-H_2O$ 包裹体多呈气-液相，大小一般为 5~20μm，最大为 25μm。负晶形，椭圆形，多随机分布，单体孤立状，亦有少量沿裂隙分布。有时有较纯的 $CO_2$ 包裹体，大小为 8~20μm，呈负晶形，孤立状分布，$CO_2$ 占包裹体体积的 70% 以上。液体包裹体比前两种个体要小，多为 2~4μm，少数 4~8μm，形态为椭圆形或不规则状，多沿愈合裂隙分布。该包裹体中气/液值小于 10%。

据卢欣祥等（2004）研究，豫西地区不同类型金矿（包括小秦岭）及变质岩地层与燕山期花岗岩中包裹体的盐度有较大区别，太华群变质岩系盐度最高达 31%~52%。燕山期花岗岩内石英包裹体盐度较低，一般为 6%~7%，少数达 10%，据其所引数据，小秦岭地区金矿包裹体盐度为 6%~14.2%，多数小于 10%。仅熊耳山地区祈雨沟金矿（爆破角砾岩型）较高，可达 10.41%~35%。说明小秦岭-熊耳山地区金矿成因与变质作用、混合岩化和燕山期花岗岩的形成作用无关。

上述结论与本区已知包裹体盐度基本一致或者比较接近，因此，该结论是可信的。

**2. 流体包裹体的化学成分**

（1）液相成分：对不同类型金矿脉（S505、S507、S60 及 F5 等）石英包裹体成分测定结果的统计及对比（表 6.10）表明，成矿流体中液相成分组成和含量变化具有如下特征：在阳离子中，以 $Na^+$ 为主，其次是 $K^+$ 和 $Ca^{2+}$ 离子；阴离子中 $Cl^-$ 的含量均高于 $SO_4^{2-}$ 和 $F^-$ 离子；总体规律 $Na^+ \gg K^+$，$Ca^{2+} \gg Mg^{2+}$，$Cl^- > SO_4^{2-} \gg F^-$。成矿流体液相成分中阳离子、阴离子含量随矿脉矿化类型的变化由多金属型→黄铜矿-黄铁矿型→黄铁矿（少硫化物型）出现规律性变化，$K^+$、$Cl^-$ 离子含量有逐渐增高趋势，$SO_4^{2-}$ 离子含量则有逐渐减少的趋势，$Na^+/K^+$值具明显下降的变化特点。这种规律性的变化，可能与成矿的多期性（多阶段）和成矿温度的变化有关。

表 6.10　不同类型含金石英脉中石英的包裹体成分（据黎世美等，1996）

| 矿脉（样数） | 矿石类型 | 液相成分/($\mu g/10g$) | | | | | | | |
|---|---|---|---|---|---|---|---|---|---|
| | | $Na^+$ | $K^+$ | $Ca^{2+}$ | $Mg^{2+}$ | $F^-$ | $Cl^-$ | $SO_4^{2-}$ | $Na^+/K^+$ |
| S507（4） | 多金属型 | 41.45* | 5.88* | 2.13 | 0.13 | 0.41 | 69.04 | 57.06 | 7.05 |
| S505（4） | | 11.26 | 2.38 | 10.66 | 2.28 | 0.3 | 23.35 | 22.93 | 4.73 |
| S60（10） | 黄铜矿–黄铁矿型 | 56.04 | 11.68 | 0.99 | 0.36 | 0.12 | 103.9 | 11.5 | 4.80 |
| F5（2） | 黄铁矿（少硫化物）型 | 19.5 | 12.0 | 223.0 | 12.5 | 12.5 | 255.0 | | 1.63 |

　　（2）气相成分：从获得的本区石英脉型金矿石英包裹体成分测试资料看，气相成分主要为 $H_2O$ 和 $CO_2$，占挥发组分的97% ~99%，其次有 CO、$H_2$、$H_2S$、$N_2$ 等。不同矿石类型和同一类型矿石不同期次石英包裹体中气相成分的含量变化亦不同（表6.11）。由表可以看出，气相成分 $H_2O$、$CO_2$ 的含量具有一定的变化规律：从高品位金矿石→中–低品位矿石→非矿石，第 I 期次（同第 I 矿化阶段）石英包裹体的 $H_2O$ 含量由低到高（从54.73→80.43→96.95）；$CO_2$的含量与 $H_2O$ 比值由高到低。金矿石中石英的第 I 期包裹体与第 II 期的相比，$H_2O$ 的成分含量小而 $CO_2$ 含量明显高。上述变化规律和所具有的特征可作为判别矿体和预测盲矿的依据和指标。

　　金矿石中石英的包裹体的流体气相成分中除大量的 $H_2O$、$CO_2$ 之外，还有属于还原性气体的 $CH_4$、CO、$H_2$、$N_2$ 和 $H_2S$ 等，它们的存在和含量多少反映成矿热液是否处在还原环境及环境的还原性强弱。研究表明，从富矿石→贫矿石→非矿石，石英包裹体气相成分 $CH_4$、CO 等含量有逐渐减少的趋势，说明它们对金的矿化（沉出）起着重要作用。

表 6.11　小秦岭含金石英脉不同矿石类型石英包裹体气体成分对比（样品分析结果来源于谢奕汉，1993）

| 矿石类型 | 矿物 | 期次 | 样品个数 | 气体成分（单位：摩尔百分数） | | | | |
|---|---|---|---|---|---|---|---|---|
| | | | | $H_2O$ | $CO_2$ | $CH_4$ | CO | $CO_2/H_2O$ |
| 高品位金矿石 | 石英 | I | 5 | 54.73 | 44.48 | 0.70 | 0.10 | 0.81 |
| | | II | 5 | 70.90 | 28.69 | 0.40 | 痕–无 | 0.40 |
| 中–低品位金矿石 | 石英 | I | 2 | 80.43 | 19.43 | 0.08 | 0.11 | 0.24 |
| | | II | 2 | 90.21 | 9.79 | 无 | 无 | 0.11 |
| 非金矿石 | 石英 | I | 2 | 96.95 | 2.93 | 0.09 | 0.08 | 0.03 |

　　（3）矿脉中流体成分在空间上的变化特征：S505 矿脉石英包裹体气液成分在不同标高上的变化见表6.12。由表6.12可知，在矿脉标高 1755 ~1524m 范围内，$CO_2$、$Mg^{2+}$ 的含量随标高降低而变小，而 $F^-$、$Cl^-$ 含量则逐渐增大；$Na^+/(Na^++K^+)$、$MCO_2/MH_2O$ 值明显随标高降低而变小，这与围岩蚀变中钾长石化向深部增强和矿脉金矿化由强变弱的趋势相一致。

**表 6.12 S505 矿脉石英包裹体主要组分变化表**（引自栾世伟等，1991）

| 样品分布标高/m | 样品个数 | 主要组分含量/（mol/kg） | | | | | | | | 盐度/（wt%） | $\frac{Na^+}{Na^++K^+}$ | $\frac{MCO_2}{MH_2O}$ |
| | | $CO_2$ | $K^+$ | $Na^+$ | $Ca^{2+}$ | $Mg^{2+}$ | $Cl^-$ | $F^-$ | $SO_4^{2-}$ | | | |
|---|---|---|---|---|---|---|---|---|---|---|---|---|
| 1854 | 2 | >7.144 | 0.094 | 0.940 | 1.343 | 0.008 | 0.155 | 0.271 | 0.163 | 10.504 | 0.909 | >0.129 |
| 1755 | 1 | 17.386 | 0.081 | 0.509 | 1.163 | 0.188 | 0.180 | 0.385 | 0.076 | 8.635 | 0.893 | 0.313 |
| 1650 | 1 | 11.136 | 0.158 | 1.388 | 0.571 | 0.149 | 0.435 | 0.293 | 0.170 | 10.143 | 0.898 | 0.201 |
| 1524 | 1 | 10.854 | 0.109 | 0.787 | 0.927 | 0.126 | 0.583 | 0.422 | 0.130 | 10.366 | 0.878 | 0.195 |

在表 6.13 中 $Na^+/K^+$ 值随深度的变化也表现为由上而下变小，$Cl^-/SO_4^{2-}$ 则变大。

**表 6.13 S505 矿脉石英流体包裹体液相成分表**（据黎世美等，1996；单位：$10^{-6}$）

| 样号 | $Na^+$ | $K^+$ | $Mg^{2+}$ | $Ca^{2+}$ | $F^-$ | $Cl^-$ | $Br^-$ | $NO_3^-$ | $SO_4^{2-}$ | $Na^+/K^+$ | $Cl^-/SO_4^{2-}$ |
|---|---|---|---|---|---|---|---|---|---|---|---|
| BT1/WY1400 | 2.771 | 2.317 | 0 | 53.496 | 18.754 | 3.356 | 0 | 0.057 | 0.749 | 1.196 | 4.481 |
| BT2/WY1400 | 5.32 | 1.05 | 0 | 57.312 | 17.96 | 8.121 | 0.117 | 0 | 0.801 | 5.067 | 10.139 |
| N3/WY1400 | 2.671 | 0.921 | 0 | 53.587 | 15.668 | 3.242 | 0 | 0.061 | 0.7 | 2.900 | 4.631 |
| 1400 平均值 | 3.587 | 1.429 | 0 | 54.798 | 17.461 | 4.906 | 0.039 | 0.039 | 0.75 | 2.510 | 6.542 |
| BT1/WY1329 | 4.266 | 1.764 | 0.322 | 58.612 | 19.083 | 6.875 | 0 | 0 | 0.543 | 2.418 | 12.661 |
| N1/WY1329 | 7.466 | 4.37 | 1.796 | 48.683 | 23.571 | 13.236 | 0.107 | 0.107 | 1.072 | 1.708 | 12.347 |
| 1329 平均值 | 5.866 | 3.067 | 1.059 | 53.648 | 21.327 | 10.056 | 0.054 | 0.054 | 0.808 | 1.913 | 12.453 |

S60 矿脉在不同标高石英中包裹体成分有明显差异，沿垂向存在着一定的变化规律（表 6.14）。在矿脉上部矿化富集段（1900m 标高以上）1842～2032m 范围内，液相成分中 $Na^+$、$K^+$ 及 $F^-$、$Cl^-$ 离子含量随标高降低而逐渐增大，$SO_4^{2-}$ 离子的含量随标高降低而变小；气相成分中 $H_2O$ 和 $CO_2$ 的含量变化相反，随标高降低 $H_2O$ 的含量逐渐增大，$CO_2$ 的含量则明显减少；$Na^+/K^+$ 和 $CO_2/H_2O$ 值在垂向上自上而下逐渐减小，$Cl^-/SO_4^{2-}$ 值则逐渐增大。上述变化特征与 S505 矿脉的垂向变化相一致。比较矿脉 900m 标高处与上部矿化富集段石英包裹体成分特征，推断 900m 处的含金石英脉处于矿化富集段的中上部位。

**表 6.14 S60 矿脉石英包裹体主要组分变化表**（据黎世美等，1996）

| 所处标高/m | 液相组分/（μg/10g） | | | | | | | | | 气相组分（主要）/（mol/g×$10^{-6}$） | | |
| | 阳离子 | | | | | 阴离子 | | | | | | |
| | $Na^+$ | $K^+$ | $Ca^{2+}$ | $Mg^{2+}$ | $Na^+/K^+$ | $F^-$ | $Cl^-$ | $SO_4^{2-}$ | $Cl^-/SO_4^{2-}$ | $H_2O$ | $CO_2$ | $CO_2/H_2O$ |
|---|---|---|---|---|---|---|---|---|---|---|---|---|
| 2032 | 90.78 | 13.91 | 0.66 | 0.33 | 6.52 | 0.14 | 177.94 | 12.42 | 14.3 | 7.7 | 4.804 | 0.624 |
| 1900 | 99.00 | 15.42 | 0.31 | 0.31 | 6.42 | 0.17 | 177.16 | 10.41 | 17.02 | 4.5 | 2.329 | 0.518 |
| 1842 | 212.12 | 33.54 | 6.06 | 0.81 | 6.32 | 0.23 | 393.92 | 9.09 | 43.3 | 15.4 | 0.716 | 0.047 |
| 900 | 83.36 | 24.47 | 0.4 | 0.4 | 3.41 | 0.22 | 186.13 | 3.08 | 60.4 | 10.7 | 4.771 | 0.446 |

在表 6.15 中，$K^+$ 和 $Na^+$ 含量变化较大，随深度变化规律性不明显，$Cl^-$ 和 $SO_4^{2-}$ 也存在上述特征。它们由上而下分别表现为增大和减少。

表 6.15　**S60 矿脉石英流体包裹体液相成分表**（单位：$10^{-6}$）

| 样号 | Na⁺ | K⁺ | Mg²⁺ | Ca²⁺ | F⁻ | Cl⁻ | Br⁻ | NO³⁻ | SO₄²⁻ | Na⁺/K⁺ | Cl⁻/SO₄²⁻ |
|---|---|---|---|---|---|---|---|---|---|---|---|
| BT1/YZY1340 | 3.815 | 3.416 | 0 | 23.333 | 9.142 | 5.46 | 0.075 | 0 | 0.834 | 1.117 | 6.547 |
| NT1/YZY1340 | 6.208 | 1.733 | 0.249 | 29.348 | 10.889 | 9.807 | 0 | 0 | 0.766 | 3.582 | 12.803 |
| 1340 平均值 | 5.012 | 2.575 | 0.125 | 26.341 | 10.016 | 7.634 | 0.038 | 0 | 0.8 | 1.947 | 9.542 |
| BT1/杨 860 | 2.285 | 1.029 | 0 | 22.458 | 7.652 | 2.339 | 0 | 0 | 3.505 | 2.221 | 0.667 |
| BT2/杨 860 | 5.535 | 1.408 | 0.573 | 22.758 | 7.809 | 10.48 | 0 | 0 | 1.925 | 3.931 | 5.444 |
| BT3/杨 860 | 9.517 | 3.552 | 0.421 | 27.327 | 12.609 | 21.226 | 0.129 | 0.045 | 0.783 | 2.679 | 27.109 |
| BT4/杨 860 | 2.98 | 0.986 | 0.157 | 22.912 | 9.137 | 4.395 | 0.128 | 0.052 | 6.615 | 3.022 | 0.664 |
| 860 平均值 | 5.079 | 1.744 | 0.288 | 23.864 | 9.302 | 9.61 | 0.064 | 0.024 | 3.207 | 2.913 | 2.997 |

F5 矿脉不同标高石英中包裹体成分也表现出一定的规律性（表 6.16、表 6.17）。

表 6.16　**大湖 F5 矿脉石英流体包裹体液相成分表**（单位：$10^{-6}$）

| 样号 | Na⁺ | K⁺ | Mg²⁺ | Ca²⁺ | F⁻ | Cl⁻ | Br⁻ | NO³⁻ | SO₄²⁻ | Na⁺/K⁺ | Cl⁻/SO₄²⁻ |
|---|---|---|---|---|---|---|---|---|---|---|---|
| BT1/DH610-CD0 | 16.966 | 3.806 | 2.257 | 7.682 | 0.544 | 33.061 | 0.181 | 0.076 | 7.431 | 4.458 | 4.449 |
| BT2/DII610-CD0 | 13.451 | 7.946 | 0.191 | 20.985 | 6.595 | 29.887 | 0.145 | 0.104 | 1.634 | 1.693 | 18.291 |
| BT3/DH610-CD0 | 3.937 | 1.98 | 0.325 | 13.094 | 19.611 | 2.837 | 0 | 0.047 | 1.2 | 1.988 | 2.364 |
| 610 平均值 | 11.451 | 4.577 | 0.924 | 13.920 | 8.917 | 21.928 | 0.109 | 0.076 | 3.422 | 2.502 | 6.409 |
| BT1/DH-5053A | 15.677 | 2.502 | 0 | 70.654 | 31.992 | 32.901 | 0 | 0.068 | 3.26 | 6.266 | 10.092 |
| BT2/DH-5053A | 2.067 | 0.785 | 0 | 17.277 | 5.75 | 3.062 | 0 | 0 | 1.21 | 2.663 | 2.531 |
| BT3/DH-5053A | 11.187 | 3.314 | 0.411 | 15.98 | 5.352 | 21.3 | 0.115 | 0 | 12.31 | 3.376 | 1.730 |
| BT4/DH-5053A | 11.334 | 2.144 | 0.272 | 22.547 | 8.138 | 23.83 | 0.092 | 0.058 | 7.914 | 5.286 | 3.011 |
| 505 平均值 | 10.066 | 2.186 | 0.171 | 31.615 | 12.808 | 20.273 | 0.052 | 0.032 | 6.174 | 4.604 | 3.284 |
| BT1/DH435-10 | 2.043 | 2.344 | 0.208 | 12.462 | 3.45 | 2.906 | 0 | 0.069 | 0.915 | 0.872 | 3.176 |
| N2/DH435-10 | 3.491 | 2.922 | 0 | 21.159 | 7.791 | 5.5 | 0 | 0.071 | 3.135 | 1.195 | 1.754 |
| 435 平均值 | 2.767 | 2.633 | 0.104 | 17.311 | 5.621 | 4.203 | 0 | 0.07 | 2.025 | 1.051 | 2.076 |

表 6.17　**灵湖 F5 矿脉石英流体包裹体液相成分表**（单位：$10^{-6}$）

| 样号 | Na⁺ | K⁺ | Mg²⁺ | Ca²⁺ | F⁻ | Cl⁻ | NO³⁻ | SO₄²⁻ | Na⁺/K⁺ | Cl⁻/SO₄²⁻ |
|---|---|---|---|---|---|---|---|---|---|---|
| BT1/LH600 | 1.025 | 1.339 | 0.374 | 10.828 | 1.582 | 2.212 | 0 | 1.215 | 0.765 | 1.821 |
| BT2/LH600 | 1.415 | 2.858 | 0 | 6.488 | 0.347 | 1.523 | 0 | 0.557 | 0.495 | 2.734 |
| BT3/LH600 | 1.99 | 1.166 | 0.685 | 9.833 | 1.311 | 2.498 | 0 | 0.621 | 1.707 | 4.023 |
| 600 平均值 | 1.477 | 1.788 | 0.353 | 9.050 | 1.080 | 2.078 | 0 | 0.798 | 0.826 | 2.605 |
| BT1/LH500 | 1.17 | 0.972 | 0 | 8.343 | 0.606 | 0.966 | 0.072 | 8.373 | 1.024 | 0.115 |
| BT3/LH500 | 1.814 | 0.802 | 0 | 20.929 | 8.909 | 1.431 | 0 | 1.332 | 2.262 | 1.074 |
| 500 平均值 | 1.492 | 0.887 | 0 | 14.636 | 4.758 | 1.199 | 0.036 | 4.853 | 1.682 | 0.247 |

在大湖矿区 $Na^+/K^+$ 值在 505m 中段最高，其上 610m 中段和其下 435m 中段均降低。在灵湖矿区其值由上而下增高。但 $Cl^-/SO_4^{2-}$ 值不管在大湖或者灵湖，均随标高降低而减少。

通过研究重点矿床石英包裹体流体成分空间变化特征，发现 $Na^+/K^+$ 或 $Na^+/(Na^+ + K^+)$、$CO_2/H_2O$ 值总体随矿脉标高逐渐降低而变小，$Cl^-/SO_4^{2-}$ 比值则相反。这种规律性变化可作为预测盲矿体和矿化富集段的依据。

**3. 流体包裹体研究的地质意义**

（1）综上所述，本区主要矿床的成矿流体，虽然成分有一些差异，但均为富含挥发分 $H_2O$、$CO_2$、$CO$、$CH_4$、$H_2S$、$SO_2$、$N_2$、$H_2$ 及 $F^-$、$K^+$、$Ca^{2+}$、$Na^+$、$Mg^{2+}$ 等阴阳离子的 $Na^+$、$Ca^{2+}$、$Cl^-$、$SO_4^{2-}$ 流体系统。据杜乐天（1989、1996）、毕思文（1996）、曹荣龙（1995）等研究，地幔流体（幔汁）成分主要是热液及卤素、H、碱金属、（Ar）、C、O、N 和 S 等，区内矿床成矿流体成分特征与上述地幔流体组成极为一致，表明区内金矿成矿流体为地幔流体。

（2）流体包裹体中气、液态 $CO_2$ 的存在，$CO_2/H_2O$、$Na^+/K^+$、$Cl^-/SO_4^{2-}$ 值的空间变化特征，对金矿的评价具有一定的意义，可作为预测金矿盲矿体和矿化富集段的依据。

（3）对不同温度包裹体的研究表明，富含 $Na^+$、$K^+$、$Cl^-$、$CO_2$ 的酸性高温流体对金有较强的活化迁移能力；较低温度，富含 $Na^+$、$Cl^-$、$CO_2$ 和还原气体（$CH_4$、$CO$、$N_2$ 等）的成矿流体近于中性，对金矿沉出和富集有利。

## （三）氢、氧同位素特征

根据小秦岭地区 4 个金矿区 20 个 $\delta^{18}O$（石英）、1 个石英包裹体水的 $\delta D$ 测试结果，以及 20 个计算获得的成矿介质水 $\delta^{18}O_{H_2O}$（表 6.18），可以看出本区热液成因石英的 $\delta^{18}O$ 值的变化范围较小，为+6.29 ~ +12.69。$\delta^{18}O_{H_2O}$ 为 -0.22‰ ~ 7.71‰。

表 6.18 小秦岭金矿的氧同位素组成（据黎世美等，1996）

| 矿（床）区 | 测定矿物 | 样数 | $\delta^{18}O$/‰ | | 形成温度/℃ | $\delta^{18}O_{H_2O}$/‰ | |
|---|---|---|---|---|---|---|---|
| | | | 变化范围 | 平均值 | | 变化范围 | 平均值 |
| 文峪矿区 S505 | 石英 | 8 | 6.29 ~ 9.76 | 7.59 | 313 | -0.22 ~ 3.25 | 1.08 |
| | 方解石 | 1 | | 10.07 | | | 5.36 |
| | 白云石 | 4 | 8.23 ~ 9.76 | 9.02 | | 0.41 ~ 1.94 | 1.20 |
| 杨寨峪矿区 S60 | | 4 | 9.62 ~ 12.53 | 10.95 | 275 ~ 325 | 1.74 ~ 6.39 | 3.94 |
| 灵湖矿区 | 石英 | 2 | 10.1 ~ 11.5 | 10.80 | 265 ~ 290 | 1.82 ~ 4.20 | 3.01 |
| | | 2 | 10.86 ~ 12.69 | 11.78 | 367 | 5.88 ~ 7.71 | 6.80 |
| 东闯矿区 | | 1 | | 10.66 | | | 6.06 |
| | | 2 | | 10.87 | | | 5.71 |

文峪金矿矿石中 $\delta^{18}O$（石英）为 7.59（8 个样平均）；杨寨峪矿区矿石中 $\delta^{18}O$（石英）为 10.95（4 个样平均）；灵湖金矿矿石中 $\delta^{18}O$（石英）为 11.29（4 个样平均）。东闯矿区矿石中 $\delta^{18}O$（石英）为 10.77（3 个样平均）；表明小秦岭金矿热液石英与岩浆石英有成因关系（图 6.23）。一般热液石英除个别外，其值与后者重叠或略大于后者。多数人认为花岗岩中的石英 $\delta^{18}O$ 值低于与其有关的热液成因的石英 $\delta^{18}O$ 值（约低 4%）或与其相近（Taylar et al.，1962），本区仅文峪金矿略有不同。因此，结合图 6.23 可以证明，小秦岭金矿热液与花岗岩岩浆活动有关。

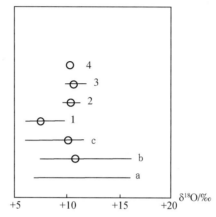

图 6.23　小秦岭金矿石英 $\delta^{18}O$ 与花岗岩石英对比

a. 深成花岗岩 $\delta^{18}O$（石英）值变化范围（Taylor）；b. 胶东金矿床 $\delta^{18}O$ 值变化范围

（据陈光远等，1987）；c. 小秦岭金矿床 $\delta^{18}O$ 值变化范围；

1. 文峪；2. 杨寨峪；3. 灵湖；4. 东闯

小秦岭金矿热液石英中 $\delta^{18}O_{H_2O}$ 值在 -0.22 ~ +7.71 变化。从图 6.24 可以得出以下结论：小秦岭金矿主要为岩浆水，但混入了一定量天水和变质水。

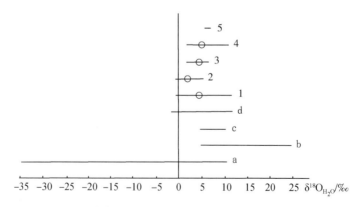

图 6.24　小秦岭金矿含矿热液 $\delta^{18}O_{H_2O}$ 与典型矿床对比

a. 天水；b. 变质水；c. 岩浆水；d. 胶东金矿 $\delta^{18}O_{H_2O}$ 值分布范围（据陈光远等，1989）；

1. 小秦岭金矿床 $\delta^{18}O_{H_2O}$ 值分布范围；2. 文峪；3. 杨寨峪；4. 灵湖；5. 东闯

据卢欣祥（2004）研究，豫西地区（小秦岭、崤山、熊耳山）金矿 $\delta^{18}O$、$\delta D$ 值均落入岩浆水和大气降水之间的区域，表明这些金矿具有共同的物质来源和演化历史。而金矿成矿流体的 $\delta^{18}O_{H_2O}$ 值具有较大的变化范围，最小 $-7.98‰$，最大达 $8.70‰$，极差达 $16.68‰$，从一个侧面反映了区内金成矿流体的多源混合特征。

同时，卢欣祥根据早期成矿流体（Ⅰ阶段）数据，$\delta^{18}O$ 值为 $4.27‰ \sim 7.18‰$，$\delta D$ 值为 $-47.3‰ \sim -116.13‰$，与 Craig 等（1978）报道的地幔初生水的 $\delta^{18}O_{H_2O} = 4.5‰ \sim 7‰$，$\delta D = -60‰ \sim -100‰$ 基本相同。因此，认为本区金矿的早期成矿流体应是幔源的初生水上升、演化而成。

我们认为上述结论是可信的，成矿中后期 $\delta^{18}O$ 与 $\delta D$ 值的变化，说明成矿流体在上升过程中，由于其物理性质和地球化学特性，不断混入地壳中的成分，从而使其偏离了地幔流体的成分。但这并不影响地幔流体成矿的事实。

## （四）成矿物理化学条件

成矿物理化学条件是成矿地质条件的反映，对于金矿来说，它可以揭示金矿热液的演化和成矿物质的迁移、沉淀的机理，从而能作出合理的理论解释，指导找矿。

气液包裹体的研究，包括温度、压力的测定，包裹体成分和同位素的测定，pH、Eh 值的定量确定，都直接反映地质环境的变化，其本身就是良好的找矿标志。

### 1. 温度

弗斯特（Foster，1980）总结了 500 多个各种类型金矿形成的均一化温度，在 $100 \sim 400℃$ 的范围内，而又以 $200 \sim 300℃$ 为最多。

陈光远统计了胶东 5 个金矿床的爆裂温度，其成矿温度范围为 $100 \sim 390℃$，而又以 $250 \sim 350℃$ 为主。

根据小秦岭地区 12 个金矿床统计（表 6.19），其温度变化范围为 $110 \sim 428℃$，而主要温度为 $235 \sim 275℃$。

表 6.19　河南小秦岭主要含金石英脉石英包裹体均一温度统计表（据黎世美等，1996，改编）

| 矿脉特征值 | $\frac{1}{\sum 21}$ | $\frac{2}{S08}$ | $\frac{3}{S505}$ | $\frac{4}{S507}$ | $\frac{5}{S410}$ | $\frac{6}{S9}$ | $\frac{7}{S60}$ | $\frac{8}{S845}$ | $\frac{9}{大湖}$ | $\frac{10}{灵湖}$ | $\frac{11}{S212}$ | $\frac{12}{S202}$ |
|---|---|---|---|---|---|---|---|---|---|---|---|---|
| 离开文峪岩体距离/km | <0.5 | 5.0 | 4.0 | 2.5 | 4.5 | 2.2 | 6.0 | 5.5 | 7.2 | 10.0 | 6.5 | 6.5 |
| 样品数（包裹体个数） | | | 7（79） | | 11 | 4（27） | 6 | 12 | 12 | 10（33） | 6 | 18 |
| 温度变化范围/℃ | 428－348 | 352－205 | 340－200 | | 336－128 | 350－208 | 309－190 | 292－185 | 360－110 | 253－136 | 180－270 | 153－283 |
| 平均值 | >350 | 253 | 264 | 275 | 246 | 272 | 270 | 238 | 235 | 168 | 250 | 248 |

而温度的变化与文峪花岗岩体的距离有关，由岩体向外，矿床的成矿温度有逐渐降低的趋势（图 6.25）。表明热源来自文峪花岗岩体。这就说明，文峪花岗岩体不但控制了含金石英脉和金矿床的分布，而且控制了金矿床的成矿温度。

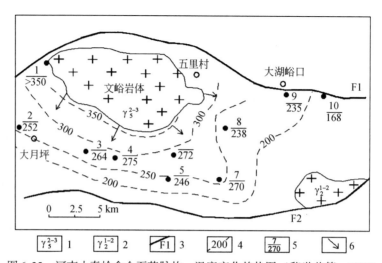

图 6.25　河南小秦岭含金石英脉均一温度变化趋势图（黎世美等，1996）

1. 燕山期二长花岗岩；2. 中岳期黑云母化角闪花岗岩；3. 区域性大断裂及编号；4. 等温线；
5. 矿脉代号及均一温度值（℃）；6. 温度变化趋势方向

　　为了解矿床中成矿温度在垂向上的变化特征及热晕空间分布形态，对 S60、S505 矿脉不同标高系统采集了黄铁矿和石英，测定了主要成矿阶段（Ⅱ、Ⅲ）和Ⅰ阶段石英的包裹体爆裂温度（表 6.20）。表中显示，两个矿脉两种矿物包裹体中低温爆裂温度区间很接近。S505 第Ⅱ阶段黄铁矿上限温度（265~328℃）普遍略高于第Ⅲ阶段黄铁矿上限温度（260~277℃）。两阶段黄铁矿下限温度比较接近。在垂向上，两个阶段黄铁矿温度变化趋势大体相同，即随矿脉标高降低温度降低。S60 矿脉第Ⅰ阶段石英爆裂温度在垂向上的变化也随标高降低温度降低。

表 6.20　S505、S60 号矿脉不同标高黄铁矿、石英爆裂温度（据黎世美等，1996）

| 样品分布标高/m | S505 | | | | | | 样品分布标高/m | S60 | | |
|---|---|---|---|---|---|---|---|---|---|---|
| | 第Ⅱ阶段黄铁矿 | | | 第Ⅲ阶段黄铁矿 | | | | 第Ⅰ阶段石英 | | |
| | 样品数/个 | 变化范围/℃ | 平均值/℃ | 样品数/个 | 变化范围/℃ | 平均值/℃ | | 样品数/个 | 变化范围/℃ | 平均值/℃ |
| 1854 | | | | | | | >2040 | 5 | 185~286 | 242 |
| 1821 | | | | | | | 1996 | 3 | 225~260 | 245 |
| 1787 | 5 | 217~287 | 246.7 | 3 | 220~272 | 250.7 | 1966 | 7 | 185~335 | 231 |
| 1755 | 11 | 15~289 | 248.1 | 5 | 215~260 | 239.0 | 1936 | 9 | 200~325 | 262 |
| 1687 | 7 | 203~265 | 233.4 | 8 | 176~277 | 221.6 | 1904 | 6 | 174~302 | 231 |
| 1650 | 16 | 220~309 | 244.5 | 7 | 203~272 | 232.0 | 1872 | 13 | 195~285 | 240 |
| 1590 | 11 | 181~328 | 240.2 | 9 | 191~277 | 236.0 | 1833 | 5 | 182~256 | 229 |
| 1524 | 10 | 198~272 | 239.9 | 4 | 198~262 | 240.5 | 1790 | 2 | 230~235 | 232 |
| | | | | | | | 900 | 1 | | 196 |

根据测温资料编制的热晕图见图 6.26、图 6.27。

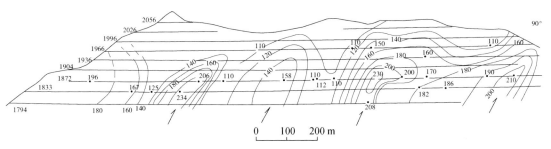

图 6.26　S60 号矿脉东段热晕图（Ⅱ阶段黄铁矿起爆温度）（据黎世美等，1996）

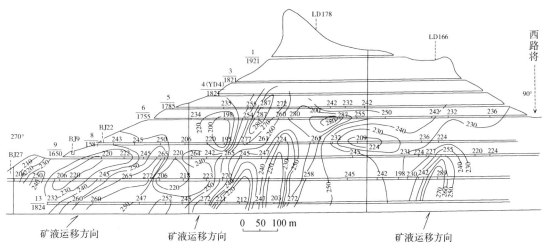

图 6.27　S505 矿脉热晕图（黄铁矿 80 个样）（据黎世美等，1996）

由以上两图可见，热液运移方向与矿体侧伏方向一致；同时，矿体或富矿体在空间上往往位于热晕中心部位或热晕高值区前上方向。

**2. 压力**

前人计算获得，小秦岭金矿成矿压力变化范围为 100~190MPa，随着成矿温度降低，压力也降低。

**3. pH**

小秦岭金矿 pH 列于表 6.21，表中说明 pH 变化范围在 3.92~7.20，主矿化阶段多在 4~7，处于酸–弱碱性范围内，以弱酸为主。

表 6.21　小秦岭金矿 pH 统计表

| 矿区 | pH | |
|---|---|---|
| | 变化范围 | 平均值 |
| 四范沟 | 3.92~4.20 | 4.06 |
| 和尚洼 | 6.90~7.20 | 7.00 |
| 金渠沟 | 5.49~6.95 | 6.22 |
| 大湖 | 4.77~5.17 | 4.97 |

# 三、金的迁移富集

由于 Au 原子核吸引外层电子很牢固，要使隐蔽分散的自然金成为离子转入溶液而运移富集，需要强烈的碱性氧化环境。

## （一）蚀 变 阶 段

作为 Au 搬运剂的主要非金属元素有 O、H、C、N、S、Cl、F，它们可与 Au 离子形成各种可溶性盐类、络合物、胶体溶液或水溶液。金属元素 K、Na、Ca、Mg 等可使溶液碱化，提高氧化程度，促使 Au 溶解、运移和沉淀。

以上作用在矿物学上的表现为非金属元素进入矿物成分结构及气液包裹体，金属元素 K、Na、Ca、Mg 形成成矿外围的蚀变矿物，如长石类（钾、钠长石化）、云母类（白云母、绢云母化）、绿帘石（绿帘石化）等。该过程相对成矿阶段来说，具有分布广（可具面型特点）、形成早的特点，有时离矿体较远，实际上它是成岩-成矿的过渡阶段，是成岩和成矿阶段的中间纽带，非常重要。本区这一阶段可划分为先后两个亚阶段。

### 1. 长石化亚阶段

长石化主要有微斜长石化、正长石化、钠长石化，当含粉尘状赤铁矿较多时便形成红色长石，俗称红长石。与此同时有石英化、白云母化。石英脉型与蚀变岩型两种类型金矿长石化略有不同。

（1）长石化是金矿形成的先导，长石化强烈，表示该地区有元素的强烈运移，粒度越粗，表示挥发组分含量越高；颜色越红，表示氧化程度越高，对 Au 矿化越有利，Au 品位越高。

（2）脉型长石化是寻找石英脉型金矿的标志。

（3）在有些矿床中，伟晶岩脉—长石石英脉—长石石英细脉—长石石英网脉具有自下而上的分带现象，可以用作判别剥蚀程度。当剥蚀较深时，围岩中伟晶岩脉及长石石英脉发育；剥蚀较浅者长石石英细脉与长石石英网脉发育。

### 2. 含水硅酸盐亚阶段

该阶段是晚期阶段，K、Na 继续活动，其特点是 Ca、Mg、Fe、O、H、S 的活动加强。矿田范围内的许多岩石普遍遭受这次蚀变。表现在角闪石、黑云母的绿泥石化、钾长石微弱的白云母-绢云母化、斜长石的绿帘石化。与此同时，还有稀疏浸染状的黄铁矿化。

以上两个亚阶段在空间上成带状分布，其形成与构造活动有关，成矿作用就是在它们的基础上进一步演化发展的结果。

## （二）成 矿 阶 段

上述阶段提供了形成金矿的有利条件，但还必须进一步分异演化才能形成金矿床。

成矿阶段的构造活动进一步叠加，挥发组分的活动进一步加强，多种元素的进一步调动与运移。

除了上面提到的挥发组分（O、H、C、N、S、Cl、F）及造岩组分（K、Na、Ca、Mg、Si、Al）进一步活动外，Fe、Ti、Cr、Mn、Cu、Pb、Zn、Au、Ag 及与 Au、Ag 矿化

密切相关的 Te、As、Sb、Bi 也被调动运移，使蚀变作用进一步加强，出现了矿化与新的矿物组合。这种作用反复进行，使以上元素反复活化、迁移、沉淀，便形成了具有工业意义的金矿床。

含金石英脉实际上是充填重新张开的带状剪切裂隙带的产物，在石英脉的边缘和走向延伸方向上有时可见到蚀变岩或其角砾。构成石英脉主体的石英，至少有 2 种或 3 种类型，早阶段石英呈白色、乳白色，块状，具贝壳状断口；晚阶段石英颗粒很细，外貌有时似玉髓状。大部分硫化物及 Au 赋存在第二种类型的石英中，使它成为灰色至烟灰色。在镜下，可发现乳白色石英遭受强烈变形、破碎，被细粒状石英胶结。因此，矿化的形成来自作用于早期石英次一级的构造活动，后期的构造活动不止一次，反复进行，是成矿特别是形成大矿的标志。其成矿阶段如下：

（1）黄铁矿石英阶段：典型元素组合为 Si、Fe、S，线型剪切带重新张开被石英充填，导致形成石英脉主体的乳白色石英及粗粒黄铁矿。有时还出现白钨矿、辉钼矿。受晚阶段构造活动影响后，石英变形强烈。为无矿阶段。

（2）石英黄铁矿阶段：典型元素组合为 Si、Fe、S、Au、Ag，主要矿物组合为石英、黄铁矿、（磁黄铁矿）、银金矿。为主矿化阶段。本阶段发育与否，为矿床规模大小与贫富的重要标志。

（3）石英多金属硫化物阶段：典型元素组合为 Si、Fe、S、Cu、Pb、Zn、Au、Ag，主要矿物组合为石英、黄铁矿、黄铜矿、方铅矿、闪锌矿、银金矿，也为 Au 的主矿化阶段，但各矿区发育程度变化很大。

（4）碳酸盐阶段：典型元素组合为 Ca、Si、C、Fe，主要矿物组合为方解石、石英、黄铁矿，规模小，含 Au 甚微。

由上可见，区域变质及花岗岩侵入-成矿，是一个系统过程，三个阶段之间既有继承性又有显著区别，可简单总结如下：

（1）含金流体：来自核-幔的富金流体，随着地幔柱-亚热柱-幔枝上升到达地壳。

（2）区域变质和花岗岩侵入：幔枝构造往往造成区域变质和花岗岩侵入，它为 Au 大规模运移提供了条件，使 Au 在有利部位更进一步富集，提供形成金矿的背景与场所（Au 达 $0.n \times 10^{-6}$ 或更高）。

（3）成矿阶段：幔枝构造的形成为多期次的，它所形成的侵入岩也是多期次的，这就造成成矿作用的多期次。经成矿阶段多次反复富集，所形成的金矿床中 Au 可达 $n \times 10^{-6} \sim n \times 10 \times 10^{-6} \sim n \times 100 \times 10^{-6}$，有时形成明金。

以上发展，充分体现金矿床是多作用、多阶段、多成因长期复杂继承演化的结果。这对金矿床尤为必要。因为 Au 的地球化学性质决定它必须在其他元素沉淀以后，才能分出来，不与任何元素化合，成为独立的自然金。

# 四、矿 体 就 位

## 1. 褶皱构造

小秦岭地区金矿成矿作用与区域褶皱构造有一定的联系。绝大多数具工业意义的金矿脉（床）分布于背斜轴部及其附近和向斜两翼。如老鸦岔背斜中的文峪 S505 脉、东闯 S507 脉、杨寨峪 S60 脉、金硐岔 S9 脉等；五里村背斜中的大湖 F5 脉、马家凹 0～Ⅷ脉带、马家洼 S952 脉等；七树坪向斜两翼的金渠沟 S845 脉、桐沟 301 脉等。背斜构造两翼金矿化通常较弱，规模一般较小。

**2. 断裂构造**

小秦岭地区的金矿，无一例外地均赋存于断裂构造中，是典型的脉状金矿床。

小秦岭系由太古代花岗岩–绿岩建造构成，经历了长期发展演化。受长期不断的构造活动影响，区内岩石破碎，断裂纵横，岩浆岩发育，脉岩遍布，构成金矿形成的良好空间。

在诸多断裂中，近东西向拆离构造是最主要的控矿断裂。这些拆离带（韧性剪切带）是形成于地壳深部的线状高应变带，其形成条件是具有较高的温度、压力和差应力。因此利于含矿热液的运移和富集。

在众多脉岩中石英脉往往直接反映金矿化的强弱。其他脉岩一般不具工业矿化。

近东西向拆离断裂（糜棱岩带）控矿的意义主要是：区域边界断裂（太要断裂、小河断裂）是本区主拆离带，它控制小秦岭金矿田的范围，在局部地段也可形成金矿化。

矿田内的次级拆离断裂是控矿主体，它对金矿的控制规律是：

（1）断裂带长度一般与金矿床的规模成正比。即长度大的断裂构造往往形成规模大的矿床；长度小的断裂构造则多形成小矿床。

一般的规律是：长度大于 3000m 的断裂构造控制大型矿床；长度 1000～3000m 的断裂构造控制中型矿床；长度小于 1000m 的断裂构造控制小型矿床或矿化。

（2）含矿断裂构造往往密集成群成带出现，孤立的一条断裂至今未发现工业矿化。说明断裂构造的密集程度与金矿化关系密切。在密集成群成带的含矿断裂构造中，一般有一条主断裂（主结构面），它控制密集区 50%～90% 的金储量。

（3）近东西向断裂构造呈波状（折线状），在力学性质为引张部位，往往赋存矿床或矿体。这些部位如：走向和倾向上产状变化；走向和倾向上断裂构造分支、复合等部位。

# 第六节　成矿模型

# 一、金矿的成因

## （一）概　述

小秦岭金矿的成因研究开始于本区金矿的勘查初期，随着勘查工作的进行金矿成因的研究也逐步深入，早期研究工作主要由河南省地调一队承担，随后科研院所和大专院校相继进入小秦岭进行过矿床成因研究，到目前为止，研究单位约有十多个，形成的观点也是百家争鸣，不管持何种观点，这些研究都大大促进了本区的金矿勘查。

概括起来，对本区金矿的成因有以下几种观点：

（1）地层成矿：主要为河南地调一队及姚宗仁等提出，认为太华群是矿源层。随后又提出了地层–构造–岩浆岩"三位一体"的成矿机制。沈阳地质矿产研究所林宝钦

（1992），还明确提出为变质成因的金矿；陈衍景和富士谷（1992）总结了豫西地区小秦岭→熊耳山→鲁山地区太华群金丰度逐步升高，而矿化逐步减弱的现象，支持了地层为矿源层的观点。王志光等（1997）提出了岩浆-改造混合热液成因，他们还认为太华群绿岩带是富金的。概括其模式为绿岩带→变质作用期后 Au 等元素下迁预富→燕山期构造岩浆活动→成矿。

　　（2）胡受奚等（1990）提出了"低背景成矿的侧向源"模式。

　　（3）栾世伟等（1987）提出了岩浆热液型金矿床。

　　（4）黎世美等（1996）提出了中-低温重熔岩浆期后热液型金矿的观点，但强调太华群为矿源层，并将成矿作用概括为"矿源层→花岗岩矿源体→成矿"的模式。

　　（5）2004 年，卢欣祥等提出地幔流体成矿的观点。由于地幔柱活动和岩石圈的拆沉作用，出现较多深部来源的印支期碱性岩、碱性火山岩和部分碱性花岗岩，莫霍面抬升，地幔物质不断上涌，含矿地幔流体向浅部运移穿过岩石圈，在地壳浅部成矿。并强调印支期为主成矿期。一石激起千层浪，印支期为主成矿期的观点一经提出，引起了广泛的关注。

## （二）幔枝构造成矿

　　关于幔枝构造成矿的基本理论，前面曾进行了广泛的讨论。在世界和中国，燕山期成矿大爆发的观点已被人们普遍接受。牛树银教授根据华北陆块周围诸多花岗岩体已经公认的同位素年龄，提出燕山期在华北陆块周围形成了一系列幔枝构造，这些幔枝构造形成了本区和华北陆块上的金矿。金矿成矿的理论依据是成矿物质的反重力迁移。金矿的成因类型为幔枝-热液金矿床。

　　就小秦岭地区来说，属于幔枝构造核部金矿床。其实，不管是核部金矿还是盖层金矿，在其形成过程中，由于幔枝热液自下而上的长距离运移，势必捕获各种围岩中的部分成矿物质，最终参与成矿。这些改变不了幔枝热液为成矿主体的事实。但由此造成矿石中部分元素的同位素年龄偏离了燕山期也是可以理解的。

# 二、金的成矿时代

## （一）概　　述

　　小秦岭地区金矿成矿时代多数研究者认为属燕山晚期（白垩纪）。少数人认为系元古宙（林宝钦等）。2004 年卢欣祥等提出主要成矿期为印支期。其依据是近年有些科研单位针对华熊地体上的一些矿床测出了属于印支期的成矿年龄。如小秦岭金矿中的桐沟（S303，S305）金矿，薛良伟等（1996）提供了一组数据，即 $1887.44 \pm 37.57 \sim 2382 \pm 336$Ma，测试矿物为石英包裹体，方法为 Ar-Ar 法和 Rb-Sr 法。陆松年（1997）对金硐岔金矿（S9）各类锆石用 U-Pb 法测出 $511.1 \pm 1.2 \sim 1812 \pm 8$Ma。胡正国对陕西境内的驾鹿金矿中的多硅白云母和糜棱岩测出 $1767.93 \pm 25.38 \sim 1670.1 \pm 30$Ma 的结果。此外，还有李华芹（1993），黄典豪（1994），刘长命（1992）等。他们提供的数据包括元古宙、古生代和印支期；而薛良伟、陆松年和胡正国等提供的数据主要为元古宙。就是说在小秦岭地区没有比较集中地测出印支期为主成矿期。以这种数据为依据而认定印支期成矿显然值得商榷。

## （二）燕山晚期为主成矿期

### 1. 地幔热柱-幔枝构造

中新生代出现的燕山—喜马拉雅两大造山运动，在中国地势上最突出的表现是由东高西低，变成了现今的西高东低。任纪舜等（1999）认为，在晚侏罗世—白垩纪初亚洲东部存在一个"宏伟的中生代高原-山脉系统"是西太平洋古陆与古亚洲大陆碰撞造成的。邓晋福等（1996）推算，印支期中国东部诸陆块拼合形成统一大陆时，岩石圈厚度应该大于150～200km，是陆壳与岩石圈汇聚的过程，也是造山岩石圈根与山根的形成过程。张旗等（2001）根据中国东部埃达克岩的展布推断中国东部曾为高原。

新生代以来，中国逐渐演化为西高东低，地质特征上表现为东部大裂谷、中部克拉通块体群、西部挤压造山带，并分别与地幔热柱、大陆（岩石圈）根、造山带山根相对应。

上述说明，本区在中生代曾经有强烈的幔壳构造运动。

根据上述及大量深部探测资料，华北东部盆岭区为一强烈隆升的幔隆，并呈半球形顶冠向外扩展。

幔隆区即为地幔亚热柱，亚热柱上隆至岩石圈底部受阻，呈伞状向外围拆离滑脱，被外围陡倾韧性剪切带所切割，导致本来具有流变性质的地幔物质熔融，形成深熔岩浆，并熔融部分围岩，构成壳幔混源岩浆源，在构造运动的影响下，形成岩浆侵入和喷发，并且带动围岩上隆，形成典型的幔枝构造。

中生代以来，强烈的构造运动不仅使原有不同方向的区域韧性剪切带重新活动，并且发育了部分新生韧性剪切带，剪切带的主要方向为近东西向，北北东-北东向、北西向等，这些不同方向的剪切带，就成为主要导岩导矿构造。因此，幔枝构造不仅表现为强烈隆升、岩浆侵入，而且形成了一系列矿床。这些幔枝构造形成于燕山期，矿床当然也是燕山晚期。同时矿床的产出显示出与岩浆岩的密切关系。并由此造成了燕山期成矿大爆发。

### 2. 岩体和矿石的同位素年龄

基于上述，岩体形成的年龄对矿床形成的年龄具有至关重要的指示作用。而矿床形成的年龄是研究矿床成因、建立矿床成因模型、指导勘查找矿的重要依据。

华熊台隆及台缘褶破带，矿产丰富且矿床的形成与岩浆岩体密切相关。因此，长期以来人们对区内岩浆岩给予了极大关注。出现了一批成岩年龄数据。现将近年以来出现的年龄值列于表6.22。

表6.22说明，区内主要岩浆岩均形成于燕山期，且与胶东地区最重要的成矿岩体和河北省主要成矿岩体形成时间一致。这就支持了燕山期形成华北陆块诸多幔枝构造的观点。其中仅黄龙铺岩体为印支期，黄龙铺岩体位于东秦岭-大别山钼矿带的西端，产生这种结果的原因尚不清楚。

矿石的年龄数据已累积了很多，现将较主要的列于表6.23。

表6.23中的年龄值明确显示出燕山期成矿的信息，在16个矿床中13个为燕山期，仅上宫、北岭、黄龙铺（钼）显示印支期成矿，而桐沟、瑶沟、崤山金矿则多出现了两组数据。即燕山期和元古宙。产生这种结果我们认为可能的原因是幔枝流体在从地核向上运移的过程中加入了围岩的成分。这种结果就不奇怪，但它绝不影响燕山晚期成矿的结论。

表 6.22　主要岩浆岩体同位素年龄表

| 地区 | 岩体名称 | 岩体类型 | 侵入地层 | 同位素年龄/Ma | 相关矿床 | 资料来源 |
|---|---|---|---|---|---|---|
| 小秦岭 | 老牛山 | 岩基 | 太华群 | 143 Ar-Ar | | 卢欣祥等，2004 |
| | 华山 | | 太华群 | 101、124 K-Ar | | 卢欣祥等，2004 |
| | 文峪 | 深源浅成岩株 | 太华群 | 165 U-Pb<br>100～130 Rb-Sr | 小秦岭金矿 | 卢欣祥等，2004 |
| | 娘娘山 | | 太华群 | 100 K-Ar | | 卢欣祥等，2004 |
| | 金堆城 | | 熊耳群 | 123 Rb-Sr | Mo、S | 卢欣祥等，2004 |
| | 黄龙铺 | | | 206 U-Pb | Mo | 卢欣祥等，2004 |
| 熊耳山 | 花山 | 深源浅成岩株 | 太华群 | 155 Rb-Sr<br>127～99 K-Ar | Au、Ag | 卢欣祥等，2004 |
| | 五丈山 | | 太华群 | 165 Rb-Sr<br>144～159 K-Ar | | |
| | 合峪 | | 熊耳群 | 135、110 Ar-Ar<br>118 Rb-Sr | | |
| | 金山庙 | | 太华群 | 105、128 K-Ar | | 卢欣祥等，2004 |
| | 雷门沟 | | 太华群 | 99～104 K-Ar | Mo | |
| | 祈雨沟 | 爆发角砾岩 | 太华群 | 113～132 K-Ar | Au | |
| | 磨沟 | 正长岩 | 熊耳群 | 175 | | |
| 崤山 | 蒿坪 | 深源浅成花岗岩岩株 | 太华群 | 125 | | 王志光，2007 |
| | 银家沟 | | 官道口群 | 172、164、152<br>Rb-Sr | S、Fe、Mo、<br>Au、Pb | 卢欣祥等，2004 |
| | 后瑶峪 | | 官道口群 | 104、123～99<br>K-Ar | Pb、Zn、Mo | |
| | 柳关 | | 官道口群 | 103 K-Ar | | 卢欣祥等，2004 |
| 卢氏→栾川 | 夜长坪 | | 官道口群 | 163～169 Rb-Sr | Mo、W | 卢欣祥等，2004 |
| | 八宝山 | | 官道口群 | 170、165 K-Ar | Fe、Cu | 卢欣祥等，2004 |
| | 南泥湖 | | 栾川群 | 142 Rb-Sr<br>132～136 | Mo、W | 卢欣祥等，2004 |
| | 上房 | | 栾川群 | 134 Rb-Sr<br>145～134 | Mo、Fe | 卢欣祥等，2004 |
| | 马圈 | | 栾川群 | 138.3 K-Ar | Mo | |

续表

| 地区 | 岩体名称 | 岩体类型 | 侵入地层 | 同位素年龄/Ma | 相关矿床 | 资料来源 |
|---|---|---|---|---|---|---|
| 河北省 | 峪耳崖 | | | 159~169 | Au | 牛树银等，2007 |
| | 青山口 | | | 195 K-Ar<br>186 Rb-Sr | Au | |
| | 孝王坟 | | | 123~135 K-Ar | Mo | |
| 胶东 | 郭家岭 | | | 102~200.6<br>K-Ar Rb-Sr | Au | 个别 928~2425.9，<br>李士先等，2007 |

**表 6.23　主要矿床同位素年龄表**

| 地区 | 矿床 | 矿床类型 | 测试矿物及方法 | 年龄值（Ma） | 资料来源 |
|---|---|---|---|---|---|
| 小秦岭 | 文峪 S505 | 石英脉型 | 方铅矿（Ⅲ）Ar-Ar | 85.3±2.04（全熔） | 刘长命，1992 |
| | 杨寨峪 S60 | | 黄铁矿（Ⅱ）Ar-Ar | 673 | 刘长命，1992 |
| | | | 石英包裹体（Ⅱ、Ⅲ） | 161.5±17.9 | 李华芹，1993 |
| | 东闯 S507 | | 绢云母（Ⅰ、Ⅱ）Ar-Ar | 132.2±2.64 | 徐启东，1998 |
| | 金硐岔 S9 | | 石英包裹体（Ⅰ） | 278+19 | 李华芹，1993 |
| | 红土岭 S875 | | 蚀变黑云母 Ar-Ar | 126.7~128.5（坪年龄）<br>126.7~128.3（等时年龄） | 王义天，2002 |
| | 桐沟 S305 | | 石英包裹体（Ⅱ） | 2005.88±40.12 | 薛良伟，1999 |
| | 大湖钼金矿 | | 辉钼矿 Re-Os | 2232±2.8~232.9±2.7 | 李厚民，2007 |
| | 泉家峪钼矿 | | 辉钼矿 Re-Os | 129.1±1.6~130.8±1.5 | |
| | 黄龙铺钼矿 | | Re-Os | 220~231 | 黄典豪，1994 |
| 熊耳山 | 上宫 | 构造蚀变岩型 | 蚀变绢云母 Rb-Sr | 242±11 | 黎世美等，1993 |
| | | | 硅化石英 Ar-Ar | 222.83±24.9（坪年龄） | 任富根，2001 |
| | 北岭 | | 硅化石英 Ar-Ar | 216.04 | |
| | 祈雨沟 | | 黄铁矿 Ar-Ar | 103（坪年龄） | 卢欣祥，1989 |
| | | | 黄铁矿 Ar-Ar | 125（坪年龄） | 王义天等，2001 |
| | 前河 | | 绢云母、石英、方解石 Rb-Sr | 155.24±6.66 | 强立志，1993 |
| | 瑶沟 | | 石英包裹体（K-Ar） | 115.23±2.58　155.46±3.5 | 张邻素等，1992① |
| | | | 石英脉 Rb-Sr | 595±74 | 强立志，1993 |
| | 嵩坪银铅矿 | | 石英脉 | 87.2±19.0、99±9 | 王志光，1997 |
| 崤山 | 崤山金矿 | | 石英脉流体包裹体 Ar-Ar | 1360.67（坪年龄）<br>132.95（等时年龄） | 朱嘉伟，1999 |
| | | | 方铅矿 Ar-Ar | 125.96（等时年龄） | |
| 胶东 | 焦家 | | 绢云母 Ar-Ar | 120.5±0.6~12.02±0.2 | 李士先等，2007 |
| | 望儿山 | | 绢云母 Ar-Ar | 119.8±0.2~12.02±0.2 | |

---

① 张邻素等.1992.熊耳山南麓金矿成矿特征及找矿方向（科研报告）

同时考虑到矿床分布规律（产于岩体或围绕岩体），本区地壳演化及最重要的地质事件，以及金矿脉出现于燕山期花岗岩之中等（图 6.28），均支持燕山晚期成矿的结论。

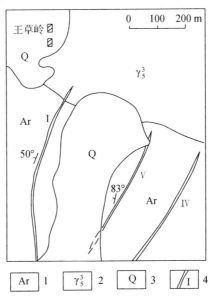

图 6.28　熊耳山小池沟北区金矿脉分布图（示矿脉穿入花岗岩体，据河南有色地质六队修改）

1. 太华群；2. 金山庙岩体；3. 第四系；4. 矿脉编号

# 三、金的成矿模式

## （一）小秦岭花岗-绿岩带

小秦岭花岗-绿岩带是在阜平期形成的，属于裂谷型花岗绿岩建造，是在原始克拉通边缘裂谷背景上发育形成的。在以后的地质构造演化过程中，出现了三次规模较大的深源物质贯入（$Ar_3$，$Pt_2^1$，$Pz—Mz$），四次以沉积作用为主的物质重新组合和再分配（$Ar_3$，$Pt_{2-3}$，$Pz_1$，$Mz—Kz$）。在其演化过程中发生了三次以热动力为主的均一化改造和强烈隆升（阜平期，五台—中岳期，印支—燕山期），其中前两次主要为区域变质、重熔混合岩化作用，第三次则是壳幔重熔-花岗岩浆侵入活动。

其演化造成现代陆壳至少有 75% 以上的质量是由 2500Ma 以前的岩浆作用形成的，在以后的发展过程中，还有规模不同的深源物质加入（如加里东—燕山期基性岩脉）。

本区早期演化阶段，主要是物质分异作用，随着地球的不断冷却，地幔热柱活动减弱，物质分异累积作用成为主导因素。在热力膨胀和引力收缩的统一作用支配下，内部物质开始对流。密度大、熔点低的物质沉向地核；密度小的物质上浮形成地幔，随着散热及挥发分逃逸，很快冷却形成刚性地壳。在此期间，观音堂组发育有含磁铁矿条带石英岩；焕池峪组出现了大理岩、含铁建造及有机成因的石墨层位，表明本区沉积建造具有地球早期"成铁纪"建造特征。

元古宙至华力西期，本区南侧出现裂谷、裂陷槽、坳拉槽，并在其中部分层位中有金属元素富集（栾川群之煤窑沟组），但对小秦岭地区没有直接影响。

印支—燕山期，为成矿大爆发时期，在漫长的地球演化过程中，由于地球物质分异作用，密度小的元素聚集于地壳，密度大的有色金属、贵金属等集中于地核。但是，从核幔界面形成的地幔热柱，可以携带大量原来聚集于地核中的金等金属元素向上运移（反重力迁移），经地幔亚热柱和幔枝构造直达地表，在适宜的空间成矿。

## （二）燕山期华-熊幔枝构造成矿模型

燕山期华北地幔亚热柱在其周围造成了诸多幔枝构造，如冀东幔枝、张-宣幔枝、阜平幔枝、胶东幔枝及华熊幔枝，这些幔枝构造控制了华北克拉通主要金矿床，对此，牛树银教授做了深入研究和精辟的论述。

小秦岭花岗-绿岩带属于华熊幔枝的一部分，区内金矿床属于幔枝构造核部金矿，这些金矿分布于花岗-绿岩带中。由于岩浆大规模上侵，岩体及其围岩一起隆升，上部盖层拆离滑脱，使核部岩浆-变质核杂岩呈揭顶式裸露。

本区金的成矿主要在次级拆离构造中，次级拆离构造经多期演化、构造变形、分支复合，造成了应力引张带，这些应力引张部位就成为最好的成矿空间。其成矿模式可用图6.29表示。

对模式图的简要说明：

按照地幔热柱-幔枝构造成矿控矿的认识，成矿物质主要是来自地核（或者说至少源自核-幔界面），以气态-气液态-含矿流体的形式，通过地幔热柱-地幔亚热柱-幔枝构造的多级演化向上迁移，所以，大规模深源岩浆活动既是成矿物质运移的载体，同时又为成矿流体上升打开了通道，而岩浆液压致裂的脆-韧性、韧-脆性剪切带及其更上部的断裂体系也可成为很好的成矿控矿构造。

**1. 岩浆活动**

华北地幔亚热柱上涌的地幔岩呈岩片的形式，插入到本来具有低速高导性质的中地壳中，由于地幔岩非常高的温度-压力，使上部围岩快速熔融，并在热力驱动下发生同化混染，再以似接力赛的形式形成新的岩浆活动。

**2. 岩浆演化**

这种岩浆热驱动往往不止一次，也许是两次、三次，甚至多次的脉动式活动。由于同化混染壳源物质的增多，侵入岩浆的性质发生变化，一般的情况是遵循着基性-中基性-中酸性-酸性-碱性的序列进行演化。当然，有时还不止一个旋回，如果是多旋回的话，那么岩浆活动就更加复杂。

**3. 侵入岩岩性**

侵入岩的岩性与侵入活动时岩浆的来源深度、岩浆性质等很多因素有关，就一般情况可能具有基性-中基性-中酸性-酸性-碱性的变化。但是，如果地幔岩侵位较高，同化混染时间较短，则侵入岩系较为简单。如文峪岩体，其五个单元（或者说五次脉动）的岩性差别不大，分别为：细粒黑云斜长花岗岩、含斑中粒黑云二长花岗岩、似斑状中粒二长花岗岩、含斑细中粒二长花岗岩、细中粒二长花岗岩，表明岩浆活动时间较短，脉动时间间隔较近，岩性差别不大。在文峪岩体中，只发育二、三、四脉动期的含斑中粒黑云二长

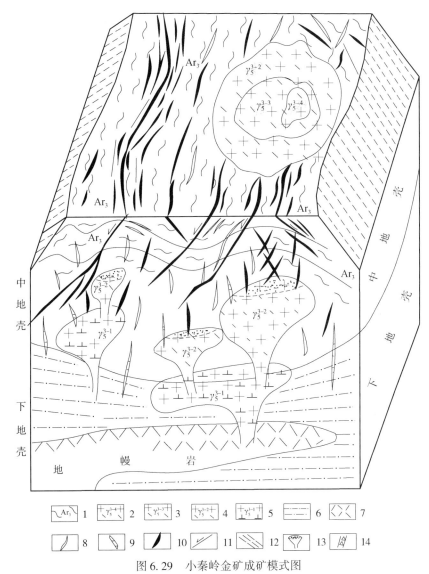

图 6.29　小秦岭金矿成矿模式图

1. 太华群；2. 含斑细中粒黑云二长花岗岩；3. 似斑状中粒黑云二长花岗岩；4. 含斑中粒二长花岗岩；

5. 黑云闪长岩；6. 中地壳；7. 地幔岩；8. 中酸性脉岩类；9. 中基性脉岩类；10. 矿脉（含矿蚀变带）；

11. 拆离带（被矿脉或岩脉充填）；12. 剪切带；13. 推测斑岩型矿体；14. 推测断裂蚀变岩型矿体

花岗岩、似斑状中粒二长花岗岩、含斑细中粒二长花岗岩。

**4. 成岩成矿作用**

小秦岭地区的成矿作用有两个特点：一是在文峪岩体的外围，具有一定的分带性；二是沿东西向主要成矿构造带断续展布，而且延长长度之大是其他地区不能比拟的。分析原因，主要因为本区受到强大的近南北向挤压。在小秦岭幔枝构造作用下，深部含矿岩浆上侵过程中，由于深部压力较大，深部岩浆活动可能主要沿近东西向剪切带展布，即在小秦岭金矿田的深部，岩体应该呈长条状沿剪切带展布，而且是成矿作用的源区。当岩体继续上侵时，由于上部压力迅速降低，岩浆呈气球膨胀式快速扩展，加之地壳浅部受多组断裂的切割，多组断裂交汇之处不仅成为岩浆上侵通道，而且亦成为岩浆侵位扩展的场所，故浅部岩体多呈浑圆状或椭圆状。形成的矿体也因构造差异而有区别。

## 5. 成矿预测

既然成矿物质是深部还原环境下的含矿流体，在上升过程中与上部向下循环的大气降水相遇，在氧化–还原及其相关物理–化学条件控制下，成矿物质循序沉淀下来，并在较好的成矿扩容带中集聚成矿。当然，成矿作用会受一定条件控制，部位太深，温度–压力等条件太高，成矿流体达不到结晶温度，仍以流体形式迁移，不能成矿；而部位太浅，温度–压力过低，含矿流体受阻，也就过了成矿主期，同样不利于成矿。

需要注意的是，矿集区曾发生过多次成矿作用，而且随着构造演化，成矿期次的叠加，或者地块的不断抬升，不同期次的成矿作用会在空间上有一定的错落或叠加。这种情况就比较复杂，需要详细的矿田构造解剖。

小秦岭深部（和外围）找矿，包括深部会不会有断裂蚀变岩型金矿，甚至在某些有利部位有没有可能存在斑岩型矿体，这些均需要予以注意。

# 第七章 深部找矿及远景预测

## 第一节 深部找矿研究

矿产资源是国民经济的支柱，随着国家经济的发展，对矿产资源的需求也不断增加。为适应我国经济的快速发展，我国中部和东部许多地区在20世纪后半叶进行了深入的勘查。

黄金具有特殊的物理化学性质，随着国民经济的发展和人们生活水平的提高，其工业和生活需求不断增长。金矿的勘查和开发不断加强，截至2006年，世界查明的黄金储量为42000t，我国查明的储量和资源量为5300t，居世界第六位。小秦岭地区为400t。

经数十年的强力开发，小秦岭地区金矿开发企业保有资源量处于濒临枯竭的境地，急需补充新的资源储量。这就是当前资源的紧迫形势。

小秦岭地区与全国其他地区一样，限于原来勘查技术和开采成本的制约，勘查深度基本在500m以浅。500m以深到1000~2000m的深度区间仍存在巨大的资源潜力。尽快找到中深部的金矿资源，就成为远景预测的首要任务。

## 一、成矿规律研究是成矿预测的基础

矿产勘查本身存在许多不确定性，属于高风险事业；矿产勘查的成功率越来越依赖于成矿规律研究和成矿预测的开展。因此，成矿规律是成矿预测的基础。这就决定了成矿规律和成矿预测是矿产勘查不可或缺的先行步骤。以成矿规律为基础的成矿预测工作，也是矿产勘查工作创新的基本途径。

（1）建立在成矿规律基础上的成矿预测，要求深入进行成矿分析，总结成矿规律，用地质规律去指导找矿工作的突破和创新。

（2）矿床预测的核心是充分利用已经取得的地质资料，经过去粗取精，去伪存真，从感性认识提高到理性认识，正确做出进一步工作的决策。

（3）通过成矿预测，实现理论研究和勘查实践紧密结合；成矿预测就成为地质理论转化为勘查成果的桥梁；通过成矿预测，建立潜在矿床与各类地质成果（数据）之间的关系，并将地质各相关学科的成果运用于找矿勘查实践，转化为发现潜在矿床的信息和依据。

（4）成矿预测使整个勘查工作成为有理论指导及有目的的实践。从而减少勘查风险，提高勘查效果（范永香等，2003）。

# 二、成矿预测研究的回顾

成矿预测为多学科交叉的边缘学科，隶属于经济地质学范畴。

国外的成矿预测工作，首推原苏联。从 20 世纪 30 年代开始，IO. A. 毕力宾以构造建造分析方法，建立地槽区三阶段发展的系统成矿分析理论，C. C. 斯米尔诺夫等对原苏联境内的重要矿带进行了预测。60 年代以后原苏联强调地质、物化探综合方法的应用和综合找矿模型的建立。70 年代以后，预测理论和方法中强调建造分析理论的应用。另外又提出"预测普查组合"，在预测中渗入经济管理内容。成为一种先进的工艺流程。将预测、普查和地质经济评价视为统一的系统。曾作为经验推广。

美国、加拿大、印度等国从 20 世纪 50 年代末开始编制大区域成矿规律图和预测工作，到 70 年代法国学者 P. 鲁蒂埃出版了《未来的金属到何处找》等重要论著。西方国家，应用板块构造观点从全球构造背景出发，指导太平洋成矿带铜、钼、金等矿床预测取得了突破；在建立成矿模式方面取得重要进展；尤其是利用统计预测进行资源定量评价，系统而深入。它是以成矿规律为基础，以数理统计为手段，以计算机为工具，进行区域矿产资源评价预测。

1957 年，M. A. 阿莱斯提出预测单元中矿床数服从泊松分布的模型。

1965 年，D. P. 哈里斯应用判别函数建立矿产资源量同产出地质环境间的定量关系数学预测模型；继而提出多元统计评价和主观概率评价模型。

1974 年，加拿大 F. P. 阿格特伯格建立矿产资源定量预测的逻辑模型。

1975 年开始对已形成的区域价值估计法、体积估计法、丰度估计法、德尔菲估计法、矿床模型法等五种预测方法进行推广。

我国成矿预测工作开展得早，但系统深入的专门研究是近 30 年的事。重要进展可以总结为以下几个方面：

（1）20 世纪 70 年代，程裕淇、陈毓川院士等从玢岩铁矿成矿模式建立，到以成矿系列理论为指导，将我国各类固体矿床划分为 37 个成矿系列和独立的 190 个典型矿床，将我国成矿预测研究提高至一个新的理论高度。

（2）1978 年开始，地矿部系统进行了全国性第一轮成矿区划，汇集了新中国成立以来近 40 年的主要成果；1982 年开始对 10 个矿种进行总量预测。1987 年在重点成矿区带开展了大中比例尺的成矿预测试点。1992 年开展了第二轮区划，科学划分了我国的成矿区带，为我国矿产资源战略决策奠定了基础，初步形成一套成矿预测理论和方法。

（3）赵鹏大院士提出了地质异常预测理论；王世称用信息论方法，将地质预测、统计预测、总量预测三者相结合，创立了综合信息矿产预测理论和方法。陈毓川、朱裕生等对成矿预测方法和靶区优选进行了系统研究、出版了一系列专著。

（4）选择研究程度较高的鄂东、铜陵等典型矿区，进行了盲矿隐伏矿大比例尺预测。

我国的成矿预测工作已经取得了举世瞩目的丰硕成果。

当前，成矿预测研究的发展趋势是：

强调深入区域性成矿规律的研究。

成矿预测从中小比例尺研究向大比例尺局部预测发展。从定性研究向定量定位发展。重视大型、超大型矿床形成规律和新矿床类型预测。

小秦岭金矿田是一个勘查开发达 30~40 年的地区。对该区金矿的资源潜力，许多单位和学者作过预测，主要有：

1981~1982 年，河南省地科所和河南地调一队采用德尔菲法预测金的资源量为672.08t。随后又用主观概率法预测金资源量为 545.72t。

1994 年，黄建军等预测陕西小秦岭金资源量为 300~338t。

1993 年，河南省地调一队据花岗岩浆成矿理论预测河南小秦岭金资源量为 700.3t，陕西小秦岭为 428.3t。

1998 年，谢学锦院士等根据地球化学块体理论，预测整个小秦岭金资源量为 1156t。

冯建之等（2009）用齐波夫定律预测本区金资源量为 842.3t。

上述各家根据地质和数学地质理论，用不同方法得出的结果比较接近，因此具有一定的可信度。因为现在已查明的金储量为 400t 左右，尚有 400t 以上的储量未探明，其前景是很可观的。根据本区地质工作的实际，未查明资源主要在深部，因此，深部找矿任重而道远。

# 三、成矿预测方法

## （一）成矿预测的理论基础

成矿预测是对发生在过去的成矿事件的未知特征进行的估计和推断。预测的过程实质上是一种严密的科学逻辑思维过程。赵鹏大院士提出了相似类比理论、求异理论、定量组合控矿理论，并认为这种理论基础就是在客观事物的发展变化过程中所具有的普遍规律，即惯性原理、相关理论和相似原理。

## （二）成矿预测的方法

国内外众多学者和单位从不同侧面对预测方法进行过分类探讨，具体方法达数十种。根据基本原理可将预测方法分为四类基本方法，二十种具体方法，四类基本方法是：

（1）趋势外推法：依据为惯性原理。即从矿床基本特征的自然变化趋势由已知推未知的方法。

（2）归纳法：依据为相关原理。它立足于具体对象的深入研究，总结规律，进而对前景作出评价。

（3）类比法：依据为相似性原理。是一种经验性方法。实质为利用已知区的各种地质特征，类比地质条件相似的未知区的成矿前景。当前流行的利用矿床成因模型，找矿模型进行的预测就属此类。

（4）综合方法：是前述三类方法的组合。当前应用比较广泛。

成矿预测理论的发展与科学技术，特别是地质理论的发展进步密切相关，新的地质理论往往促进地质找矿的大发展。成矿预测理论与实践反过来又促进地质科学理论的发展。其成果是显著的。幔枝构造成矿的关键是矿液来自深源，这对盲矿和隐伏矿的寻找无疑是十分有利的。

中深部的找矿评价更需依赖成矿预测理论。原苏联著名矿床学家 B. N. 斯米尔诺夫在研究众多矿田、矿床后得出一个结论："在许多矿田内隐伏矿床的数量大大超过露头矿数量"。这种观点用于小秦岭中深部预测是实用的。也就是说小秦岭金矿中深部找矿潜力巨大。

## （三）小秦岭深部找矿的可能性

主要地质依据：

决定金矿化深度的因素很多，主要为矿床成因类型、控矿因素、矿体产状、成矿物理化学条件和剥蚀深度。

### 1. 国外同类矿床开采深度

国外主要超大型脉状金矿床的矿化深度均大于1000m，印度科拉尔金矿开采深度最大（3500m），其次为加拿大克克兰湖金矿（2000m），见表7.1。

表7.1　世界主要超大型脉状金矿矿化深度（据吴美德等，1986）

| 矿田或矿床 | 矿体主要形矿特征及类型 | 储量/t | 延深/m |
|---|---|---|---|
| 科拉尔（印度） | 脉带、细脉带、透镜体带 | 700 | 3500 |
| 肖-莫托尔（津巴布韦） | 脉和细脉带 | 150 | 2000 |
| 累奥诺腊（津巴布韦） | 脉 | 80 | 1500 |
| 波丘潘（加拿大） | 脉带、细脉带和细脉浸染状矿体 | 1550 | 1200 |
| 布雷洛恩-派欧尼尔（加拿大） | 脉 | 120 | 1200 |
| 诺斯曼（澳大利亚） | 脉带、细脉带和浸染状矿体 | 120 | 1200 |
| 活布拉伊登（加拿大） | 脉 | 65~75 | 1000 |
| 克克兰湖金矿（加拿大） | 脉 | | >2000 |

尽管本区金矿规模尚未达到超大型，但其矿体形态、矿化特征与国外同类矿床可以对比。因此，其矿化深度绝不止400~900m。

### 2. 小秦岭矿脉规模及矿化深度

本区金矿均受剪切构造带控制，这些剪切构造带也称矿脉，属于壳型剪切带。据研究，壳型剪切带的一般特征是：延伸长度大，陡倾斜穿切地壳延伸到下地壳和上地幔，活动时间长，具穿时性。本区剪区带基本具有上述特征。区内长度最大的S505-S60为16km，其次为S507-S9和F5，长度均为8~10km。据统计目前已知长度大于1000m的剪切带，约100余条。按照一般长与斜深之比3∶1估计，最长和次长的矿脉其斜深应>5km和2.7km。与已控制的400~900m相比，深部找矿构造条件是具备的。

区内已知金矿的矿化标高为：矿化最高标高2193m（S501）；矿化最低标高0m（F5）；总体矿化高差为2193m。

同一条矿脉已控制矿化高差最大有大湖钼金矿床（1000m），以及文峪S505（841m）、东闯（1510m）、杨寨峪S60（1695m），其他矿区目前已控制的矿化高差均小于650m。与区内已知最大矿化深度对比，其深部矿化应该存在。这一认识已为 S507、S60 等矿脉深部探矿资料所证实。

**3. 太华群的下延深度**

太华群为本区金矿的赋矿层，因此，太华群是否向下延深，是金矿成矿的决定因素。

从前述已知，本区太华群变质核杂岩体是一个有根的地体，是华北地台结晶基底的一部分，其向下延深是肯定的，并得到了物探资料的证明。该区重力异常是由太华群引起的，对重力异常的研究和下延深度的计算表明，太华群下延深度为 4.7～13.5km。这就说明，至少在 4.7km 的深部还存在太华群，也就存在找到金矿的可能性。

**4. 燕山期花岗岩体的深度**

本区金矿的成矿热动力来自燕山期花岗岩浆期后热液，主要为文峪和娘娘山两个岩体。与成矿关系最密切的为文峪岩体。文峪岩体出露面积 65km$^2$，娘娘山岩体出露面积 33km$^2$。它们有强度大致相同的航磁异常。异常变化梯度北缓南陡，南北两侧匀出现负值，推断岩体向下延深有限。用切线法、特征点和积分法求得文峪岩体平均中心埋深为 4.17km，推断下延深度约为 9km，娘娘山岩体平均中心埋深为 6.2km，推断下延深度约 12km。9～12km 的下延深度对本区深部成矿构成重要条件，也就支持了深部成矿的认识。

**5. 小秦岭地区剥蚀深度的估计**

根据郭立平的计算，与本区金矿形成有关的花岗岩的侵位深度为 5～7km。黎世美等根据 S60 石英包裹体中 $CO_2$ 密度计算的压力相应的成矿深度为 4.6～5.8km。即矿化深度范围为 1.2km。金矿形成至现在，花岗岩上覆 5km 左右的盖层被剥蚀掉，其中包括 400m 左右的矿化层。这种判断是由于岩体局部还有盖层残留。尚保留矿化深度范围约 800m（图 7.1）。

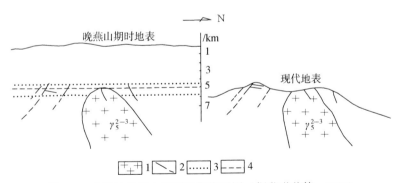

图 7.1　小秦岭地区金矿剥蚀深度示图（据黎世美等，1996）
1. 燕山期花岗岩；2. 含金石英脉；3. 矿化深度界线；4. 花岗岩侵位界线

也就是说，金矿形成以后矿体最大剥蚀深度为 400m 左右，剥蚀深度较小。区内矿脉出露的最大标高为 2400m，花岗岩体出露最大标高为 2198m，二者相差约 200m，加上未剥蚀的矿化深度 800m，共计 1000m。它可能代表了目前大多数矿脉矿化富集的高差。

前述本区矿化最大高差为 2193m，与计算的矿化深度范围相差较大。因此，估计的矿化深度仅具参考价值，实际的矿化深度范围远大于前述估计值。

### 6. 小秦岭 Au 异常资源量预测

我们根据地球化学块体理论，对小秦岭金异常进行了资源量预测。

1）河南小秦岭地区 Au 地球化学异常基本特征

该区的区域异常强，浓集梯度很大，异常区域集中，且具有明显的浓集中心，主浓集中心为两处 Au 含量超过 $1000\times10^{-9}$ 的特高异常区，分别位于文峪西北部和安家瑶一带（图7.2），文峪西北部的强异常区 Au 含量甚至高达 $1500\times10^{-9}$。除两大浓集中心以外，区内还分布 3 个 Au 含量高达 $400\times10^{-9}\sim800\times10^{-9}$ 的次浓集中心，在这些浓集中心附近现在几乎全部见矿。大于 $10.0\times10^{-9}$ 的极高值区广泛分布，使得大于 $10\times10^{-9}$ 的整个区域 Au 的平均含量高达 $86.9\times10^{-9}$，Au 供应量占讨论区的 95.3%（表7.2）。从整个区域异常的特点来看，小秦岭地区有着巨量的物质供应，且这种供应物质在空间上高度集中，完全具备为巨型矿集区提供足够成矿物质的先天条件。

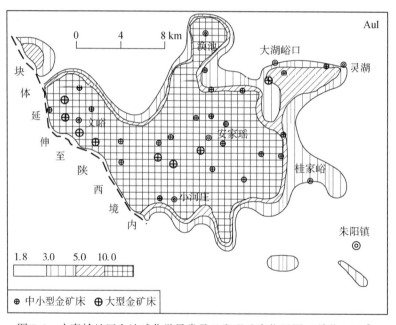

图7.2　小秦岭地区金地球化学异常及已发现矿床位置图（单位：$10^{-9}$）

表7.2　小秦岭金区域异常（Au）特征参数

| 含量级下限/$10^{-9}$ | 面积/km² | Au 的平均丰度/$10^{-9}$ | 单位面积金供应量/(t/km²) | 金供应量/t |
|---|---|---|---|---|
| 3.0 | 291 | 56.0 | 55.8 | 16228 |
| 5.0 | 215 | 74.3 | 74.1 | 15925 |
| 10.0 | 181 | 86.9 | 86.6 | 15671 |

2）河南小秦岭 Au 异常资源量预测

地球化学块体内金属供应量的计算：

块体内金的金属供应量计算公式为

$$M_e = \eta \times S_a \times C_m \times D_h \times \sigma$$

其中，$\eta$ 为校正系数，即区域内出露岩石地壳金的含量与水系沉积物金含量的比值。1983到1986年间，龚启厚、崔燮祥等，在豫西地区进行地球化学研究时，统计出熊耳山地区岩石与水系沉积物中金的丰度比为 1:2.71，岩石与水系沉积物中钼的丰度比为 1:1.72，本书取 $\eta_{Au} = 1/2.71$，$\eta_{Mo} = 1/1.72$；$S_a$ 为地球化学块体的面积；$C_m$ 为地球化学块体内金的平均含量；$D_h$ 为地球化学块体的厚度；$\sigma$ 为岩块密度，本书采用 $2.7t/m^3$。

豫西金矿地球化学块体是金元素高度富集的结果，这种大规模的富集作用形成了成矿的有利地段，它们是形成矿集区的"孵化器"。1999年，谢学锦、向运川认为，熊耳山地区勘查程度较高，其成矿率 0.059 与胶东地区计算的成矿率一致。可以作为预测地球化学块体的标准。现在，我们也以 0.059 为成矿率，以 $3.0 \times 10^{-9}$ 为异常下限，以 1000m 为厚度对小秦岭、熊耳山和整个豫西地区的资源量作预测，其结果如表 7.3 所示。我们分别计算小秦岭和熊耳山地区的总体成矿率（探明资源量/Au 供应量），小秦岭是 0.0247，熊耳山为 0.0325，都远低于国内具有代表性的 0.059，更与穆龙套地区近 0.1 的成矿率相差甚远。对于豫西地区的金资源潜力，笔者还是相当乐观的。

**表 7.3 豫西金地球化学块体资源预测**

| 异常编号 | 小秦岭区域异常（Au Ⅰ） | 熊耳山区域异常（Au Ⅱ） | 整个豫西地区 |
|---|---|---|---|
| Au 供应量/t | 16228 | 8932 | 32686 |
| 预测资源量/t | 957 | 527 | 1928 |
| 探明资源量/t | 400 | 290 | 700 |
| 潜在资源量/t | 557 | 237 | 1228 |

注：表中地球化学块体厚度按 1000m 计算，成矿率按 0.059。

上述保守的预测说明在异常下限为 $3.0 \times 10^{-9}$ 的条件下（胶东和穆龙套下限值为 $1.2 \times 10^{-9}$），小秦岭地区金的资源量为 957t，目前已探明资源量为 400t，尚有潜在资源量 557t。这就说明，小秦岭金的资源潜力是大的。而且这是以 $3.0 \times 10^{-9}$ 为下线计算的结果，如果按照地球化学块体下限为 $1.8 \times 10^{-9}$ 计算，其潜在资源量会更可观。

# 第二节 控矿模型与找矿模型

## 一、控矿模型

根据前述，本区金、铅、钼、钨均受韧–脆性剪切带控制，金的富集强度和规模与剪切带长度和空间分布密度正相关，表现出与主结构面的密切关系。矿体产出部位与剪切带产状变化有关，主要出现于引张应力形成的扩容空间。同时，金及共生矿产的赋存部位受成矿温度控制，它们主要表现在不同类型蚀变的分带上。一般表现是较低温度的蚀变多存在 Pb、Ag 矿化；较高温度则发育 Mo（W）矿化；Au 矿化则贯穿整个矿化阶段，仅是强度有所变化。但是，脉动成矿的多次叠加造成了蚀变和矿化类型分带的复杂化。然而，其总体规律还是明显的，据此，我们将其概括为"一街五巷三层楼"的控矿模式（图 7.3）。

其中"一街"为主结构面;"五巷"为与其平行的同序次次级剪切带,可以是五条,也可以更多;"三层楼"指垂向上低、中、高温度蚀变分带,或矿化类型分带,或地球化学异常元素的轴向分带。

图7.3中的高程仅是一般规律,不同矿区可能存在差异。除不同围岩形成不同的蚀变矿物外,成矿热液的脉动往往造成不同温度的蚀变矿物相互叠加,但总体蚀变规律是明显存在的。

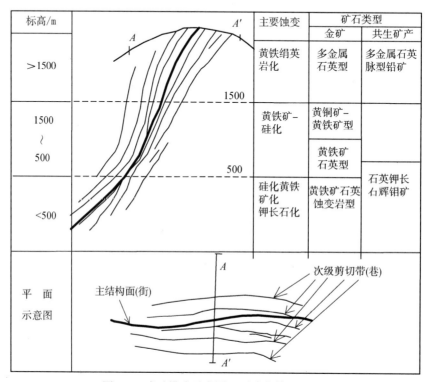

图7.3　成矿模式示意图（冯建之等,2009）

# 二、找矿模型

地质找矿模型可以直接利用控矿模型（如前）,此模型适用于地表,也同样适用于中深部。

## （一）地球化学找矿模型

### 1. 区域地球化学异常

根据豫西特别是小秦岭地区1:20万水系沉积物测量。金矿的异常特征主要是:

（1）元素异常以Au为主,主要元素组合为:Au、Ag、Pb、Zn、Cu、W、Mo及Cd、Bi等。其中Au的异常下限为$2.5 \times 10^{-9}$。

（2）主要元素异常套合好,元素具浓度分带,浓集中心清晰。

（3）异常呈面状,一般面积为$n \cdot 10 \sim n \cdot 100 \mathrm{km}^2$。

（4）异常多与燕山期花岗岩存在密切的空间关系。

**2. 矿区地球化学异常**

1）灵湖金矿地球化学异常

北矿带的灵湖金矿，是区内发现较早的矿床之一。于80年代初进行了地球化学特征研究（王定国等，1989），其原生地球化学异常特征见图7.4。

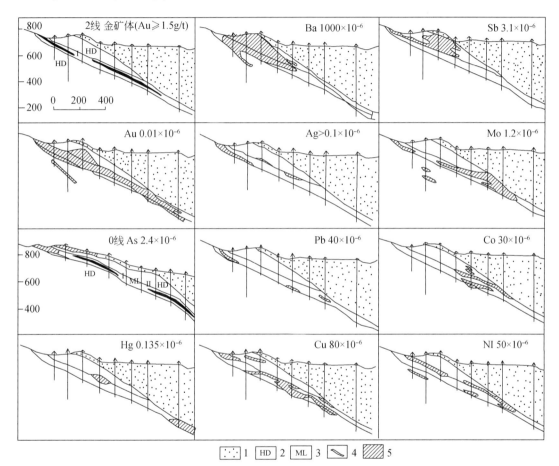

图7.4　矿床原生异常剖面图（据王定国等，1989）

1. 黄土；2. 混合岩；3. 断裂带；4. 金矿体；5. 异常

Au异常：平面上呈不规则的带状，沿断裂带近东西向展布。剖面呈带状与含矿断裂带基本一致；在矿体前缘，异常宽度略大于含矿断裂带。异常连续性好，具浓度分带，峰值连线较准确地反映矿体空间位置。该异常向下未封闭。

Ag异常：呈不连续的带状或透镜状，出现于矿体中上部及前缘。具浓度分带，内带多与矿体空间位置吻合。

As异常：呈带状，形态规整，在矿体前缘或构造带上盘外侧分布，局部可远达200m。浓度较低，衬值为2～3。

Sb、Ba异常：出现于矿体前缘，主要在矿体顶板发育，Ba异常在底板和下部矿体尾部有分布，异常宽度大、浓度低，衬值 1.7～1.9（Ba）和 1～5.6（Sb）。

Hg 异常：呈透镜状，规模小，出现于下部矿体的头部和尾部，不连续，浓度低衬值为 1.5～2.7。

Cu 异常：呈不规则带状分布于断裂带及顶部附近，连续性好，具浓度分带，衬值为 6～7.4。内浓度带基本与矿体空间位置吻合。

Mo 异常：呈不规则带状分布于断裂带中，异常连续性好，其宽度大于矿体，浓度高，衬值为 4.5～25。内浓度带多出现于矿体两侧。

Co、Ni 异常：呈带状分布于断裂带顶底板，异常不连续，浓度低，衬值 1～6（Ni）。上部矿体无 Co 异常。

矿床中 Pb 及 W、Sn、Bi 异常不发育，仅有小透镜体和点异常出现，多分布于矿体或近矿部位。

综合上述，矿床中各元素原生异常主要为条带状，反映了脉状矿体的特征。Au、Ag、Mo、Cu 异常清晰，浓度高；As、Sb 异常以宽度大为特征；Hg、Ba、Co、N，异常浓度低，清晰度差。上述元素显示分带特征，因而对矿体的空间位置具不同的指示意义。根据 As、Hg、Ba（Sb）异常可初步判断下部应有金矿体存在。

2）金硐岔金矿地球化学异常特征

中矿带金硐岔金矿是 1968 年勘探的金矿，黎世美等于 1994 年对矿带进行了地球化学特征研究，其原生异常特征见图 7.5。

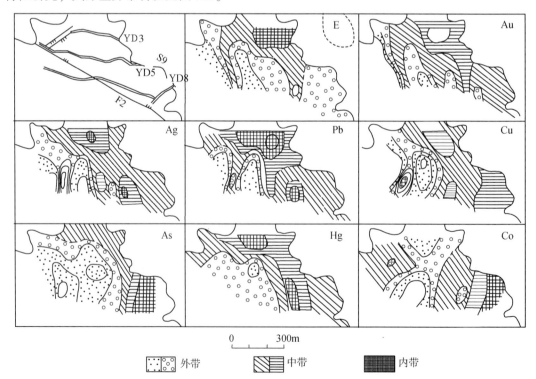

图 7.5　金硐岔 S9 脉元素地球化学图（据黎世美等，1996）

图7.5为元素地球化学水平投影图。由图可以看出，S9矿脉主要元素组合为Au、Ag、Pb、Cu、As、Hg、Co等，这些元素均具浓度分带特征。主要成矿元素Au、Ag、Pb、Cu等在走向和倾向上均呈强、弱相间分布，中、内浓度带上部强、下部弱，总体构成由南西向北东凸出的不对称半环，它们向深部均未封闭。As、Hg异常的分布态势与上述元素基本一致，但其南西侧的外浓度带宽度更大，中内浓度带更趋向北东侧。上述特征可能指示深部有盲矿体存在。Co的异常与其他元素不同，在矿脉中部存在一个低含量带，低含量带上下分别存在一个低值中心，由低含量带向东西南侧Co的含量逐步增高，形成浓度分带。向南东侧下部增高幅度大，出现内浓度带。成矿能（E）的分布态势与Au、Ag、Pb、Cu异常相似。

### 3. 地球化学异常轴向分带

在矿床地球化学异常研究中，重要的是建立地球化学异常模式，而地球化学异常模式中重要的是确定元素的地球化学轴向分带。

所谓矿化，是有用组分及其伴生元素在一定空间上的沉淀富集。通常人们总是依据有用组分的工业利用指标，把元素的富集分为矿体和原生晕两部分。并且通过原生晕的发现和研究来寻找矿体。在原生晕的研究中，人们主要侧重于最佳控矿地球化学元素的垂向分带。

在热液成矿体系中，各种金属矿物都具有各自的结晶温度。当一个成矿体系由高温至低温自然降低时，造成了不同矿物和矿床原生晕的分带序列。这就是元素轴向分带的基础。

矿物具有分带性，早已为矿床学家研究过，1936年W. H. 艾孟斯以岩浆热液成矿学说为基础提出，温度是控制矿物自热液中沉淀的主要因素。所以，分带受侵入体周围温度控制，以此为基础，从高温到低温划出16个元素分带。

C. C. 斯米尔诺夫在1937年提出了热液成矿作用的脉动说，他认为含矿热液是多次分泌出来的，矿物沉淀也是多次进行的。成矿热液在时间上的演化与构造裂隙的多次发生相配合，造成了分带现象。

在元素分带的研究中，原苏联H. H. 奥勃钦尼克夫、A. A. 别乌斯和C. B. 格里戈良等（1975）的成果最为重要。他们研究了大量矿床原生晕的元素分带，指出：原生晕最重要的特征之一是具有分带性。对于成分不同的热液金属矿床，已经确定了存在性质上接近的分带序列。他们认为，造成分带的原因主要是成矿溶液在运动过程中性质逐渐改变，各种矿物在不同条件下沉淀出来，从而造成了不同的矿物或金属元素组合。温度是矿物沉淀的条件之一，并据此建立了适用于所有金属矿床的元素分带序列。

我国金矿原生地球化学异常元素的轴向分带研究起步较早，在20世纪80和90年代形成高潮，取得了一大批研究成果。代表人物有邵跃和李惠。这些成果几乎涵盖了当时已发现的主要金矿床。成果中给出的元素轴向分带，为后来的找矿，矿床评价特别是深部矿体的预测，起到了一定的作用。因而受到人们的普遍重视。

原生晕异常元素分带规律的研究方法主要有分带指数法、垂向变化梯度法、元素浓度梯度法等。尽管方法各不相同，但最终确定的异常元素轴向分带，总体比较一致。

　　但是，由于各个矿床的成矿物质来源、围岩性质、形成条件、矿体剥蚀程度有较大差异，因此，不同地区的矿床，其最佳标志元素组合、元素轴向分带存在一定的差异（表7.4）。

表7.4　我国主要矿床原生晕垂直分带序列

| 地区或矿床 | | 元素轴向分带（自上而下） | 资料来源 |
|---|---|---|---|
| 小秦岭 | 灵湖 | As、Sb、Hg、Ba-Ag、Pb、Bi、Au、W、Sn、Cu、Mo-Co、Ni | 王定国等 |
| | | Hg、Sb、As-Ag、Pb、Zn-S、Au、Cu-Mo、Co、Ni | 黎世美等 |
| | | F、Ba-As、Hg、Zn-Pb、Ag、Ba、Cu-Mo、W、Au-Co、Ni-Mn、Ti、Cr、V | 方维萱等 |
| 熊耳山 | 上宫 | Hg、Ba（Pb）（Zn）-Ag、As、Au、Pb、Zn（Ba）-B、Co、Ni、Mo | 崔燮祥等 |
| | 吉家洼 | An、As、W-Au、Ag-Au | 黄守民等 |
| 玲珑 | | Sb、Hg、As、Ag、Fe（Mo）Pb、Cu、Se、Au、Zn、Mn | 李富国 |
| 金厂峪 | | (Hg) Zn、Sb、Ti、As、Mn、Pb、Bi、Cu、Ag、Mo、Au | 李惠等 |
| 夹皮沟 | | (Hg、As) Sb、F、Pb、Ag、Cu、Au、Co、Mo、Ni、Mn | 朱太天 |
| 综合分带 | | Hg、Ba-Fe、As、Sb、Ag、Pb、Zn-As-Bi、Cu、Mo、W-Co、Ni、Fe | 邵跃 |
| | | Hg、Sb、F（B、I）-As、Pb、Zn、Ag-Au、Cu-Mo、Bi、Co、Ni（Sn） | 李惠 |

　　分析上表可以看出，尽管不同地区不同矿床异常元素的轴向分带有差异，但其总体规律还是比较一致的。即挥发性强，化学性质活泼结晶温度低的元素，如Hg、As、Sb（Ba、Ag）等总是处于轴向分带的上部；而化学性质显惰性结晶温度高的元素处于轴向分带的中、下部。而Co、Ni（Mn）等总是处于下部。

　　由以上分析可知，上述异常元素轴向分带序列，是有重要参数意义的（图7.6、图7.7）。

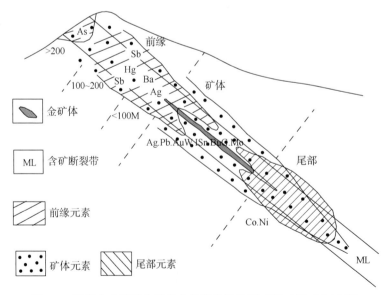

图7.6　灵湖金矿床原生晕组分分带及异常模式图（据王定国等）

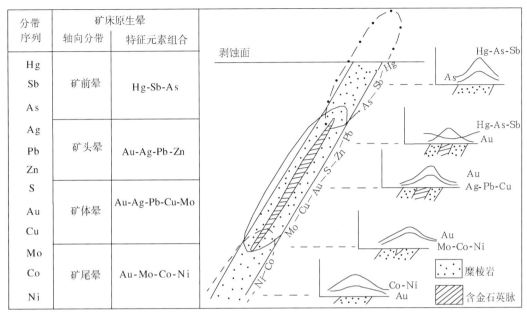

| 分带序列 | 矿床原生晕 | | |
|---|---|---|---|
| | 轴向分带 | 特征元素组合 | |
| Hg<br>Sb<br>As | 矿前晕 | Hg-Sb-As | |
| Ag<br>Pb<br>Zn | 矿头晕 | Au-Ag-Pb-Zn | |
| S<br>Au<br>Cu | 矿体晕 | Au-Ag-Pb-Cu-Mo | |
| Mo<br>Co<br>Ni | 矿尾晕 | Au-Mo-Co-Ni | |

图 7.7　小秦岭金矿床密集区地化元素分带序列和轴向分带图（据黎世美等，1996）

### 4. 元素轴向分带序列

建立矿床原生异常元素轴向分带序列，主要目的是研究成矿的地球化学特征，寻找矿体，预测盲矿体和判断矿体的剥蚀程度。

成矿地球化学特征的研究已在另外章节中进行了讨论，这里只对找矿方面的问题加以探讨。

在小秦岭地区，主要是石英脉型和构造蚀变岩型金矿，其产状为脉状。因此所形成的地球化学异常多为带状（线状），浓集中心往往直接指示金矿体或含矿构造带的空间位置。

在平面和剖面上，Au、Ag 异常具直接指示意义。Hg、As、Sb 异常为矿体前缘异常，不管出在哪些部位，也不管其海拔多少，其下部均指示可能有金矿体存在。Co、Ni、Mn 异常，为矿体尾部异常，当其发育的时候，一般指示矿体的终结，其下部不再有金矿体。

Pb、Zn、Cu、Mo、W、Bi 等元素异常，一般在矿体中发育，由于矿体剥蚀程度不同，成矿热液的脉动造成叠加矿化，其强度和规模往往变化较大。就矿田内不同矿带分析，中矿带发育 Pb、Zn、Cu、W 等异常；北矿带主要发育 Au、Mo 异常。

一般规律是：异常元素组合越复杂，说明矿化作用越强，发现矿体的概率越大。当异常元素组合简单时，可变因素增大，成矿概率变小。矿体异常元素强度高，反映矿体剥蚀程度大，或者矿体直接出露地表。矿体异常元素强度低，反映矿体剥蚀程度小，或者为隐伏矿体。

对矿体剥蚀程度和矿体不同部位的判别，可参考利用元素对比值。一般用矿体头部元素和矿体尾部元素或矿体元素计算比值（表 7.5）。

表 7.5　小秦岭金矿床密集区矿体剥蚀程度分带指数表 （据王世称等，2001）

| 矿体剥蚀深度 | $\dfrac{10^3 w(\mathrm{Ag}) \cdot w(\mathrm{Au})}{w(\mathrm{W}) \cdot w(\mathrm{Mo})}$ | $\dfrac{10^3 w(\mathrm{Hg}) \cdot w(\mathrm{Ag})}{w(\mathrm{Ni}) \cdot w(\mathrm{Co})}$ | $\dfrac{10^3 w(\mathrm{Au}) \cdot w(\mathrm{Ag}) \cdot w(\mathrm{Pb})}{w(\mathrm{W}) \cdot w(\mathrm{Bi}) \cdot w(\mathrm{Mo})}$ | $\dfrac{w(\mathrm{Ag}) \cdot w(\mathrm{Cu}) \cdot w(\mathrm{Pb})}{10^{-6} w(\mathrm{W}) \cdot w(\mathrm{Mo})}$ |
|---|---|---|---|---|
| 微出露 | >20 | >10 | >1000 | >500 |
| 上　部 | >10 | >5 | >100 | >100 |
| 中　部 | <0.1 | <1.0 | <50 | <10 |
| 下　部 | <0.01 | <0.01 | <0.1 | <0.1 |

由于矿田内各矿床的矿体大多具侧伏现象，因此，在利用上述比值时，应多种方法配合，综合考虑各种因素，避免机械使用造成失误。

## （二）　地球物理找矿模型

### 1. 区域地球物理异常

#### 1）重力异常

根据地表出露的岩石，已经知道第四系地表堆积、古近系和新近系碎屑岩、花岗岩、太华群变质岩的密度存在明显差异，据此，可以根据重力异常值判断太华群的分布范围及其延伸。为找矿提供依据，据小秦岭重力异常特征，用切线法和特征点法推算出太华群向下延深深度为 13.5km；在两种不同密度下，对异常体截面积和下延深度计算，太华群向下延深至少有 4.7km（陈铁华，1992），表明在 4.7km 以上仍然存在找金的可能性。

同时，高值带和局部高值重力异常往往与基底隆起有关，可能反映莫霍面上拱范围；也可能和基性、超基性等密度更大的岩浆岩体有关（图 7.8）。

根据图 7.8，本区最明显的重力异常在文峪岩体东南侧且毗邻文峪岩体，该异常区正是区内金矿最密集的地区，反映了重力异常与金矿的密切关系。

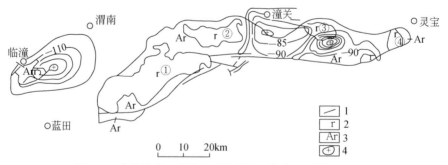

图 7.8　小秦岭地区布格重力异常图 （据卢欣祥等，2004）

1. 断层；2. 燕山期花岗岩（①老牛山、②华山、③文峪、④娘娘山）；3. 太古宇太华群；4. 重力异常

#### 2）磁异常

本区磁异常系由磁性矿物引起，含磁铁矿较多的花岗岩均为正异常，太华群变质岩中磁铁矿甚微或不见磁铁矿，因而为负异常。根据磁异常的分布可以判别花岗岩体倾伏方

向，以及可能存在的隐伏岩体位置。同时也可以清楚地了解金矿床分布与磁异常的关系。
这些对于金矿的寻找和中深部找矿至关重要。

**2. 矿区地球的物理异常**

1）电异常

含金石英脉（或金矿化体）与无矿断裂带有明显电性差异，含金石英脉为低阻高极化
率，无矿断裂带为低阻、低极化率；围岩为高阻、低或高极化率，这种电异常特征可用于
深部找矿。

2）磁异常与断裂和蚀变带的关系

经对区内不同岩石的磁性测量发现，金矿石无磁性，矿化蚀变岩弱磁性，碎裂岩、糜棱
岩磁性高于蚀变岩，各类围岩磁性较强。因此，利用这种差异可以预测盲矿和深部矿化体。

3）磁异常与矿化带的关系

地面磁测表明，已知的矿脉或含金蚀变带上，磁异常一般呈低正值或负值。含金石英脉
异常宽度一般 5 ~ 20m，异常强度在 -300 ~ -700T，蚀变岩和糜棱岩带的异常宽度一般 $n \cdot$
$10 \sim n \cdot 100m$ 不等，异常强度在 -200 ~ -600T。石英脉异常一般叠加在蚀变带、碎裂带异常
之上。

矿脉异常特征受矿化蚀变强度、矿体倾角等因素控制。当矿脉倾角陡时，金矿体出现
低正或负值的"V"字形异常，异常宽度较小；当矿脉倾角缓时，矿体上方出现宽度较大
的"U"字形异常（图 7.9）。

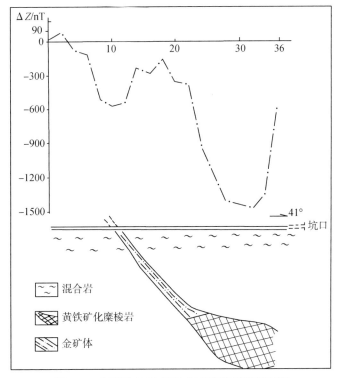

图 7.9 小秦岭 S202 号脉含矿坑道磁测剖面图

　　在地质条件相同的情况下，矿化、蚀变越强、矿带比围岩的磁场值降低的幅度越大。在矿带中，矿化富集地段与无矿段（或弱矿化段）地磁场剖面形态不同；矿化富集段在磁场剖面上曲线为较大的低值负异常，曲线光滑。而无矿段在磁场剖面上虽也显示磁力低，但降低幅度小，曲线多呈锯齿状。在有矿体埋藏的地段，其地磁 $\Delta Z$ 上延及 $\Delta Z$ 极化上延垂向二次导数断面等值线也呈明显磁力低异常的特征。这些地磁异常特征具有找矿指示意义和作为预测深部矿体的依据。

**3. 地球物理模型**

　　依据区内航磁结果研究，以及对中矿带和其他矿脉地面磁测，甚低频，电测深工作结果，可将区内金矿床（脉）的地球物理模型概括为低或负 $\Delta Z$，低 $\rho_s$，高 $H_N$，高 $\eta_s$ 和高 $D$（图7.10）。

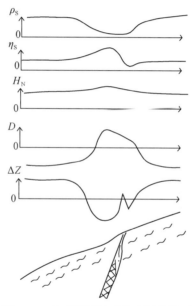

图 7.10　含矿断裂地球物理异常模型

## （三）综合找矿模型

　　本区金矿为石英脉型，个别小型和矿点为构造蚀变岩型，在石英脉型金矿矿体的走向延长部位和倾向延伸部位，往往出现少量构造蚀变岩型矿化。在陕西境内发现有千糜岩型矿化。但不管那种类型，矿化体的围岩、控矿构造、矿体产状、围岩蚀变、矿石矿物、结构构造等，均具有极大的相似性。表明这些不同类型的矿化，是在同一地质构造背景下，同期、同源的产物。它们是在统一的构造-岩浆-热液系统形成的同一成因系列矿床，即幔枝热液矿床，决定矿床类型的本质因素仅仅是控矿构造性质与特征。由此导致了矿石结构、构造的差异和矿石自然类型的不同，从而形成了矿石特征不一的不同类型矿床。其中石英脉型金矿在数量和质量上均占绝对优势。所以人们习惯上称小秦岭金矿为石英脉型金矿。

本区金矿的综合找矿预测模型可以概括为图 7.11 和表 7.6。

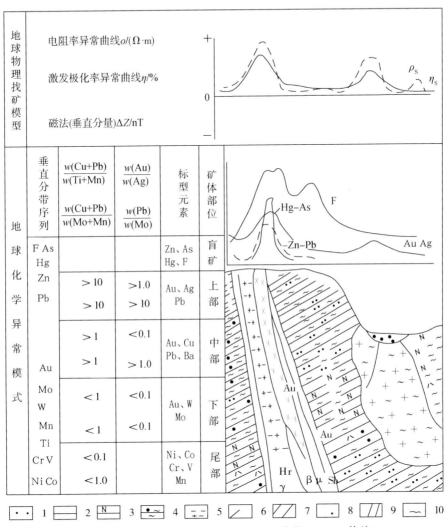

图 7.11　小秦岭金矿田找矿模型（据方维萱，1993，修编）

1. 第四系；2. 黑云斜长片麻岩夹角闪斜长片麻岩；3. 角闪斜长片麻岩；4. 斜长角闪岩；

5. 混合花岗岩；6. 构造破碎带；7. 辉绿岩；8. 金矿体；9. 蚀变岩；10. 元素含量线

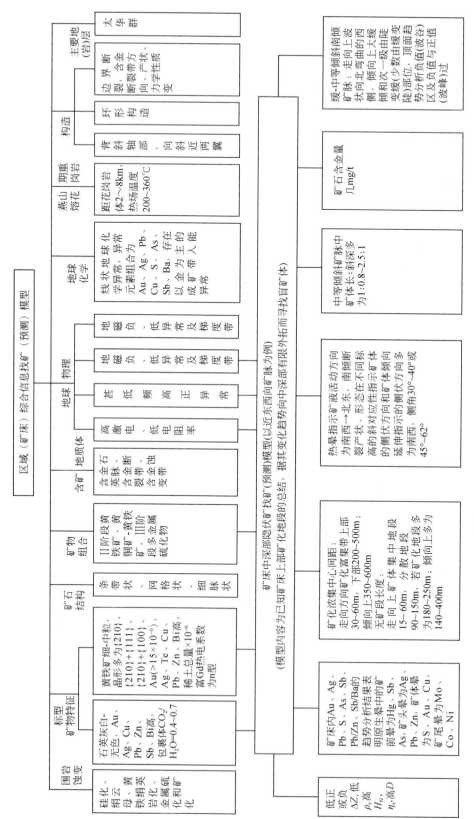

图 7.12　小秦岭区域（矿床）和局部（矿床内隐伏矿）找矿模型

# 第三节　深部隐伏矿找矿靶区预测及工程验证

矿体深部预测主要依据预测找矿模型和预测标志进行，全区共划分深部预测区17个。为验证地质预测找矿模型，根据典型矿床研究成果，结合本区正在实施的危机矿山项目，在深部预测区圈定优先勘查区7个，并建议施工深部钻孔4个，均取得了较好的找矿效果。如杨寨峪矿区ZK4，在423m标高见S60支脉：厚度0.40m，Au品位$2.40×10^{-6}$的矿体，在544m标高见S60主矿脉：厚度0.34m，Au品位$3.10×10^{-6}$的矿体；东闯矿区ZK5在1470m标高见S505矿脉：厚度0.89m，Au品位$82.89×10^{-6}$，在836m标高见S507矿脉：厚度1.20m，Au品位$5.56×10^{-6}$；大湖矿区ZK610在137m标高见F5矿脉：厚度2.05m，Au品位$2.76×10^{-6}$；灵湖矿区ZK1010在90m标高见F5矿脉：厚度6.14m，Au品位$4.18×10^{-6}$。

上述结果证明，圈定的预测靶区比较合理，对矿体的定位预测是正确的，增强了下一步工作的信心。

预测区的划分按矿带和矿脉进行。

# 一、中　矿　带

## 1. S505-S60矿脉矿体预测（含S202）

中矿带S505-S60是区内长度最大的矿脉，S202为与其平行的二级矿脉，已控制3个大型、3个中型矿床。其预测主要指标是：

（1）为矿田内规模最大的主结构面，因此最有预测前景。

（2）同序次（可能为不同级别）平行矿脉发育，已分别形成了两个矿化集中区。

（3）矿体规模中到大型，浅部主矿体长度与斜深之比为1.40：1，到中深部比值为1：3.60。主矿体倾向斜深文峪S505、S530分别为800、618m；杨寨峪S60为528m；四范沟S202为448m。

（4）无矿段长度走向上15~250m；倾向上140~350m。

（5）经统计浅部含矿率见表7.6、表7.7。

表7.6　杨寨峪S60号脉（东段）不同中段含矿率

| 标高 | 地表 | 1996 | 1936 | 1872 | 1833 | 1874 | 平均 |
|---|---|---|---|---|---|---|---|
| 样品数 | 9 | 15 | 30 | 29 | 21 | 17 | — |
| 含矿率 | 0.56 | 0.53 | 0.50 | 0.45 | 0.48 | 0.47 | 0.4983 |

表7.7　S505脉不同标高矿体品位、厚度及含矿率

| 标高/m | 矿体平均品位/$10^{-6}$ | 矿体平均厚度/m | 含矿率/% |
|---|---|---|---|
| 1950 | 9.71 | — | 71.8 |
| 1854 | 11.84 | 1.33 | 73.2 |

续表

| 标高/m | 矿体平均品位/10⁻⁶ | 矿体平均厚度/m | 含矿率/% |
|---|---|---|---|
| 1821 | 12.45 | 1.1 | 64.8 |
| 1787 | 21.94 | 1.73 | 72.5 |
| 1755 | 8.77 | 1.16 | 48.0 |
| 1721 | 7.40 | 0.74 | 36.9 |
| 1687 | 8.41 | 1.76 | 68.7 |
| 1650 | 14.12 | 1.50 | 60.3 |
| 1590 | 10.88 | — | 60.0 |
| 1524 | 6.17 | — | 66.7 |
| 平均 | 11.17 | 1.42 | 62.3 |

S202 的含矿率参见表 4.19。

（6）S505 矿脉向南西侧伏，侧伏角 30°～40°；S60 矿脉东段的矿体向南西侧伏，侧伏角 45°～60°；西段向南东侧伏，侧伏角 25°～35°；S202 矿脉体向北东侧伏，侧伏角约<17°。

（7）根据中矿带已知主要矿床的储量，利用齐波夫定律进行资源量预测，中矿带金资源总量约为 536863kg，已查明约 190196kg，尚有 346863kg 未查明。说明，未查明资源远大于已控制储量。因此，深部金资源前景是可观的。

（8）深部预测区圈定：圈定深部预测区 4 个。

中预—Ⅰ：位于文峪矿区和东闯矿区 S505 的深部，长度 4908m，其中文峪矿区深部标高范围 700～1380m，东闯矿区深部标高范围 700～1800m，其中各圈定优先勘查区 1 个。

中预—Ⅱ：位于杨寨峪矿区 S60 的深部，长度 4215m，深部标高范围 200～1200m。其中圈定优先勘查区 1 个。

中预—Ⅲ：位于东闯矿区 S530 的深部，长度 3125m，深部标高范围 600～1120m。

中预—Ⅵ：位于四范沟矿区 S202 的深部，长度 2248m，深部标高范围 800～1595m。

（9）深部探矿初步验证成果

在 S505-S60 及 S202 矿脉中，文峪矿区、东闯矿区、杨寨峪矿区、四范沟矿区均进行了深部探矿，发现了深部矿体。

S505 矿脉最低坑道为 PD1100，其标高接近 1100m；Au 品位 $2.33×10^{-6}$～$70.20×10^{-6}$，厚度 0.34～1.69m。S530 最低坑道为 PD928，其标高接近 928m；Au 品位 $0.35×10^{-6}$～$28.20×10^{-6}$，厚度 0.52～0.85m。S202 矿脉在标高 850～620m 圈出了矿体。S60 矿脉深部在 544m 标高已控制主矿脉：矿体厚度 0.34m，Au 品位 $3.10×10^{-6}$；在 423m 标高见支脉，矿体厚度 0.40m，Au 品位 $2.40×10^{-6}$（图 7.13）。这些成果为深部预测提供了直接依据。

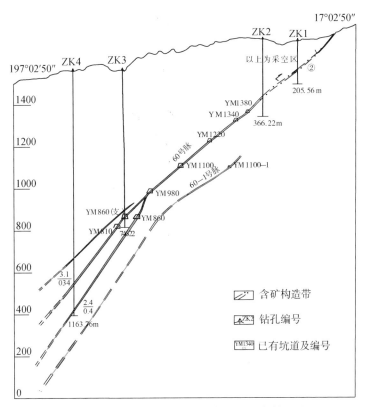

图 7.13　杨寨峪矿区 60 号脉第 Y 勘探线剖面图

**2. S507-S9 矿脉矿体预测**

1）浅部矿体特征

该矿脉长度是区内排行第二的矿脉，已控制一个大型、一个中型金矿。

该矿脉与 S505-S60 平行分布，主要出现于东闯—金硐岔之间。其构造性质、含矿规律与矿体特征，可与后者对比。因此，其主要预测指标也可使用。S507-S9 矿脉矿体向南西侧伏，且其含矿率在上部为 60%，下部仅 30%。

2）深部预测区圈定

圈定深部预测区 2 个。

中预—Ⅳ：位于 S507-S721 的深部，长度 4916m，其中东闯矿区 S507 深部标高范围 600～1430m，老鸦岔矿区 S721 深部标高范围 600～1290m，各圈定优先勘查区 1 个。

中预—Ⅴ：位于金硐岔矿区 S9 的深部，长度 1976m，深部标高范围 800～1466m。

3）深部探矿初步验证成果

S507 矿脉经过深部钻探验证，其中 ZK5 在深部控制 S507 上支脉：见矿标高为 836m，Au 品位 $5.56 \times 10^{-6}$，Pb：$0.108 \times 10^{-2}$；矿体厚度 1.20m；下支脉见矿标高为 675m，Au 品位 $2.50 \times 10^{-6}$，Pb：$0.1 \times 10^{-2}$；矿体厚度 0.27m（图 7.14）。

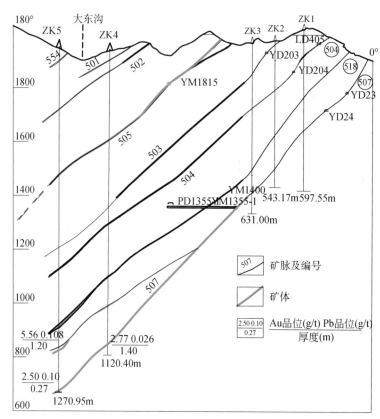

图 7.14　东闯矿区第 X 勘探线剖面图

# 二、北　矿　带

## 1. F5 矿脉矿体预测

F5 矿脉长度是矿田内排行第三的大构造，已控制一个大型钼金矿床，一个中型金矿床。其主要预测指标有：

（1）F5 为北矿带长度最大的构造，是北矿带主结构面。

（2）区内同序次平行（次级）断裂发育，具有集中矿化的条件和集中矿化的特征。

（3）主要矿体规模中到大型；矿体长度与斜深之比在浅部为 1.34：1～1：2.93，其平均斜深为 401～879m，最大为 990m。

（4）浅部含矿率为 35%～25%。

（5）大湖矿区金矿体向北东侧伏，侧伏角约 35°。灵湖矿区矿体有向北东侧伏趋势。

（6）根据 F5 矿脉主要矿体的储量，利用齐波夫定律对 F5 的金资源量进行了预测，结果说明 F5 矿脉预测金资源总量为 176336kg，已探明 34694kg，尚有 131642kg 未查明。说明未查明资源量远大于已查明储量。另外，据大湖矿区 100kg 以上的矿体，利用齐波夫定律对矿区金资源量进行预测，矿区金资源总量为 78164kg，已查明 24281kg，尚有 53883kg 未查明，说明大湖矿区深部的矿前景可观。

（7）深部预测区圈定。圈定深部预测区 5 个：

①北预—Ⅲ：位于秦南矿区 F5 的深部，长度 1655m，深部标高范围 0 ~ 845m（东部 0 ~ 672m）。

②北预—Ⅳ：位于大湖矿区 F5 的深部，长度 2217m，深部标高范围 -300 ~ 400m。其中圈定优先勘查区 1 个。

③北预—Ⅴ：位于大湖矿区和灵湖矿区之间 F5 的深部，长度 1780m，深部标高范围 -300 ~ 645m。

④北预—Ⅵ：位于灵湖矿区 F5 的深部，长度 2494m，深部标高范围 -300 ~ 363m。其中圈定优先勘查区 1 个。

⑤北预—Ⅶ：位于桥上寨矿区 F5 的深部，长度 1505m，深部标高范围 -100 ~ 556m。

（8）深部探矿初步验证成果。大湖矿区最低见矿标高为近 0m，最大的 19 号矿体见矿标高为 50m，矿体厚度 0.77m，Au 品位为 $5.33 \times 10^{-6}$（图 7.15）。另外，在大湖深部优先勘查区 ZK610 在 137m 标高见 19 号矿体，厚度 2.05m，Au 品位 $2.76 \times 10^{-6}$。

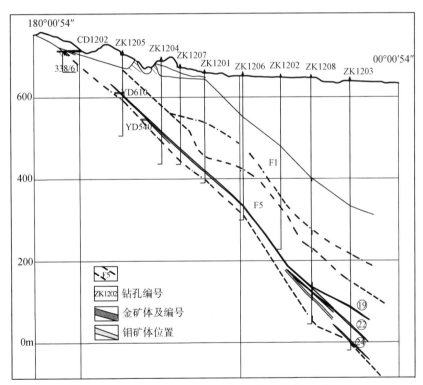

图 7.15　大湖金矿区 F5 第 12 勘探线剖面图

在灵湖矿区深部优先勘查区，ZK1010 见 F5 矿脉两层矿体，见矿标高分别为 80m 和 90m，Au 品位分别为 $4.40 \times 10^{-6}$、$4.92 \times 10^{-6}$；厚度分别 0.97m 和 6.64m（图 7.16）。这些成果支持了深部矿体的预测。

**2. S0、S952 矿脉矿体预测**

这两个矿脉位于北矿带西段，五里村背斜近轴部，向西距文峪花岗岩体约 2.5km。它

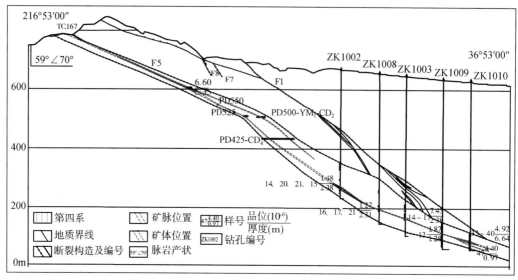

图 7.16 灵湖金矿区第 10 勘探线剖面图

们与大湖和灵湖矿区不同,均为向南倾的剪切带。长度小于 F5。矿床规模为中型。

（1）马家洼矿区 S952 矿脉,浅部为采空区,含矿系数 42.3%。最低坑道为 XJ12 号斜井,见矿标高为 679.65m。矿体 Au 品位为 $2.13×10^{-6}$,厚度 1.04m（图 7.17）。

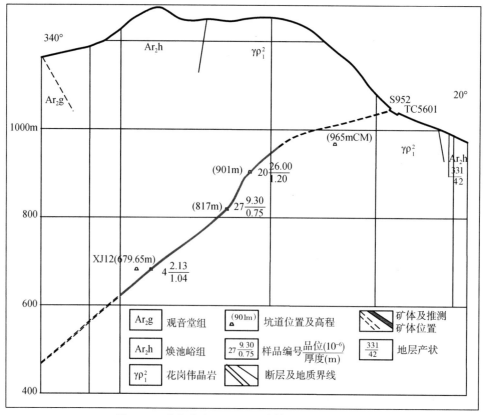

图 7.17 马家洼矿区 S952 矿脉第 3 勘探线剖面图

圈定深部预测区 1 个。北预—Ⅰ：位于马家洼矿区 S952 的深部，长度 1436m，深部标高范围 300～816m。

（2）马家凹矿区赋矿剪切带 S0，长度仅 2500m，但其同序次平行矿脉发育，在矿田内很少见到。矿体规模以中型为主，主矿体长度与斜深之比为 1.45∶1。矿体勘查标高 1260～981m。含矿系数 36.27%。中深部探矿在 800m 标高和 610m 标高均见矿体。Au 品位 16.29×10⁻⁶～3.95×10⁻⁶，厚度 2.23～0.75m。

圈定深部预测区 1 个。北预—Ⅱ：位于马家凹矿区 S0 的深部，长度 1194m，深部标高范围 200～822m。

# 三、北中矿带

主要是红土岭及其周边矿区，该区脆韧性剪切带长度较小；密度较中矿带和北矿带稀；尽管已知矿床不少，但较分散。因此，其矿化强度和矿体规模远不如中矿带和北矿带，矿床规模多为中型和小型，矿体规模多为中型和小型，个别为大型。

S845 主要矿体长 1100m，斜深 625m。长度与斜深之比为 1.76∶1。浅部含矿率为 25.0%。

S303 主要矿体长 950m，斜深 625m。含矿率为 59.8%。

S8201 主要矿体长 730m，斜深 433m。长度与斜深之比为 1.68∶1。综合中深部探矿成果其矿体长度与斜深之比为 1∶1.18。

S1002 与 S875 矿体规模与上述各矿脉接近。其含矿率分别为 35.1% 和 21.2%。

根据中深部工程控制情况，各矿脉最低见矿工程情况见表 7.8。

由表 7.8 可知主要矿脉最低工程见矿情况良好，规模较大，为深部预测提供了直接依据。

表 7.8　北中矿带主要矿脉最低工程见矿情况一览表

| 序号 | 矿脉号 | 最低坑道（工程）标高/m | 坑道（工程）水平长/m | 矿体长/m | 厚度/m | | 品位/10⁻⁶ | | 备注 |
|---|---|---|---|---|---|---|---|---|---|
| | | | | | 最大 | 最小 | 最高 | 最低 | |
| 1 | S8201 | 1012 | 640 | 550 | 3.98 | 0.49 | 40.26 | 0.20 | |
| 2 | S8202 | 1008 | 310 | 170 | 2.02 | 0.47 | 16.30 | 3.98 | |
| 3 | S875 | 998 | 440 | 740 | 1.20 | 0.32 | 32.24 | 1.52 | |
| 4 | S1002 | 1120 | 84 | 84 | 2.36 | 0.26 | 55.8 | 3.34 | |
| 5 | S303 | 875～860 钻孔 5 个 | 700 | 700 | 0.85 | 0.27 | 9.75 | 4.89 | |
| 6 | S845 | 1350～1500 钻孔 3 个 | 100 | 100 | 1.07 | 0.49 | 17.76 | 2.33 | |

红土岭地区金矿与中矿带和北矿带的成矿具有相似性，也有差异。第一，主要差异在于中矿带和北矿带成矿断裂均在区域性主背斜（形）上，而红土岭地区矿床均位于区域性向斜中。第二，中矿带和北矿带矿脉均为顺层断裂，具滑脱性质，而红土岭地区的 S8201、S8202、S1002 等矿脉倾向与地层相反，属切层性质。第三，区内断裂长度较中矿带和北矿带主断裂小，最长约 4000m，矿化普遍，矿床规模不大，尚未发现大型矿床。这些特征决

定了本区深部预测与中矿带和北矿带相比，既有一致性又有特殊性。

圈定深部预测区 5 个：

北中预—Ⅰ：位于红土岭矿区 S875 的深部，长度 1588m，深部标高范围 700～992m。

北中预—Ⅱ：位于红土岭矿区 S1002 的深部，长度 1434m，深部标高范围 900～1318m。

北中预—Ⅲ：位于金渠矿区 S845 的深部，长度 1580m，深部标高范围 1000～1300m。

北中预—Ⅳ：位于红土岭矿区 S8201 的深部，长度 1448m，深部标高范围 700～1006m。

北中预—Ⅴ：位于桐沟矿区 S303 的深部，长度 1316m，深部标高范围 600～1052m。

# 第四节　预测资源量估算结果

以上共划分预测区 17 个，预测（334）? 金矿石量 83261633t，金资源量合计为 547914kg（表 7.9）。

表 7.9　预测资源量总表

| 预测区编号 | 斜面积/m² | 平均厚度/m | 平均品位/10⁻⁶ | 含矿率/% | 矿石量/t | 金属量/kg | 预测最低标高/m |
|---|---|---|---|---|---|---|---|
| 中预—Ⅰ | 13855522 | 0.99 | 7.87 | 39 | 15085920 | 118726 | −200 |
| 中预—Ⅱ | 8282810 | 0.99 | 7.87 | 33 | 7630903 | 60055 | −200 |
| 中预—Ⅲ | 2546072 | 1.03 | 7.46 | 29 | 2068592 | 15432 | 300 |
| 中预—Ⅳ | 8784281 | 1.00 | 8.93 | 45 | 10910077 | 97427 | 0 |
| 中预—Ⅴ | 3096536 | 1.04 | 9.87 | 51 | 4631576 | 45714 | 500 |
| 中预—Ⅵ | 7342418 | 0.80 | 7.59 | 49 | 7972691 | 60513 | 300 |
| 小记 | 43907639 | 0.97 | 8.24 | | 48299759 | 397867 | |
| 北预—Ⅰ | 1649649 | 1.88 | 3.6 | 43 | 3600656 | 12962 | −200 |
| 北预—Ⅱ | 1382624 | 1.88 | 3.6 | 43 | 3017826 | 10864 | 0 |
| 北预—Ⅲ | 2299319 | 1.88 | 3.6 | 43 | 5018677 | 18067 | −200 |
| 北预—Ⅳ | 2444020 | 2.02 | 2.42 | 38 | 5065280 | 12258 | −500 |
| 北预—Ⅴ | 3474679 | 2.02 | 2.42 | 43 | 8148887 | 19720 | −500 |
| 北预—Ⅵ | 1773488 | 1.64 | 2.06 | 32 | 2512962 | 5177 | −500 |
| 小记 | 13023779 | 1.91 | 2.89 | | 27364288 | 79048 | |
| 北中预—Ⅰ | 833290 | 0.86 | 8.75 | 27 | 541772 | 4741 | 600 |
| 北中预—Ⅱ | 1140582 | 1.06 | 9.41 | 67 | 2268115 | 21343 | 800 |
| 北中预—Ⅲ | 1429027 | 1.06 | 9.41 | 67 | 2780812 | 26167 | 800 |
| 北中预—Ⅳ | 729179 | 0.86 | 8.75 | 40 | 702345 | 6146 | 600 |
| 北中预—Ⅴ | 831989 | 0.9 | 9.66 | 62 | 1304542 | 12602 | 600 |
| 小记 | 4964067 | 1.44 | 9.35 | | 7597586 | 70999 | |
| 合计 | 61895485 | | | | 83261633 | 547914 | |

# 第八章　总结及展望

历经 40 多年的工作，小秦岭地区已经成为我国著名的大型金矿集中区。成绩的取得，河南地质队伍功勋卓著。他们不仅找到了 400 多吨金矿资源，还对金矿成矿作用、成矿规律、找矿经验等方面进行了总结，取得了引人注目的成果。全国许多科研院所，大专院校也对小秦岭金矿诸多理论问题进行了深入的探讨，提高了对成矿规律的认识，推进了成矿预测。然而，在国民经济高速发展，国家对黄金需求不断提高的今天，为加快本区中深部金矿找矿步伐，仍感需要对小秦岭金矿基础地质和成矿作用方面的一些重大问题继续深入研究。因此，如何突破思维定式，用新思维，新理论更好地指导今后的找矿实践，是非常重要又十分紧迫的问题。在此基本认识的基础上进行了本次研究。

从基础地质入手，通过成矿规律的深入分析，达到对中深部成矿进行成功预测的目的。完成这样一项工作，任务是艰巨的；为了按时完成任务，在本区勘查、开发、研究的基础上，较多地利用了近期有关小秦岭地区研究报告的资料。

对于前人的资料，不是进行简单的引用和认识上的重复，而是对资料进行再认识。从中发现和提炼新的结论。

为了在认识上有所创新，在理论上有所发展，在中深部成矿预测上有所成效，我们在牛树银教授提出的幔枝构造的基础上，对本区幔枝构造进行了全面的分析讨论。事实证明幔枝构造理论对本区成矿可以做出更为合理的解释。这对本区中深部成矿预测是十分重要的。

本书系统地阐述了地质背景、构造格局、成矿作用、成矿物质来源及幔枝构造与小秦岭成矿等。总结了成矿规律，并对深部金矿资源进行了预测。

## 第一节　主要地质认识

（1）小秦岭花岗-绿岩带主要为基性喷发表壳岩、杨寨峪灰色片麻岩、四范沟片麻状花岗岩及观音堂组和焕池峪组。前者为下部岩石单位，后者为上部岩石单位。下部岩石单位原岩为镁铁质火山岩，其中变质花岗岩呈不规则的互层状产出，表现出无序性，显示岩浆侵入穿插和包裹包容特征。上部岩石单位为泥砂碎屑-碳酸盐沉积，显示一个完整的海进沉积旋回，代表典型陆源碎屑沉积岩系。上下岩石单位均经区域中高温变质作用和区域热动力变质作用，变质程度达角闪岩相，底部局部见有麻粒岩。变质年龄为 2549Ma，时代属新太古代。总体具有绿岩带原岩建造特征。

（2）小秦岭基本构造格局为一个在幔枝构造作用下而伸展、滑脱形成的"拆离-变质核杂岩构造"。它由中部变质核杂岩体，南北边界断裂和变质核杂岩内拆离构造组成，可以表述为一核二界三拆离。变质核杂岩成地垒状复背形，在此基础上发育了多组、多类型韧脆性剪切带。褶皱构造控制矿带，韧脆性剪切带控制矿床和矿体。

（3）区内岩浆活动较频繁，具多岩类、多期次活动特征。太古宙以 TTG 岩系和钾质花岗岩活动为主，在其后的演化过程中，分别于元古宙和燕山期形成两个岩浆活动高峰，在元古宙岩石圈熔融产生的拉张裂谷环境下，产生双峰式火山岩（熊耳群），基性岩墙群和大量 A 型花岗岩（桂家峪、小河等岩体）。

（4）小秦岭地区在印支期（三叠纪），实现华北、扬子两大板块对接，古秦岭洋闭合。标志着 B 型俯冲的结束，进入大陆板块间的 A 型俯冲，即后造山阶段开始，其间最为重要的事件是华熊亚热柱的形成。华熊亚热柱包括华熊台隆和洛南-栾川台缘褶皱带。在华北地幔亚热柱的作用下，形成大量深源浅成型花岗岩（Ⅰ型）和 A 型花岗岩（太山庙），以及浅源深成型花岗岩（伏牛山等）。由于岩浆上侵地壳减薄，地幔抬升，产生伸展走滑构造。最终造成小秦岭、崤山、熊耳山、鲁山等变质核杂岩裸露，而且形成了一系列北东向断陷盆地。

在地球圈层形成及稳定发展时期，随着地球的不断冷却，物质的分异累积作用成为主导因素，由于物质对流，密度大、熔点低的铁镍及其他元素逐渐沉向地心形成地核。当核幔边界涌动形成上升地幔热柱时，金、银等成矿物质便可随地幔热柱向上迁移，并通过气态→气-液混合相→含矿流体的形式随地幔柱→地幔亚热柱→幔枝构造向地壳浅部迁移，在适宜的构造部位成矿。这就是小秦岭幔枝构造金、铅、钼、多金属矿产形成的理论依据。也是小秦岭地区金、钼等矿产的成矿模式。

（5）小秦岭金矿，是在同一地质构造背景下，同期、同源的产物。它们是在统一的构造-岩浆-热液系统形成的同一成因系列矿床。可以称之为"小秦岭式金矿"，其定义为"小秦岭地区燕山期幔枝热液矿床系列"。

未来小秦岭金矿的中深部勘查应以"扫盲、探深、寻新"为重点，在工作程度较低的地区和已知勘查中深部寻找新的隐盲矿体；在已知矿区深部探寻矿体延深；在中深部寻找新的矿床类型。

（6）地质、物探、化探相结合是小秦岭地区找金的有效方法。1：20 万化探异常基本圈定了区内主要金矿的范围；大比例尺矿区化探及其确定的元素地球化学轴向分带对中深部成矿预测有重要指导意义。航磁异常同样指示了金矿的分布规律。而地面磁测、甚低频、电测深方法的结合对中深部找矿具有一定指导作用。

# 第二节　成矿作用研究的进展

（1）在对小秦岭地区金矿成矿问题的认识过程中，长期存在成矿物质来源分歧。本书通过对幔枝构造研究，确认成矿物质主要来自幔枝构造热液，即金等成矿物质由核幔边界经地幔热柱→地幔亚热柱→幔枝构造在地壳浅部适宜部位富集成矿。这就从根本上澄清了成矿物质来源问题。

小秦岭地区已发现特大、大、中、小型金矿数十处，金的总资源量达 400 多吨，主要矿床类型为石英脉型，在矿体外缘和个别矿床存在构造蚀变岩型，这些金矿集中分布于 $480km^2$ 的花岗-绿岩带中，其矿石类型、围岩蚀变、矿物成分、矿石中金属元素、矿化剂元素，以及硫、铅、氧、氢同位素组成等具有极大的相似性。这些特征充分显示了区内金矿的同源性。不但小秦岭，在整个华熊地区中众多不同类型、不同种类的内生矿床，均系幔枝热液成矿。由此就从根本上解决了豫西地区内生金属矿床的成矿物质来源问题。幔枝热液在由下而上的运移过程中，必然捕获围岩的成分进入热液参与成矿，这就造成矿床的某些差异，但这并不能改变幔枝热液成矿的事实。

（2）小秦岭地区金矿成矿物质来源长期以来一直认为是太华群，这是以往多数人的看法；这就是说太华群为矿源岩。我们测得小秦岭太华群 Au 的丰度为 $0.98 \times 10^{-9}$，Mo 丰度为 $0.90 \times 10^{-6}$；即使按照前人大量统计资料，Au 丰度仅为 $0.5 \times 10^{-9} \sim 5.4 \times 10^{-9}$，多数为 $0.95 \times 10^{-9} \sim 2.84 \times 10^{-9}$。以上说明，多数人统计结果 Au 为 $1 \times 10^{-9}$ 左右；远低于 $3 \times 10^{-9} \sim 4 \times 10^{-9}$ 的克拉克值（刘英俊、黎彤）；Mo 的丰度也大体与克拉克值相当。对金来说要形成 $10 \times 10^{-6}$ 品位的金矿床，就需要在背景的基础上富集 10000 倍，而且要萃取围岩中全部金，这种情况是难以实现的。如果由幔枝热液形成金矿就显得合理。

卢欣祥等（2004）通过对小秦岭-熊耳山地区金矿同位素组成及成矿流体进行研究，也提出了地幔流体成矿的观点。这是幔枝热液成矿的另一种表述。

认为太华群为矿源岩还有一种依据，即在世界范围内以及我国华北地区，绝大多数金矿均产于太古宙变质岩中，这确实是一个客观现实。但通过牛树银教授等人的研究，至少在华北地区，太古宙变质岩区恰恰是幔枝构造。如冀东、张宣、阜平、胶东、鲁西等幔枝构造。这就解释了金矿产于太古宙的问题。

（3）小秦岭地区乃至整个华熊地区，金及其他内生矿产，均表现了与酸性或中酸性岩体的密切关系，因此，就出现了花岗岩成矿的认识。在金的研究中还总结出岩体外 $2 \sim 8km$ 的范围内成矿的规律。从金矿床的分布来看，总体上似乎确实存在这种规律。

在华熊亚热柱展布区中，断裂构造十分发育，断裂构造的主体方向为近东西向；同时往往叠加北东向、北北东向、北西向、南北向等断裂，形成断裂的交会、复合。这些断裂构造特别是其交会部位，就成为幔枝构造顶部可形成的熔融体的上侵通道，在地壳浅部形成规模不等的侵入体或爆破角砾岩体。这些岩体形成于下地壳和上地幔，它们并不富含金、银等成矿元素（文峪岩体金背景值为 $0.67 \times 10^{-9}$），成矿元素是由核幔边界逐级上升的热液带来的。岩体的形成表明由核幔边界直至地壳上部出现了通道，因此能形成各类矿床。

上述规律在卢氏-灵宝之间的盖层区表现也较明显，其间纬向系断裂与新华夏系（北北东向）交会部位多有岩体出现，在这些岩体中不少就是成矿岩体。在太华群分布区岩浆岩更发育，因为其中强大的韧性剪切带就是岩浆和含矿热液上升的通道。这就是太华群中富含金矿的根本原因。至于岩体外 $2 \sim 8km$ 成矿，我们认为这说明幔枝热液中成矿元素的析出需要适宜的温度条件。温度太高和太低均不利于金等成矿元素的析出。

（4）小秦岭地区金矿的硫、铅、氧、氢、碳同位素组成及含矿热液的成分特征等，均显示了地幔来源的特征。这些结果也支持幔枝热液成矿的论断。

（5）小秦岭地区金矿数量多，分布集中。长期以来，矿床规模一直运用原勘探矿区的勘探成果，而勘探矿区的界定受诸多因素制约，加之脉状金矿中每个矿脉均为独立的矿化体，这就出现了同一条矿脉相邻地区分开勘探，两条相邻矿脉即使距离很近也分为两个矿区工作。结果是矿床数量多，规模小，分布集中。如杨寨峪地区紧密毗邻的 S60 和 S201、S202、S203（S308）及 S212 脉组，就出现了杨寨峪东段、杨寨峪西段、四范沟西段、四范沟东段、淘金沟及和尚洼等 6 个矿区。这些矿脉中 S60 与 S201～S203 相邻或相重叠，最远的 S212 脉组距 S60 仅 400m。由此可见人为的划分矿区并不符合地质成矿规律，尽管这些矿区之间也存在微小的差异，这些差异不足以构成不同类型的矿床。矿床规模人为的变小对于对成矿作用的分析研究，特别对中深部成矿预测的影响是相当不利的。为此，我们在本次工作中将矿床进行了归并，依据涂光炽的标准，在杨寨峪地区和文峪–东闯地区分别形成两个特大型矿床。这两个特大型金矿的存在无疑对小秦岭地区的总体评价和认识是至关重要的。

# 主要参考文献

奥和会.1990. 遥感技术在陕西小秦岭金矿田找矿中的应用及效果. 国土资源遥感, (2): 20～28

白瑾, 黄学光, 王惠初等.1996. 中国前寒武纪地壳演化. 北京: 地质出版社

毕思文.1996. 地球内部系统科学统一理论, 地学前缘, 3 (3): 1～7

博伊尔 RW.1991. 黄金开发史和金矿床成因. 北京: 原子能出版社

曹荣龙, 朱华涛.1995. 地幔流体与成矿作用. 地球科学进展, 10 (4): 324～329

晁援, 卫旭辰.1989. 陕西小秦岭金矿控矿条件及脉体评价标志、中国金矿主要类型区域成矿条件文集
　(3) ·豫陕小秦岭地区. 北京: 地质出版社

陈光远, 邵伟, 孙岱生.1989. 胶东金矿成因矿物学与找矿. 重庆: 重庆出版社

陈骏, 王鹤年.2004. 地球化学. 北京: 科学出版社

陈铁华, 胡天玉.1992. 小秦岭金矿田地球物理找矿模式. 见: 中国地球物理学会第八届学术联会论文集

陈衍景, 富士谷.1992. 豫西金矿成矿规律. 北京: 地震出版社

陈毓川, 朱裕生.1993. 中国矿床成矿模式. 北京: 地质出版社

陈毓川, 常印佛, 裴荣富等.2007. 中国成矿体系与区域成矿评价. 北京: 地质出版社

程裕淇, 沈永和, 曹国权等.1994. 中国区域地质概论. 北京: 地质出版社

迟清华, 鄢明才.2007. 应用地球化学元素丰度数据手册. 北京: 地质出版社

邓晋福, 莫宣学, 赵海玲等.1994. 中国东部岩石圈根/去根作用与大陆"活化": 现代地质, (8): 349～356

邓晋福, 赵海岭, 莫宣学等.1996. 中国大陆根—柱构造. 北京: 地质出版社

邓晋福, 莫宣学, 赵海玲等.1999. 中国东部燕山期岩石圈–软流圈系统大灾变与成矿环境. 矿床地质,
　18 (4): 309～315

邓晋福, 苏尚国, 刘翠等.2007. 华北太行山—燕山—辽西地区, 燕山期 (J—K) 造山过程与成矿作用.
　现代, 21 (2): 232～240

杜乐天.1989. 幔汁 (HACONS 流体) 的重大意义. 大地构造与成矿学, 13 (1): 01～99

杜乐天.1996. 地壳流体与地幔流体间的关系. 地学前缘, 3 (4): 172～180

范永香, 阳正熙.2003. 成矿规律与成矿预测. 徐州: 中国矿业大学出版社

方维萱.1993. 小秦岭含金石英脉的矿物地球化学研究. 地质与勘探, 32 (3): 40～50

冯福闿, 宋立珩.1996. 幔流底辟构造——环西太平洋盆地动力学分析. 地球科学, 21 (4): 383～394

冯建之, 岳铮生, 肖荣阁等.2009. 小秦岭深部金矿成矿规律与成矿预测. 北京: 地质出版社

郭光裕, 林卓虹.2002. 脉状金矿床深部大比例尺统计预测理论与应用. 北京: 冶金工业出版社

郭抗衡.1994. 华北板块南缘区域成矿模式及金矿地质基本特征. 河南地质, (2): 81～89

何春芬.2003. 小秦岭金矿田北矿带 F5 断裂控矿作用. 黄金, 24 (9): 3～7

胡受奚, 林潜龙等.1988. 华北与华南古板块拼合带地质和成矿. 南京: 南京大学出版社

胡受奚, 赵懿英, 徐金方等.1997. 华北地台金成矿地质. 北京: 科学出版社

胡受奚, 陈衍景, 徐金方等.1998. 华北地台花岗岩和地层中金含量与金成矿的关系, 高校地质学报,
　4 (2): 121～126

胡元第, 郭抗衡.1981. 豫西构造控矿规律和内生矿床预测. 北京: 地质出版社

胡正国, 钱壮志.1994. 小秦岭地质构造新认识. 地质论评, 40 (4): 289～295

胡正国, 钱壮志等.1994. 小秦岭拆离–变质杂岩核构造与金矿. 西安: 陕西科学技术出版社

胡志宏.1984. 河南小秦岭金矿带成矿地质背景成矿物质来源和金的迁移沉淀机理研究. 南京大学硕士
　论文

胡志宏, 周顺之, 胡受奚, 陈泽铭.1986. 豫西太华岩群混合岩特征及其与金钼矿化的关系. 矿床地质,

5 (4)：71～81

胡志宏，胡受奚，周顺之.1990.东秦岭燕山期大陆内部挤压—俯冲背景的 A 型孪生花岗岩.岩石学报，
　　(1)：1～12

黄典豪，吴澄宇，杜安道等.1994.东秦岭地区钼矿床的铼-锇同位素地质及其意义.矿床地质，13 (3)：
　　224～225

金振民.1995.上地幔动态部分熔融研究的重要发现.地球科学，30 (4)：438

赖绍聪.1999.岩浆作用的物理过程研究进展.地质科学进展，14 (2)：153～158

黎世美，瞿伦全等.1993.熊耳山地区构造蚀变岩型金矿成矿地质条件富集规律、成矿模式及远景预测.
　　见：秦巴金矿论文集.北京：地质出版社

黎世美，瞿伦全，苏振邦等.1996.小秦岭金矿地质和成矿预测.北京：地质出版社

黎彤，倪守斌.1990.地球和地壳的化学元素丰度.北京：科学出版社

李红阳，闫升好，王全镇等.1996.试论冀西北金银多金属矿产富集区地幔热柱及其成矿制约.地球学
　　报，17 (4)：401～412

李红阳，杨秋荣，李英杰.2006.现代成矿理论.北京：地震出版社

李厚民，叶会寿，毛景文等.2007.小秦岭金 (钼) 矿床辉钼矿铼—锇定年及其地质意义.矿床地质，
　　(4)：417～424

李华芹，刘家齐，魏林.1993.热液矿床流体包裹体年代学研究及其地质应用.北京：地质出版社

李茂，屠森.1983.熊耳山一带太华群中科马提岩的探讨.河南地质，(2)：47～53

李士先，刘长春，安郁宏等.2007.胶东金矿地质.北京：科学出版社

李晓波.1993.造山模式的新框架——大陆动力学演化过程.中国地质，20 (5)：25～28

李晓波，刘继顺.2003.小秦岭大湖金矿床的矿化分带规律及其指示意义.地质找矿论丛，18 (4)：243～247

林宝钦，陶铁铺，李广远等.1989.豫陕小秦岭地区太古代主要含金地层地质特征研究.中国金矿主要类
　　型区域成矿条件文集 (3).北京：地质出版社

刘长命等.1992.河南小秦岭金矿成矿时代新知.河南地质，(3)：195

刘敬党，肖荣阁等.2007.辽东硼矿区域成矿模型.北京：地质出版社

刘连登.1991.中国的金矿与韧性剪切带——兼论小秦岭后韧性剪切带金矿.秦岭地区金矿地质科研讨论会
　　论文选编.国家黄金管理局冶金部《地质与勘探》编辑部

刘英俊，曹励明.1987.元素地球化学导论.北京：地质出版社

刘英俊，马东升.1991.金的地球化学.北京：科学出版社

卢欣祥.1989.龙王（石童）A 型花岗岩地质矿化特征.岩石学报，5 (1)：67～77

卢欣祥.1993.河南省花岗岩的含金丰度.河南地质，2 (3)：198～206

卢欣祥.1999.秦岭花岗岩及其对秦岭造山带构造演化的揭示与反演（秦岭花岗岩大地构造图说明书）.
　　西安：西北大学出版社

卢欣祥，肖庆辉，董有等.2000.秦岭花岗岩大地构造图.西安：西安地图出版社

卢欣祥，于在平，冯有利等.2002.东秦岭深源浅成型花岗岩的成矿作用及地质构造背景.矿床地质，
　　22 (2)：168～178

卢欣祥，尉向东，于在平等.2003.小秦岭—熊耳山地区金矿的成矿流体特征.矿床地质，22 (4)：377～384

卢欣祥，尉向东，董有等.2004.小秦岭-熊耳山地区金矿特征与地幔流体.北京：地质出版社

陆松年，李怀坤，李德民等.1997.金矿密集区的基底特征与成矿作用研究——以小秦岭、冀北和胶北金
　　矿密集区为例.北京：地质出版社

栾世伟，陈尚迪.1990.小秦岭金矿主要控矿因素及其成矿模式.地质找矿论丛，5 (4)：1～14

栾世伟，曹殿春，方耀奎等.1985.小秦岭金矿床地球化学.矿物岩石，5 (2)：1～113

栾世伟，陈尚迪，曹殿春等.1987.金矿床地质及找矿方法.成都：四川科学技术出版社

栾世伟等.1990.小秦岭地区深部金矿化特征及成矿模式.地质找矿论丛，(4)：28~39

栾世伟，陈尚迪等.1991.小秦岭地区深部金矿化特征及评价.成都：成都科技大学出版社

罗铭玖，张辅民，董群英等.1991.中国钼矿床.郑州：河南科学技术出版社

罗铭玖，王亨治，庞传安等.1992.河南金矿概论.北京：地震出版社

马寅生，赵逊，赵希涛等.2007.太行山南缘新生代的隆升与断陷过程.地球学报，28(3)：219-233

毛景文，王志良.2000.中国东部大规模成矿时限及其动力学背景的初步探讨.矿床地质，19(4)：289~296

毛景文，李晓峰，张荣华等.2005.深部流体成矿系统.北京：中国大地出版社

毛景文，胡瑞忠，陈毓川等.2006.大规模成矿作用与大型矿集区预测.北京：地质出版社

牛树银，孙爱群，许传诗.1993.内蒙狼山-渣尔泰山中元古代拉张型过渡壳的形成、形变及成矿.地质找矿论丛，(1)：28~39

牛树银，孙爱群，白文吉.1995.造山带与相邻盆地间物质的横向迁移.地学前缘，2(1~2)：43~53

牛树银，罗殿文，叶东虎等.1996.幔枝构造及其成矿规律.北京：地质出版社

牛树银，孙爱群，邵振国等.2001.地幔热柱多级演化及其成矿作用.北京：地震出版社

牛树银，李红阳，孙爱群等.2002.幔枝构造理论与找矿实践.北京：地震出版社

牛树银，孙爱群，王宝德.2007.地幔热柱与资源环境.北京：地质出版社

牛树银，孙爱群，王宝德等.2009.张宣幔枝构造成矿与深部找矿潜力分析.大地构造与成矿学，33(4)：548~555

欧阳自远等.1995.地球化学的不均一性及其起源和演化.矿物岩石地球化学通讯，14(2)：88~91

裴荣富.1995.中国矿床模式.北京：地质出版社

裴荣富，梅燕雄.2002.论异常成矿作用.矿床地质，21(增刊)：48~51

裴荣富，吕凤翔，范建璋等.1998.华北地块北缘及其北侧金属矿床成矿系列与勘查.北京：地质出版社

强立志，赵太平，原振雷.1993.熊耳群中金铅锌成矿时代新认识.河南地质，11(1)：8

任富根，殷艳杰，李双保等.2001.熊耳裂陷印支期同位素地质年龄耦合性.矿物岩石地球化学通报，20(4)：286~288

任富根.1989.店房金矿硫铅同位素组成和成矿作用问题的探讨.天津地质矿产研究所所刊，21：91~103

任纪舜.1989.中国东部及邻区大地构造演化的新见解.中国区域地质，(4)：289~300

邵克忠，王宝德，吴新国等.1992.祁雨沟地区爆发角砾岩型金成矿地质条件及找矿方向研究.河北地质学院学报，15(2)：104~198

邵克忠，王宝德.1992.嵩县西北地区金矿成矿作用及其成矿规律.河南地震，10(3)：161~167

邵克忠等.1989.河南祁雨沟金矿床自然金｛110｝自形晶的发现及其意义.河北地质学院学报，12(1)：29~31

沈保丰，李俊建，骆辉等.1994.豫西小秦岭金矿的成矿地质特征.见张贻侠，刘连登主编.中国前寒武纪矿床和构造.北京：地震出版社

石铨曾，秦国群，李明立等.1993.豫西后造山阶段的剥离伸展构造与金矿化，河南地质，(1)：28~36

石铨曾，尉向东，李明立.1995.小秦岭变质核杂岩基本特征及与金的成矿作用.见：河南地质矿产与环境论文集.北京：中国环境科学出版社

石铨曾，尉向东，李明立等.2004.河南省东秦岭山脉北缘的推覆构造及伸展拆离构造.北京：地质出版社

斯米尔诺夫等.1981.矿产地质学.《矿产地质学》编译组译.北京：地质出版社

孙爱群等.2007.核幔成矿物质与地幔热柱多级演化成矿.中国地质，34(增刊)：59~62

孙武城，祝治平，张利等.1988.对华北地壳上地幔的探深与研究.见：中国大陆深部构造的研究进展.

北京：地质出版社

藤吉文，熊绍柏，张中杰等．1997．中国深部地震探测及其所揭示的岩石圈结构与深层动力过程．见：中国地球物理学会第十三届学术年会论文集

涂光炽．1990．本世纪 80 年代地球科学若干问题的进展．地质论评，36（6）：510～517

万天丰．2004．中国大地构造学纲要．北京：地质出版社

王定国，王宏儒，华西霞等．1989．河南小秦岭金矿主要控矿条件及盲矿预测．中国金矿主要类型区域成矿条件文集（3）．北京：地质出版社

王广兰，李文良，李强之等．1998．河南小秦岭东闯金矿床矿物标型特征研究．黄金地质，4（1）：9～14

王平安，陈毓川，裴荣富等．1998．秦岭造山带区域矿床成矿系列构造—成矿旋回与演化．北京：地质出版社

王世称．2001．大型超大型金矿床密集区综合信息预测．北京：地质出版社

王世称，杨毅恒，严光生等．2001．大型超大型金矿床密集区综合信息预测．北京：地质出版社

王义天，毛景文，卢欣祥．2001．嵩县祁雨沟金矿成矿时代的$^{40}$Ar/$^{39}$Ar 年代学证据．地质论评，47（5）：551～555

王义天，毛景文，卢欣祥等．2002．河南小秦岭金矿区 Q875 脉中深部矿化蚀变岩的$^{40}$Ar/$^{39}$Ar 年龄及其意义．科学通报，47（18）：1427～1431

王义天，毛景文，李晓峰等．2004．与剪切带相关的金成矿作用．地学前缘，11（2）：393～400

王义天，毛景文，叶安旺，叶会寿等．2005．小秦岭地区中深部含金石英脉的同位素地球化学特征及其意义．矿床地质，3（24）：270～279

王志光，崔毫，徐孟罗等．1997．华北地块南缘地质构造演化与成矿．北京：冶金工业出版社

肖荣阁，刘敬党，费红彩等．2008．岩石矿床地球化学．北京：地震出版社

谢学锦，刘大文，向运川等．2002．地球化学块体——概念与方法学的发展．中国地质，29（3）：225～237

谢学锦，邵跃，王学求．1999．走向 21 世纪矿产勘查地球化学．北京：地质出版社

谢奕汉，王英兰．1989．小秦岭含金石英脉中包裹体的热爆曲线特征及其找矿意义．岩石学报，（4）：15～21

徐九华，谢玉玲，刘建明．2004．小秦岭文峪—东闯金矿床流体包裹体的微量元素及成因意义．地质与勘探，40（4）：1～6

徐启东，钟增球，周汉文等．1998．豫西小秦岭金矿区的一组$^{40}$Ar/$^{39}$Ar 定年数据．地质论评，44（3）：323～327

许志琴，卢一伦，汤耀庆等．1988．东秦岭复合山链的形成–变形，演化及板块动力学．北京：中国环境科学出版社

薛良伟，刘长命等．1996．小秦岭桐沟金矿反转构造及找矿矿物学．武汉：中国地质大学出版社

薛良伟，周长命．1999．小秦岭 303 号石英脉流体包裹体．Rb–Sr、$^{40}$Ar–$^{39}$Ar 成矿年龄测定．地球化学，28（5）：473～478

薛良伟，庞继群，王祥国．1999．小秦岭 303 号石英脉流体包裹体，Rb–Sr、$^{40}$Ar–$^{39}$Ar 成矿年龄测定．地球化学，28（5）：473～478

燕长海．2004．东秦岭铅锌银成矿系统内部结构．北京：地质出版社

燕长海，刘国印等．2009．豫西南地区铅锌银成矿规律．北京：地质出版社

阳正熙．2006．矿产资源勘查学．成都：科学出版社

杨继红，张进春，苗翠梅．2007．小秦岭大湖金矿区 F5 控矿规律及其应用研究．河南理工大学学报，26（4）：659～663

杨学祥，牛树银，陈殿友．1998．深部物质与深部过程，地学前缘，5（3）：77～84

姚宗仁．1986．河南省小秦岭层控金矿定位机制的讨论．河南地质，（2）：1～8

叶天竺,薛建玲.2007.金属矿床深部找矿中的地质研究.中国地质,34（5）:855~869

於崇文.2007.地质系统的复杂性.北京:地质出版社

袁学诚.1995.论中国大陆基底构造.地球物理学,38（04）:448~459

袁学诚.1996.秦岭岩石圈速度结构与蘑菇云构造模型.中国科学（D辑）,26（3）:209~215

翟裕生,彭润民,向运川等.2004.区域成矿研究法.北京:中国大地出版社

张本仁,瞿伦全,李泽九等.1987.豫西卢氏-灵宝地区区域地球化学研究,中华人民共和国地质矿产部
地质专报三岩石、矿物、地球化学第5号.北京:地质出版社

张本仁,骆庭川,高山等.1994.秦巴岩石圈构造及成矿规律地球化学.武汉:中国地质大学出版社

张本仁,高山,张宏飞等.2002.秦岭造山带地球化学.北京:科学出版社

张国伟,梅志超,周鼎武等.1988.秦岭造山带的形成及其演化.见:张国伟主编.秦岭造山带的形成及
其演化.西安:西北大学出版社

张国伟,孟庆任,于在平等.1996.秦岭造山带的造山过程及其动力学特征.中国科学（D辑）,26（3）:
193~200

张国伟,孟庆任,刘少峰等.1997.华北地块南部巨型陆内俯冲带与秦岭造山带岩石圈现今三维结构.高
等地质学报,3（2）:129~143

张国伟,张本仁,袁学诚,肖庆辉等.2001.秦岭造山带与大陆动力学.北京:科学出版社

张进江,郑亚东,王可法等.1985.小秦岭变质核杂岩的构造特征、形成机制及构造演化.北京:海洋出
版社

张进江,郑亚东,刘树文.1998.小秦岭变质核杂岩的构造特征、形成机制及构造演化.北京:海洋出
版社

张乃昌,阎景汉,刘新年.1986.从重磁成果探讨我省深部构造及成矿作用.河南地质,4（1）:16~22

张乃昌.1990.河南省华北地台南缘重磁场特征研究.秦巴地区科研会议论文

张乃昌.1996.河南华北地台南缘及邻区的地球物理特征和构造分析,河南华北地台南缘前寒武纪-早寒
武世地质和找矿.武汉:中国地质大学出版社

张旗,钱青,王二七等.2001.燕山中晚期的"中国东部高原"埃达克岩的启示.地质科学,（36）:248~255

张荣华,胡书敏,蔡俊年.2003.西秦岭造山带热水事件同位素演化.见:2003年同位素地质新进展:技
术、方法、理论与应用学术讨论会论文集

张荣华,胡书敏,张雪彤.2006.金铜在气相中的迁移实验及矿石的成因.矿床地质,25（6）:265~273

张训华等.2007.中国海域构造地质学.北京:海洋出版社

张正伟,张中山.2008.华北古大陆南缘构造格架与成矿矿物.岩石地球化学通报,27（3）:276~288

赵鹏大.2004.定量地质学方法及应用.北京:高等教育出版社

中国人民武装警察部队黄金指挥部.1997.河南省东闯前寒武系中石英脉金矿地质.北京:地震出版社

周国藩,吴蓉元.1989.利用重力资料研究我国东部地区地壳深部构造和地壳结构特征.地球科学,（3）

周顺之,胡志宏,胡受奚等.1991.豫西小秦岭金矿带的几个基础地质问题.见:国家黄金管理局冶金部
《地质与勘探》编辑部.秦岭地区金矿地质科研讨论会论文选编

周作侠,李秉伦,郭抗衡等.1993.华地地台南缘金（钼）矿床成因.北京:地震出版社

朱炳泉.1998.地球科学中同位素体系理论与应用.北京:科学出版社

朱嘉伟,张天义,薛良伟.1999.豫西崤山地区金矿成矿年龄的测定及其意义.地质论评,45（4）:416~422

朱裕生等.2007.隐伏（盲）矿床的预测找矿和深部勘探.中国地质,34（增刊）:43~48

［加］R·W·博伊尔.1984.金的地球化学及金矿床.马万均,王立文,罗永昌等译.北京:地质出版社

Anderson D L. 1975. Chemical plumes in the mantle. Geol Soc AM Bull, 86: 1593~1600

Armstrong R. 1972. Low-angle (denudation) faults, hinterland of the Sevier orogenicbelt, eastern Nevada and western Utah. Geological Society of America Bulletin, 83: 1729~1754

Deffeys K S. 1972. Plume convection with a upper mantle temperature inversion. Nature, 240: 539~544

Doe B R, Zartman R E. 1979. Plumbotectonics I, The Phanerozoic, In: Bames H L (ed.). Geochemistry of hydro-thermal ore deposits. New York: John Wiley & Sons: 22~70

Fukao Y, Maruyama S, Obayashi M, et al. 1994. Geologic implication of the whole mantle P – wave tomography. Jour Geol Soc Japan, 100 (1): 4~23

Ganapathy R, Anders E. 1974. Bulk composition of the Moon and Earth estimated from meteorites. Proc Lunar Sci Conf, 5: 1181~1206

Kimura K, Lewis R S, Anders E. 1974. Distribution of gold and rhenium between nickel-iron and silicate melts: implications for the abundances of siderophile elements on the Earth and Moon. Geochim Cosmochim Acta, 38: 683~701

Kutina J, Hildenbrand T G. 1987. Ore deposits of the western United States in relation to mass distribution in the crust and mantle. Geological Society of America, 99 (1): 30~41

Lister G S, Davis G A. 1989. The Origin of metamorphic corecomplexs and detachment faults formed during Tertiary continental extension in the northern Colorado River region, USA. J Struct Geol, 11 (1): 65~94

Maruyama S. 1994. Plume tectonics. Jour Geol Soc Janan, 100: 24~29

Mason B. 1966. Composition of the earth. Nature, 211: 616~618

Morgan W J. 1971. Convection plumes in the lower mantle. Nature, 230: 42~43

Skinner B F. 1979. The shaping of a behaviorist. New York: Knopf

Taylor S R. 1964. Abundances of chemical elements in the continental crust: a new table. Geochimica et Cosmochimica Acta, 28 (8): 1273~1285

Watson J V, O'Hara M J. 1980. Metallogenesis in relation to mantle heterogeneity. Phil Trans R Soc Lond, 297 (1431): 347~352

Новгородва М И, Гамянин Г Н, Цемин А И. 1980. Типоморфиэм эолотов-осныхсуъфидов и их минералъных ассциаий. В кн. Обшие вопрос типоморф-иэмминерлов, Иэд. Наука Мо сква

беус А А, грИгорЯн С В. 1975. Геохичёские методъл поисков и разведок, Москва "недра"

图　　版

照片 1　花岗片麻岩

照片 2　角闪斜长片麻岩

照片 3　角闪斜长片麻岩

照片 4　角闪斜长片麻岩

照片 5　辉绿岩

照片 6　辉绿玢岩

照片 7　文峪岩体外貌

照片 8　文峪岩体中的捕虏体

照片 9　娘娘山岩体

照片 10　娘娘山岩体中的擦痕面

照片 11　娘娘山岩体地貌特征

照片 12　枣香峪 1510 坑口东侧的不对称褶曲

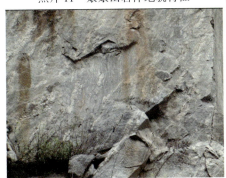

照片 13　枣香峪马家岔附近观音堂组片
麻岩中的不对称揉皱

照片 14　观音玉沟西花岗岩脉与太华群
黑云斜长片麻岩接触关系

照片 15　杨寨峪矿区 860 中段 S60 多金属
矿化石英脉

照片 16　杨寨峪矿区 860 中段 S60 多金属
矿化石英脉

照片 17　杨寨峪矿区多金属矿化　　　　照片 18　文峪金矿 1329 中段 S507 矿脉
　　　石英脉型金矿石　　　　　　　　　　　黄铁矿化石英脉型金矿

照片 19　灵湖矿区蚀变岩型氧化金矿石标本　照片 20　灵湖矿区糜棱岩型原生金矿石标本

照片 21　马家洼矿区 867 中段 S952　　　　照片 22　马家洼矿区 867 中段 S952
　　　矿脉黄铁矿化石英脉　　　　　　　　　矿脉黄铁矿化石英脉

照片 23　钻孔中见到的脉状黄铁矿化　　　照片 24　杨寨峪矿区 860 中段的钾化糜棱岩

照片 25　义寺山 5 中段蚀变
糜棱岩型金矿石

照片 26　马家洼 770 中段黄铁矿化石英
脉型金矿石

照片 27　马家洼 800 中段 0 号脉石英
脉型金矿石

照片 28　PD400-CD17 钾长石英脉

照片 29　大湖 ZK610 钻孔中见到的石膏

照片 30　大湖 400 中段中的钾化硅化糜棱岩

照片 31　大湖 400 中段 F5 主结构面
及钾化糜棱岩

照片 32　东闯矿区 1329 中段蚀变岩型金矿石

照片 33　大湖 400-CD11 黄铁矿化石英
脉型金矿石

照片 34　大湖 400-CD11 黄铁矿化石英
脉型金矿石

照片 35　大湖 505 中段石英脉型钼矿
（混合矿）

照片 36　义寺山 5 中段黄铁矿化石英
脉型金矿石

照片 37　镜下的辉钼矿（大湖）

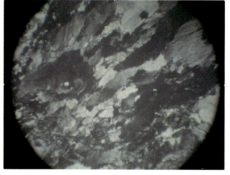

照片 38　镜下的黄铁矿化糜棱岩化
石英脉（大湖）

照片 39　镜下见到的自然金
（大湖 PD400-CD11）

照片 40　镜下的黄铁矿化碎裂岩（大湖）

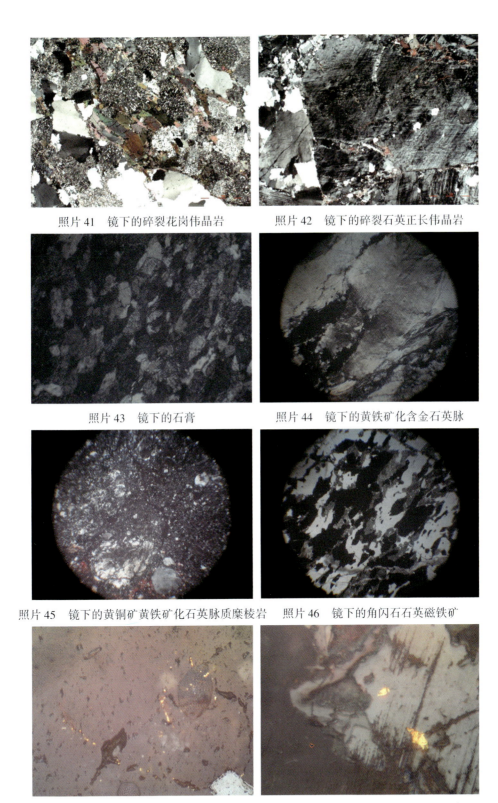

照片 41　镜下的碎裂花岗伟晶岩　　　　照片 42　镜下的碎裂石英正长伟晶岩

照片 43　镜下的石膏　　　　照片 44　镜下的黄铁矿化含金石英脉

照片 45　镜下的黄铜矿黄铁矿化石英脉质糜棱岩　　照片 46　镜下的角闪石石英磁铁矿

照片 47　金呈细粒状及长条状分布于　　照片 48　金呈不规则粒状及乳滴状分布于
褐铁矿中　　　　　　　　　　黄铁矿中

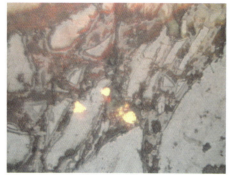
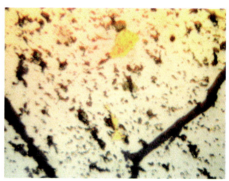

照片 49　金呈不规则粒状及乳滴状　　　　照片 50　金呈不规则粒状及乳滴状
　　　　　分布于黄铁矿中　　　　　　　　　　　　分布于石英脉中

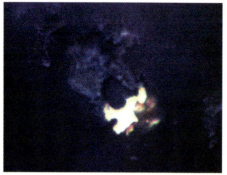

照片 51　金呈不规则片状分布于　　　　　照片 52　东闯矿区多金属矿化蚀变
　　　　　黄铁矿中（灵湖）　　　　　　　　　　　岩型金矿石

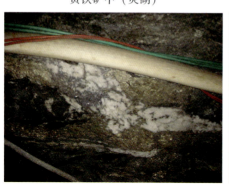

照片 53　东闯矿区多金属矿化石　　　　　照片 54　东闯矿区多金属矿化石
　　　　　英脉型金矿石　　　　　　　　　　　　　英脉型金矿石

照片 55　东闯矿区方铅矿化　　　　　照片 56　杨寨峪矿区 860 中段 S60 黄铁矿化
　　　　　石英脉　　　　　　　　　　　　　　　石英脉